ISBN 978-0-243-35790-1
PIBN 10571741

FB &c Ltd, Dalton House, 60 Windsor Avenue, London, SW19 2RR.
Company number 08720141. Registered in England and Wales.

For support please visit www.forgottenbooks.com

HANDBUCH

DER

ANATOMIE DER WIRBELTHIERE

VON

HERMANN STANNIUS,
PROFESSOR AN DER UNIVERSITÄT ZU ROSTOCK.

ZWEITE AUFLAGE.

BERLIN.
VERLAG VON VEIT & COMP.
1854.

Vorwort.

Als vor etwa vierzehn Monaten die Aufforderung der Herrn Verleger zu Besorgung einer neuen Auflage des „Lehrbuches der vergleichenden Anatomie der Wirbelthiere“ an mich gelangte, war ich einerseits erfreuet über die sich bietende Gelegenheit, die Umgestaltung einer an so vielen Mängeln leidenden Druckschrift vornehmen zu können, während andererseits die lebhaftesten Zweifel mich beherrschten, ob es mir auch jetzt gelingen werde, eine, mässigen Ansprüchen genügende, Uebersicht der Organisationsverhältnisse der Wirbelthiere zu liefern. Der Umstand, dass schon der erste Versuch Manchem nützlich geworden ist, und dass das Bedürfniss einer neuen übersichtlichen Darstellung allgemein empfunden wird, wurde entscheidend für mich. Die Arbeit, deren erste Abtheilung ich hiermit dem Publikum übergebe, will nur ein Leitfaden sein für den Lernenden und ihm durch Andeutung der Quellen den Beginn eigener Studien erleichtern. Wenn sie auf eine unendliche Fülle der Bildungsverhältnisse ihn hinweiset, die als Variationen Eines Planes erscheinen, so mag Ehrfurcht in ihm geweckt werden vor dem schöpferischen Geiste von dem Solches ausging, und wenn sie in Männern, wie Georg Cuvier, Carl Ernst v. Baer und Johannes Müller die Genien nennt, denen es oftmals gelungen, den grossen Gedanken dieser Schöpfungen nachzudenken, so zeigt sie ihm die Vorbilder, denen er nachzueifern trachte. — Was den Umfang der gegenwärtigen Arbeit anbetrifft, so wird er den der vorigen Auflage nur um ein Geringes überschreiten, da nicht die Aufzählung aller bekannten Einzelheiten, sondern nur eine übersichtliche Darstellung des Ganzen beabsichtigt ist. Meinerseits möchte ich für diese neue Bearbeitung eine ähnliche Nachsicht wünschen, wie sie der ersten Auflage zu Theil geworden ist.

Rostock, Ende Juli 1853.

Der Verfasser.

ERSTES BUCH.

DIE FISCHE.

Erstes Buch.

Die Fische. Pisces. [1]

Uebersicht der Gruppen. [2]

Subclassis I. *LEPTOCARDII* [3]).

Ordo: *Amphioxini. Branchiostoma.*

---

1) M. E. Bloch, Naturgeschichte der ausländischen Fische. Thl. 1—9. Berlin, 1785—1794. 4. Mt. Kpfrn. in fol. — M. E. Bloch, Oekonomische Geschichte der Fische Deutschlands. Thl. 1—3. Berlin 1782—1784. 4. Mit Kupfrn. in fol. Rein zoologisch, doch, der Abbildungen wegen, zu consultiren. — Cuvier et Valenciennes, histoire naturelle des poissons. Vol. 1—22. Paris. 1828—1849. Leider abgebrochen, ohne vollendet zu sein. Behandelt nur die Acanthopteri und einen Theil der Malacopteri nach der Cuvier'schen Anordnung. Eine classische Uebersicht der Anatomie der Fische, wesentlich gestützt auf eine durchgeführte Anatomie der Perca fluviatilis, findet sich im ersten Bande. Zahlreiche anatomische Notizen sind der Charakteristik der einzelnen Gattungen und Arten beigegeben. — Heinrich Kröyer, Danmark's Fiske. Kiöbenhavn. 1838 sqq. Noch nicht vollendet. Enthält sehr genaue anatomische Detail-Angaben. — Alexander Monro, The structure and physiology of fishes explained and compared with those of man and other animals. Edinb. 1786. fol. Uebersetzt von Schneider. Leipz. 1787. 4. — Richard Owen, Lectures on the comparative anatomy and physiology of the vertebrate animals. Part 1. Fishes. Lond. 1846. 8. — Agassiz, Recherches sur les poissons fossiles. Neuchatel 1833—1844. 4. Mt. Tfln. in fol. — Ueber Entwickelungsgeschichte der Fische handeln: H. Rathke, Abhandlungen zur Bildungs- und Entwickelungsgeschichte des Menschen und der Thiere. Thl. 2. Leipz. 1833. 4. Entwickelung von Zoarces viviparus. — C. E. von Baer, Untersuchungen über die Entwickelungsgeschichte der Fische. Leipz. 1835. 4. — C. Vogt, Embryologie des Salmones. Soleures. 1841. Mt. Kpfrn. in fol. — de Filippi, Developpement des poissons. Annali universali di medicina di Milano. 1841. Revue zoologique. Paris. 1842. p. 45. — Duvernoy, (über die Entwicklung der Poecilia surinamensis). Annales des sciences naturelles. 1844 1. p. 313. — Comptes rendus. Vol. 18. 1844. p. 667. 720. — Rathke, Beiträge zur Entwickelungsgeschichte der Haie u. Rochen (Schriften d. naturf. Gesellschaft zu Danzig. Bd. 2. Hft. 2. —

2) Ich folge der Cuvier'schen, durch Müller modificirten Eintheilung.

3) Heinrich Rathke, Bemerkungen über den Bau des Amphioxus lanceolatus. Königsb. 1841. 4. — Goodsir, in den Transactions of the Royal society of Edinburgh.

Subclassis II. *MARSIPOBRANCHII* s. *Cyclostomi.*

Ordo 1.: *Hyperotreti* 4).

Fam.: *Myxinoïdei. Myxine. Bdellostoma.*

Ordo 2.: *Hyperoartii* 5).

Fam.: *Petromyzonini. Petromyzon. Ammocoetes.*

Subclassis III. *ELASMOBRANCHII* s. *Selachii* 6).

Ordo 1.: *Holocephali.*

Fam.: *Chimaerae. Chimaera. Callorhynchus.*

Ordo 2.: *Plagiostomi.*

Subordo 1.: *Squalidae.*

Familiae: 1. *Scyllia.*

Scyllium. Chiloscyllium. Pristiurus.

2. *Nictitantes.*

Carcharias. Sphyrna. Galeus. Mustelus.

3. *Lamnoïdei.*

Lamna.

4. *Alopeciae.*

Alopias.

5. *Cestraciones.*

Cestracion.

6. *Rhinodontes.*

Rhinodon.

Vol. XV. Part 1. — J. Müller, Ueber den Bau und die Lebenserscheinungen des Branchiostoma lubricum. Berlin. 1844. Mt. 5 Kpfrtfln. Abdruck aus den Abhandlungen der Königl. Academie der Wissenschaften zu Berlin. Berl. 1844. 4. — Quatrefages in den Annales des sciences naturelles. Nouv. série. T. XVIII. p. 193. — Costa Storia e Notomia del Branchiostoma lubrico. Napol. 1843. fol.

4) J. Müller, Vergleichende Anatomie der Myxinoïden, 5 Bde. Berl. 1835—45. Enthält, neben der Anatomie der Myxinoïden zahlreiche und schöne vergleichende Excurse über die Anatomie der Cyclostomen, der Elasmobranchii, des Störs und auch der Knochenfische.

5) Heinrich Rathke, Bemerkungen über den inneren Bau der Pricke. Danzig. 1825. 4. — Ueber den Bau des Querders (Ammocoetes) in seinen Beiträgen zur Geschichte der Thierwelt. Bd. 4. Halle. 1827. 4. — Ueber Ammocoetes: Quatrefages Journal de l'institut. 1849. p. 220.

6) Müller u. Henle, Systematische Beschreibung der Plagiostomen. Berl. 1841. fol. — Retzius, Observationes in anatomiam chondropterygiorum. Lund. 1819. 4. — J. Henle, Ueber Narcine, eine neue Gattung electrischer Rochen. Berl. 1834. 4. — John Davy, Researches physiological and anatomical. Vol. I. Lond. 1839. 8. Experiments and observations on Torpedo. p. 1—94. u. Vol. II. p. 436. sqq. — Müller, Vergleichende Anatomie der Myxinoïden. — Duvernoy, Sur la chimère arctique in d. Annales des sciences natur. 1837. 8. p. 35. — Leydig, Beiträge zur mikroskopischen Anatomie u. Entwickelungsgeschichte der Rochen u. Haie. Leipzig. 1852. 8. — Leydig, Ueber Chimaera in Müller's Archiv. 1851.

7. *Notidani.*
Hexanchus. Heptanchus.
8. *Spinaces.*
Acanthias. Spinax. Centroscyllium.
9. *Scymnoïdei.*
Scymnus.
10. *Squatinae.*
Squatina.

Subordo 2.: *Rajidae.*
Familiae: 1. *Squatinorajae.*
Pristis. Rhinobatus.
2. *Torpedines.*
Torpedo. Narcine. Astrape.
3. *Rajae.*
Raja.
4. *Trygones.*
Trygon.
5. *Myliobatides.*
Myliobatis. Aëtobatis. Rhinoptera.
6. *Cephalopterae.*
Cephaloptera.

Subclassis IV. *GANOIDEI* [7]).
Ordo 1.: *Chondrostei.*
Familiae: 1. *Accipenserini.*
Accipenser. Scaphirhynchus.
2. *Spatulariae.*
Spatularia.
Ordo 2.: *Holostei.*
Familiae: 1. *Lepidosteini.*
Lepidosteus.
2. *Polypterini.*
Polypterus.
3. *Amiae.*
Amia.

---

7) Ueber Accipenser: Karl Ernst von Baer, Berichte von der Königl. anatomischen Anstalt zu Königsberg. Zweiter Bericht. Leipz. 1819. 8. — J. Müller, Ueber den Bau und die Grenzen der Ganoïden und das natürl. System der Fische. Berl. 1846. 4. — S. auch Wiegmann-Erichson's Archiv fur Naturgesch. 11. Jahrg. 1845. S. 91. ff. — Vogt, in den Annales des sciences natur. 1845. — Franque, Nonnulla ad Amiam calvam accuratius cognoscendam. Berl. 1847. fol. — A. Wagner, de Spatulariarum anatome. Berol. 1848. 4.

Subclassis V. *TELEOSTEI* [8]).

Ordo 1: *Acanthopteri.*

Familiae: 1. *Percoïdei.*

Perca. Lucioperca. Aspro. Serranus. Plectropoma. Acerina. Myripristis. Holocentrum. Priacanthus. Uranoscopus. Polynemus.

2. *Cataphracti.*

Cottus. Agonus. Synanceia. Trigla. Platycephalus. Sebastes. Pterois.

3. *Sparoïdei* incl. *Maenides.*

Sargus. Pagellus. Box.

4. *Sciaenoïdei.*

Sciaena. Corvina.

5. *Labyrinthici.*

Ophicephalus. Anabas. Helostoma. Osphronemus. Macropodus.

6. *Mugiloïdei.*

Mugil. Dajaus.

7. *Notacanthini.*

Notacanthus. Rhynchobdella.

8. *Scomberoïdei.*

Caranx. Scomber. Cybium. Vomer. Argyreiosus. Zeus. Thynnus. Xiphias. Stromateus. Seserinus. Kurtus.

9. *Squamipennes.*

Brama. Chaetodon. Holacanthus. Platax.

10. *Taenioïdei.*

Cepola. Trachypterus.

11. *Gobioïdei* et *Cyclopteri.*

1) *Gobioïdei: Gobius Schn. Sicydium Valenc. Anarrhichas.*

2) *Discoboli: Cyclopterus. Liparis. Syciases Müll. Cotylis Müll.*

3) *Echeneïdes: Echeneis.*

12. *Blennioïdei.*

Blennius. Zoarces. Lycodes. Callionymus.

13. *Pediculati.*

Lophius. Chironectes. Batrachus. Malthaea.

14. *Theutyes.*

Amphacanthus. Acanthurus.

---

8) Das reichste Detail bei Cuvier und Valenciennes.

15. *Fistulares.*
Fistularia.

Ordo 2.: *Anacanthini.*
Familiae: 1. *Gadoïdei.*
Gadus. Lota. Raniceps. Lepidoleprus. Motella. Phycis.
2. *Ophidini.*
Ophidium.
3. *Pleuronectides.*
Pleuronectes. Rhombus. Solea. Achirus.

Ordo 3.: *Pharyngognathi.*
Subordo 1.: *Pharyngognathi acanthopteri.*
Familiae: 1. *Labroïdei cycloïdei.*
Labrus.
2. *Labroïdei ctenoïdei.*
Amphiprion. Glyphisodon.
3. *Chromides.*
Cichla Cuv.

Subordo 2.: *Pharyngognathi malacopterygii.*
Familiae: *Scomberesoces.*
Belone. Exocoetus. Hemiramphus.

Ordo 4: *Physostomi.*
Subordo 1.: *Physostomi abdominales.*
Familiae: 1. *Siluroïdei.*
a) *Siluri.*
Silurus. Aspredo. Malapterurus. Bagrus.
b) *Loricarinae (Goniodontes Agass).*
Loricaria. Hypostoma.
2. *Cyprinoïdei.*
Cyprinus. Abramis. Catastomus. Tinca. Cobitis.
3. *Characini.*
Macrodon. Tetragonopterus. Serrasalmo. Anodus.
4. *Cyprinodontes Agass. Poeciliae Valenc.*
Anableps. Poecilia. Fundulus.
5. *Mormyri.*
Mormyrus.
6. *Esoces.*
Esox.
7. *Galaxiae.*
Mesytes.

8. *Salmones* [9]).
Salmo. Osmerus. Coregonus. Mallotus. Argentina.
9. *Scopelini.*
Aulopus.
10. *Clupeïdae* [10]).
Clupea. Alosa. Notopterus. Hyodon. Megalops. Elops. Lutodeira. Butirinus. Chirocentrus. Heterotis. Osteoglossum.
11. *Heteropygii* [11]).
Amblyopsis.

Subordo 2.: *Physostomi apodes.*
12. *Muraenoïdei* [12]).
Anguilla. Muraenophis. Apterichthus. Ophisurus.
13. *Gymnotini.*
Gymnotus. Carapus. Gymnarchus. (?)
14. *Symbranchii.*
Symbranchus. Monopterus. Amphipnous.

Ordo 5.: *Plectognathi.*
Familiae: 1. *Balistini.*
Balistes. Aluteres.
2. *Ostraciones.*
Ostracion.
3. *Gymnodontes* [13]).
Diodon. Triodon. Tetrodon. Orthagoriscus.

---

9) Agassiz et Vogt, Anatomie des Salmones. In den Mémoires de la société d'histoire naturelle de Neuchatel. Tome 3. Neuchatel. 1845. 4. Ein ausgezeichnetes Werk.

10) Die von Muller den Clupeïdae zugerechnete Gattung Hyodon gehört, in sofern der Bau der weiblichen Geschlechtstheile für ihre Stellung entscheidend sein soll, anscheinend nicht in diese Familie. Hyodon claudulus hat die Eierstocksbildung der Salmones. Die Verhältnisse der Schwimmblase sind von Valenciennes durchaus verkannt worden. — Valenciennes, (Vol. XXI. p. 138.) gibt auch für Notopterus an, dass seine Eier in die Bauchhöhle fallen, eine Thatsache, die mir an einem schlecht conservirten Exemplar nicht klar geworden ist.

11) Tellkampf, in Müller's Archiv. 1844. S. 387. — Wyman, in American Journal of natural sciences. Octob. 1843.

12) J. Mc. Clelland, Apodal fishes of Bengal, in: Calcutta Journal of natural history. T. V. Nr. 18. Juli 1844. — Erdl, Ueber Gymnarchus niloticus in d. gelehrten Anzeigen, herausgegeb. v. d. k. Baierschen Acad. d. Wissensch. 1846. Nr. 202. 203.

13) Camille Dareste, (über die Osteologie des Triodon) in d. Annal. des scienc. natur. T. XII. p. 68. — Wellenbergh, Observationes anatomicae de Orthagorisco mola. Lugd. Bat. 1840. 4.

Ordo 6.: *Lophobranchii.*
Syngnathus [14]).
Subclassis VI. *Dipnoi* [15]):
Lepidosiren. Rhinocryptis.

Erster Abschnitt.

Vom Skelete.

§. 1.

Der ganze Körper der Fische, wird, gleich dem der Wirbelthiere überhaupt, durchzogen von einem soliden Gerüste: dem Wirbelsysteme im weitesten Sinne des Wortes. Dies Wirbelsystem zerfällt in ein Axensystem und in zwei an entgegengesetzten Punkten diesem angefügte, entgegengesetzte Richtungen verfolgende Bogensysteme. Das obere Bogensystem ist das über alle Regionen des Axensystems hin am weitesten ausgedehnte, indem es über letzterem in seiner ganzen Länge sich hinzicht. Das untere Bogensystem ist von beschränkterer Ausdehnung.

Da der vorderste Abschnitt des Wirbelsystemes fast immer durch beträchtlichere Weite des oberen Bogensystemes sich auszeichnet, auch in der Regel von dem übrigen Wirbelsysteme abgegliedert erscheint, wird er, in seiner constanten Verbindung mit gewissen dem reinen Wirbelsysteme fremden Fortsätzen und angefügten Theilen, von der eigentlichen Wirbelsäule als Schedel unterschieden.

Unterhalb der vorderen Regionen des Wirbelsystemes, und zwar sowol unterhalb des Schedels, als auch unterhalb eines beträchtlichen Theiles der Wirbelsäule, liegen angefügt Systeme der die Ernährung und den Stoffwechsel des Individuums besorgenden Organe, sowie auch, blos unter der Wirbelsäule, das System der Generations-Organe. — Diese Organcomplexe pflegen von eigenen Bogensystemen verschiedener Weite umfasst zu werden. Die Glieder des den Anfang des *Tractus intestinalis* unmittelbar umfassenden Bogensystemes bilden das Visceralskelet; die die gesammte Visceralhöhle auswendig in weiterem Umfange umschliessenden Bogen gehören dem

---

14) Retzius, (über Syngnathus) in Kongl. Vetenskab. Acad. Handling. f. 1833.

15) R. Owen, (über Lepidosiren annectens) in den Transactions of the Linnean society. Vol. XVIII. Lond. 1839. — Bischoff, Lepidosiren paradoxa, anatomisch untersucht und beschrieben. Leipz. 1840. 4. — J. Hyrtl, Lepidosiren paradoxa. Monographie. Prag 1845. 4. — Peters, (uber Rhinocryptis) in Müller's Archiv für Anatomie. 1845. S. 1.

Rippensysteme an. Beide eben genannten Systeme treten zu dem Wirbelsysteme und dessen genuinen Bogenelementen in die mannichfachsten Beziehungen. Aeussere Umgürtungen des gesammten Wirbelsystemes sind ausgebildet im Schultergerüst, angedeutet im Becken.

[Das Fischskelet ist Gegenstand vieler Bearbeitungen gewesen. Man vergleiche über dasselbe vorzugsweise: Cuvier, Hist. nat. des poiss. Vol. I. p. 301. sqq. — Rosenthal, Ichthyotomische Tafeln. Hft. 1—5. Berl. 1812—1822. — van der Hoeven, de sceleto piscium. Lugd. Bat. 1822. 8. — Bakker, Osteographia piscium Groning. 1822. 8. — J. F. Meckel, System d. vergl. Anatomie. Thl. 2. Halle. 1824. S. 170. sqq. — Cuvier, Leçons d'Anatom. compar. 2. édition. Tome 1. 2. — Müller, Vergleichende Osteologie u. Myologie d. Myxinoïden. Berl. 1837. — Agassiz, Recherches sur les poissons fossiles. — Owen, Lectures on comparat. anatomy. Lond. 1846. 8. — B. C. Brühl, Anfangsgründe d. vergl. Anatomie aller Thierclassen. Lieferg. 1—3. Mt. 19. lith. Tafeln. Wien. 1847. 8. — Ferner einige Monographien: Zaeringer, Quaedam de historia naturali atque descriptio sceleti Salmonis farionis. Friburg. 1829. 8. — Erdl, über das Skelet des Gymnarchus in d. Abh. d. Münchener Acad. d. Wiss. 1846. — Agassiz et Vogt, Anatomie des Salmones. p. 36. sqq. — Franque, Nonnulla ad Amiam calvam acc. cognsc. Berl. 1847. — Ueber die Textur des Skeletes handeln: J. Müller, Myxinoïd. — Leydig, Unters. über Rochen und Haie. — Agassiz u. Vogt, Anat. des Salmones. — Vogt, Embryol. d. Salmon. — C. Bruch, Beiträge zur Entwickelungsgesch. d. Knochensystems, in den Neuen Denkschriften d. Schweiz. naturh. Gesellsch. Bd. XI.]

I. Von der Wirbelsäule.

§. 2.

Die eigentliche Wirbelsäule der Fische erscheint als ein durch die Länge des Körpers sich ziehendes Axensystem, von welchem aus aufsteigende und, wenigstens eine Strecke weit, absteigende Fortsätze zur Bildung oberer und unterer Canäle verwendet werden. Die physiologische Verwerthung der ersteren geschieht in Aufnahme des Rückenmarksystemes und einer Fettmasse oder eines fibrösen Längsbandes; die des letzteren in Aufnahme grösserer Blutgefässe des Körperstammes. Die Fischwirbelsäule besteht also in einem Axensysteme und in zwei, entgegengesetzte Richtungen verfolgenden Bogensystemen.

Das Axensystem erscheint bei den meisten Fischen, gleich wie bei den höheren Wirbelthieren, gebildet aus einer Summe eng an einander gereiheter, discreter, cylindrischer Stücke von derberer Textur. Jedes dieser cylindrischen Segmente ist ein Wirbelkörper.

Bei vielen Fischen erscheint das Axensystem aber in Gestalt eines ungegliederten, zusammenhangenden, von eigener Scheide umschlossenen Stranges.

Zum näheren Verständnisse dieses Verhältnisses sei Folgendes bemerkt:

Ein eigenthümlicher Entwickelungsvorgang der bisher genetisch untersuchten discreten Wirbelkörper aller Wirbelthiere, mit Einschluss der Fische, ist der, dass ihrer definitiven Ausbildung das Erscheinen eines aus Zellen oder Fasern bestehenden, continuirlichen, von eigener häutiger Scheide umschlossenen Stranges vorausgeht. Dieser Strang ist, sobald er im Verlaufe der individuellen Entwickelung verschwindet, physiologisch als ein provisorisches Blastem für die spätere Wirbelkörperreihe aufzufassen. Er führt den Namen der Wirbelsaite, *Chorda dorsalis.*

Bei vielen Fischen erhält sich nun ein solcher ununterbrochener Strang dauernd, ohne jemals durch sich entwickelnde Wirbelkörper verdrängt zu werden. Dieser Axenstrang, der gleichfalls den Namen der *Chorda dorsalis* führt, ist also bei gewissen Fischen nicht ein provisorisches Blastem für definitive Wirbelkörper, sondern ein perennirendes Element, demnach nur ein morphologisches, aber kein physiologisches Aequivalent der transitorischen *Chorda.* Er ist, ohne in Wirbelkörper sich zu gliedern, im Verlaufe der individuellen Entwickelung verschiedenartiger histologischer Veränderungen fähig [1]).

Bei der Mehrzahl der Fische, welche discrete Wirbelkörper besitzen, erhalten sich auch Elemente, analog denen der ursprünglichen *Chorda* perennirend, als ein im Verlaufe der epigonalen Entwickelung theilweise für die Vergrösserung der Wirbelkörper verwendbares, theilweise überschüssiges Blastem. Zu ihrer Aufnahme dienen kegelförmige mit ihren Grundflächen an einander stossende Aushöhlungen je zweier an einander gereiheter Wirbelkörper [2]).

Diese doppelten conischen Vertiefungen, welche die Wirbelkörper der

---

1) Die perennirende zusammenhangende *Chorda* zeigt bei Petromyzon marinus 1) einen centralen Axenstrang, der lose in einem Canale der übrigen *Chorda* liegt und vorwaltend faserig ist und 2) eine viel beträchtlichere peripherische Masse. Diese peripherische Masse hat im Ganzen ein lamellöses oder blätteriges Gefüge. Die Blätter gehen von der Circumferenz der Scheide des medianen Axencanales aus, sind aber nicht regelmässig transversal gestellt. Bei Versuchen sie abzutragen entstehen oft conische Vertiefungen, ähnlich denen, die die Wirbelkörper charakterisiren. Sie hangen nach aussen auf das innigste zusammen mit der, namentlich im vordersten Theile des Rumpfes, dicken und knorpelharten, aber aus dichtem Fasergewebe bestehenden Scheide. — Dies stimmt im Wesentlichen mit Müller's Beobachtungen. Osteol. d. Myx. S. 25. 26. 140. an Petromyzon u. Myxine. — Der differente Axenstrang der *Chorda* ist auch bei anderen Fischen zu erkennen, wenn auch im Detail anders beschaffen als bei Petromyzon; z. B. bei vielen Teleostei in den Ueberresten der *Chorda* und im Axenkanale der Wirbel. — In ihren verschiedenen Lagen von Innen nach Aussen ist die *Chorda* meistens histologisch ungleich. Man untersucht bei den Teleostei am besten das freie conische Schwanzende der *Chorda* z. B. des Lachs. — Ueber die Gewebselemente der *Chorda* s. Müller l. c. u. Schwann Mikroskop. Untersuchungen Berl. 1839. 8. S. 15. 16. Tb. 1. f. 4.

2) Diese conischen Aushöhlungen mit ihrem Inhalte kann man mit Baer als Repräsentanten der Zwischenwirbelkörper auffassen.

meisten Fische charakterisiren, sind bisher nur bei Repräsentanten aus der Familie der Symbranchii und bei der Gruppe der Lepidostini an allen Wirbeln vermisst worden. Hier besitzt jeder Wirbelkörper entweder vorne eine Fläche und hinten eine conische Vertiefung oder vorne einen runden Gelenkkopf und hinten eine entsprechende Gelenkhöhle [3]).

Das Axensystem der Fischwirbelsäule erscheint demnach perennirend unter zwei verwandten Formen: entweder als ein ungegliedertes oder als ein aus einer Summe von discreten Segmenten bestehendes Rohr. Es stellt, wie man sich auszudrücken pflegt, eine *Chorda* oder eine Wirbelsäule im engeren Wortsinne dar.

[Man vergleiche über die Wirbelsäule der Fische C. L. Schulze, in Meckel's deutschem Archiv für Physiologie. Thl. 4. Halle. 1818. S. 340. ff. — C. E. v. Baer, Untersuchungen über Entwickelungsgesch. d. Fische. S. 36. — J. Müller, Vergleichende Anatomie d. Myxinoïden. Thl. 1., welcher den durch Baer gegebenen Andeutungen folgt.]

§. 3.

Von den nächsten Umgebungen des Axensystemes oder von ihm selbst in aufsteigender und absteigender Richtung ausgehende paarige Theile constituiren die Wirbelbogensysteme. Elemente beider Bogensysteme sind in der Regel längs der ganzen Ausdehnung des Axensystemes vorhanden. Diejenigen des oberen Bogensystemes bilden einen über der ganzen Länge des Axensystemes geschlossenen doppelten oder einfachen Canal. Der stets vorhandene dem Axensysteme zunächst liegende Canal ist zur Aufnahme des Rückenmarkes bestimmt; der minder beständige, höher liegende, zweite enthält eine Fettmasse oder ein elastisches Längsband (*Ligamentum longitudinale superius*). Jeder dieser Canäle wird häufig bald durch eigene, bald wenigstens genetisch discrete Stücke umschlossen. Wie das obere Bogensystem zwei Canäle umschliesst, so besitzt dasselbe also auch häufig jederseits zwei discrete Bogenelemente. Die Elemente des unteren Bogensystemes gelangen meistens nur in einer bestimmten Strecke des Körpers zur Einschliessung eines einfachen oder doppelten Canales. Der selten selbstständig vorhandene höhere nimmt die *Aorta*, der tiefere die *Vena caudalis* auf; meist sind beide Canäle zu einem einzigen verschmolzen, der aber noch weitere functionelle Verwerthung dadurch erfahren kann, dass gewisse andere Eingeweide, namentlich die Nieren und die Schwimmblase in ihn aufgenommen werden. Auch im unteren Bogensysteme erscheinen bisweilen zwiefache Elemente, entsprechend der Bildung zweier Canäle. Bei den meisten Fischen geschieht die Schliessung der paarigen Elemente des unteren Bogensystemes nur in derjenigen Re-

---

3) Bei anderen Fischen z. B. bei Cobitis fossilis, kommen dieselben Bildungsverhältnisse an den beiden vordersten Wirbelkörpern vor.

gion, welche jenseits oder hinter der, der Ventralseite des Wirbelsystemes angefügten Rumpfhöhle liegt; längs letzterer selbst ziehen dann die paarigen Elemente des unteren Bogensystemes unvereinigt und meist selbst ohne zu convergiren sich hin. Sobald die Canalbildung erst unmittelbar hinter der hinteren Grenze der Rumpfhöhle beginnt, stellt in den Bildungsverhältnissen der der Rumpfgegend und der der Schwanzgegend angehörigen unteren Wirbelbogentheile und also des Wirbelsystemes überhaupt, ein scharf ausgeprägter Gegensatz sich heraus; Rumpfgegend und Schwanzgegend sind dann deutlich geschieden. Aber bei vielen Fischen geschieht die Schliessung der paarigen Elemente des unteren Bogensystemes nicht blos in der Schwanzgegend, sondern auch schon oberhalb der Rumpfhöhle: also in der Rumpfgegend, bald eine kurze Strecke weit, bald in grösserer Ausdehnung, ja bei einzelnen Fischen selbst bis in die Nähe der Grenze des Schedels. Das Vorkommen eines durch die Elemente des unteren Bogensystemes gebildeten Canales längs bestimmter Regionen oder an einzelnen Segmenten der Wirbelsäule deutet also keinesweges entscheidend darauf hin, dass diese letzteren nicht der Rumpfgegend, sondern der Schwanzgegend angehörig sind.

Da die die Bogensysteme bildenden aufsteigenden und absteigenden Elemente durch ihre Ausgangspunkte vom Axensysteme einander symmetrisch entsprechen, so wird ein Gegensatz und eine Symmetrie zwischen einer dorsalen und ventralen Hälfte des ganzen Wirbelsystemes begründet, welche freilich niemals allseitig und innerhalb aller Regionen des Körpers in das kleinste Detail durchgeführt erscheint. So pflegt sie, wegen der zuvor angedeuteten Verhältnisse, in der Schwanzgegend vollkommener ausgeprägt zu sein, als in der Rumpfgegend, wo sie gewöhnlich nur in eingeschränkterer Weise erkennbar ist. Die Mittellinie jeder Seite des Axentheiles bildet den Indifferenzpunkt zwischen oberer und unterer Hälfte, welcher häufig durch den Abgang medianer, von den Wirbelkörpern abgehender, Querfortsätze bezeichnet wird. Ausschliesslich bei der Mehrzahl der Fische erscheint die Symmetrie zwischen dem dorsalen und ventralen Wirbelbogensysteme nicht auf die Schwanzgegend beschränkt, sondern auch auf die Rumpfgegend, wenn auch stets unvollkommener, ausgedehnt, eben weil nur bei Repräsentanten dieser Thierclasse das Vorkommen paariger absteigender Wirbelbogenelemente nicht blos auf die Schwanzgegend beschränkt ist, sondern meistens auch in der Rumpfgegend Statt hat. — Durch die beiden Wirbelbogensysteme kömmt auch, mit Ausnahme der Rumpfhöhlengegend, eine symmetrische Theilung des Körpers in zwei Seitenhälften zu Stande. Dies geschicht, indem meistens von den Schliessungsstellen des ganzen dorsalen und des Schwanztheiles des ventralen Wirbelbogencanales je eine mediane Verlängerung in Gestalt eines *Septum* ausgeht, das von dem oberen Canale aus aufsteigt, von dem unteren aus absteigt.

Diejenigen Elemente der ventralen Hälfte des Wirbelbogensystemes, zwischen welchen dieses *Septum* eingeschoben ist, gehören der Schwanzgegend an. — Innerhalb der *Septa* entwickeln sich oft eigenthümliche solide Stützen der Flossen (Flossenträger).

§. 4.

Das nähere Verhältniss der Bogensysteme zu dem Axensysteme zeigt sich in den verschiedenen Reihen der Fische verschiedentlich eingerichtet. Was zunächst die Verbindungsweise beider anbetrifft, so erfährt dieselbe folgende Modificationen:

1. Jedes der beiden Bogensysteme bildet ein der Axen-Scheide blos äusserlich angefügtes, durchaus selbstständiges Rohr. Die beiden Röhren: das obere und das untere stehen unter einander nicht in unmittelbarer Verbindung. Accipenser [1]).

2. Jedes der beiden, von einander getrennt bleibenden Bogensysteme liegt dem Axensysteme an, bildet aber, statt eines allseitig geschlossenen Rohres, nur die Seitenwand und, mit Ausnahme einer Strecke des unteren Canales, auch die Schlusslinie eines oberen und unteren Canales. Der Boden des oberen und das Dach des unteren Canales werden von der Scheide oder der eigentlichen Substanz des Axensystemes gebildet. Squalidae. Holocephali. Esox. Salmo.

3. Die beiden Bogensysteme gehen an den beiden Aussenseiten des Axencylinders, von dessen Scheide und sonstiger Substanz ihre Grundlage jedoch wesentlich verschieden ist, ununterbrochen in einander über. Jedes Bogensystem bildet nur die Seitenwand und bewirkt an den meisten Stellen auch die Schliessung seines Canales. Marsipobranchii.

4. Die beiden Bogensysteme erscheinen als unmittelbare, auf- und abwärts gerichtete Canal-bildende Fortsetzungen der Grundlage des Axencylinders. Viele Teleostei.

Andere Modificationen werden durch die verschiedene Beschaffenheit der Texturverhältnisse herbeigeführt.

1. Die Grundlagen der beiden Bogensysteme können, gleich dem ununterbrochenen Axencylinder, eingefügter solider Theile, welche eine Gliederung bewirken, gänzlich ermangeln. Branchiostoma. Myxine. Ammocoetes.

2. Es können in der übrigens ununterbrochenen Continuität der Bogensysteme solide, eine Gliederung bewirkende Leisten vorkommen, ohne dass der Axencylinder gleichfalls gegliedert wäre oder discrete solide Theile enthielte. Petromyzon. Accipenser. Chimaera.

3. Es kann die Entwickelung solider Stücke in der zusammenhangenden Grundlage jedes Bogensystemes mit einer solchen im Axensysteme zu-

1) Vgl. §. 8.

sammenfallen. Beide Systeme erscheinen daher durch Anwesenheit discreter solider Stücke gegliedert. Es kommen also zugleich, mit soliden Bogentheilen, solide Wirbelkörper vor, ohne dass jedoch beide von gleicher Texturbeschaffenheit immer zu sein brauchten (manche Squalidae). — Die eben genannte, am häufigsten vorkommende Anordnung erfährt durch die wechselnde Lage und Zahl der soliden Bogentheile folgende Modificationen:

a. Die einzelnen soliden Theile des Axensystemes und der Bogensysteme entsprechen einander der Lage nach so, dass auf jeden Wirbelkörper ein Paar oberer und ein Paar unterer solider Bogenstücke kömmt. Letztere hangen in der Regel durch ihre Basis mit einem Wirbelkörper zusammen. Sie heissen dessen genuine auf- und absteigende Bogenschenkel: *Crura dorsalia et ventralia.*

b. Im Bogensysteme kommen solide Stücke vor, welche, ihrer Lage nach, nicht einem Wirbelkörper, sondern zweien zugleich entsprechen, indem ihre Basis die Verbindungsstelle zweier Körper berührt.

Bei den Fischen kommen so gelegene Bogenstücke nur sehr selten, unter Mangel genuiner Bogenschenkel an denjenigen Wirbelkörpern, zwischen deren Verbindungsstellen jene liegen, vor, wie dies z. B. an einigen Stellen der Wirbelsäule von Amia der Fall ist [2]). Häufiger erscheinen solche Stücke unter gleichzeitiger Anwesenheit genuiner solider Bogenschenkel. Deshalb heissen sie ***Partes intercalares, Crura intercalaria.*** Diese Zwischenbogenschenkel sind dann also solide Stücke, die an sonst gewöhnlich membranös bleibenden Strecken des Wirbelbogensystemes sich entwickelt haben. Sie kommen bei den Elasmobranchii vor.

c. Es sind in gewissen Strecken des Körpers eines Fisches (Amia) Wirbelkörper gefunden, denen keine solide Bogenschenkel entsprechen. Sie bilden ein System sogenannter Schaltwirbelkörper.

d. Es können endlich, ausser den genuinen Bogenschenkeln und den Zwischenbogenschenkeln, noch andere dem Wirbelsysteme selbst fremde solide Stücke den Grundlagen des Wirbelbogensystemes eingeschoben sein. Namentlich ereignet sich dies oft in den an der Dorsal- und Ventralseite des Wirbelsystemes auf- und absteigenden ***Septa***, in so ferne diese die ***Ossa interspinalia*** einschliessen.

Indem nun das am häufigsten realisirte Verhältniss das ist, dass einem discreten Wirbelkörper ein Doppelpaar solider Bogenschenkel entspricht, indem letztere ferner gewöhnlich als unmittelbare Fortsätze des ersteren sich zeigen, erscheinen die so verbundenen Theile als ein Ganzes, als eine Einheit, bilden einen Wirbel. Der Wirbel ist demnach ein Axensegment, dem planmässig mehr oder minder histologisch gleichartig differenzirte Bogenstücke in verschiedenem Grade der Innigkeit verbunden sind. Ge-

---

2) Vgl. §. 9.

leitet durch die bei den Fischen in der Zuordnung zweier nach entgegengesetzten Richtungen strebenden Bogenschenkelpaare zu einem Wirbelkörper sich kundgebende Symmetrie hat man den doppelschenkeligen Wirbel als typisch aufgefasst. An dem aus seinen natürlichen, meist histologisch differenten Verbindungen herausgelöseten Wirbel werden also, nächst dem Körper, zwei aufsteigende und zwei absteigende Bogenschenkel unterschieden.

§. 5.

Eine auswendige Umgürtung der der Rumpfgegend des Wirbelsystemes angehörigen, die Eingeweide einschliessenden Höhle geschieht häufig durch paarige solide Bogen-Elemente: die Rippen, *Costae*. Dieselben sind unbeständig vorkommende Theile. In ihren Ausgangspunkten vom Wirbelsysteme, mit dem sie bei den Fischen anscheinend nie ausser Verbindung bleiben, verhalten sie sich nicht ganz gleich. Nur sehr selten überschreitet ihre Anheftungsstelle an den Wirbelkörpern deren ventrale Hälfte nach oben, in welchem Falle sie dicht neben den oberen Bogenelementen sich anlehnen, wodurch (wie z. B. bei Cotylis) ihre Insertionsverhältnisse ebenso, wie bei höheren Wirbelthieren sich gestalten. — Dagegen befestigen sie sieh gewöhnlich an den in der Rumpfgegend vorkommenden Elementen des unteren Bogensystemes; unter Mangel der letzteren, schliessen sie (z. B. bei Polypterus) auch an die untere ventrale Hälfte des Axen- und Wirbelkörpersystemes sich an. Diese beiden Weisen der Anheftung fallen in die nämliche Kategorie, indem es die ventrale Hälfte des Wirbelkörpersystemes ist, welche den, in dem letzteren Falle unmittelbaren, in dem ersteren mittelbaren, Ausgangspunkt der Rippen bildet. Dieser Ausgangspunkt der Rippen von der ventralen Hälfte des Axen- und Wirbelkörpersystemes charakterisirt die meisten Fische, im Gegensatz zu den höheren Wirbelthieren, bei welchen diese Theile von der dorsalen Hälfte des Wirbelkörpersystemes, sei es unmittelbar, oder durch Vermittelung von secundären Entwickelungen des oberen Bogensystemes *(Processus transversi)*, ausgehen. Vermöge dieses sehr allgemeinen, wenngleich nicht ausnahmslosen, Ausgangspunktes der Rippen kann bei den Fischen eine unmittelbare Verlängerung der ventralen Muskelmasse des Schwanzes (der unteren Hälfte der Seitenmuskeln) auf ihnen ruhen und sie bedecken, während bei den höheren Wirbelthieren Verlängerungen der ventralen Hälfte der Schwanzmuskeln, sobald sie in die Rumpfgegend sich erstrecken, wie z. B. bei den Cetaceen, von den Rippen, welchen hier die dorsale Hälfte des Wirbelsystemes Ursprung gibt, auswärts umgürtet werden. — Die Rippen der Fische können aber keineswegs als solche Elemente angesehen werden, deren wesentliche architektonische und morphologische Bestimmung es wäre, Erweiterungen und Ergänzungen der Elemente des unteren Wirbelbogensystemes in der Rumpfgegend zu bilden, um diese letzteren dadurch zur Aufnahme der Eingeweide der Rumpfhöhle geschickt zu machen. Die

Rumpfhöhle selbst, gleich den zu ihrer Umgürtung verwendeten Rippen, ist nämlich ein dem Wirbelsysteme und namentlich auch dem Systeme der unteren Bogenelemente blos äusserlich angefügtes System. Dies ergibt sich daraus, dass die Elemente der unteren Wirbelbogen längs einer Strecke oder fast längs des ganzen Bereiches der Rumpfgegend zu einem selbstständigen Canale sich schliessen können, der dann, seine in der Schwanzgegend immer hervortretende Bestimmung beibehaltend, die Aufnahme der *Aorta* oder dieser und der Fortsetzung der Schwanzvene besorgt. Sobald dieser Canal längs der Rumpfgegend geschlossen vorkömmt, liegt er über der Rumpfhöhle. Geschieht die Umgürtung der letzteren dann durch Rippen, so gehen diese von Apophysen der Seitentheile der Canalwandungen wie z. B. beim Stör, oder von der ventralen Hälfte des Wirbelkörpersystemes aus. Hieraus ergiebt sich, dass es unrichtig wäre, in Folge einseitiger Berücksichtigung derjenigen Fälle, wo die Rippen den freien Enden der untereinander unvereinigt bleibenden unteren Bogenschenkel sich anschliessen, ihnen die generelle architectonische Bedeutung unterzulegen, dass sie den Schwanzcanal der letzteren in die Rumpfgegend erweitert fortzusetzen hätten.

Es liegt weder in dem generellen architectonischen Plane der unteren Bogenschenkel, dass sie die Rumpfhöhle umgürten, noch in dem der Rippen, dass sie, als adjungirte Elemente, die unteren Bogenschenkel darin unterstützen. Die architectonische Bedeutung der Rippen bleibt immer die äussere Umgürtung der Rumpfhöhle und ihrer Fortsetzungen; darin können sie unterstützt werden von den unteren Wirbelbogenelementen. Geschieht diess, so tritt eine Fusion der Gefässhöhle und Rumpfhöhle ein, wie diess bei der Mehrzahl der Fische sich ereignet.

§. 6.

Die wesentlichsten Modificationen im Baue der Wirbelsäule bei den einzelnen Gruppen sind folgende:

Bei den Leptocardii [1]) und Marsipobranchii besteht das Axensystem in einer von eigener Scheide umschlossenen faserigen oder gallertartigen *Chorda*, welche von einer zweiten Gewebsschicht scheidenartig umhüllt wird. Diese Schicht — häufig als äussere Scheide der *Chorda* bezeichnet —, verlängert sich jederseits aufwärts zur Bildung eines das Rückenmark umschliessenden Rohres, worauf sie einen zweiten, über jenem gelegenen, mit fetthaltigen Gewebstheilen erfüllten Canal bildet. Von der Schlussstelle des letzteren aus erhebt sich oft, als Fortsetzung jener Schicht ein fibröses *Septum* zwischen den Seitenmuskeln. Das untere Bogensystem

---

1) Vergl. ausser den Schriften von Rathke u. Müller, die Abhandlung von Quatrefages in den Ann. des scienc. natur. u. Schulze in Siebold u. Kolliker's Zeitsch. f. Zool. Bd. 3. Hft. 4. 1851. S. 416.

wird am Rumpfe durch eine mehr oder minder bedeutende Verdickung derselben äusseren Scheide, welche leistenartig und bisweilen mit Andeutungen einer Längsgliederung längs jeder Seite der Basis des Axencylinders sich hinzieht, repräsentirt. In der Schwanzgegend umschliessen abwärts gerichtete Verlängerungen der äusseren Scheide einen die *Arteria* und *Vena caudalis* aufnehmenden Canal.

Bei Petromyzon ist die Masse der äusseren Scheide an zwei Stellen bedeutend verdickt: einmal da, wo sie als Element des unteren Bogensystemes vom Axencylinder aus leistenartig absteigt und dann, obschon in schwächerem Maasse, da, wo sie vom Axencylinder zur Bildung des oberen Bogensystemes sich erhebt. In der Masse der äusseren Scheide, die durch eingesprengte Knorpelsubstanz überhaupt als Blastem für Knorpel- und Knochenbildungen sich zu erkennen gibt, erheben sich im vordersten Segmente des Wirbelsystemes paarige Knorpelleisten, ohne zur Umschliessung der oberen Canäle wesentlich beizutragen und ohne zu convergiren oder sich zu vereinigen. — An den Seiten des vordersten Abschnittes des Axencylinders hat die Befestigung der Knorpel des äusseren Kiemenkorbes Statt. —

Rippen fehlen den Marsipobranchii allgemein.

Unter den Dipnoi besteht bei Lepidosiren die von einer fibrösen Scheide umschlossene, das Axensystem darstellende *Chorda* aus einer peripherischen Schicht, welche zu wirklichem Knorpel sich umzubilden scheint, und aus einem gelatinösen Centralcylinder. Aufsteigende ossificirte Bogenstücke sind in die Scheide der *Chorda* dergestalt eingepflanzt, dass sie mit ihren knorpeligen Grundflächen in ihre Höhle hineinragen und mit der Oberfläche der *Chorda* in Zusammenhang stehen. An der unteren Fläche der *Chorda*-Scheide haften in einer Strecke rundliche ossificirte Scheiben. Ausserdem sind paarige knöcherne Rippen mit ihren überknorpelten Köpfen in die Scheide der *Chorda* eingepflanzt. Sie berühren jedoch die Oberfläche der eigentlichen *Chorda* nur, ohne mit ihr verwachsen zu sein [2]).

§. 7.

In der Ordnung der Elasmobranchii [1]) stellen die beiden Bogensysteme als discrete, dem Axensysteme blos aufgesetzte oder eingekeilte Elemente sich dar. Nicht allein die Elemente des oberen, sondern auch die des unteren Bogensystemes sind bis zur vordersten Grenze des Wirbelsystemes zu verfolgen. Die des unteren bilden nur in der Schwanzge-

---

2) Vergl. die Schriften von Bischoff u. Hyrtl.

1) Ueber die Wirbelsäule der Elasmobranchii vergl. besonders: Müller, Vergl. Osteol. d. Myxinoïd. S. 91. — Ueber den Bau der Wirbelsäule der Squalidae: Müller's Aufsatz in Agassiz hist. nat. d. poiss. fossiles. Vol. 3. p. 360. nebst den Abbild. Tb. 40. b.

gend einen Gefässcanal und erscheinen am Rumpfe als dem Axensysteme angefügte, bisweilen der Länge nach verschmolzene Leisten. — Die Holocephali und die Rajidae haben das Gemeinsame, dass das vorderste, dem Schedel zunächst liegende Segment der Wirbelsäule als ein äusserlich ungegliedertes Rohr erscheint, welches dem Schedel, und, bei einigen Rajidae, auch dem Schultergerüst, sowie dorsalen Gliedern der Kiemenbogen, einen festen Stützpunkt gewährt [2]).

Das Axensystem besteht bald in einer ungegliederten *Chorda*, bald in discreten Wirbelkörpern. In ersterer Gestalt erscheint dasselbe bei den Holocephali, bei den Notidani und der Gattung Echinorhinus. — Die *Chorda* der Chimären [3]) besitzt in ihrer Scheide zarte ossificirte Ringe, deren Anzahl diejenige der Bogenschenkel weit übertrifft. Uebrigens ist die Scheide sehr dick, besteht nach innen hin aus einem atlasglänzenden Fasergewebe und umschliesst eine gallertartige Masse, welche einen Centralcanal enthält.

Bei den Gattungen Hexanchus und Heptanchus [4]) umhüllt die ungegliederte Scheide der *Chorda* eine gallertartige Masse. Eine Theilung in Wirbelkörper ist dadurch angedeutet, dass quere, häutige, mit einer Centralöffnung versehene *Septa* die Gallertmasse von Stelle zu Stelle durchsetzen und so die Mittellinie eben so vieler Wirbelkörper bezeichnen. Bei Echinorhinus ist der Inhalt der Scheide chondrificirt.

Die discreten Wirbelkörper der übrigen Elasmobranchii besitzen an jedem ihrer Enden eine conische Aushöhlung und einen Centralcanal, durch welchen der Centralstrang der *Chorda* sich hindurchzieht. Ihre Texturverhältnisse bieten in Bezug auf die ossificirten oder knorpeligen Antheile bei den Haien [5]) grosse Verschiedenheiten dar; bei den Rajidae scheinen die Wirbelkörper beständig ossificirt zu sein.

Die Bogensysteme erscheinen dem Axensysteme bald blos aufgesetzt,

---

2) Dieser vorderste zusammenhangende Abschnitt der Wirbelsäule ist bei den verschiedenen Rajidae sehr verschieden entwickelt. Bei Raja stellt er eine das Rückenmark einschliessende Capsel mit dünnem Boden dar. Die dünne Basis enthält keine Spur von Wirbelkörpern und auch nicht einmal einen Kern von harter Knochensubstanz. Müller fand, dass selbst bei einem Rochenfötus von 2″ Länge die Säule der Wirbelkörper vor diesem Rohre fadenförmig aufhörte. Myxinoid. Thl. I. S. 94. Schon bei Rhinobatus, mehr noch bei Trygon, bei Aëtobatis, bei Torpedo u. A. ist der Boden minder dünne und es zeigen sich deutliche Spuren von Wirbelkörpern.

3) S. Müller, Vergl. Neurol. d. Myxinoïden. S. 71.

4) In Bezug auf die Notidani und Echinorhinus folge ich Müller, da zu ihrer eigenen Untersuchung keine Gelegenheit war.

5) Bei Acanthias und Centrina beschränkt sich die Ossification nur auf die unmittelbare Umgebung der conischen Aushöhlungen. Bei Lamna sind an der Aussenfläche der Wirbelkörper vorkommende Vertiefungen und Rinnen mit Knorpelmasse erfullt. Bei Squatina bestehen die Körper aus alternirenden Schichten von Knochen und Knorpel. S. d. Abb. b. Müller, Vergl. Neurol. d. Myxinoid. Tb. IV. F. 8.

wie bei den eine ungegliederte *Chorda* besitzenden Elasmobranchii, bei den Rajidae und manchen Squalidae, oder sie sind mit ihren Grundflächen in die Masse der Wirbelkörper bis zu deren centraler Ossificationsschicht hin, tief eingekeilt, wodurch dann, bei differenter Textur dieser eingekeilten Elemente, in den Wirbelkörpern auf Durchschnitten die Figur eines Kreuzes erscheint [6]).

Was die Textur der genuinen oberen Bogenschenkel anbetrifft, so bleiben sie entweder ganz knorpelig, oder erhalten eine oberflächliche Knochenkruste, übereinstimmend mit derjenigen, welche andere Theile des Skeletes überzieht [7]), scheinen aber in späterem Alter vollständiger ossificiren zu können.

In Betreff ihrer Bogensysteme haben die Elasmobranchii das Eigenthümliche, dass diejenigen soliden Glieder derselben, welche — weil jedes mit seiner Basis einem Wirbelkörper aufsitzt — als genuine Bogenschenkel sich charakterisiren, nicht durch häutige Interstitien geschieden, sondern durch zwischengekeilte discrete Stücke (*Cartilagines intercruales*), deren oft mehre neben einander vorkommen, zu einer allseitig soliden Wand des *Canalis spinalis* ergänzt werden. Vervollständigt werden die soliden Begrenzungen des genannten Canales noch häufig, obschon keinesweges beständig, durch eigene unpaare obere discrete Stücke, welche meistens den *Cartilagines crurales* und *intercrurales* gleichmässig entsprechen und als *Cartilagines impares* bezeichnet werden [8]).

Der Antheil, welchen die einzelnen genannten Stücke, die, wenn man von der Voraussetzung ausgeht, dass die *Cartilagines crurales* allein typisch sind, als accessorisch bezeichnet werden müssen, an der Umschliessung des *Canalis spinalis* nehmen, ist bei verschiedenen Gruppen der Elasmobranchii verschieden [9]). — Während bei den Holocephali und Squalidae, von den oberen Schlussstellen des soliden *Canalis spinalis* aus, fibröse *Septa* zur Rückenkante sich erheben, verhalten sich die meisten Rajidae dadurch abweichend, dass bei ihnen sehr häufig solide Verlängerungen der Wirbelsäule bis unmittelbar zur Rückenhaut hinauf reichen. Es sind nämlich den

---

6) Diesen den Carchariae eigenthümlichen Bau fand Müller nicht nur bei allen Nictitantes, sondern auch bei Scyllium, Lamna, Alopias. S. auch d. Abb. Vergl. Osteol. d. Myxin. Tb. IX. Fig. 6.

7) Sie bleiben ganz knorpelig bei Chimaera, bei den Notidani, bei Echinorhinus, Acanthias, Centrina. Bei den übrigen Haien erhalten sie eine oberflächliche Knochenkruste oder ossificiren auch in ihrer ganzen Substanz.

8) Diese *Cartilagines impares* sind beobachtet unter den Haien bei Scyllium, bei den Nictitantes u. bei Squatina, wo sie aber, ihrer Zahl nach, den *Cartilagines crurales* entsprechen. Bei Chimaera finden sich ebenfalls discrete obere Schlussstücke.

9) Oft, wie z. B. bei Chimaera, bei Acanthias, tragen die *Cartilagines intercrurales* am meisten dazu bei, welche, wenn die *Cartilagines impares* fehlen, bei den Haien auch die obere Schliessung des *Canalis spinalis* bewirken.

Cartilagines intercrurales noch discrete obere Schlussstücke angefügt, welche die obere Grenze des Wirbelsystemes vervollständigen. Sie entsprechen, ihrer Lage nach, bald je zwei Zwischenschenkelstücken, bald mehren zugleich, wie z. B. bei Rhinobatus. Aehnliche unpaare Schlussstücke kommen auch einzeln am unteren Bogensysteme vor. Das Schwanzende der Wirbelsäule ist häufig, namentlich bei den Squalidae, aufwärts gekrümmt, wie z. B. besonders stark bei der Gattung Pristiurus; bei den Rajidae ist die Krümmung nicht deutlich.

Die Elasmobranchii ermangeln entweder der Rippen gänzlich, wie dies der Fall ist bei den Chimären und manchen Rajidae, oder besitzen dieselben in verhältnissmässig unbeträchtlichen discreten Stücken. Die Anheftung der Rippen hat an den *Cartilagines crurales* des unteren Bogensystemes Statt; bei einigen Squalidae aber auch zugleich in dem Zwischenraume zweier solcher Bogenstücke [10]).

§. 85.

Was die Ganoïdei chondrostei anbetrifft, so kann Accipenser als Repräsentant gelten. Das Axensystem wird durch eine von einer dicken fibrösen Scheide umhüllte *Chorda dorsalis* repräsentirt. Dieser ist oben, wie unten, ein discretes Bogensystem von wesentlich knorpeliger Textur angeschlossen. Jedes derselben bildet einen Ring. Aeussere einfache Verlängerungen der Grundlage jedes der beiden Ringe bilden seitliche Bekleidungen der *Chorda*-Scheide. Diese äusseren Verlängerungen oder Ausläufer der Substanz jedes der beiden Ringe bleiben, mit Ausnahme eines vorderen Abschnittes des Wirbelsystemes [1]), in welchem sie sich berühren, durch eine zwischenliegende, von Knorpel unbedeckte Strecke der *Chorda*-Scheide von einander getrennt. Der dorsale Ring bildet zuerst den Boden, die Seitenwandung und das Dach des *Canalis spinalis*. Durch unmittelbare Verlängerung seiner Knorpelsubstanz entsteht über dem *Canalis spinalis* ein zweiter Canal zur Aufnahme eines elastischen Längsbandes (*Ligamentum longitudinale superius*). Die Elemente des oberen Ringes bestehen in discreten knorpeligen Stücken verschiedener Art. Die beträchtlichsten sind paarige obere Bogenschenkel. Jeder derselben bildet mit seiner breiten nach innen und aussen erweiterten Basis inwendig die Hälfte des Bodens des Spinalcanales und auswendig eine Bekleidung des oberen Segmentes der *Chorda*-Scheide. Von dieser breiten Basis erhebt sich ein schmalerer aufsteigender Schenkel, der, nachdem er sich erhoben, mit einem

---

10) So bei Carcharias, Heptanchus, Alopias, nach Müller's Angaben.

1) Im vordersten, dem Schedel zunächst gelegenen Abschnitte des Wirbelsystemes liegen die verkümmerten Elemente des unteren Bogensystemes als Rippentragende, knorpelige Apophysen auf dem Seitentheile des nach hinten verlängerten *Os basilare* des Schedels.

inneren Aste die Hälfte des Daches des Spinalcanales und des Bodens des zweiten Canales, mit seinem äusseren Aste eine Seitenwandung dieses zweiten Canales bildet [2]. Die obere Schliessung dieses Canales erfolgt streckenweise durch Convergenz und Verbindung der paarigen Seitenwandungen, streckenweise unter Hinzutritt eines oberen Schlussstückes [3]). Nächst diesen paarigen oberen Bogenschenkeln tragen zur Begrenzung der Seiten und zur Bildung des Bodens des Spinalcanales noch Intercruralknorpel bei, welche mit ihrer Basis der *Chorda*-Scheide anliegen und zur Bildung der Austrittscanäle der Spinalnerven concurriren. — Der untere, der *Chorda*-Scheide angefügte Ring bildet das Dach, die Seitenwandung und den Boden eines Aortencanales. Nur in der Schwanzgegend liegt unter diesem Aortenringe ein zweiter, bestimmt zur Aufnahme der Caudalvene. — Die Bildung des Aortencanales geschieht in der Rumpfgegend vorzüglich durch einfache, abwärts völlig geschlossene Knorpelbogen, die aufwärts in zwei, unmittelbar unter dem Bauchtheile der *Chorda*-Scheide zwar zusammenstossende, aber durch ein zwischengeschobenes elastisches *Ligamentum longitudinale inferius* getrennt bleibende Schenkel ausgehen. Der Boden des Aortencanales und zum Theil auch seine Seitenwandungen werden aber noch durch zwischengeschobene discrete Schaltknorpel vervollständigt. Aeussere einfache Ausläufer der Substanz des Hauptbogens bilden für die untere Seitenhälfte der *Chorda*-Scheide eine auswendige Belegung; dieselbe geht jederseits in eine Apophyse aus, welche vorne kurz und schwach, weiterhin stark und als Querfortsatz entwickelt, zur Befestigung einer Rippe dient. Jede Rippe besitzt nur an ihren beiden Enden und zwar an ihrem oberen in kurzer, an ihrem unteren in langer Strecke freie Knorpelsubstanz. In ihrem Körper ist der centrale Knorpel immer von einer corticalen Ossification scheidenartig umgeben. — Erst in der Schwanzgegend bildet der Boden des Aortencanales das Dach eines tieferen zur Aufnahme der Caudalvene bestimmten Canales; derselbe erhält anfangs durch Knorpelleisten, welche jederseits absteigen, nur solide Seitenwände; erscheint also in Gestalt einer unten offenen Rinne; weiterhin, und zwar da, wo die Schwanzflosse beginnt, ist er auch unten völlig geschlossen, indem die absteigenden Seitenwandungen durch unpaare, in der Mitte von einer Knochenscheide umgebene, untere Schlussstücke ergänzt werden. An diesen unteren Schlussstücken hat die Befestigung der

2) Dieses obere Segment des genannten Schenkels besitzt eine corticale Knochenscheide in einer Strecke seiner Länge.

3) Dieses obere Schlussstück zeichnet an vielen Rumpfwirbeln sich aus durch seine Form, indem es schräg und cylindrisch aufsteigt und dann an seinem freien Ende eine nach vorn und hinten gerichtete Verlängerung besitzt, also T förmig erscheint. Seine Knorpelsubstanz wird immer in einer Strecke von einer corticalen Ossification scheidenförmig umgeben.

Schwanzflossenstrahlen Statt. Das Schwanzende der Wirbelsäule ist stark aufwärts gekrümmt.

[Man vergleiche über die Wirbelsäule von Accipenser: C. E. von Baer, im Zweiten Berichte von der anatomischen Anstalt zu Königsberg. Kbg. 1819. 8. In den wesentlichsten Verhältnissen zeigt Spatularia sich übereinstimmend mit Accipenser; nur fehlen die Rippen, oder werden vielmehr durch ligamentöse Stränge vertreten, die an der Basis knorpelige Elemente enthalten.]

§. 9.

Bei den Ganoïdei holostei ist das Axensystem in discrete ossificirte Wirbelkörper zerfallen [1]). — An den einander in der Längsrichtung entsprechenden Enden jedes Wirbelkörpers finden sich bei Polypterus und Amia conische Vertiefungen, während bei Lepidosteus jeder Wirbelkörper vorne einen convexen Gelenkkopf und hinten eine entsprechende Gelenkhöhle besitzt. — Nur bei Polypterus kommen längs der Wirbelkörperreihe des Rumpfes mediane Querfortsätze vor, an welchen Muskelgräthen befestigt sind. — Gelenkfortsätze zur Verbindung der einzelnen Wirbelkörper fehlen allgemein. — Das System der ossificirten oberen Bogen bietet in seinem Verhalten zu den Wirbelkörpern Verschiedenheiten dar. Bei Polypterus und Lepidosteus sind sie Fortsätze der Wirbelkörper, bei Amia discrete, von letzteren durch Zwischenknorpel getrennte Theile. — Bei Polypterus bilden die oberen Bogenschenkel nur einen Canal: den *Canalis spinalis.* Daher sind die beiden, von den Seiten eines Wirbelkörpers aus, aufsteigenden Schenkel kurz; oben gehen sie ununterbrochen in einander über. Die vorderen und hinteren Ränder der einzelnen oberen Bogen stossen, ohne zwischenliegende membranöse Interstitien und nur durch Bindegewebsstreifen getrennt, zur Bildung einer festen Seitenwand des *Canalis spinalis* an einander. Aufwärts ist jedem Bogen ein discretes ossificirtes Dornstück angefügt. — Bei Lepidosteus und Amia finden sich im Bereiche des Systemes der oberen Bogen zwiefache Elemente, indem die Bildung zweier über einander gelegener Canäle zu Stande kömmt. Bei Lepidosteus hat der von jedem Wirbelkörper aufsteigende, zur Umschliessnng des *Canalis spinalis*

1) Die Gattung Amia bietet die merkwürdige Erscheinung dar, dass gewisse, der Schwanzgegend angehörige Wirbelkörper keine entwickelte unteren und oberen Bogenschenkel besitzen, sondern oben und unten nur solche schmale Knorpelstreifen tragen, welche an anderen Stellen zwischen jedem Wirbelkörper und jedem seiner Knochenbogen liegen. Ein solcher Schaltwirbelkörper liegt zwischen zwei anderen vollstandig entwickelten Wirbeln. Der erste Schaltwirbel kömmt vor hinter dem 6ten Schwanzwirbel; der letzte zwischen dem 21sten und 22sten. Merkwürdig ist der Umstand, dass an einigen Stellen der Schaltwirbel mit dem genuinen Wirbel zu einem Stücke verschmolzen ist; z. B. zwischen dem 11ten und 12ten Schwanzwirbelkörper findet sich kein Schaltstück, aber der 11te Wirbelkörper ist sehr lang und trägt in seiner hinteren Hälfte die die Schaltwirbel charakterisirenden Knorpelapophysen; der 21ste ist wieder sehr lang und verhält sich in seiner Vorderhälfte wie ein Schaltwirbel. — An einem zweiten Exemplare kommen solche Verschmelzungen an anderen Stellen vor.

bestimmte Bogen, indem seine Schenkel oben ununterbrochen in einander übergehen, die Gestalt einer Röhre. — Von jeder Aussenseite dieser geschlossenen Röhre steigt ein, an der Basis mit ihr verschmolzener, später freier, schmaler rippenartiger Bogenschenkel aufwärts und hinterwärts, der mit dem ihm paarig entsprechenden zwar convergirt, aber nicht verschmilzt und zugleich mit ihm das oberhalb des *Canalis spinalis* gelegene fibröse Längsband einschliesst. Je zwei ossificirte Bogen sind durch fibrös-häutige Interstitien von einander getrennt. — Bei Amia entspricht meistens jedem Wirbelkörper — in einzelnen Regionen der Wirbelsäule auch den Verbindungsstellen zweier derselben — ein discreter, durch eine knorpelige Epiphyse von ihm getrennter oberer Bogen, der, in den Grundzügen seiner Anordnung, mit dem des Lepidosteus übereinstimmt. — In dem zur Rückenkante aufsteigenden fibrösen *Septum* finden sich bei den Ganoïden verschieden enwickelte *Ossa interspinalia.*

Das System der unteren Bogen verhält sich nicht bei Allen ganz gleich. Bei Polypterus fehlen in der Rumpfgegend die unteren Bogenstücke. In der ganzen Schwanzgegend des Polypterus geschieht die Bildung eines unteren Gefässcanales dadurch, dass an die Unterfläche jedes Wirbelkörpers zwei Schenkel eines discreten Knochens sich anheften, die abwärts in einen einfachen Dorn zusammenfliessen. Die gleiche Bildung findet sich bei Amia in der hinteren Hälfte und bei Lepidosteus am äussersten Ende der Schwanzgegend. Weiter vorwärts hat bei Lepidosteus die Bildung des Gefässcanales durch untere, von den Wirbelkörpern ausgehende Bogenfortsätze Statt, welche abwärts durch die bei Polypterus vorkommenden Yförmigen Knochen ergänzt werden; bei Amia geschieht sie nur durch discrete, von den Wirbelkörpern durch Zwischenknorpel getrennte Bogenschenkelpaare, an deren unterer Schlusslinie einfache, aber discrete Dornstücke [2]) angefügt sind. — In dem in der Schwanzgegend, von der Wirbelsäule aus, absteigenden *Septum* finden sich *Ossa interspinalia.* — Die Rippen inseriren sich bei Amia und Lepidosteus an den freien Enden der unteren Bogenschenkel, bei Polypterus dagegen unmittelbar an den Wirbelkörpern unterhalb der medianen Querfortsätze. — Die Grenze von Rumpf- und Schwanzgegend wird durch einen Wirbel bezeichnet, an dem entweder eine abortive Rippe, oder weder eine Rippe, noch das die Schwanzgegend charakterisirende untere Schlussstück vorkömmt. — Das letzte Schwanzende der Wirbelsäule ist bei allen Ganoïdei holostei aufwärts gekrümmt; die *Chorda dorsalis* verlängert sich ungegliedert über die hinterste Grenze der abortiven letzten Wirbelkörper weit hinaus, nach oben gerichtet.

---

2) Dass alle diese unteren Stücke aus der Vereinigung von Rippen entstehen, wie Müller vielfach hervorhebt, davon habe ich an keinem Skelete der von mir untersuchten Ganoïden mich überzeugen können.

[Man vergleiche über die Wirbelsäule der Ganoïdei holostei: Geoffroy St. Hilaire in der Déscription de l'Egypte. Histoire naturelle des poissons. Pl. 3. — Agassiz, Poissons fossiles. l. c. — Muller, Bau u. Grenzen der Ganoïden. — Franque, de Amia calva. Mt. Abb. der Wirbelsäule der Amia].

§. 10.

In der grossen Gruppe der Teleostei erscheint das Axensystem dadurch, dass es in eine Reihe discreter ossificirter Wirbelkörper [1]) zerfallen ist, gegliedert. Verhältnissmässig selten bleibt eine Strecke des Axensystemes, namentlich in der Nähe des Schedels, ungegliedert [2]), ist jedoch ossificirt. Einem jeden Wirbelkörper entspricht in der Regel ein Paar ossificirter oberer und ein Paar gleichfalls ossificirter unterer Bogenschenkel.

Das nähere Verhalten der Wirbelkörper ist in der Regel Folgendes: Man kann jeden Wirbelkörper als aus zwei, mit ihren Spitzen in einander übergehenden Hohlkegeln zusammengesetzt, sich vorstellen. Jeder Wirbelkörper besitzt daher an seinem vorderen, wie an seinem hinteren Ende eine nach seiner Mitte zu sich verjüngende Vertiefung. An den Stellen, wo zwei Wirbelkörper sich an einander reihen, begrenzen einander nur die weitesten Umgebungen zweier Hohlkegel. In der Circumferenz dieser conischen Aushöhlungen zeigen sich ringförmige Streifungen, welche von der Mitte des Wirbelkörpers aus, nach jedem seiner Enden hin, an Weite allmälich zunehmen. In dem Centrum des Wirbelkörpers findet sich meistens ein die beiden conischen Aushöhlungen verbindender sehr kurzer Canal. Die conischen Aushöhlungen enthalten eine Masse, analog derjenigen der perennirenden ununterbrochenen *Chorda* anderer Fische. Diese Masse besitzt häufig einen discreten, durch abweichende Textur ausgezeichneten

---

1) Bemerkenswerth ist die grüne Färbung der Wirbel und anderer Knochen einiger Teleostei, z. B. bei Belone, bei manchen Arten von Cheilinus. — Die Wirbel von Cyclopterus zeichnen, gleich anderen Skelettheilen, durch ihre weiche Beschaffenheit sich aus; die Knochensubstanz bildet dünne Lamellen, deren Interstitien durch eine weiche Masse ausgefullt werden. Aehnlich verhalten sich, nach Cuvier, einige Tänioïden, z. B. Trachypterus.

2) Beispiele bieten, ausser Fistularia, viele Siluroïden dar. Bei Aspredo z. B. articulirt der Schedel mit einem ossificirten, die Hälfte der Rumpfgegend einnehmenden ungegliederten Segmente der Wirbelsäule. Von seiner Basis absteigende paarige Leisten bilden einen knöchernen Halbcanal für die *Aorta*. Eine von jeder seiner Seiten abgehende gewölbte breite Knochenplatte bildet ein Dach oberhalb der Schwimmblase, gibt vorne auch einen Stutzpunkt ab für den Schultergurtel und das *Os occipitale externum* des Schedels. Eine von dem ungegliederten *Canalis spinalis* aus aufsteigende einfache Knochenleiste befestigt sich vorne an das Ende des Bogentheiles des Hinterhauptes und dient hinten noch dem breiten Träger der Rückenflosse zur Unterstutzung. Der Basilartheil des ungegliederten Segmentes ist vorne dem *Os basilare occipitis*, hinten dem Körper des ersten discreten Wirbels verbunden.

Axencylinder, der durch die Oeffnung im Centrum und durch die übrige Masse der *Chorda* sich hindurchzieht [4]. Diesen Axencylinder der *Chorda* umgiebt oft eine zarte Hülle, von deren Circumferenz aus Blätter oder Lamellen nach der Peripherie der Höhle sich erstrecken und nicht selten so innig an den ringförmigen Streifungen haften, dass sie als deren Fortsetzungen erscheinen. — Ausnahmen von dieser Regel bilden solche Fische, bei denen die Vorderseite des Körpers flach oder fast flach ist und nur die hintere Seite eine tiefe Höhle besitzt [4]) und andere, bei denen wenigstens der Körper der vordersten Wirbels nach dem Schedel hin, statt einer conischen Aushöhlung, einen rundlichen Gelenkkopf trägt [5]). — Die einzelnen Wirbelkörper desselben Thieres sind bisweilen von verschiedenem Umfange, auch, je nach Verschiedenheit der Körperregionen, inniger oder loser mit einander verbunden [6]).

Bei vielen Teleostei gehen von den Seiten der Wirbelkörper mediane Querfortsätze ab; sie kommen besonders häufig in der Schwanzgegend vor, erstrecken sich aber nicht selten längs der ganzen Wirbelreihe nach vorne [7]). — Die untere Fläche der Wirbelkörper besitzt oft Aushöhlungen, die häufig zur Aufnahme von Fett dienen; bei Esox wird aber die Aorta von den medianen Aushöhlungen oben umfasst.

Engere Verbindungen der Wirbel unter einander werden bei den meisten Teleostei durch Gelenkfortsätze vermittelt, welche aber genetisch nicht dem Axensysteme, sondern den Bogensystemen angehören. Meistens trägt jeder Wirbel an seinem vorderen, wie an seinem hinteren Ende zwei Paare solche Fortsätze: ein oberes und ein unteres Paar, so dass jedem acht Gelenkfortsätze zukommen. Die von der Vorder-Grenze jedes einzelnen Wirbels ausgehenden beiden Paare von Gelenkfortsätzen sind vorwärts, die von seiner hinteren Grenze ausgehenden hinterwärts gerichtet. Sie umfassen einander wie sich kreuzende Arme zweier Zangen oder es legt der eine sich über den anderen. Wenn die Gelenkfortsätze stark entwickelt sind, wie bei den meisten Scomberoïden, werden sie häufig zur Um-

3) Z. B. bei Scomber scombrus, bei den Cyprinen u. A.

4) Diese Bildung finde ich an den meisten Wirbeln mehrer untersuchten Symbranchii, wo der vorderste Wirbelkörper aber einen wirklich runden Gelenkkopf trägt.

5) Z. B. bei Cobitis fossilis besitzt derjenige Wirbel, dem unten die Knochenblase, welche die Schwimmblase enthält, angefügt ist, vorn einen runden Gelenkkopf; der Körper des nächsten Wirbels ist vorne flach, verhält sich also ähnlich, wie bei Symbranchus.

6) Z. B. bei Ostracion fest in der Rumpfgegend; durch laxere Bandmasse in der beweglichen Schwanzgegend.

7) Sie kommen z. B. vor bei allen einheimischen Pleuronectes, bei den Syngnathus, bei Fistularia, Paralepis, an den Schwanzwirbeln von Esox, von Megalops und vielen anderen Fischen; bei mehren Thynnus nur an den letzten Schwanzwirbeln.

schliessung des Spinalcanales und Gefässcanales mit verwendet. — Oft sind auch nur zwei Paare von Gelenkfortsätzen vorhanden: ein vorderes Paar, das, von der Basis der oberen Bogenschenkel aus, vor- und aufwärts gerichtet, den nächst vorderen oberen Bogen umfasst und ein hinteres Paar, das, von den Seiten des Wirbelkörpers aus, ab- und hinterwärts gerichtet, den Körper des nächst hinteren Wirbels umfasst. Indem jeder vordere Fortsatz bisweilen, z. B. bei Lophius, Batrachus u. A., mit dem hinteren Fortsatze des nächst vorderen Wirbels durch ein straffes Ligament verbunden ist, erhält die Wirbelsäule einen äusserst festen Zusammenhalt.

Die Verbindungsweise der einzelnen Wirbelkörper mit ihren soliden Bogenschenkeln zeigt sich in so ferne verschieden, als letztere entweder perennirend discrete Stücke sind, oder als ununterbrochene Fortsätze und Ausläufer der Grundlage der Wirbelkörper erscheinen. Letztere ist die häufigste Verbindungsweise; die erstere wird bei Esox, bei den Salmones, bei vielen Cyprinen und Characinen angetroffen, indem bei ihnen bald alle, bald die meisten Bogenschenkel der Wirbelkörpersubstanz mit ihren Grundflächen eingekeilt erscheinen. Auch bei vielen anderen Teleostei verhalten sich die Grundflächen einzelner Bogenschenkel, namentlich der unteren, in der hintersten Schwanzgegend [8]) und der oberen des ersten [9]) Wirbels hiermit übereinstimmend.

§. 11.

Im Plane, der bei Anlage des Systemes der oberen Bogenschenkel der Teleostei beobachtet ist, liegt, wenigstens häufig, deren Verwendung zur Bildung zweier über einander gelagerter Canäle, von denen der untere zur Aufnahme des Rückenmarkes, der obere zur Einschliessung eines elastischen Längsbandes: *Ligamentum longitudinale superius* bestimmt ist. — Bei einigen Teleostei sind die soliden Elemente, welche die Bildung des Spinalcanales besorgen, von denen des höher liegenden zweiten Canales einigermaassen discret; bei anderen dagegen sind beide confundirt. Zwei verschiedene Elemente im Systeme der oberen Bogen sind bei den Salmones, bei Hyodon, bei Esox, bei Paralepis, bei vielen Clupeïden wenigstens in der Rumpfgegend deutlich zu unterscheiden. Beide gehen von gemeinsamer Basis aus, die dem Wirbelkörper nicht ununterbrochen verbunden, sondern eingekeilt ist. Eine breitere, dickere, inwendige Chondrification oder Ossification erhebt sich zu geringer Höhe und geht oben ununterbrochen in diejenige der entgegengesetzten Seite über. So kommen Seitenwandungen

---

8) Z. B. die unteren Bogen der letzten und vorletzten Schwanzwirbel von Synanceia horrida, Vomer Brownii, Argyreiosus vomer, Macrodon, Anarrhichas, Echeneis, Brama Raji; bei letztgenanntem Fische sind in die Masse der letzten Wirbelkörper die an der Basis verbundenen, also hier einfach gewordenen Grundflächen der beiden correspondirenden unteren Bogenschenkel eingekeilt.

9) Z. B. bei Synanceia horrida, Lota vulgaris.

und Dach des eigentlichen *Canalis spinalis* zu Stande. Ueber seinem Dache liegt das elastische Längsband, eingeschlossen zwischen zwei schmaleren, meist dünneren, hoch aufsteigenden, aber unter einander unvereinigt bleibenden rippenartigen Knochenschenkeln. An ihrer Basis sind letztere mit den inneren zur Umschliessung des *Canalis spinalis* bestimmten Bogenschenkeln innig verwachsen, verlängern sich aber über jene weithin selbstständig aufwärts. — In der Schwanzgegend der genannten Fische sind diese zwiefachen Elemente des oberen Bogensystemes nicht mehr nachzuweisen [1]). — Verwandt ist die Bildung der oberen Bogenschenkel bei den Plectognathi Gymnodontes. An den vorderen Rumpfwirbeln liegt das niedrige, oft nicht einmal ossificirte Dach des *Canalis spinalis*, an dem keine Spuren der Bildung aus discreten paarigen Seitenstücken erkannt werden, frei zu Tage. Aber von jeder Seitenwandung des *Canalis spinalis* erstreckt noch ein freier Knochenfortsatz sich aufwärts. Anstatt, wie gewöhnlich, zu convergiren, divergiren diese über den *Canalis spinalis* hinaus sich erhebenden Elemente der beiden Seiten eines Wirbels. In der Schwanzgegend erhebt sich jedoch von der oberen Decke des *Canalis spinalis* ein einfacher Dorn. — Bei vielen anderen Teleostei kommen auf einen Wirbelkörper zwei hinter einander liegende Bogen von verschiedener Höhe. Bei Belone, bei manchen Cyprinen u. A. ist der vordere Bogen niedriger und dient vorzugsweise zur Bedachung und Umgürtung des *Canalis spinalis*. Der hintere Bogen trägt wenig dazu bei. Aufsteigend und convergirend nehmen die Schenkel des letzteren ein fibröses Längsband zwischen sich; dann schliessen sie sich, und bilden einen einfachen oberen Dorn. — Bei anderen, z. B. bei manchen Scomberoïden erhebt sich in der Länge des ganzen Wirbelkörpers jederseits ein Bogenschenkel zu geringer Höhe; die beiderseitigen Bogenschenkel, welche den *Canalis spinalis* seitwärts umschliessen, werden oben durch Knochenmasse nicht vereinigt. In die Knochensubstanz jedes Bogenschenkels eingetragen ist aber noch eine schmale Knochenleiste, welche

---

1) Bei Salmo salar gelangt man unwillkührlich dahin, die zur Umschliessung des fibrösen Längsbandes verwendeten äusseren oberen Bogenschenkel als den die Rumpfhöhle umgürtenden Rippen analoge Elemente zu betrachten. Die am Rumpfe vorkommenden eingekeilten Elemente der unteren Bogenschenkel entsprechen, ihren Lagenverhältnissen nach, genau den zur Bildung des *Canalis spinalis* verwendeten genuinen oberen Bogenstücken; die jenen angefugten Rippen, den das fibröse Längsband einschliessenden Theilen. Charakteristisch ist, dass letztere nur in der Rumpfgegend mit den gegenüberstehenden der anderen Seite nicht zu einem oberen Dorn sich vereinigen. Einer generellen Durchführung jener Vergleichung, die dahin führen könnte, in dem von dem *Ligamentum longitudinale superius* eingenommenen Raume ein Analogon der Rumpfhöhle zu finden, stellen grosse Schwierigkeiten sich entgegen. Aber angedeutet ist eine solche Symmetrie zwischen unten und oben immerhin, wenn auch nicht überall durchgeführt. Schon beim Hecht sind die Verhältnisse minder rein, als beim Lachs.

die obere Grenze desselben weit überschreitet, mit der gegenüberstehenden convergirt und zu einem einfachen *Processus spinosus superior* verschmilzt. — Bei vielen anderen z. B. bei den Gadoïden, bei Cyclopterus ist dagegen die Zusammensetzung des oberen Bogensystemes eines Wirbels aus verschiedenen Elementen nicht zu erkennen. Die von den Wirbelkörpern aufsteigenden Bogenschenkel bilden starke vordere Gelenkfortsätze, convergiren und schliessen sich zu einem einfachen Dorn. — Die Zahl der untergeordneteren Variationen in der Anordnungsweise des oberen Bogenschenkelsystemes ist sehr gross [2]). Von der oberen Schlussstelle des *Canalis spinalis* kann sogleich ein einfacher oberer, mit derselben in ununterbrochenem Zusammenhange stehender Dorn sich erheben. Ist ein solches aufsteigendes Element plattenförmig so sehr verbreitert, dass es die gleichnamigen Elemente des nächst vorderen und nächst hinteren Wirbels in ganzer Höhe berührt, so werden die beiden oberen Seitenhälften der Muskeln durch eine ganz solide Scheidewand von einander getrennt [3]). — Bei einigen Teleostei gehen von den knöchernen Elementen der oberen Bogen noch accessorische Fortsätze ab; solche kommen z. B. bei Hypostoma an mehren Wirbeln vor und sind zur Unterstützung der Knochenschilder der Haut bestimmt. — Bei demselben Thiere sind die sonst gewöhnlich, als *Ossa interspinalia*, zwischen den häutigen Interstitien der *Processus spinosi* gelegenen, Flossenträger den letzteren durch Naht verbunden.

§. 12.

Das System der unteren Wirbelbogen zeigt nicht minder grosse Verschiedenheiten in seiner Anordnungsweise, als das der oberen. Das gewöhnlichste und darum als typisch angesprochene Verhältniss ist das, dass das untere Wirbelbogensystem, vom Schwanze aus, längs der ganzen Rumpfgegend sich fortsetzt, dass seine paarigen Schenkel dort zur Schliessung eines die *Aorta* und die *Vena caudalis* umfassenden Gefässcanales und dann zur Bildung eines einfachen unteren Dornfortsatzes gelangen, hier aber in Gestalt — meist Rippen tragender — von hinten aus nach vorne hin mehr und mehr divergirender unterer Querfortsätze erscheinen. Obgleich das obere Wirbelbogensystem in der Schwanzgegend zwei Gefässe: die *Aorta* und *Vena caudalis* einschliesst, sind doch die Elemente zwiefacher Bogenschenkel in seiner Zusammensetzung nicht nachzuweisen. Höchstens finden sich schwache Spuren einer discreten Entstehungsweise des unteren Dornes vor, wie z. B. an dem ersten Schwanz-

---

2) Bei Callionymus lyra divergiren die als Gelenkfortsätze verwendeten Elemente der Bogenschenkel an ihren freien Enden. Diese Divergenz bezweckt die Schaffung eines Raumes zur Aufnahme der Träger der Afterflosse, die von jenen paarigen Fortsätzen seitwärts umfasst werden.

3) Z. B. In der Schwanzgegend von Hypostoma.

wirbel des Lachs. Zahl und Art der Abweichungen von dem typischen Verhalten sind gross. Bei manchen Teleostei zeigen sich, längs der Rumpfgegend keine Spuren von Elementen der unteren Bogen[1]). Bei anderen sind sie hier mindestens ganz abortiv [2]). — Die Vereinigung der paarigen knöchernen unteren Bogenschenkel längs der Schwanzgegend kann fast ganz ausbleiben [3]). — Sehr häufig kommt dagegen auch in der Rumpfgegend eine Vereinigung der paarigen unteren Bogenschenkel zu Stande. Bald werden sie, ohne eigentlich zu convergiren, unterhalb des Axensystemes durch knöcherne Querbrücken verbunden [4]); bald sind sie ganz nach dem Typus derer der Schwanzgegend gebildet, indem sie, convergireud und sich vereinigend, Spitzbogen bilden, die aber nicht so tief abwärts steigen, um den Raum für die unterhalb ihrer gelagerte Rumpfgegend zu beengen [5]); bald bilden sie unter dem Axensysteme, in grösserer Breite und geringerer Tiefe in einander übergehend, nur einen engen Gefässcanal [6]). — Diese Vereinigung und Schliessung der paarigen Elemente des unteren Bogensystemes in der Rumpfgegend beschränkt sich bald nur auf wenige der letzteren angehörige Wirbel, bald erstreckt sie sich auf viele derselben [7]). — Statt einen engen, blos zur Aufnahme der Caudalgefässe bestimmten Canal zu bilden, können die paarigen unteren Bogenschenkel der Schwanzgegend vor ihrer Vereinigung stark divergiren, um einen weiteren zur Mitaufnahme der hintersten Enden der Nieren und der Schwimmblase bestimmten Canal einzuschliessen [8]). — Anstatt, wie gewöhnlich, als schmale Leisten von der breiteren Basis des Wirbelkörpers abzusteigen [9]), können die absteigenden ossificirten Elemente von der ganzen Länge eines Wirbelkörpers ausgehen. Dabei kann die Bildung eines absteigenden einfachen unteren Dornes ganz ausbleiben; oder es kann, statt eines schmalen Dorn-

---

1) Dahin gehören z. B. Syngnathus, Cotylis, Fistularia.

2) Z. B. bei Diodon, Tetrodon, Lophius.

3) Z. B. bei Gymnotus electricus, wo sie von oben einen fibrösen Sack decken, welcher die Schwimmblase einschliesst; ferner bei Ophicephalus striatus, wie Cuvier gezeigt hat.

4) Z. B. einer bei Synanceia horrida, vier bei Sebastes norwegicus, sechs beim Lachs, neun bei Zeus faber, Vomer Brownii, Cybium regale, acht bei Alosa vulgaris zwölf bei Lutodeira chanos, fünfzehn heim Häring u. s. w. — Bei Malacanthus Plumieri nehmen die drei hintersten vereinigten Bogenschenkel die Schwimmblase auf.

5) So bei Blennius gunnellus nach Cuvier u. Valenc. (Vol. XI.) wo ihr Canal von vorne nach hinten sich erweitert zur Aufnahme der Nieren. Ebenso finde ich sie geschlossen bei Liparis barbatus, wo aber die Nieren ausserhalb ihres Canales liegen.

6) Z. B. bei Hypostoma.

7) Fast längs der ganzen Wirbelsäule, mit Ausnahme der vordersten Wirbel bei Blennius gunnellus und Liparis barbatus.

8) Z. B. bei Exocoetus.

9) Auch solche Leisten können stellenweise in Platten sich verbreitern, die aneinander stossen, wie z. B. an einigen Schwanzwirbeln von Vomer Brownii.

ganz entschieden auf die ursprüngliche Anwesenheit einer solchen Krümfortsatzes, eine die ganze Länge des Wirbelkörpers besitzende verticale Platte von der unteren Wand des Gefässcanales absteigen. Indem dann die einzelnen absteigenden Platten der, der Länge nach, auf einander folgenden Wirbel einander unmittelbar berühren, entsteht unterhalb des Axensystemes der Wirbelsäule ein ganz ossificirtes, die beiden unteren Seitenhälften der Caudalgegend trennendes Septum [10]). — Die unteren Bogenelemente zeigen noch manchmal andere Eigenthümlichkeiten. [11]).

§. 13.

Das Schwanzende der Wirbelsäule bietet bei den Ganoïdei und Teleostei beträchtliche Verschiedenheiten in Betreff des Verhaltens der letzten Wirbel, der Permanenz des Endes der *Chorda dorsalis*, der An- oder Abwesenheit einer zur Unterstützung der Schwanzflosse bestimmten verticalen Platte und einiger anderer Verhältnisse dar.

Bei solchen Fischen, denen eine eigene verticale Schwanzflosse mangelt, nehmen die Wirbel der Schwanzgegend von vorne nach hinten an Umfang und namentlich an Länge ab und der letzte Wirbel endet etwas zugespitzt. Dahin gehören die Blennioïden, die Ophidini, die Tänioïden, die Muränoïden, Fistularia u. A.

Bei anderen, die eine ausgebildetere Schwanzflosse besitzen, verflacht und verjüngt sich das Ende des letzten Wirbels und zieht in eine von der Basis nach dem freien Ende hin allmälich sich verbreiternde verticale Platte sich aus, welche zwei ganz symmetrische Hälften, eine obere und eine untere besitzt. Um die Ränder dieser Platte legen sich die an der Basis auseinander weichenden Hälften der Flossenstrahlen. So z. B. bei Cyclopterus, Callionymus, bei den Pleuronectes, den Plectognathi. — Was die Bildung der verticalen Platte anbetrifft, so entsteht sie entweder aus den in ihrer Form modificirten oberen und unteren Bogenschenkeln; oder aus diesen nnd aus eingeschalteten accessorischen Stäben, wie man dies z. B. bei Belone erkennt.

Bei anderen erhält sich eine aufwärts gerichtete Krümmung der letzten Schwanzwirbel perennirend, oder die Anordnung des Schwanzendes deutet

---

10) Z. B. bei Hypostoma.

11) Bei einem Scomberoïden (Scomber seminudus Ehrenb.) gehen, wie Müller (Vgl. Osteol. d. Myx. S. 76.) angibt, die Rippentragenden Fortsätze der hinteren Bauchwirbel von der unteren Mittellinie der Wirbelkörper unpaarig aus, treten gerade abwärts, weichen dann zur Bildung eines Canales auseinander und gehen dann erst seitlich abwärts in zwei Schenkel aus, an denen die Rippen hangen. — Bei Thynnus brasiliensis (Mus. Hafniens.) kömmt an mehreren Schwanzwirbeln folgende Bildung vor: der vordere und hintere Gelenkfortsatz jeder Seite eines Wirbels verbinden sich, nachdem sie steil abgestiegen, durch eine Brücke, von deren Mitte aus der Canalbildende untere Bogenschenkel absteigt und mit dem der entgegengesetzten Seite sich vereinigt.

mung hin. Bei den Salmones krümmen sich die vier oder fünf letzten Schwanzwirbel zuerst allmälich, zuletzt steiler aufwärts und bilden so einen Bogen, dessen Convexität abwärts gerichtet ist. Die Körper der vorletzten Wirbel sind noch ossificirt und besitzen ihre conischen Höhlungen; der letzte ist aber nur ein hohler Knochencylinder, aus welchem hinten das conische Ende der *Chorda dorsalis* hervorgeht, um, aufwärts gerichtet, zwischen den an ihrer Wurzel auseinander gewichenen Schwanzflossenstrahlen sich zu verlängern. — Von dem dorsalen Rande der letzten drei Wirbelkörper aus erhebt sich jederseits eine allen gemeinsame unregelmässig gestaltete Knochenplatte, welche, nach hinten verjüngt, um einen Theil des Chorda-Endes eine Scheide bildet. Zwischen diesen beiderseitigen Knochenplatten sind abortive Schlussstücke des oberen Wirbelbogencanales eingekeilt. — Der ventrale Rand der beiden letzten aufwärts gekrümmten Wirbelkörper, ist von mehren, namentlich nach ihren freien Enden hin, plattenförmig verbreiterten Fortsätzen umsäumt, welche dadurch, dass sie sich mit ihren Rändern an einander legen, eine verticale Schwanzflossenplatte bilden. Diese dem Systeme unterer Bogenschenkel angehörigen Fortsätze gehen in grösserer Zahl von einem Wirbelkörper aus.

Dieselbe Bildung findet sich, oft noch ausgeprägter, als bei den Salmones, bei den Ganoïdei; ferner, unter den Teleostei, bei Esox, bei Hyodon u. A. In derselben erhalten sich mehr oder minder lange perennirend solche Verhältnisse, die bei anderen Teleostei blos transitorische Entwickelungsphasen sind [1]) und die asymmetrischen Bildungsweisen ihrer letzten Schwanzwirbel, wie sie z. B. bei den Cyprinen, den Characinen und vielen anderen, in dem Uebergewichte der unteren Fortsätze über die oberen hervortreten, aufklären.

Es ist also die Schwanzflosse bei vielen Fischen wesentlich solchen Fortsätzen angefügt, die von der ventralen Seite der Wirbelkörper ausgehen. Wenn man die Fische, bei denen diese asymmetrische Anfügungsweise der Schwanzflosse recht auffallend hervortritt, als ***Heterocerci*** scharf von anderen zu unterscheiden bestrebt ist, bei denen die Schwanzflosse aus zwei gleicheren Hälften besteht *(Homocerci)*, so hat man zu bedenken, dass ganz allmäliche Uebergänge zwischen beiden Anordnungsweisen vorkommen und dass viele als homocerk geltende Fische unverkennbare Spuren ursprünglicher Heterocercie an sich tragen.

Bemerkenswerth ist am letzten oder vorletzten Schwanzwirbel vieler Teleostei ein jederseits vorhandener etwas hakenförmiger Fortsatz der über

---

1) S. z. B. Baer, Entwickelungsgesch. d. Fische. S. 36, der beobachtete, wie bei Cyprinus blicca, vom fünften Tage an, die hintere Spitze des Stammes der Wirbelsaule nach oben sich krümmt, so dass die Schwanzflosse, die nun anfängt, mehr sich auszubilden, nicht symmetrisch an der Spitze sitzt, sondern mehr abwärts der unteren Hälfte der letzten Wirbel angefügt ist.

einer Oeffnung vorragt. Es ist dies diejenige Stelle, wo durch die bezeichnete Oeffnung eine Communication zweier *Sinus lymphatici caudales* Statt hat.

§. 14.

Die meisten Ganoïdei [1]) und Teleostei besitzen Rippen. Dieselben fehlen manchen der letzteren vollständig; dahin gehören die Lophobranchii, die meisten Plectognathi Gymnodontes [2]), die Ostraciones, Fistularia und einzelne Gattungen anderer Familien [3]). Bei den meisten Fischen beschränkt sich ihr Vorkommen auf die Rumpfgegend. Bei anderen sind aber noch in der Schwanzgegend den zu Spitzbogen geschlossenen oder unvereinigt gebliebenen unteren Bogenschenkeln in längerer oder kürzerer Strecke Rippen angefügt, welche meistens die Bestimmung haben, die nach hinten sich verlängernde Schwimmblase zu umschliessen [4]). — Die Rippen sind bei der überwiegenden Mehrzahl der Fische den unteren Bogenschenkeln des Wirbelsystemes angefügt; meistens seitwärts, in welchem Falle sie noch mit den Wirbelkörpern in Berührung zu kommen pflegen, oft auch an ihren freien Enden. Wenn in der Rumpfhöhle die unteren Bogenschenkel in Spitzbogen oder durch Querbrücken verbunden sind, tragen sie gewöhnlich noch Rippen, falls deren Vorkommen überhaupt in dem individuellen Plane der betreffenden Species liegt [5]). Bei Polypterus liegen die Rippen, unter Abwesenheit unterer Bogenschenkel in der Rumpfgegend, dicht unter den medianen Querfortsätzen der Wirbelkörper. — Die Gattung Cotylis bietet das einzige bis jetzt bekannte Beispiel einer noch höher aufwärts reichenden Anheftung der Rippen dar. Sie inseriren sich bei Cotylis Stannii, dem untere Bogenschenkel in der Rumpfgegend ganz fehlen, seitwärts an den Wirbelkörpern, dicht unter den Gelenkfortsätzen der oberen Bogenschenkel. — Die Rippen sind von verschiedener Ausdehnung und Stärke; sehr stark z. B. bei vielen Cyprinoïden; klein und dünn bei vielen anderen Fischen. — Sie umgürten die Rumpfhöhle und dienen zugleich den *Ligamenta intermuscularia* des Seitenmuskels zur Befestigung [6]).

---

1) Harte Rippen fehlen bei Spatularia. S. S. 21.

2) Die ihnen angehörige Gattung Triodon besitzt Rippen, nach den Angaben von Dareste.

3) Z. B. bei Lophius, Malthaea.

4) Z. B. bei Butirinus vulpes, bei einigen Mormyri sind sie den abwärts geschlossenen Bogenschenkeln angefügt; bei Ophicephalus striatus tragen die in der ganzen Länge des Schwanzes (mit Ausnahme der vier letzten Paare) unvereinigt bleibenden Bogenschenkel Rippen, welche die verlängerte Schwimmblase einschliessen. S. Cuvier et Valenc. VII. p. 420.

5) Z. B. bei den Salmones, bei Zeus faber, Vomer Brownii, vielen Clupeïdae z. B. Clupea, Alosa, Lutodeira u. A.

6) Eigenthümliche Bildungen, welche durch die Aufnahme der Schwimmblase bedingt scheinen, schildert Cuvier (hist. nat. d. poiss. Vol. IX. p. 425) bei Kurtus Blochii und cornutus, bei Malacanthus Plumieri. Vol. XIII. p. 526.

Bei einigen Teleostei zieht unter der ventralen Mittellinie des Rumpfes, an der Bauchkante eine äusserlich nur von der Haut überzogene Reihe von Hartgebilden sich hin, welche deshalb einem Sternum ähnlich sind 7). Dergleichen kommen namentlich bei manchen Clupeïden z. B. bei den Gattungen Clupea, Alosa, Notopterus vor, erscheinen jedoch auch bei anderen Fischen, z. B. bei Zeus unter den Scomberoïden. Bei Clupea sind es unpaare Stücke, von deren mittlerem Schilde aus, jederseits ein verjüngter Schenkel aufsteigt; bei Notopterus sind paarige Stücke vorhanden.

II. Vom Schedel und den ihm verbundenen Skelettheilen.

§. 15.

Der vorderste Theil des Wirbelsystemes, welcher, mit einer einzigen bekannten Ausnahme (Branchiostoma) durch eine beträchtliche Erweiterung des vom oberen Wirbelbogensysteme gebildeten Canales sich auszeichnet, weil es um Aufnahme des umfänglichen vordersten Abschnittes des centralen Nervensystemes sich handelt, ist der Schedel.

Seine Grundlage bildet ein Axensystem, das in längerer oder kürzerer Strecke, sei es perennirend oder wenigstens genetisch und vorübergehend, als unmittelbare Fortsetzung der *Chorda dorsalis* der Wirbelsäule sich zeigt, meist aber in seinem vordersten Abschnitte von der *Chorda* unabhängig entstanden zu sein scheint. Oberhalb des Axensystemes des Schedels und in verschiedenem Grade der Innigkeit ihm verbunden, liegt ein System oberer Bogen, das, wenigstens eine Strecke weit, zur Bildung eines ununterbrochenen Canales: der Schedelhöhle verwendet wird, die durch beträchtlichere Weite vor dem *Canalis spinalis* sich auszeichnet. Die Ausdehnung dieses Canales nach dem vorderen Schedelende hin ist bei den verschiedenen Fischen sehr ungleich, je nachdem die Geruchsnerven in einer unmittelbaren weiteren Verlängerung der Schedelhöhle vom Gehirne aus zu dem mehr oder minder weit vorwärts gerückten Geruchsorgane sich begeben oder nicht 1). — Gegen ihr vorderes Ende hin bilden die Elemente des oberen Bogensystemes keinen Canal mehr, sondern gehen in einen soliden einfachen und unpaaren Fortsatz von sehr verschiedener Ausdehnung über, zu dessen Seite vorne die peripherischen Ausbreitungen der Geruchsnerven zu liegen pflegen. — Eine Fortsetzung des Systemes der unteren Bogen der Wirbelsäule ist am Schedel gar nicht, oder

---

7) Dies Sternum darf indessen nicht als Aequivalent desjenigen höherer Wirbelthiere angesehen werden.

1) Zu den Fischen mit langem Geruchsnervencanale gehören z. B. Lepidosteus unter den Ganoïden, Gadus, sowie Silurus und Cyprinus. Die Bildungsweise dieses Canales ist aber bei fast allen genannten Fischen verschieden.

höchstens ganz abortiv nachzuweisen [2]). — Unterhalb des Axensystemes des Schedels liegt, als Mund- und Rachenhöhle, der Anfang des *Tractus intestinalis.*

Der Schedel würde als reine und ungemischte Fortsetzung der Wirbelsäule erscheinen, wenn nicht seine Elemente bald beständig, bald bloss in gewissen Gruppen der Fische, noch andere Verwendungen erführen und in Beziehungen zu anderen Skeletsystemen träten. Sie unterstützen beständig die Organe der höheren Sinne. Sie besitzen gewöhnlich enge Beziehungen zu einzelnen Gliedern des Visceralskeletes, das die unmittelbare Umschliessung der unterhalb des Schedels gelegenen Mund- und Rachenhöhle besorgt [3]). Ihnen verbunden sind häufig Glieder eines Skeletsystemes, das eine weitere mehr mittelbare Begrenzung des vordersten Abschnittes der Visceralhöhle bildet [4]). Sie sind endlich eben so oft verbunden oder verschmolzen mit einer dem äusseren Hautsysteme primitiv angehörigen Skeletschicht [5]). Endlich gewährt der Schedel in der Regel dem sich anheftenden Schultergürtel, oder selbst anderen Theilen der Vorderextremitäten und bisweilen auch der vorwärts verlängerten Rückenflosse Stützpunkte.

Während der Schedel in der Regel symmetrisch gebildet ist, stellt eine Asymmetrie desselben in der Gruppe der Pleuronectides sich heraus, welche überhaupt durch die mannichfachsten asymmetrischen Bildungen sich auszeichnet.

Die Verhältnisse der Elemente des Schedels zu den drei höheren Sinnesorganen, im Wesentlichen ähnlich, sind im Einzelnen verschieden. Die Gehörorgane liegen am meisten nach hinten; das Labyrinth ist bald auf einen kleineren Raum concentrirt, der, in Gestalt einer Capsel, den Seitenwandungen der Schedelhöhle gewissermaassen eingeschoben ist [6]); bald breitet es in der Substanz der ungegliederten oder gegliederten Schedelwandungen weiter und oft sehr weit sich aus [7]). — Mehr nach vorne liegen die Gesichtsorgane, welche, indem sie meistens in einen verengten und hinten und vorne durch einen oft abgegliederten Vorsprung begrenzten Abschnitt des oberen Bogensystemes aufgenommen werden, eine Modification in den Formverhältnissen der Schedelcapsel zu bedingen pflegen. Die beiden Augen werden bald durch eine zwischenliegende weitere Verlängerung der Schedelhöhle, bald durch ein einfaches *Septum interorbitale*, bald durch eine vermöge Combination beider Verhältnisse gebildete Scheidewand ge-

---

2) Höchstens an der unteren Hälfte des *Os occipitale basilare* in den schwachen Spuren von absteigenden Seitenfortsätzen, zwischen denen das *Ligamentum longitudinale inferius* vorne anfängt, bei Esox, Salmo, Clupea u. A.

3) Vgl. §. 16. — 4) Vgl. §. 18. — 5) Vgl. §. 19.

6) Z. B. bei den Marsipobranchii. — 7) Z. B. bei den meisten Teleostei.

trennt. Ein Theil des Bewegungsapparates der Augen wird, wenigstens häufig, in Canäle aufgenommen, zu deren Bildung Schedelelemente verwendet werden [8]). — Noch weiter vorwärts liegen die Geruchsorgane, entweder dem Vorderende der Schedelhöhle, mag diese kurz, oder als Geruchsnervencanal sehr verlängert sein [9]), unmittelbar angefügt, oder von letzterer dadurch mehr oder minder weit entfernt, dass die Geruchsnerven nur an einem, der Schedelhöhle vorne angeschlossenen, unpaaren *Septum* zu ihren Endausbreitungspunkten treten [10]). Diese letzteren werden bald von discreten Geruchscapseln umschlossen [11]), bald bieten die vorderen Augenhöhlenvorsprünge des Schedels ihnen Stützen [12]), bald können sie vor den Oberkiefer-Apparat nach vorne gerückt selbst von Kiefertheilen umgeben werden [13]).

In der unter ihm gelagerten Mund- und Rachenhöhle treten die Schedelelemente ebenfalls in mannichfache Verhältnisse.

§. 16.

Unter dem Schedel liegen nämlich die vordersten Visceralbogen und die den Gaumen-Apparat constituirenden Hartgebilde. Beide Gruppen von Skelettheilen gehören einem gemeinsamen Systeme von Hartgebilden an, das die unmittelbare Umgürtung des vordersten Abschnittes des Darmrohres besorgt und das, obschon seine primitiven Anlagen mit denen des Schedels ein Continuum bilden können, dem architectonischen Plane des eigentlichen Wirbelsystemes fremd ist.

Die Summe der zu unmittelbarer Unterstützung des Darmrohres bestimmten Hartgebilde macht das Visceralskelet aus. Da eine Sonderung gewisser, dem Visceralskelet primitiv angehöriger Glieder von anderen Skeletformationen überhaupt und vom Schedel insbesondere schwierig ist, und da wegen der vielfachen secundären Verwendungen und innigen Verbindungen, die dieselben erfahren, eine in dem Sinne ihres architectonischen Planes abgefasste Darstellung derselben der erforderlichen Klarheit ermangeln würde, ist hier zunächst über die Anlagen der vordersten Glieder des Visceralskeletes und ihr Verhältniss zu den übrigen Bestandtheilen desselben Systemes zu handeln.

Bei den meisten Fischen erhält eine mehr oder minder lange Strecke der Rachenhöhle an ihren Seiten und an ihrer ventralen Schlusslinie eine unmittelbare Umgürtung durch convergirende Bogenschenkelpaare, welche abwärts zu Bogen sich schliessen. Die meisten dieser Bogen liegen in der Kiemengegend und werden, weil sie gewöhnlich die Kiemenspalten begrenzen und meistens zugleich die die Kiemenblätter oder Kiemenstrahlen

---

8) Vgl. §. 29. — 9) Z. B. bei Lepidosteus. — 10) Z. B. bei Cottus.
11) Z. B. bei den Marsipobranchii. — 12) Z. B. bei vielen Teleostei.
13) Z. B. bei Lepidosteus.

tragenden Diaphragmata stützen, ihrer functionellen Verwendung wegen, als Kiemenbogen bezeichnet. Jenseits derselben, nach der Speiseröhre hin gelegene Bogen erhalten, weil ihnen die eben genannte Function in der Regel nach absolvirter embryonaler Entwickelung mangelt, sie dagegen den Schlundkopf unterstützen, die Benennung unterer Schlundkiefer· *Ossa pharyngea inferiora.* Ueber die Gleichartigkeit der architectonischen Bedeutung von unteren Schlundkiefern und Kiemenbogen waltet, trotz ihrer verschiedenen functionellen Verwendung und daraus resultirender Verschiedenheiten in der Form und Ausdehnung, um so weniger Zweifel ob, als die Schlundkiefer während früherer Lebensstadien mancher Fische als Kiementragende Theile erkannt sind und [1]) wahrscheinlich allgemein primitiv diese Function besitzen. Die Kiemenbogen und Schlundkiefer gehören in ein System: das der Visceralbogen. Die eben genannten Glieder des Visceralbogensystemes stehen zu dem Schedel nach absolvirter Entwickelung in keiner unmittelbaren Beziehung. Vor dem vordersten Kiemenbogen liegt aber ein anderer Bogen, welcher, wenigstens bei vielen Fischen in ihren ausgebildeten Zuständen, keine Kiemen trägt, dagegen meistens zur Unterstützung eines Zungenrudimentes verwendet wird und, dieser letzteren Function wegen, den Namen: Zungenbein führt. Indem dasselbe wenigstens primitiv die Function der Kiemenbogen theilt [2]), auch bei manchen Fischen, z. B. vielen Rajidae [3]) perennirend in fast allen Verhältnissen einem Kiemenbogen entspricht, hat man es als unwesentlich angesehen, dass es bei Anderen durch seinen Ausgangspunkt von einem ihm und dem Unterkiefer gemeinsamen Suspensorium, so wie durch andere in seiner eigenthümlichen functionellen Verwendung begründete Momente von den übrigen Bogen sich unterscheidet, und mit allem Rechte das Zungenbein, als ihnen architectonisch äquivalent, dem Systeme der Visceralbogen zugerechnet. Schwieriger wurde die Einreihung eines noch weiter vorwärts gelegenen Bogens in das System der Visceralbogen. Die genetischen Verhältnisse des Unterkiefers bei höheren Wirbelthieren waren es vorzugsweise, die in ihm oder vielmehr in gewissen, in seine Zusammensetzung eingehenden Theilen ein Glied des Visceralbogen - Systemes vermuthen liessen.

---

1) Baer, (Ueber Entwickelungsgeschichte. Thl. 2. S. 300.) scheint selbst noch jenseits des *Os pharyngeum* einen Kiemenbogen gesehen zu haben. „In Gästern, die vor zwei Tagen ausgeschlüpft waren, sah ich die Gefässbogen bis auf 7 gesteigert, so dass hinter den letzten Kiemenbogen noch zwei Paare lagen."

2) Nach den Beobachtungen von C. Vogt, Embryolog. des Salmones. p. 226, ist der Zungenbeinkiemenbogen anfangs vorzugsweise entwickelt. Ueberrest seiner Kieme ist die Pseudobranchie.

3) Dieselbe Aehnlichkeit tritt auch, freilich unter ganz anderen Bedingungen, bei anderen Fischen z. B. bei Muraenophis hervor.

Der Unterkiefer der Fische besteht nur meist aus einem Paare von Schenkeln, welche einen Bogen bilden. Dieser Bogen ist gewöhnlich, zugleich mit dem Zungenbeine, durch einen besonderen Skelettheil: das Suspensorium am Schedel befestigt. Bei vielen Rajidae haben Zungenbein und Unterkiefer kein gemeinsames, sondern discrete Suspensorien am Schedel. Dasjenige des Unterkiefers entspricht genau dem des Zungenbeines. Die Suspensorien beider entsprechen gewissen oberen Segmenten der folgenden Kiemenbogen. Dies führt dahin, in dem gemeinsamen Kiefer- und Zungenbeinsuspensorium, speciell in dem *Os temporale* der Teleostei, eine Verschmelzung der bei den Rajidae getrennten Suspensorien beider zu vermuthen. Diese Vermuthung gewinnt eine Stütze in dem Umstande, dass das *Os temporale* der Teleostei an zwei Knochen und meist mit zwei, etwas getrennten Gelenkköpfen articulirt, und in der zweiten Thatsache, dass in dem *Os temporale* einzelner Teleostei zwei, durch eine dünne Knochenplatte verbundene, stärkere Knochenstäbe sich erkennen lassen. Diese Thatsachen deuten darauf hin, dass dies *Os temporale* die Elemente zweier Suspensorien enthalte, die ihrerseits wieder den obersten Segmenten der folgenden Kiemenbogen, d. h. denen, welche auf die *Ossa pharyngea superiora* folgen, entsprechen. Von einem unteren Ende dieses *Os temporale* geht nicht nur der Zungenbeinbogen mittelst des *Os styliforme* ab, sondern er setzt auch in einen anderen kleinen stabförmigen, meist discreten Knochen sich fort, den Cuvier als *Os symplecticum* bezeichnet hat.

Dieser letztere Knochen selbst lässt bei mehren Ganoïdei holostei, namentlich bei Amia und Lepidosteus, ein von ihm ausgehender abortiver, faserhäutiger Strang aber bei den meisten Teleostei bis zum Unterkiefergelenke sich verfolgen. Von dem Gelenkstücke des Unterkiefers aus zieht nur nach vorne an der Innenseite jedes soliden Unterkieferbogens, der, wie eine Schale, ihn umgibt, der Meckel'sche Knorpel sich hin. Dieser Knorpel ist der Unterkiefertheil desselben Knorpels, der bei Embryonen höherer Wirbelthiere unzweifelhaft als Anlage des vordersten Visceralbogens sich zu erkennen gibt. Es geht also hieraus hervor, dass bei den Ganoïden und den Teleostei das *Os temporale*, abgesehen von seiner weiteren functionellen Verwendung, seiner architektonischen Anlage nach, wesentlich als gemeinsames oberes Glied zweier Visceralbogen: des Zungenbeines und Unterkiefers aufzufassen ist; dass ferner gewisse Elemente des sogenannten Kiefersuspensorium und des Unterkiefers, namentlich das *Os symplecticum* und der Meckel'sche Knorpel, als weitere Glieder des ersten Visceralbogens betrachtet werden müssen. Der Unterkieferknorpel der Fische ist, gleich dem der Reptilien und Vögel, der Unterkiefertheil des Meckel'schen Knorpels der Säugethiere, dessen aufwärts gelegener Theil bei den Fischen das *Os symplecticum* bildet. Der dem Schedel zunächst gelegene Theil erhält, je nach den Thierclassen, eigenthümliche secundäre

Verwendungen; bei den Säugethieren ist er durch den Hammer repräsentirt; bei den Fischen wird er ein Element des *Os temporale*.

Nächst den die Seiten und die untere Schlusslinie der Mund- und Rachenhöhle umgürtenden Visceralbogen kommen die an der Decke derselben Höhle gelegenen Theile, als gleichfalls dem Visceralskelete angehörig, in Betracht. Zwischen den paarigen Seiten-Schenkeln eines Kiemenbogens sind, als obere Schlussstücke der Rachenhöhle, sehr häufig die *Ossa pharyngea superiora* eingeschaltet. Ihre Stelle scheint im vordersten Abschnitte der Visceralhöhle vertreten zu werden durch die soliden Gaumenstücke, welche insbesondere in Gestalt der *Ossa pterygoïdea* und *palatina* ausgebildet, vorzukommen pflegen.

In Bezug auf seine Verbindungsweise mit dem Schedel zeigt das Visceralskeletsystem in den einzelnen Gruppen Verschiedenheiten. Nur bei einzelnen erhält sich perennirend eine temporär vielleicht allgemeiner vorkommende, ununterbrochene Verbindung des Schedels mit Elementen des Visceralskeletes; meistens sind letztere gesondert.

1. Bei Branchiostoma stehen Glieder des Visceralskeletes anscheinend nicht in Beziehung zum Schedel.

2. Bei den Marsipobranchii erscheint ein zusammengesetztes, auf den Typus der einzelnen Glieder des Visceralskeletes höherer Wirbelthiere nur unvollkommen reducirtes dorsales und seitliches, den vordersten Abschnitt der Visceralhöhle umgürtendes Knorpelgerüst in ununterbrochener Continuität mit der Schedelcapsel.

3. Bei den Plagiostomen sind vom Gaumentheile des Visceralskeletes höchstens einzelne Glieder entwickelt. Die discreten oder zu einem Stücke verschmolzenen obersten Glieder der beiden vordersten Visceralbogen lehnen seitlich an den Schedel sich an.

4. Bei den Chimären stehen der Gaumenapparat und die als Unterkiefersuspensorium fungirende, obere Hälfte jedes ersten Visceralbogenschenkels in ununterbrochener Continuität mit dem Schedel.

5. Bei den Dipnoi gehen die Gaumentheile und der, auch hier wahrscheinlich Elemente des ersten Visceralbogens enthaltende, Unterkiefer von einem Schedelfortsatze aus, an den auch das oberste Glied des zweiten Visceralbogens angelehnt ist.

6. Bei den Ganoïdei chondrostei lehnen die zu einem Stücke verschmolzenen Endglieder der beiden vordersten Visceralbogen seitwärts an den Schedel sich an. Die Gaumenhartgebilde bleiben ausser unmittelbarer Verbindung mit dem Schedel oder fehlen.

7. Bei den Ganoïdei holostei hat die Anlehnung der unter der Benennung des *Os temporale* bekannten, zu einem Stücke verschmolzenen Endcylinder der beiden vordersten Visceralbogen gleichfalls seitlich am Schedel statt. Bei mehren Ganoïdei holostei geschieht die Verbindung dieses

Os temporale mit dem Unterkiefer durch das *Os symplecticum.* Bei den meisten Teleostei ist die Verbindung des unteren Endes des *Os symplecticum* mit dem Unterkiefer unvollkommen. Die paarigen Hartgebilde des Gaumens liegen unterhalb der Schedelbasis, und sind vorne oft dem *Os frontale anterius* mehr oder minder innig angeheftet.

§. 17.

Diejenigen Stellen des Schedels, an welchen solche Skelettheile, die dem Wirbelsysteme fremd sind, sich anfügen sollen, pflegen ursprünglich durch Apophysen der zusammenhangenden Grundlage der Schedelcapsel bezeichnet zu werden. Bei denjenigen Gruppen der Fische, in deren Schedelgrundlage im Verlaufe der individuellen Entwickelung discrete Ossificationen sich bilden, pflegen diese Apophysen sich abzugliedern und eigene Knochen darzustellen. So entsteht neben den soliden Bogenstücken der Schedelcapsel bei den Teleostei und einigen Ganoïdei ein System von Randknochen in den *Ossa occipitalia externa, mastoïdea, frontalia posteriora* und *anteriora.* An den *Ossa occipitalia externa* und *mastoïdea* heften die Zinken des Schultergürtels, an die *Ossa mastoïdea* und *frontalia posteriora* das oberste Stück des Kiefersuspensorium, an die *Ossa frontalia anteriora* Knochen des Gaumen- und Kieferapparates sich an. Bemerkenswerth ist, dass die meisten genannten Randknochen daneben noch zur Aufnahme von Gliedern der Sinneswerkzeuge verwendet werden, indem wenigstens die *Ossa occipitalia externa* und *mastoïdea* Ausbreitungen des Labyrinthes in ihre Masse aufnehmen und genetisch als Abgliederungen einer Gehörcapsel erscheinen, während die *Ossa frontalia anteriora* oft den Geruchsnerven Durchtritt und den Nasengruben Stützpunkte gewähren können.

Diese Randknochen dienen theilweise auch noch zu Stützen eines sehr verschieden entwickelten Apparates anderer Knochen, die einen äusseren Gesichtspanzer bilden oder als Andeutungen eines solchen zu betrachten sind.

§. 18.

Bei den meisten Fischen schliesst sich an den Schedel ein System von Knochen, die, ähnlich wie die Rippen im Bereiche des Rumpfes, einen weiteren äusseren Gürtel um die Visceralhöhle und die dieser angehörigen Skelettheile zu bilden bestimmt sind. Sie legen zum Theil auch an einzelne Glieder des Visceralskeletes eng sich an und sind mit ihnen verschmolzen, wie dies namentlich von den Belegungsknochen der visceralen Elemente des Unterkiefers und des *Os temporale* gilt, wodurch denn eine Fusion zweier, dem Plane nach diverser, Skeletsysteme, von denen das eine dem Visceralskelet angehört, das andere aber zur weiteren Umschliessung der Visceralhöhle bestimmt ist, entsteht.

Bei einigen derjenigen Fische, deren Kiemenhöhle jenseits des Schedels unter der Wirbelsäule gelegen ist, können analoge äussere Skelettheile im Bereiche der ganzen Kiemenhöhle vorkommen. Dies ist der Fall bei den Petromyzonten und den Squalidae, welche einen eigenthümlichen äusseren Kiemenkorb besitzen, der bei jenen sehr entwickelt, bei diesen reducirt ist.

Am Schedel erscheinen diese Knochen als ein System von Gesichtsknochen. Ein Theil derselben lässt auf analoge Knochen höherer Wirbelthiere sich reduciren, während ein anderer ausschliesslich den Fischen eigenthümlich erscheint. In die Kategorie dieser Gesichtsknochen gehören: der Oberkiefer-Apparat, der Unterkiefer, so weit er Belegungstheil oder Schale des Meckel'schen Knorpels ist, die secundäre Belegungsmasse der oberen Glieder der beiden ersten Visceralbogen im *Os temporale Cuv.*, das *Os quadrato-jugale (jugale Cuv.)*, das von ihm aus längs der Aussenseite der Gaumenknochen vorwärts steigende *Os transversum*, das *Praeoperculum.* Zu ihnen kommen, als den Fischen ganz eigenthümlich: das *Os tympanicum* und der Apparat der Opercularknochen.

§. 19.

Endlich tritt bei vielen Fischen noch ein System von Knochen mit den bisher genannten in Verbindung, das da, wo es vollständig entwickelt ist, einen äusseren Gesichtspanzer darstellt, indem es alle bei anderen blos von der Haut bedeckten Theile bekleidet und Lücken zwischen den eigentlichen Gesichtsknochen ausfüllt. Dasselbe ist selten vollständig, meist nur in einzelnen Gliedern entwickelt. Es setzt häufig ununterbrochen in andere, jenseits des Schedels am Rumpfe gelegenen Ossificationen sich fort.

Die Theile dieses Gesichtspanzers sind ihrerseits Ablösungen oder Glieder einer eigenthümlichen, der Ossification fähigen Schicht oder Lage der *Cutis*, die mit den freien Aussenflächen aller Kopfknochen und des Schultergürtels sehr häufig in innigster Verbindung steht. Eine vollständige und ununterbrochene Trennung der unteren Schicht der *Cutis* von den durch sie bedeckten Knochen gelingt oft so schwer, es behalten nach versuchter Entfernung derselben die Knochenoberflächen das nämliche äussere Ansehen, wie die Oberflächen der Schuppen und anderer Hartgebilde, welche längs der Cutisausbreitung des Rumpfes vorkommen, dass in vielen Fällen nothwendig die Annahme sich aufdrängt, das Blastem der oberflächlichen Schichten der Kopfknochen habe ursprünglich wesentlich der *Cutis* angehört und die Theile des Gesichtspanzers seien Fortsetzungen dieser Schicht im Bereiche der nicht von Knochen bedeckten Theile des Kopfes [1].

§. 20.

Der eigentliche Schedel der verschiedenen Fische stellt eine zusammenhangende Capsel dar, deren Wandungen bald völlig ungegliedert, bald gegliedert erscheinen.

---

1) Man vergleiche z. B. den Schedel eines Lepidosteus.

Zur Einsicht in die, trotz dieser anscheinend grossen Verschiedenheit, beobachtete Einheit des Planes in der Construction des Schedels führt ein Blick auf die Entwickelungsgeschichte. Es stellt sich der Schedel bei den Fischen, wie bei allen Wirbelthieren, ursprünglich als eine aus weichem, zusammenhangendem Blasteme gebildete Capsel dar und wo Gliederungen in derselben eintreten, sind diese erst Folgen eigenthümlicher, planmässiger, secundärer histologischer Differenzirungen. Unter den Fischen giebt es nun Gruppen, in deren Plane es liegt, dass ihr Schedel in Gestalt einer ungegliederten Capsel perennirend sich erhält, und andere, in deren Anfangs ungegliederter Schedelcapsel durch locale histologische Differenzirungen eine Gliederung eintritt.

Der ungegliederte Schedel erscheint, abgesehen von der in seinem Axentheile vorhandenen *Chorda* durch Umwandlung seines primitiven Blastemes, blos häutig bei Branchiostoma; seine häutigen Bestandtheile werden durch Strecken von knorpeliger Textur unterbrochen bei den Marsipobranchii; ein knorpeliges Material ist vorherrschend bei den Elasmobranchii, wo es jedoch in gewissen Regionen durch fibrös-häutige Elemente unterbrochen wird. Bei ihnen tritt noch, trotz des permanenten Mangels von Gliederung der Schedelcapsel, eine weitere histologische Differenzirung dadurch ein, dass sowol die knorpeligen, als die häutigen Regionen der Schedelcapsel von einer eigenthümlichen dünnen Knochenkruste überzogen werden [1]). Selten nur, wie z. B. bei Squatina in der Hinterhauptsgegend, kann diese Knochenbildung von der Oberfläche des Knorpels mehr in die Tiefe schreiten. Aber trotz der partiellen Umwandlung in Knochensubstanz, deren die knorpelige Grundlage des Schedels fähig ist, liegt eine durch Bildung discreter Ossificationen erfolgende Gliederung desselben nicht im Plane dieser Thiergruppe. —

Bei Accipenser können in vorgeschrittenem Alter an der äusseren Oberfläche gewisser Schedelregionen dünne Knochenscherben und später zusammenhangende Knochenplatten sich bilden [2]), doch ohne dass eine wirkliche Gliederung des Schedels einträte. Nur in seinem Basilartheile entwickelt sich typisch eine definirte Ossification.

Eine wirkliche Gliederung ist zunächst da angedeutet, wo die Grundlage der Seitenwandungen der Schedelcapsel zu discreten Ossificationen verwendet wird. Die Dipnoi, die Ganoïden-Gattungen Polypterus bieten Beispiele von Bildung sehr vereinzelter Gliederungen dar. Unter den Teleostei finden sich einzelne Gruppen, bei welchen die die Gliederungen bezeichnenden Ossificationen gewissermaassen nur verstreut in der den Zusammenhang erhaltenden, weicheren Grundlage der Schedelcapsel vorkom-

1) Vgl. über diese Kruste der Plagiostomen und Chimaeren Müller, Myxinoid. Thl. 1 — 2) Ich habe eine Reihe der verschiedensten Stadien beobachtet.

men und andere, bei welchen die weichere Grundlage, als Blastem für die einander unmittelbarer berührenden Ossificationen, fast vollständig absorbirt ist.

Es erhält sich also bei vielen Gruppen der Teleostei durch Permanenz eines weicheren, knorpeligen, überall brückenartig zurückgeschobenen und durchgezogenen Blastemes ein ununterbrochener Zusammenhang zwischen den einzelnen, localen, eine überall typische Gliederung der Schedelcapsel andeutenden Ossificationen, und letztere bildet, neben ihrer Gliederung ein Continuum. Zu diesem Continuum stehen die einzelnen, überhaupt in den Bereich des Schedels gehörigen, Ossificationen in einem verschiedenem Verhältnisse. Einige können ohne Unterbrechung der Continuität der Schedelcapsel durchaus nicht gelöset werden, während es andere gibt, deren Entfernung den Zusammenhang der Schedelcapsel nicht unterbricht. Dieser Umstand deutet jedenfalls auf ein verschiedenes Verhältniss hin, das zwischen den einzelnen, in den Bereich des Schedels gehörigen Ossificationen einerseits und der als Blastem dienenden Grundlage andererseits obwaltet. Diese Verschiedenheit findet ihren Ausdruck in der Bezeichnung der einen Gruppe von Ossificationen als integrirender Schedelknochen und der anderen als Deckknochen. Jede Ossification, welche, ohne die Continuität der Schedelcapsel zu unterbrechen, entfernt werden kann, heisst Deckknochen. Ein solcher ist entweder Hautknochen allein, oder entsteht in einer ossificirenden Schicht, die die zusammenhangende Schedelcapsel bedeckt, oder bildet sich wenigstens primitiv auf Kosten der oberflächlichen Schicht letzterer, um später in die Tiefe fortzuschreiten. Oft zeigen die als Deckknochen anzusprechenden Ossificationen, Combinationen aller dieser Entstehungsweisen.

Als Deckknochen erscheinen z. B. die die Oberfläche der knorpeligen Schedelcapsel des Störes bedeckenden Knochenschilder. Da diese — ganz abgesehen von der Unmöglichkeit, sich auf die typischen Scheitel- und Stirnbeine anderer Fische zu reduciren — auch an ihrer Basis in ganz gleicher Ebene liegen mit unzweifelhaften Hautknochen anderer Körperregionen z. B. des Rumpfes, auch nirgend in die dicke Knorpelsubstanz der Schedeloberfläche sich einsenken, so werden sie als Ossificationen der *Cutis* betrachtet. — Werden mit ihnen die in derselben Schedelregion vorkommenden Ossificationen von Amia verglichen, welche in Bezug auf Zahl und Anordnung den typischen Scheitel-Stirnbeinen entsprechen, so stellt sich heraus, dass ihre oberflächlichste und dickste Schicht wiederum eine Ossification der *Cutis* ist, während sie doch zugleich tiefer reichen, als hinter ihnen liegende Hautknochen und mit corticalen Ossificationen der Schedeldecke auf das Innigste verschmolzen sind. Hier finden sich also in derselben Region des Schedels, die beim Stör nur von Hautknochen belegt war, Ossificationen gemischten Ursprunges: deren oberflächliche Schicht einer histologischen Differenzirung der *Cutis* ihre Entstehung verdankt, deren tiefere Schicht in einem der Grundlage der Schedelcapsel näher liegenden oder ihr selbst angehörigen, der Ossification fähigen Blasteme entstanden ist. Dieses letztere Blastem braucht anscheinend niemals knorpelig gewesen zu sein. — Es können aber die nämlichen Knochen, die bei vielen Fischen z. B. bei Esox, Salmo, die knorpelige Schedeloberfläche blos lose bedecken, auch wirklich von oben nach unten in sie eindringen, wie dies z. B. rücksichtlich der Stirn- und Scheitelbeine von Belone der Fall ist, wo ihr Blastem also ganz entschieden nicht nur von Theilen, die oberhalb des Schedelknorpels liegen, sondern zugleich auch von diesem letzteren stammt. Es können, wie dies z. B. bei den Malacopterygii apodes und den Plectognathi gymnodontes vorkömmt, die Scheitel-Stirnbeine anscheinend ganz ohne allen Antheil einer ossificirenden *Cutis*-Schicht entstehen. Aus Vorstehendem ergibt sich, dass die die gleiche Schedelregion einnehmenden Ossificationen in Bezug auf ihre Histogenie und den Antheil, welchen die verschiedenartigen, der Ossification fähigen Blasteme in Lieferung ihres Materiales haben, sehr divers sich verhalten können, während sie doch, vermöge ihrer architektonischen Beziehungen, gleichnamig bleiben. — Fast alle bezeichneten Uebergänge zwischen reinen Hautossificationen einerseits und solchen Ossificationen, welche einen aufliegenden Knorpel von aussen nach innen verdrängen, wiederholen sich an den die Schedelgrundfläche einnehmenden Ossificationen des ***Sphenoïdeum basilare*** und des ***Vomer***, nur dass hier die Schleimhaut des Rachens und nicht die ***Cutis*** die äusserste skeletbildende Schicht ist [1]).

§. 21.

Die wesentlichsten Modificationen der Schedelbildung sind in Folgendem kurz geschildert.

Bei Branchiostoma, wo der vorderste Theil des centralen Nervensystemes als selbstständiges Gehirn noch in keiner Weise vom Rückenmarke gesondert ist und vor ihm sich auszeichnet, ermangeln auch die ihn umschliessenden äusseren Umhüllungen jeder Erweiterung. Sie bilden eine ununterbrochene Fortsetzung des Rückgrathsrohres und sind, gleich diesem, häutig. Die *Chorda* erstreckt sich in diesem Rohre weiter, als das centrale Nervensystem vorwärts. — Unter der *Chorda* stossen vorne, also in der Schnauzengegend, die verdünnten Enden eines den Mund umgebenden Reifens an einander. Dieser Reif ist aus vielen einzelnen Gliedern zusammengesetzt, von denen jedes in einen eigenen Knorpelfaden sich fortsetzt, der in der Axe der Mundcirren verläuft [1]).

---

1) Aus allen diesen Thatsachen ergibt sich, dass eine durchgreifende Classificirung der Knochen in integrirende Knochen und Deckknochen nicht statthaft ist.

1) Vgl. namentlich die oben citirte Schrift von Müller mit den Abbildungen.

Bei den Marsipobranchii findet sich eine erweiterte Schedelcapsel, welche mit der Wirbelsäule unbeweglich verbunden ist. In den Axen- oder Basilartheil dieser Schedelcapsel setzt die *Chorda* nur eine kurze Strecke weit sich fort und endet vorne zugespitzt. Eine knorpelige oder knochenharte *Basis cranii* umgibt die *Chorda*. Sie besteht bei Ammocoetes aus zwei getrennten, bei Myxine aus einem gespaltenen, bei Bdellostoma und Petromyzon aus einem unpaaren Stücke. Bei Petromyzon geht der knorpelige Basilartheil des Schedels hinten in zwei Knorpelstreifen über, welche eine Strecke weit an der Unterseite der Wirbelsäule sich fortsetzen. — Immer gehen von dem harten Basilartheile nach vorn zwei divergirende Fortsätze ab, welche einen vorderen häutigen Theil der Schedelbasis umfassen. — Von dem Basilartheile aus aufsteigende Schenkel bilden das Schedelgewölbe, das entweder, wie bei Myxine und Ammocoetes blos knorpelhäutig, oder wie bei Bdellostoma und Petromyzon theilweise verknorpelt ist. Bei Petromyzon sind die Seitenwände des Schedels knorpelig und wird auch das Hinterhauptsgewölbe durch einen Knorpelbogen gebildet. Eine an jeder Seite des Basilarknorpels gelegene, auswärts gerichtete, blasenförmige, derbe Capsel nimmt das Gehörorgan auf. An die vordere häutige Wand der Schedelcapsel schliesst sich die sehr verschiedenartig gestaltete Nasencapsel. Unterhalb dieser beginnen die eigenthümlichen Schnauzen- und Lippenknorpel [2]), welche bei Ammocoetes, unter Anwesenheit einer blos weichen Lippe, fehlen. —

Bei allen Marsipobranchii steht mit der Grundlage des Schedels ein verschiedentlich entwickeltes System von Gaumenfortsätzen in ununterbrochener Verbindung, aber ein eigener Kieferapparat, namentlich auch ein Unterkiefer fehlt.

Bei Ammocoetes erstreckt sich von der Innenseite jeder Gehörcapsel eine gebogene Knorpelleiste vorwärts. Die Leisten beider Seiten gehen vorne, ohne das Vorderende der Schedelcapsel zu erreichen, bogenförmig

---

2) Diese Knorpel sind sehr eigenthümlich. Bei Petromyzon liegt unmittelbar unter und vor der Nasencapsel, so wie vor dem harten Gaumen ein umfängliches hinteres Mundschild. Dieses überwölbt zum Theil ein zweites Mundschild, das weiter vorwärts und etwas tiefer liegt und nach hinten jederseits mit dem Gaumenbogen durch einen eigenen Knorpel in Verbindung steht. Am weitesten vorwärts liegt ein zahntragender, ringförmiger Mundknorpel, von welchem an jeder Seite ein griffelförmiger Knorpel nach hinten abgeht. — Bei Bdellostoma geht von der vorderen Commissur der Gaumenleisten ein unpaarer mittler Schnauzenknorpel aus. Dieser stützt einen queren Knorpel, der in Verbindung mit zwei anderen seitlichen, gleichfalls von der Vordergrenze der Gaumenleisten ausgehenden Knorpeln ein Gerüst bildet, von welchem zur Unterstützung der Tentakel dienende Fortsätze abgehen. — S. Abb. bei Müller, Myxinoid. Thl. 1. Tb. 3. Fig. 5. 6. u. Tb. 4. Fig. 1. 2. — Die speciellen Configurationen dieser Knorpel sind den verschiedenen Gruppen der Marsipobranchii durchaus eigenthümlich, gleich wie dies auch von der Art ihrer Verwerthung gilt.

in einander über. Ihre Innenränder sind durch eine mittlere faserknorpelige Platte vereinigt, welche der häutigen *Basis cranii* hinten angewachsen, vorne aber von ihr durch den blinden Nasengaumengang getrennt ist.

Bei Petromyzon steigt von den Seitenrändern des Schedels eine Knorpelmasse abwärts, die unterhalb der eigentlichen Schedelbasis und von ihr durch den Nasengaumengang getrennt, eine zusammenhängende Platte bildet, welche vorn über die häutige Wand der Schedelbasis hinausreicht. Von dem Vorderende jedes Seitenrandes dieses harten Gaumens geht ein Seitenfortsatz aus, der mit einem zweiten hinteren, unter der Gehörcapsel abgehenden Fortsatze zusammenstosst und so mit ihm einen schief nach unten und vorne absteigenden, die Seitenwand des Rachens stützenden Bogen bildet. Der Innenrand dieses Bogens schliesst mit dem Seitenrande des harten Gaumens eine von fibröser Haut ausgefüllte Fontanelle ein, auf welcher das Auge ruhet. — Der hintere Fortsatz gibt an seiner Wurzel einen dem Zungenbein-Apparate functionell angehörigen Knorpeltheil ab, an welchen wieder ein Knorpel des äusseren Kiemenkorbes sich anlegt.

Bei den Myxinoïden geht vom Vorderrande jeder Gehörcapsel ein Seitenfortsatz und von diesem eine lange knorpelige Gaumenleiste aus. Beide Leisten schmelzen vorne, weit vor dem vorderen Schedelende, bogenförmig zusammen. Zwischen ihnen, seitlich nur durch fibröse Haut verbunden und nur vorne an die Commissur der Leisten angewachsen, liegt eine mittlere Gaumenplatte, auf welcher vorne die lange Nasenröhre ruhet und welche weiterhin durch den zwischenliegenden Nasengaumengang vom Schedel getrennt ist. Zwischen einem vorderen Schenkel des Seitenfortsatzes und der Gaumenleiste bleibt eine blos durch Aponeurose geschlossene Lücke zur Grundlage für das Auge. Nach hinten verlängern sich die Gaumenleisten und sind mit queren Knorpelauswüchsen versehen, wodurch ein solides Schlundgerüst entsteht, das den häutigen Wandungen der Schlundhöhle auf das engste verwachsen ist [3]).

§. 22.

Der Schedel der Plagiostomen bietet rücksichtlich seiner Verbindungsweise mit der Wirbelsäule Verschiedenheiten dar. Gemeinsam sind Allen zwei seitliche, den Bogentheilen angehörige Gelenkflächen, denen solche, die vom Bogentheile der Wirbelsäule gebildet werden, entsprechen. Bei den Squalidae ist der Schedel aber, ähnlich wie bei den Teleostei, unbeweglich mit der Wirbelsäule verbunden und zwar so, dass sein Basilarknorpel nach hinten eine mehr oder minder tiefe conische Höhle besitzt,

---

3) Vgl. namentlich die sorgfältigen Beschreibungen von Müller, in seiner Vergl. Osteologie d. Myxinoïden, wo auch der Zungenbeinapparat dieser Thiere genau geschildert ist.

die einer anderen des ersten Wirbelkörpers entspricht[1]). Bei den Rajidae aber articulirt er durch eine dem Basilartheile der Hinterhauptsgegend angehörige Vertiefung beweglich mit einem in diese aufgenommenen Gelenkkopfe am Vorderende des Axensystemes der Wirbelsäule. Die Schedelcapsel bildet ein Continuum. Am Aussenende der Seitenwandung des Schedels ist hinten das Kiefersuspensorium beweglich angefügt. Die Andeutung einer Scheidung der Schläfengrube von der Augenhöhle ist durch einen mehr oder minder stark vorspringenden *Processus orbitalis posterior* gegeben. Die beiden *Orbitae* werden durch eine Fortsetzung der Schedelhöhle und nicht durch ein verengtes *Septum interorbitale* getrennt[2]). Ein solider Augenhöhlenboden fehlt meistens; doch nicht immer, wie z. B. die Gattung Scyllium beweiset. An der vorderen Begrenzung der Augenhöhle bildet die Knorpelsubstanz des Schedels einen mehr oder minder beträchtlichen, nach der Augenhöhle zu undurchbohrten *Processus orbitalis anterior*. Von seiner vorderen Circumferenz geht eine abwärts gerichtete Knorpelglocke aus, die zur Bildung der an der Ventralseite offenen Nasengrube bestimmt ist. Seitwärts, aber vor der Augengrube und von ihr durch eine Knorpelwand getrennt, liegt die Austrittsöffnung des Geruchsnerven. Zwischen den beiden Nasengruben bildet eine häutige oder knorpelhäutige transversale Scheidewand die vordere Begrenzung der eigentlichen Gehirncapsel des Schedels. Die Knorpelsubstanz des Schedels setzt aber sowol von den Innenseiten der Nasencapseln aus, als auch vorzugsweise von seinem Basilartheile aus, noch mehr oder minder weit nach vorne sich fort und bildet in dieser Fortsetzung die solide Grundlage der weichen Schnauze. Ausbreitung und Form dieses vordersten Schnauzentheiles sind bei den einzelnen Gruppen der Plagiostomen in hohem Grade veränderlich und namentlich bei den verschiedenen Squalidae sehr individualisirt. Während bei Squatina dieser Schnauzentheil des Schedelknorpels kaum angedeutet ist, erscheint er bei den Carchariae, bei den Spinaces schon so beträchtlich in Form dreier, unter einander vorn verbundener Schenkel und verlängert sich bei Rhinobatus, und namentlich bei Pristis, als einfaches Knorpelstück ganz ausserordentlich.

Bei allen Plagiostomen ist die Schedeloberfläche mit einer eigenthümlichen chagrinartigen Knochenkruste überzogen. Diese bildet auch einen

1) Der Basilarknochen des Hinterhauptes erscheint überhaupt oft ganz wie ein Wirbelkörper gebildet z. B. bei den Prionodon. Bei einem ziemlich grossen Prionodon sah ich die Ueberreste der *Chorda* bis zur Grube für die *Hypophysis* reichen und die Schedelbasis in zwei Seitenhälften theilen.

2) Auf ganz eigenthümliche Weise bildet bei Sphyrna der *Processus orbitalis posterior* einen langen dünnen, nach auswärts gerichteten Stiel, der hinter dem *Bulbus* in eine Platte sich verbreitert, von der aus ein Fortsatz schräg zum *Processus orbitalis anterior* sich erstreckt, und ein zweiter einen oberen Augenhöhlenbogen bildet.

Ueberzug über blos fibröshäutige Fontanellen, welche in Mitten der Knorpelsubstanz des Schedels und namentlich des Schedelgewölbes bei vielen Plagiostomen [3]) typisch vorkommen.

Bei allen Rajidae findet sich ein von dem *Processus orbitalis anterior* aus hinterwärts gerichteter, discreter Knorpelbogen, welcher, als Schedelflossenknorpel, zur Fixirung der vordersten *Ossa carpi* der Brustflosse bestimmt ist. Nur bei einer Gruppe der Rajidae: den Myliobatides, wird auch der Vorderrand des Schedels von Flossenknorpeln und Flossen rahmenartig umzogen.

§. 23.

Das Kiefersuspensorium der Plagiostomen ist seitwärts unterhalb der Schläfengegend des Schedels beweglich befestigt. Es steigt schräg ab- und vorwärts, um den. Unterkiefer zu unterstützen. Rücksichtlich seiner weiteren Beziehungen walten zwischen den Rajidae und den Squalidae Verschiedenheiten ob.

Bei den Rajidae dient es häufig nur dem Unterkiefer zur Einlenkung, indem das unterste Glied des Zungenbeinbogens dicht neben seiner Schedelinsertion selbstständig am Schedel sich befestigt und mit dem oberen Ende des Suspensoriums nur durch Faserband in Verbindung steht [1]). — Bei den Squalidae dagegen ermangelt das Zungenbein einer selbstständigen Befestigung am Schedel und sein oberstes Ende tritt vom unteren Ende des Suspensorium neben der Einlenkung des Unterkiefers ab. — Mit diesem Unterschiede fällt ein zweiter zusammen, der darin besteht, dass bei den Squalidae die untere Hälfte des Kiefersuspensorium mit ähnlichen Knorperstrahlen besetzt ist, wie solche an der convexen Seite aller Kiemenbogen. vorkommen, dass dagegen das Kiefersuspensorium der Rajidae dieser Knorpelstrahlen durchaus ermangelt. Dafür kommen bei den Rajidae diese Knorpelstrahlen am zweigliedrigen Zungenbeinschenkel bis zu dessen Schedelinsertion hinauf vor, während die am eingliedrigen Zungenbeinschenkel der Squalidae vorhandenen nur die Reihe der am Kiefersuspensorium vorkommenden fortsetzen. Es enthält also das Kiefersuspensorium der Squalidae Elemente des Zungenbeinbogens, während bei den Rajidae dies nicht der Fall ist.

Bei den Rajidae besteht das Kiefersuspensorium bald aus zwei discreten Knorpelstücken [2]), von welchen das obere mit seinem dorsalen Ende

---

3) Z. B. unter den Rajidae bei Raja, Rhinobatus, Aëtobatis, Trygon, Narcine; nicht aber bei (dem jungen) Pristis.

1) So nach Untersuchung von Raja, Trygon, Pristis, Rhinobatus, Aëtobatis, bei Torpedo und Narcine ist das Zungenbein oben mit dem Suspensorium des Unterkiefers verbunden.

2) Das Vorkommen dieses zweiten, wahrscheinlich einem *Os symplecticum* entsprechenden Stückes habe ich bei einigen, mit rauher Hautoberflache versehenen Arten

an einer Apophyse des Schedels angeheftet ist, während das untere mit seinem ventralen Ende den Unterkiefer trägt; bald wird es nur durch ein einziges Stück gebildet. — Bei den Squalidae besteht es, anscheinend beständig, nur aus einem einzigen Knorpelstücke.

Das den meisten Plagiostomen zukommende, unmittelbar vor der dorsalen Hälfte des Kiefersuspensorium gelegene Spritzloch erhält sehr häufig eine Unterstützung in einem gewöhnlich mit seiner Convexität vorwärts gerichteten Spritzlochsknorpel [3]). Die Formverhältnisse desselben, die Art seiner Verbindung mit dem Kiefersuspensorium, welchem er meist durch eine Sehne oder ein Band, selten durch ein Gelenk verbunden ist, variiren; er kann selbst in eine Kette discreter Knorpel zerfallen.

Sowol der Unterkiefer [4]), als der Oberkiefer bestehen bei den Plagiostomen aus zwei, in der Mittellinie verbundenen, einfachen Seitenschenkeln, welche meist von derselben oberflächlichen Knochenkruste überzogen werden, die die übrigen Skelettheile bekleidet. Der Oberkiefer articulirt eigentlich nur mit dem Unterkiefer und wird daher nur mittelbar vom Suspensorium getragen. Auffallende, mit einer eigenthümlichen Einrichtung des Gebisses zusammenfallende Formmodificationen bieten die Kiefer bei den Gattungen Aëtobatis und Myliobatis dar. Ein gesonderter Zwischenkiefer fehlt beständig. — Die mechanischen Einrichtungen der Kiefer und die Anordnung ihrer Bänder bieten mannichfache Verschiedenheiten dar.

Als accessorisches Element reihet sich dem Kiefer - Apparate vieler

---

der Gattung Trygon, namentlich bei T. hystrix, T. Sayi beobachtet. Der obere längere, breitere, dünnere Knorpel ist mit dem unteren kürzeren, solideren, stabförmigen durch ein Gelenk verbunden. In diesem findet sich bei T. hystrix noch ein ganz kleiner Knorpel. Bei glatten Trygones habe ich das Suspensorium einfach gefunden. Dem Unterkiefer zunächst liegt aber bei ihnen Faserbandmasse, indem der obere Knorpel nicht ganz bis zu ihm reicht. — Bei Aëtobatis Narinari reicht das knorpelige Suspensorium ebenfalls nicht zu den Kiefern; in der ergänzenden Bandmasse liegt ein discreter Knorpel, aber rundlich und nicht so geformt, wie ihn Müller bei Rhinoptera und Myliobatis beschreibt und Tb. IX. Fig. 13. von Myliobatis abbildet. Müller vergleicht den von ihm entdeckten Knorpel mit dem *Os quadrato-jugale* höherer Wirbelthiere.

3) Er scheint allen Rajidae zuzukommen z. B. auch bei Aëtobatis, auch manchen Squalidae z. B. bei Squatina. Abb. bei Henle, Narcine. Tb. IV. Fig. 3. bei Müller, Myxin. Tb. V. Fig. 3. Henle nennt ihn *Cartilago pterygoïdea* und vergleicht ihn dem *Os tympanicum* der Teleostei. Er dürfte auch wohl den convexen Knorpeln zu vergleichen sein, welche bei vielen Rajidae z. B. bei Myliobatis, Aëtobatis u. A. die Stützen zweier Diaphragmata an der dorsalen und ventralen Grenze eines Kiemensackes verbinden. — In mehre Stücke zerfallen ist der Knorpel, wie schon Henle angibt, bei Torpedo. —

4) Bei Scyllium Edwardsii zieht längs dem unteren Rande jedes Unterkieferschenkels ein schmales fibröses Band mit eingesprengten Knorpelstückchen sich hin.

Plagiostomen ein System verschiedentlich entwickelter Labialknorpel [5]) an, die durch einen eigenen Muskelapparat bewegt werden. In der Gruppe der Rajidae sind sie nur bei den Gattungen Narcine und Rhinoptera beobachtet worden. Bei den Squalidae kommen sie in der Regel, obschon sehr verschiedentlich entwickelt, vor, als Stücke, die im Mundwinkel an einander stossen.

Ein discreter Gaumenapparat mangelt den meisten Plagiostomen spurlos. Indessen kommen Andeutungen desselben vor. Bei der Gattung Narcine [6]) unter den Rajidae liegen unmittelbar unter dem Schedel, über den Häuten des Schlundes vor den vorderen Rändern des Kiefersuspensorium paarige *Cartilagines palatinae.* Unter den Haien bieten einzelne Carchariae [7]) ein anderes Beispiel dar, indem von dem vorderen Rande des dorsalen Endes des Kiefersuspensorium ein Knorpel ausgeht, der seitwärts an die Schedelbasis sich anlegt, ihren Bereich nach aussen hin erweitert und bis unter die vordere Grenze der Augenhöhle reicht. Hier setzt er sich nach vorne fort in ein Band, welchem einzelne Knorpelstückchen eingesprengt sind. Dieses Band endet an einem aufsteigenden Oberkieferaste, der den meisten Haien eigenthümlich ist.

§. 24.

Der Schedel der Chimären articulirt beweglich mittelst einer dem Basilartheile und zwei den Seitentheilen der Hinterhauptsgegend angehöriger Gelenkvertiefungen mit dem Vorderende der Wirbelsäule. Die Schedelcapsel bildet ein Continuum. Von der unbeträchtlichen Schläfengegend geht eine vorspringende, nach unten allmälig abgedachte hintere Augenhöhlenwand aus, welche die Augenhöhle von der Schläfe scheidet. Das *Septum interorbitale* ist faserhäutig. Eine vom Vordertheile des Schedels jederseits absteigende Knorpelglocke umschliesst das Geruchsorgan. Der Vorderrand des Schedels ist zahntragend und gibt durch sein Verhältniss zu der *Apophysis mandibularis*, deren Vorderrand unmittelbar in ihn sich fortsetzt, als Gaumengegend sich zu erkennen. — Eine schräg auswärts gerichtete Abdachung der hinteren Augenhöhlenwand hangt ohne alle Unterbrechung zusammen mit einer gleichfalls auswärts und etwas abwärts

---

5) Dies System der Labialknorpel ist mit besonderer Sorgfalt von J. Müller studirt worden. Die Labialknorpel von Narcine hat Henle (Ueber Narcine S. 13.) sehr genau beschrieben und abgebildet; die von Rhinoptera hat Müller Tb. IX. Fig. 12. abgebildet. — Unter den Haien kommen sie z. B. bei Squatina äusserst gross vor. Abb. b. Müller, Tb. V. Fig. 5. 6. Auch bei Scyllium Edwardsii stark entwickelt. — Spinax niger, dem mit Unrecht nur ein Knorpel zugeschrieben ist, besitzt gleichfalls einen oberen und unteren.

6) S. Henle, Ueber Narcine. Tb. IV. Fig. 1. 2. Müller, Myxin. Tb. V. Fig. 3. 4.

7) Meine Beschreibung stützt sich auf Untersuchung junger Exemplare von Prionodon glaucus.

gerichteten Knorpelausbreitung der Schedelbasis und bildet mit ihr den Boden der Augenhöhle und zugleich das Gewölbe des Gaumens. Diese Knorpelausbreitung läuft vor der Augenhöhle in eine kurze *Apophysis mandibularis* aus, welcher der einfache, einen ununterbrochenen Bogen bildende, Unterkiefer beweglich eingelenkt ist und welche mit ihrem Vorderrande in den, das Gaumenbein der Teleostei repräsentirenden zahntragenden, Schedelrand sich fortsetzt [1]). — Ein eigener Oberkieferapparat fehlt; denn es ist mindestens sehr zweifelhaft, dass er durch die, die weichen, vor dem Gaumenrande gelegenen Lippen stützenden Knorpel repräsentirt sein sollte. — Ausser diesen eigenthümlichen Knorpeln, kommen, den Lippenknorpeln der Haie analoge Knorpel, so wie auch solche vor, die von der Nasencapsel zur weichen Schnauze treten [2]). — Diese weiche Schnauze erhält Unterstützung durch einen vom Vorderende des Schedeldaches bogenförmig absteigenden medianen discreten Schnauzenknorpel [3]).

§. 25.

Bei den Dipnoi [1]) ist der Schedel fest mit der Wirbelsäule verbunden, indem zugleich das vordere Ende der *Chorda dorsalis*, zugespitzt, in seine Basis sich verlängert. Die knorpelige Schedelcapsel ist stellenweise durch einzelne Ossificationen belegt oder verdrängt. Bei Rhinocryptis sind, im Gegensatze zu einer zusammenhangenden Knorpelmasse, die Ossificationen mehr untergeordnet; bei Lepidosiren sind letztere vorherrschend. Die Gehörorgane liegen in der Substanz des Schedelknorpels. Unterkiefer und Zungenbein articuliren unmittelbar mit continuirlichen Apophysen der knorpeligen Schedelmasse. Ein unpaares *Os basilare*, unten concav, das unter den vorderen Abschnitt der Wirbelsäule sich verlängert, bildet bei beiden Gattungen die Schedelbasis. Paarige *Ossa occipitalia lateralia* umschliessen das *Foramen occipitale* und bilden die hintere Schedelwand. Sie sind bei Rhinocryptis nur inwendig verknöchert, aussen knorpelig, bei Lepidosiren ganz verknöchert.

Ein dachartiger einfacher Schedeldeckenknochen, *Os parietale*, aus zwei nach oben verschmolzenen Seitenhälften bestehend, bildet das Schedeldach. Vor ihm finden sich paarige, ihn mit zwei, nach hinten verlängerten, Zinken umschliessende, *Ossa frontalia*. An das Vorderende des

---

1) Man könnte sagen, bei den Chimaeren finde sich das ganze Kiefersuspensorium der Teleostei, sammt den Gaumentheilen derselben, mit dem eigentlichen Schedel in ununterbrochenem Zusammenhange.

2) Ueber diese Knorpel der Holocephali s. Müller, Myxin. 1. S. 138. Abbild. Tb. V. Fig. 2.

3) Dieser Schnauzenknorpel ist bei Callorhynchus anders gebildet, als bei Chimaera. S. die Abbildg. bei Müller, l. c.

1) In Betreff aller Details ist auf die Schriften von Owen, Bischoff, Hyrtl und Peters zu verweisen.

Schedeldeckenknochens oder, bei Rhinocryptis, der ***Ossa frontalia*** schliesst sich ein unpaares ***Os nasale***, das die mittlere verbindende knorpelige Grundlage der, an jeder seiner Seiten frei zu Tage kommenden, helmartigen, vierfach gefensterten Nasenhöhlen bedeckt. Am vorderen Ende trägt das ***Os nasale*** zwei Labialzähne.

Bei beiden Gattungen verlängert sich die in der Gegend des Gehörorganes liegende Knorpelmasse in eine *Apophysis maxillaris*, deren Gelenkkopf den Unterkiefer aufnimmt; eine hinter dieser gelegene Gelenkfläche dient zur Articulation des Zungenbeines. Auswendig ist die *Apophysis maxillaris* mit einer Ossification belegt.

Der Oberkiefer-Gaumen-Apparat stellt einen von dem Gelenkkopfe des Unterkiefers der einen Seite zu demjenigen der anderen Seite reichenden unpaaren, das vordere Ende des *Os basilare* rahmenförmig umfassenden Knochenbogen dar, der unterhalb der Schedelbasis gelegen ist. An seinem vorderen Mitteltheile ist er zahntragend. Ueber diesem vorderen Mitteltheile liegt der unpaare *Vomer*. — Der Unterkiefer besteht bei Lepidosiren aus zwei, in der vorderen Mittellinie in einander übergehenden, Seitenschenkeln und besitzt, ausser seinem knöchernen Antheile, einen inwendigen Knorpelbogen. Auch Labialknorpel kommen den Dipnoi zu [1]).

§. 26.

Die Ganoïdei chondrostei haben das Gemeinsame, dass die *Chorda dorsalis* in ihre Schedelbasis sich fortsetzt, dass eine bewegliche Verbindung zwischen Schedel und Wirbelsäule mangelt, dass ihr Schedel eine zusammenhangende knorpelige Grundlage besitzt, welcher die meisten einzelnen Ossificationen bloss aufliegen und dass ihr Kieferapparat, gleich dem Zungenbeine, an einem von der Schedelcapsel abgesetzten Suspensorium hangt.

Bei den Stören ist der ganze Schedel, bald vollständig, bald mit Ausnahme einer über dem verlängerten Marke in der Hinterhauptsgegend gelegenen Lücke [1]) verknorpelt. Eine hintere *Apophysis* dient dem Extremitätengürtel zur Anheftung. Ein knorpeliger ***Processus frontalis posterior***, unterhalb dessen die Befestigung des beweglich mit dem Schedel articulirenden Kiefersuspensorium Statt hat, grenzt hinten die gemeinsame Schläfen- und Augenhöhle von der Kiemenhöhle ab. Ein stärker entwikkelter ***Processus frontalis anterior*** bildet die Grenze zwischen der Augenhöhle und der Nasengrube. Diese liegt an der Basis der stark nach vorne

---

2) S. über die von Lepidosiren Hyrtl, Tb. 1. Fig. 1.; über die von Rhinocryptis Peters in Müller's Archiv. 1845. Tb. 2. Fig. 1—3. l.

1) Diese Lücke finde ich beständig bei den von mir allein und ausschliesslich berücksichtigten Acc. Sturio der Ostsee. Brandt und Müller haben sie bei Acc. Ruthenus nicht gefunden.

verlängerten Schnauze. In der Schedelhöhle findet sich eine beträchtliche Vertiefung zur Aufnahme der *Hypophysis*. Das Gehörorgan ist theils innerhalb der Schedelhöhle, theils in der zusammenhangenden Knorpelmasse des Schedels gelegen. — Das knorpelige Schedeldach, sammt der Lücke, so wie auch die Schedelfortsätze werden von Ossificationen bedeckt und zum Theil überragt, die, in einzelne, dicht an einander stossende Felder gruppirt, ausschliesslich der *Cutis* anzugehören scheinen. Zwischen Augen- und Schläfenhöhle absteigende und sie trennende gleichartige Ossificationen setzen in einen Unteraugenhöhlenbogen sich fort. Eine schon unter dem vorderen Abschnitte der Wirbelsäule beginnende, dem *Os sphenoïdeum* anderer Fische analog gebildete Ossification (*Os basilare*) liegt unter der knorpeligen Schedelbasis. Von ihr steigen Seitenfortsätze an den knorpeligen *Processus frontales posteriores* auf. Unterhalb der Augenhöhlengegend erscheint das *Os basilare* abwärts von Knorpelsubstanz umhüllt, und liegt erst an der Basis der Schnauze wieder frei zu Tage. An den Seitenwandungen der Kiemenhöhle kommen bei älteren Thieren oberflächliche, den Knorpel auswendig überziehende, dünne zusammenhangende Ossificationen vor.

Bei den Spatularien [2]) bilden die an der Schedeloberfläche gelegenen, nur theilweise und approximativ denen des Knochenfisch-Schedels vergleichbaren Ossificationen keine ununterbrochene Fläche, sondern sind durch knorpelige Schedelsubstanz von einander geschieden. An der Unterfläche des Schedels erscheint eine oberflächliche Basilarossification, deren Ausdehnung derjenigen des *Sphenoïdeum basilare* und *Vomer* der Teleostei entspricht. Die Knochen der Schedel-Oberfläche, gleich wie die der Basis, setzen an die merkwürdige, stark verlängerte, spatelförmige Schnauze sich fort und bilden gewissermaassen ihren knöchernen Stamm, der seitwärts von den Strahlen sternförmiger, in der häutigen Grundlage der Schnauze gebildeter Ossificationen begrenzt wird.

§. 27.

Das Kiefersuspensorium besteht bei Accipenser und bei Spatularia aus zwei Stücken [1]), welche durch Bandmasse mit einander verbun-

---

2) Eine Abb. s. b. Wagner, de Spatulariar. indole.

1) Diese Angabe steht in entschiedenem Widerspruche zu derjenigen, welche von J. Müller ausgegangen ist. In seiner vergl. Osteol. d. Myxinoïden S. 145. unterscheidet derselbe am Suspensorium der Störe drei Stücke, nämlich ein knöchernes, das mit einer knorpeligen Apophyse am Schedel befestigt ist, ein mittleres knorpeliges Stück und ein drittes knorpeliges Stück, an dem das Zungenbein befestigt ist. Diese drei Stücke lässt auch die auf Tb. IX. Fig. 10. gegebene Abbildung wieder erkennen. Meine Unterscheidung von nur zwei Stücken stutzt sich wesentlich auf Untersuchungen über die eigenthümliche Ossification der knorpeligen Theile des Störskeletes. Knorpel von langlicher Form erhalten beim Stör eine knöcherne Scheide, wie die Betrachtung und Maceration der einzelnen Segmente der Kiemenbogen, der Rippen,

den sind. Das obere grössere Stück (*Os temporale*) articulirt beweglich mit der Schläfengegend des Schedels. Das zweite, ihm angeschlossene entspricht dem ***Os symplecticum***. Bei Accipenser geht von seinem oberen, bei Spatularia von seinem unteren Ende das, dem ***Os styloïdeum*** der Teleostei entsprechende, oberste Glied des Zungenbeinbogens ab. Sein unteres Ende hangt durch Bandmasse mit dem ***Os quadrato-jugale*** zusammen.

Der eigentliche Kiefer-Apparat nebst seinem Träger verhält sich bei beiden Gruppen verschieden [2]). Bei Spatularia liegt unmittelbar unter der Schedelbasis und zwar ganz vorne ein weiter, aus zwei in der Mittellinie getrennt bleibenden Schenkeln gebildeter Bogen, durch Haut fixirt, nicht vorstreckbar, den weiten Eingang in die Rachenhöhle begrenzend. Jeder Schenkel besteht aus zwei Elementen: einem inneren, beträchtlichen, das den Gelenkkopf für den unter ihm gelegenen Unterkieferbogen bildet und der Ausbreitung des ***M. temporalis*** zu Grunde liegt, also wesentlich einem ***Os quadrato-jugale*** entspricht, und einem zweiten äusseren, ihm eng angehefteten, das vielleicht den Oberkiefer repräsentirt.

Accipenser besitzt ein eigenthümliches gleichfalls unter der Schedel-

---

der ***Processus spinosi*** der Wirbel lehrt. Diese knöcherne Scheide bildet sich nicht um den ganzen Knorpel, sondern nur um einen Theil desselben und zwar nicht genau im Umkreise seines mittleren Theiles, sondern mehr nach seinem einem Ende hin, so dass sie zwei knorpelige Apophysen von ungleicher Länge frei lässt; die obere, kleinere Apophyse ist als solche von Müller richtig aufgefasst worden; die untere, grössere ist von ihm dagegen als eigenes Stück bezeichnet. Mit demselben Rechte könnten an dem zweiten und dritten, also den beiden mittleren Segmenten des ersten Kiemenbogens, zwei oder drei Stücke unterschieden werden, nämlich ein knöchernes und zwei knorpelige von sehr ungleicher Länge. Bei Zählung der einzelnen Skelettheile des Störes hat man nicht sowol die Zahl der durch knöcherne und knorpelige Textur unterschiedenen, als die der durch Gelenke oder zwischenliegendes Bindegewebe von einander getrennten Stücke ins Auge zu fassen. Durch Gelenk getrennt sind aber am Kiefersuspensorium nur zwei Stucke. — Ich lege deshalb besonderes Gewicht auf meine strengere Unterscheidung, weil Müller seine Zählung zur Begründung comparativer Consequenzen benutzt hat. S. Myxinoïd. Thl. 1. S. 147. und bes. Archiv 1843. Jahresbericht S. CCLVII. — Zur Erläuterung der eigenthümlichen Ossificationsvorgänge beim Stör sei noch bemerkt, dass eine Ossification, welche einen Knorpel ringförmig umschliesst, wiederum von dicker Knorpelschicht auswendig umgeben werden kann, wie ich dies z. B. am ***Os temporale*** eines sehr grossen Störes sehe. Es wiederholt sich hier die bekannte Erscheinung am Vordertheile des ***Os basilare*** des Schedels.

2) Meine Deutung weicht von der durch Müller gegebenen vollständig ab und beruhet wesentlich auf einer Berücksichtigung der sonst so constanten Verhältnisse des ***Os quadrato-jugale*** zum Unterkiefer. — Das ***Os quadrato-jugale*** besteht aus einem Knorpel und einer Knochenbelegung, die indem sie jenen nur partiell umgibt wieder eben so eigenthümlich sich verhält, wie an anderen Theilen z. B. den Rippen, den Gliedern der Kiemenbogen u. s. w. — Auch der Unterkiefer besteht aus einem Knorpel mit Knochenbelegung.

basis gelegenes einfaches vorstreckbares Schild, dem der Unterkieferbogen angefügt ist. Der beträchtlichste Theil des Schildes wird durch die beiden in der oberen Mittellinie durch Faserband innig zusammengefügten *Ossa quadrato-jugalia* gebildet. Jedes derselben gewährt dem Schläfenmuskel eine breite Ansatzfläche. Hinten schliesst den beiden genannten Hauptknochen des Schildes, als Repräsentant des Gaumenapparates, eine unpaare, rhombisch gestaltete Knorpelplatte sich an. Jedem *Os quadrato-jugale* ist ein Unterkieferschenkel beweglich eingelenkt. Jedem Unterkieferschenkel entspricht, als Oberkiefertheil, ein dem Schilde angehöriges oberes ossificirtes Randstück, an dessen äusseres Ende eine schräg hinterwärts gerichtete, mit ihren Enden auf dem *Os quadrato-jugale* ruhende Knochenleiste sich anschliesst [3]).

§. 28.

Der Schedel der Ganoïdei holostei und der Teleostei besitzt discrete Ossificationen, zwischen und unter welchen die Ueberreste des ursprünglich eine ungegliederte Capsel bildenden, knorpeligen oder faserhäutigen Blastemes bei vielen sehr vollständig sich erhalten, während dieselben bei anderen nicht in gleicher Ausdehnung oder fast gar nicht nachweisbar sind [1]). Wie für die Zählung der die Wirbelsäule bildenden Segmente in

---

3) Was diese beiden Ossificationen anbetrifft, so repräsentirt die erste entweder einen Zwischenkiefer oder einen Oberkiefer; die zweite entweder den Oberkiefer oder ein Jochbein (*Os jugale*); oder die erste ist ein Gaumenbein und die zweite ein *Os pterygoïdeum*.

1) Die Verschiedenheiten, welche in dieser Beziehung obwalten, sind sehr gross. Diejenigen Fische, bei denen die knorpelige Grundlage des Schedels am vollständigsten sich erhält, sind Esox und die Salmones. In dieselbe Kategorie scheinen die Ganoïdei holostei zu gehören. — Auf ganz eigenthümliche Weise verhält sich die überall zusammenhangende weichere Schedelgrundlage bei Cyclopterus lumpus. Alle einzelnen übrigens typisch gelagerten Ossificationen erscheinen nämlich als ganz dünne, zum Theil blos aufliegende, zum Theil in jene weichere Grundlage sich hineinziehende Blätter. — Grosse Verschiedenheiten bietet das Verhalten des Schedeldaches dar. Bei Esox findet sich vom Hinterhaupte an bis zur Schnauzenspitze hin ein ununterbrochenes lückenfreies knorpeliges Schedeldach, das nur bei älteren Thieren vorne zwei kleine Fontanellen besitzt. Bei Salmo salar und anderen Salmones kommt vor der *Squama occipitalis* jeder Seite an der Schedeldecke eine beträchtliche Lücke vor; die beiden Lücken werden durch einen mittleren, in den Vordertheil des Schedels übergehenden Knorpelstreifen getrennt. — Bei Clupea und Alosa findet sich, ausser den beiden hinteren Lücken, noch eine unpaare vordere, die von jenen durch eine Querbrücke geschieden ist. Uebrigens verbinden seitliche Knorpelstreifen das eigentliche Schedeldach mit der Oberfläche des *Segmentum septi narium*. — Bei Scomber sind die beiden hinteren Lücken vorhanden und werden vorne durch eine Querbrücke begrenzt; aber die seitlichen Verbindungsbrücken mit dem *Segmentum septi narium* fehlen. — Bei anderen, wie z. B. bei Cottus ist unterhalb der Stirnbeine eine vollständige Lücke. — Während meistens die Stirnbeine lose aufliegen, lassen sie sich bisweilen z. B. bei

solchen Fällen, wo eine Gliederung des Axencylinders fehlt, wie z. B. bei manchen Squalidae, die Anzahl der soliden oberen Bogenschenkel maassgebend ist, so lässt auch die Zahl der in den Seitenwandungen der Schedelcapsel vorkommenden meist in schräger oder verticaler Richtung aufsteigenden integrirenden Ossificationen eine bestimmte Summe von Schedel-Segmenten unterscheiden [2]). Solcher Segmente gibt es fünf: das des Hinterhauptes, angedeutet durch die *Ossa occipitalia lateralia*; das des hinteren Keilbeines durch die *Alae temporales*; das des vorderen Keilbeines durch die *Alae orbitales*; das des Siebbeines durch das *Os ethmoïdeum*, das des *Septum narium* durch ein Nasenbein, welchem endlich selbst noch ein accessorisches Schnauzenelement sich anschliessen kann.

Nur bei einzelnen Gruppen der Teleostei, wie z. B. bei den Cyprinen, bei Silurus, Loricaria, sind diese einzelnen Segmente durch die Anwesenheit scharf geschiedener und einander unmittelbar berührender Ossificationen in dem als Fortsetzung des oberen Wirbelbogensystemes erscheinenden Schedelbogentheile völlig ausgeprägt; bei Vielen fällt ihre Unterscheidung wegen ausbleibender Ossification, namentlich in dem Ethmoïdalsegmente, schwerer. Bei verhältnissmässig wenigen Teleostei verlängert sich die Schedelhöhle [3]) bis an oder in das vorderste Segment, wie z. B. bei Cyprinus, Loricaria, Silurus; bei sehr vielen bildet nämlich schon das *Os ethmoïdeum*, statt einer Höhle, als verticale Platte von knöcherner, knor-

---

Belone nicht ohne Zerreissung begrenzender knorpeliger Elemente abheben. — Am häufigsten erhalten sich die knorpeligen Elemente in der Gegend des *Segmentum septi narium*, sowol über dem *Vomer*, und selbst über dem *Sphenoïdeum basilare*, als in der Umgebung des Nasenbeines und an der Basis der *Ossa frontalia anteriora*, wie z. B. bei Belone, Cottus, Perca, Lucioperca, Callionymus, Ammodytes, Zoarces, Ophicephalus u. s. w.; selbst bei sehr alten Silurus glanis kommen zwischen den Knochen dieser Gegend breite Knorpelstreifen vor. — Am vollständigsten ossificirt, und am seltensten mit knorpeligen Elementen gemischt sind im Allgemeinen die Schedel der Gadoïden, Siluroïden, Cyprinoïden und vor Allen die der Physostomi apodes; eine Eigenthümlichkeit des Aales ist allerdings die, dass sein *Processus orbitalis anterior* knorpelig bleibt. Die Plectognathi bieten grosse Verschiedenheiten dar.

2) Eine merkwürdige Ausnahme hiervon macht Polypterus bichir. Seine Hinterhauptsgegend wird von einem einzigen Knochen eingenommen. Die *Alae temporales* und *orbitales*, so wie ein discretes Siebbein sind nicht entwickelt. Ein einfacher Knochen: *Os mastoïdeum Agass.*, aufsteigende Flügel des *Os sphenoïdeum basilare* und absteigende Fortsätze des Stirnbeines bilden die Seitenwand des Schedels. Vgl. Agassiz, Poiss. foss. Vol. II. Tb. B. C. und Müller, über Bau und Grenzen der Ganoïden. Tb. 1.

3) Beträchtliche Verlängerungen der Schedelhöhle zur Aufnahme der Geruchsnerven bestimmt, kommen auch bei den Ganoïdei holostei vor. S. über die des Polypterus und Lepidosteus, Agassiz l. c. — Es gehören hierher auch die unteren, nur häutig geschlossenen Verlängerungen der Schedelhöhle zur Aufnahme der Geruchsnerven bei den Gadus, die ganz anders sich verhaltenden im Knorpel liegenden bei Esox u. s. w.

peliger, knorpel- oder faserhäutiger Textur, nur ein einfaches *Septum interorbitale.*

Das Axensystem des Schedels wird gebildet: 1) durch das in jeder Beziehung einem Wirbelkörper entsprechende *Os basilare occipitis*; 2) durch das *Os sphenoïdeum basilare*, das, so weit es ossificirt ist, häufig fast nur oder nur als discrete Fortsetzung der corticalen Ossificationsschicht des *Os basilare occipitis* erscheint und als abortiver Ausläufer des Axensystemes unter den drei mittleren Schedelsegmenten sich hinzieht; 3) durch den an dieses *Os sphenoïdeum basilare* vorne sich anschliessenden, dem *Septum narium* angehörigen *Vomer*, der als vorderstes Endglied des verkümmerten Axensystemes erscheint.

Es entspricht demnach die Anzahl der die Schedelhöhle umschliessenden und nach vorne fortsetzenden Segmente nicht derjenigen des Axensystemes. Das Occipitalsegment hat sein eigenes Schlussstück in dem *Os basilare occipitis*; das *Sphenoïdeum basilare* gehört den drei mittleren Schedelsegmenten gemeinsam an; der *Vomer* ist dem vordersten Segmente angefügt.

Auch sonst gestalten sich die Verhältnisse der oberen Bogentheile oder Segmente zu den basilaren Knochen verschieden. Das *Occipitale basilare* ist meistens zwischen den beiden aufsteigenden Schenkeln des Hinterhauptsegmentes eingekeilt; den unter einander verbundenen aufsteigenden Schenkeln des hinteren Keilbeines liegt das *Sphenoïdeum basilare* unten blos an; mit den Schenkeln des vorderen Keilbeinsegmentes und mit dem Ethmoïdalsegmente kömmt letzterer Knochen meist nur durch absteigende einfache *Septa* in Berührung, während der *Vomer* gewöhnlich nur als corticale Ossification seines vordersten Schedelsegmentes erscheint.

Wenn eine nähere Vergleichung sämmtlicher einzelnen Schedelsegmente mit discreten Wirbeln überhaupt gefordert werden dürfte, so würde sie — abgesehen von der mangelnden Wiederholung unterer Wirbelbogenschenkel, — ergeben, dass das Occipitalsegment mit Einschluss des *Occipitale basilare* und des *Occipitale superius* einen vollständigen Wirbel wiederholt; dass die Segmente der beiden Keilbeine durch den beständig wiederkehrenden Besitz oberer Bogenschenkelpaare in so ferne ohne Zwang auf den Wirbeltypus sich reduciren lassen, als es überhaupt nicht selten vorkömmt, dass ein Wirbelkörperstück den abwärts mit einander verbundenen und bereits geschlossenen Bogenschenkeln unten blos angefügt ist [4]); dass das *Ethmoïdeum*, wenn es einen einfachen Canal oder Halbcanal bildet, ebenfalls sein Vorbild in manchen oberen Wirbelbogen findet, dass endlich das *Ethmoïdeum*, als einfaches *Septum*, sowie auch das Segment des *Septum narium*, mit abortiven Schwanzwirbeln allenfalls verglichen werden können. — Eine detaillirte

---

4) Z. B. bei Accipenser unter den Fischen; unter den Säugethieren bei Coelogenys paca an einigen Halswirbeln.

Durchführung solcher Vergleichung würde, da der Wirbel selbst höchst mannichfach construirt sein kann, immer nur ein subjectives Gepräge tragen und zu den Anforderungen der Wissenschaft nicht gehören.

[Ueber den Schedel der Knochenfische und Ganoïdei holostei vergl. man, ausser den Handbüchern von Cuvier und Meckel, so wie Cuvier's berühmter Einleitung zur Histoire naturelle des poissons. Vol. I. p. 343., in welcher auch die ältere Literatur sehr vollständig und kritisch aufgeführt ist, folgende Schriften: Agassiz, Poiss. foss. Vol. V. part. 2. — Agassiz et Vogt, Anatomie des Salmones p. 2. sqq. — Hallmann, vergleichende Osteologie des Schläfenbeines. Hannover. 1834. 4. — Köstlin, der Bau des knöchernen Kopfes in den vier Classen der Wirbelthiere. Stuttgart 1844. 8. — Arendt, de capitis ossei Esocis lucii structura. Regiom. 1824. 4. (Die Entdekkung der knorpeligen Grundlage des Hechtschedels). — E. J. Bonsdorff, Speciel jemförande bescrifning af hufvadskåls-benen hos Gadus lota. Helsingfors 1847. 4. Auch in Finska Vetenskaps-Societetens Handlingar för år 1847. (Versuch einer speciellen Reduction des Fisch-Schedels auf den des Menschen). — Ueber den Schedel einheimischer Fische findet sich genaues Detail bei B. C. Brühl, Anfangsgründe der vergleichenden Anatomie. Wien 1847. 8. — Von den Schedeln der Lepidosteus u. Polypterus handelt Agassiz, Poiss. foss. T. II. p. 1. sqq. Tb. B[1]. C[1]. u. J. Müller, Bau und Grenzen der Ganoïden. Tb. 1. u. Tb. 4.

Die Entwickelungsgeschichte des Schedels beschreibt C. Vogt: Embryologie des Salmones. Neuchat. 1842. 8. p. 109 sqq.]

§. 29.

In die Zusammensetzung des hintersten Schedelsegmentes oder des Hinterhauptsgürtels gehen in der Regel vier typische und discrete, bald durch Knorpelstreifen aus einander gehaltene, bald enger mit einander verbundene Knochen ein. Diese sind das Körperstück: *Os basilare*; zwei aufsteigende Bogenschenkel: *Ossa occipitalia lateralia* und ein oberes Schlussstück: *Os occipitale superius* s. *Squama occipitalis.* Zu ihnen kömmt meistens jederseits ein Randknochen: das *Os occipitale externum.* Sämmtliche Knochen werden oft noch zur Aufnahme von Theilen des Gehörlabyrinthes verwendet.

Das *Os basilare,* durchaus Wirbelkörper-ähnlich, besitzt meistens hinten eine conische Vertiefung, welche in der Regel derjenigen des ersten Wirbelkörpers entspricht und die gewöhnlichen Ueberreste der *Chorda dorsalis* enthält. Selten, wie bei mehren Symbranchi, correspondirt ihr ein conischer Gelenkkopf des ersten Wirbels. — Die Stelle der conischen Vertiefung des *Os basilare* wird bei der Gattung Fistularia vertreten durch einen einfachen rundlichen Gelenkkopf der in eine Vertiefung des ersten Wirbelkörpers aufgenommen wird. — Von seiner unteren Fläche steigen oft Seitenfortsätze zur Vervollständigung des unter der Schedelbasis liegenden Augenmuskelcanales ab. — Seine der Schedelhöhle zugewendete Fläche dient oft, jedoch nicht immer der *Medulla oblongata* zur Grundlage, indem bisweilen, z. B. bei den Cyprinen, die in der Mittellinie über ihm zusammenstossenden *Ossa occipitalia lateralia* den eigentlichen Schedelboden bilden. Zwei Vertiefungen, welche an seiner Innenseite häufig sich finden, dienen zur Aufnahme des *Saccus vestibuli.*

Die aufsteigenden Bogen: *Ossa occipitalia lateralia* besitzen Oeffnungen zum Durchtritte der *Nervi vagi* und *glossopharyngei*; bisweilen z. B. bei Salmo, gewähren sie auch dem ersten Spinalnerven Durchgang. Bei vielen Teleostei kömmt jedem dieser Knochen eine etwas vertiefte Gelenkfläche zu, welche derjenigen des mit ihm articulirenden ersten Rumpfwirbels entspricht. Seltener, wie bei den Cyprinus, Silurus, Esox fehlt sie. Nur bei einzelnen Fischen sind diese Knochen mit den oberen Bogenschenkeln des ersten Rumpfwirbels durch Naht verbunden [1]). — Dem *Os occipitale laterale* schliesst sich bei einigen Fischen eine kleine oberflächliche, nirgend in die Tiefe dringende Knochenlamelle an, welche Cuvier als *Os petrosum* bezeichnet hat — eine Bezeichnung, die, wenn sie auch nur irgend eine Analogie mit dem Felsenbeine höherer Wirbelthiere andeuten soll, unstatthaft ist [2]).

Das *Os occipitale superius* [3]) bildet das obere Schlussstück des Hinterhauptgürtels. Seine Knochensubstanz geht oft unmittelbar in den unter den nächst vorderen Deckknochen (*Ossa frontalia principalia*) gelegenen Knorpel über. Es ist sehr häufig in eine starke senkrechte Leiste (*Crista occipitalis superior*) ausgezogen, die bald nach hinten gerichtet ist, wie bei vielen Cyprinen, bald in eine mehr oder minder hohe stark vorwärts verlängerte *Crista* sich fortsetzt, wie bei vielen Squamipennes, Scomberoïden, Sciänoïden u. A. In beiden Fällen gewährt sie dem Vorderende des Dorsaltheiles des Seitenmuskels Unterstützung. — Das *Os occipitale superius* enthält in seiner tiefen knorpeligen Grundlage bisweilen, z. B. bei Salmo, einen unbeträchtlichen Theil der äusseren und hinteren halbcirkelförmigen Canäle.

Als Randknochen neben dem *Occipitale laterale* jeder Seite zeigt sich gewöhnlich das *Os occipitale externum* [4]). Auf Kosten der dicken knorpeligen Grundlage des Schedels gebildet, nehmen diese Knochen Theile des Gehörlabyrinthes auf. Sie sind übrigens von verschiedener Ausdehnung und gewähren, meist durch einen verschiedentlich stark entwickelten Fortsalz, der oberen Zinke des Schultergürtels Stützpunkte.

Das zweite Schedelsegment ist repräsentirt durch das hintere

---

1) So z. B. sehe ich es bei Synanceia horrida.

2) Es ist das *Occipitale posterius Agassiz.*

3) *Os interparietale Agass.* — An der *Spina* hat es bei *Platax arthriticus* und *Ephippus gigas*, gleich vielen *Ossa interspinalia*, eine eigenthümliche rundliche Auftreibung. S. Cuv. u. Valenc., Poiss. Tome VII. Tb. 204. Bell in d. Philosoph. transact. 1793. Tb. VI. B. Wolff, de osse peculiari Wormio dicto Berol. 1824. 4.

4) *Ossa occipitalia externa Auct. Ossa petrosa Bojanus.*

Keilbein. Dasselbe besteht aus zwei aufsteigenden Bogen: *Alae temporales* und einem unter der Verbindungsstelle beider liegenden Basilarstücke: *Os sphenoïdeum basilare Auct.*

Die aufsteigenden Bogen dieses hinteren Keilbeines (*Alae temporales* [5]) sind immer in der unteren Mittellinie, der Länge nach, unter einander verbunden. Sie stossen mit ihren hinteren Rändern an die Vorderränder des *Occipitale basilare* und der *Occipitalia lateralia.* — Der Vorderrand des unteren, zur Unterstützung der *Medulla oblongata* dienenden Theiles der beiden *Alae temporales* bleibt ausser unmittelbarer Berührung mit anderen Schedelknochen, endet frei und bildet die hintere Begrenzung einer Lücke, welche vorn gewöhnlich durch das solide Mittelstück des dritten Schedelsegmentes (das *Os sphenoïdeum anterius*) begrenzt, abwärts aber durch das schuppenförmige *Os sphenoïdeum basilare* verdeckt wird. In diese Lücke senkt sich die *Hypophysis cerebri* nebst dem *Saccus vasculosus.* — An der Innenfläche der *Ala temporalis* zeigt sich eine zur Aufnahme der vorderen Hälfte des *Vestibulum* bestimmte Grube, deren hintere Fortsetzung dem *Os occipitale laterale* angehört. Der obere Theil der Grube der *Ala temporalis* nimmt auch den Anfang des *Canalis semicircularis anterior* und *externus* auf. — Sobald ein Augenmuskelcanal vorhanden ist, liegt er unterhalb der *Alae temporales*, die zur Bildung seiner Seitenwände durch absteigende Fortsätze oft beitragen. Diese letzteren schliessen dann an entsprechende kurze aufsteigende Fortsätze des *Os sphenoïdeum basilare* sich an. — An der Bildung der Gelenkgrube für das Kiefer-Suspensorium hat die *Ala temporalis* nur selten, wie z. B. bei Cyprinus, Abramis u. A. geringen Antheil. — Durch Oeffnungen oder Canäle dieser Knochen verlassen die Schedelhöhle in der Regel: die *Nervi abducentes*, um in den Augenmuskelcanal zu treten, die meisten Elemente des *N. trigeminus* und des *N. facialis.* Die beiden letztgenannten Nerven treten mindestens durch vordere Ausschnitte der *Alae temporales* hindurch, wie bei Gadoïden und bei Lophius.

Die beiden *Alae temporales* des Keilbeines erhalten eine untere Belegung durch einen basilaren Knochen: *Os sphenoïdeum basilare*, der ihre vordere Grenze immer um ein Beträchtliches überschreitet. Diese gewöhnlich dünne lange Ossification liegt mit ihrem hinteren Rande oft schuppenartig unter dem vorderen Theile des *Occipitale basilare* oder greift mit Zacken in dessen Rindensubstanz ein, setzt sich dann unterhalb des durch die zusammenstossenden *Alae temporales* gebildeten Bodens der Hirncapsel nach vorne fort, überschreitet ihre Grenze und erstreckt sich meist unterhalb der beiden nächst vorderen Schedelsegmente, doch gewöhnlich tief abwärts von der unteren Schlusslinie der Hirncapsel, nach vorn bis an die

---

5) *Alae magnae Cuvier, Bakker, Agassiz; Os petrosum Meckel, Hallmann; Os tympanicum Bojanus.*

Grenze der Schnauze, wo er in einen anderen basilaren Deckknochen: den *Vomer* mit seinen vorderen Zacken eingreift. — Auf ihm ruhet häufig der Körper des dritten Schedelsegmentes, des *Sphenoïdeum anterius*, meist mit einem absteigenden Stachel, wie bei Clupea, Salmo u. A. In Ermangelung eines Körperstückes senken sich auf ihn zwei schmale zusammenstossende Fortsätze seiner ossificirten Flügel oder membranös entwickelte, ihre Stelle vertretende, ein fibröses oder knorpelhäutiges *Septum interorbitale* darstellende, Theile. Auf ihn senkt sich ferner das *Septum interorbitale* herab. — Oft besitzt das *Os sphenoïdeum basilare* an der vorderen Grenze der *Alae temporales* seicht aufsteigende mehr oder minder kurze Flügelfortsätze; seltener wie bei Anabas, Pleuronectes u. A., eine absteigende *Crista*; noch seltener verlängert es sich vor den *Alae temporales* in verticaler Richtung etwas aufwärts zur Vervollständigung des *Septum interorbitale,* wie bei Notopterus. — Bei einigen Familien z. B. bei den Gadoïden, Siluroïden, Muränoïden, Plectognathi Gymnodontes u. A. legt er sich unmittelbar unter die *Alae temporales*; bei anderen ist er theils unter, theils selbst zwischen ihnen eingekeilt, wie z. B. bei einigen Pleuronectes; meistens bleibt er von ihnen entfernt, wie z. B. bei den meisten Clupeïdae, Salmones, Esoces, Cyprini und vielen Acanthopteri. Bei diesen nämlich bildet die obere Fläche des *Sphenoïdeum basilare* den Boden eines unterhalb der geschlossenen Hirncapsel gelegenen, oft durch ein medianes *Septum* getheilten (Cyprinus), zur Aufnahme mehrer Augenmuskeln, namentlich der *M. M. recti externi*, bestimmten Canales, dessen obere Wandungen von den unteren Schlussknochen der Hirncapsel, dessen Seitenwandungen von absteigenden Fortsätzen der letzteren allein oder zugleich von aufsteigenden Seitenfortsätzen des *Os sphenoïdeum basilare* gebildet werden.

Dass dies *Os sphenoïdeum basilare* ausschliesslich auf fibrös-häutiger Grundlage entstehe, darf um so weniger behauptet werden, als es häufig, wie z. B. bei Salmo, Esox, Clupea einen Knorpelstiel halb umfasst, der von der Unterseite des vordersten Theiles der knorpeligen Grundlage des Schedels bis zur Gegend der *Alae temporales* hin hinterwärts sich erstreckt. — Seine untere Fläche steht, gleich derjenigen des *Vomer*, nicht selten in enger Verbindung mit der unterliegenden Schleimhaut der Mundhöhle, zeigt, ihr zunächst, bisweilen eine eigenthümliche Ossificationsschicht, welcher die tieferen Lagen der Schleimhaut zum Blastem gedient zu haben scheinen, trägt auch nicht selten Zähne [6]).

Wenn man den Ausgangspunkt dieses Knochens festhält, der eben die corticale Ossificationsschicht des *Os occipitale basilare* ist, das er ununterbrochen bis zur Gegend des *Septum narium* fortsetzt, von wo aus der

---

6) z. B. bei Anabas scandens, Ophicephalus striatus und anderen Labyrinthiformes, dann bei Notopterus, Osteoglossum, Sudis.

Vomer, als vorderes Endstück, ihn verlängert, so drängt sich nothwendig die Ansicht auf, es möchten diese Knochen: das *Sphenoïdeum basilare* und der *Vomer* als vordere, mehr oder minder abortive Endverlängerungen des Axensystemes der Wirbelsäule zu betrachten sein [7]).

Das dritte Schedelsegment entspricht dem *Os sphenoïdeum anterius* höherer Wirbelthiere. Es bildet die hintere Wand der Augenhöhlen und eine Strecke ihrer Innenwand. Seine Elemente tragen zur unmittelbaren Begrenzung des vorderen Theiles der Schedelhöhle, namentlich, so weit letztere die Hemisphären des Gehirnes einschliesst, bei. Zwischen seinem Körperstücke und dem Vorderrande der *Alae temporales* des hinteren Keilbeines liegt die Grube für die *Hypophysis*. Es gewährt dies Schedelsegment, gewöhnlich in Gemeinschaft mit den *Alae temporales*, oder in seinen häutigen Antheilen, selten mit seiner ossificirten Grundlage, dem Orbitalaste des *N. trigeminus*, den *N. N. oculorum motorius* und *trochlearis*, — so wie allein durch seine unteren häutigen Theile dem *N. opticus* Durchtritt. Die Verschiedenheiten, welche die Betrachtung dieses Schedelsegmentes, namentlich an getrockneten Schedeln, erkennen lässt, beruhen hauptsächlich einerseits auf der verschiedenen Entwickelung seiner ossificirten Bestandtheile im Gegensatze zu den fibrös-häutigen und andererseits auf der bei manchen Fischen z. B. bei den Gadoïden, so schwierigen Fixirung seiner vorderen Grenzen. Was die Ossificationen dieses Segmentes anbetrifft, so bestehen dieselben, falls solche überhaupt vorhanden sind, aus zwei *Alae orbitales* [8]), welche an den oberen Theil des Vorderrandes der *Alae temporales* sich anschliessen. Diese ossificirten *Alae orbitales* besitzen eine sehr verschiedene Ausdehnung. Sie sind ganz unbeträchtlich und oft kaum als discrete Stücke zu erkennen bei den Gadoïden; sie gewinnen an Umfang bei Esox, Salmo, Macrodon, Lepidosteus und Amia, wo sie in das den Orbitaltheil des Schedels bedeckende Knorpeldach continuirlich übergehen; noch weiter vorwärts reichen sie bei Clupea, Alosa, Megalops. Am beträchtlichsten aber sind sie bei vielen Siluroïden und Cyprinoïden. Sie bilden hier die Seitenwandungen der hinteren Hälfte einer weit nach vorne reichenden Verlängerung der Schedelhöhle. Während nämlich bei sehr vielen Teleostei die Schedelhöhle oberhalb der *Orbitae* sich sehr verengt, behauptet sie bei Silurus, Loricaria, Cyprinus, sowie bei Notopte-

---

7) Wenn gegen diese aus Auffassung der architectonischen Verhältnisse der Fische, wie der höheren Wirbelthiere, hervorgegangene Anschauung eingewendet wird, die *Chorda dorsalis* reiche ursprünglich nicht bis an das vorderste Schedelende, so beweiset einmal Branchiostoma, dass sie in der That so weit sich verlängern kann und andererseits fragt es sich, ob es ein nothwendiges Requisit der Axentheile der Wirbelsäule ist, aus dem ganz ununterbrochenen Blasteme der *Chorda* hervorzugehen.

8) *Alae orbitales s. parvae Cuvier, Bojanus, Rosenthal*; *Alae magnae Meckel, Hallmann; Alae orbitales posteriores Brühl.*

rus auch hier, gleich wie in dem nächst vorderen Schedelsegmente, eine gewisse Weite und wird bis zur Grenze des Körpers des Ethmoïdalsegmentes von den *Alae orbitales* seitlich begrenzt. Ja diese können wie z. B. bei Abramis brama, unmittelbar hinter dem Körper des *Os ethmoïdeum* mit einander in der unteren Mittellinie zusammenstossen. Es sind also Silurus glanis und die Cyprinen, bei welchen, unter den einheimischen Fischen, eine scharfe vordere Begrenzung dieses Schedelsegmentes vorzugsweise zu klarer Anschauung kömmt. —

Bei den meisten derjenigen Teleostei, welchen ein Augenmuskelcanal zukömmt, besitzt das dritte Schedelsegment ein eigenes Körperstück in dem *Os sphenoïdeum anterius Cuv.* [9]). Er besteht gewöhnlich in zwei convergirenden, absteigenden und mit einander verschmelzenden Leisten, die in einen einfachen unteren Fortsatz auslaufen, hat also meistens die Form eines Y. Jeder seiner Seitenschenkel pflegt von dem unteren Rande einer *Ala orbitalis* auszugehen und sein unpaarer unterer Stiel ruhet gewöhnlich auf dem *Os sphenoïdeum basilare.* — Bei jüngeren Hechten ist dieser Knochen knorpelig und sein einfacher, oben in zwei Schenkel ausgehender, Stiel ist eine unmittelbare aufwärts gerichtete Fortsetzung des vom fünften Schedelsegmente ausgehenden, nach hinten verlaufenden Knorpelstieles. Der Körper des *Os sphenoïdeum anterius* bildet die vordere Begrenzung der zur Aufnahme der *Hypophysis* bestimmten Grube, gehört also der Schedelcapsel selbst an. — Bei denjenigen Fischen, die eines Augenmuskelcanales ermangeln, fehlt er als selbstständiger Knochen.

Als Randknochen des zweiten und dritten Schedelsegmentes erscheinen die discreten Elemente der Schläfengegend. Dieselben bestehen in zwei Knochen, welche vorzugsweise auf Kosten des zusammenhangenden Schedelknorpels entstanden sind, meist aber zugleich eine äussere corticale Ossificationsschicht besitzen. Einer durch beide Knochen zugleich gebildeten, meist langen Gelenkgrube ist das Kiefersuspensorium eingefügt.

Der hinterste dieser Knochen ist das *Os mastoïdeum* [10]), das zur Aufnahme des *Canalis semicircularis externus* mit verwendet wird und, gewöhnlich mittelst einer Apophyse, zur Anheftung einer der Zinken des Schultergürtels dient.

---

9) *Os sphenoïdeum anterius Cuvier, Agassiz; Os sphenoïdeum superius Hallm.* — Cuvier bezeichnet nicht nur diesen Knochen, sondern auch das *Os ethmoïdeum* der Cyprinen und Siluroïden als *Os sphenoïdeum anterius* l. c. pag. 325. — Es kömmt z. B. vor bei Perca, Lucioperca, Acerina, Scomber, Salmo, Clupea, Ammodytes. — Gänzlich vermisst habe ich diesen Knochen bei Cottus, Pleuronectes, Gadus, Cyclopterus, Diodon, Tetrodon u. A.

10) *Os mastoïdeum Cuvier, Meckel; Os petrosum Geoffroy, Bakker, Bojanus, Squama temporalis* s. *Os temporale Agassiz.*

Der vordere Randknochen ist das *Os frontale posterius* [11]), das den oberen Umfang der Augenhöhle hinten begrenzt und zur Anlage des hinteren Sckenkels des Infraorbital-Knochenbogens dient.

Das vierte Schedelsegment: das Siebbein, *Os ethmoïdeum* [12]) bietet in Betreff der histologischen Differenzirung seiner Grundlage sehr grosse Verschiedenheiten dar. Es besteht wesentlich aus einem unpaaren, vertical gestellten Körperstücke, das, wenn es knorpelig oder ossificirt ist, einen nicht unbeträchtlichen Theil der Augenhöhlen-Scheidewand bildet. Bei vielen Fischen wird seine Stelle nur durch ein knorpelhäutiges oder fibröses *Septum* vertreten. Bei anderen erscheint es als eine verticale Knochenplatte, die oben in die knorpelige Grundlage des Schedeldaches, unten in die das *Os sphenoïdeum basilare* übergeht und nach hinten von den *Alae orbitales* ebenfalls durch Zwischenknorpel geschieden ist. So zeigt es sich z. B. bei Lepidosteus, Amia, Megalops, Salmo, Esox — Fischen, bei welchen es verschieden weit vorwärts ausgedehnt, das *Septum interorbitale* bildet [13]). — Bei Clupea und Alosa, wo er fast ganz knorpelhäutig ist und nur in geringer Ausdehnung aus dickerem Knorpel besteht, bildet sein hinterster, an die *Alae orbitales* sich anfügender Theil eine kurze abwärts geschlossene Höhle, die weiter vorwärts in ein einfaches, knorpelhäutiges, jeder Höhlung ermangelndes *Septum interorbitale* sich umwandelt. — Eigenthümlich gestaltet es sich bei Notopterus, bei den Siluroïden und Cyprinoïden, wo es zugleich durch sehr vollständige Ossification sich auszeichnet, durch Bildung einer viel weiteren Höhle, die die Schedelhöhle nach vorne beträchtlich verlängert. Bei Silurus glanis verbinden sich mit den beiden *Alae orbitales* die Seitenschenkel eines abwärts geschlossenen, also eine Höhle bildenden unpaaren Knochens, der zwischen den paarigen *Ossa frontalia anteriora* bis zur Grundlage des fünften Schedelsegmentes sich fortsetzt. Dieser, einen unten geschlossenen Halbcanal darstellende unpaare Knochen repräsentirt den Körper des Siebbeines. Ganz analog verhält sich das *Os ethmoïdeum* bei den Cyprinoïden, wo seine Seitenschenkel jedoch nach oben unter der knöchernen Schedeldecke durch Knor-

---

11) *Os frontale posterius Auct. Squama temporalis Meckel, Geoffroy, Rosenthal; Os parietale Bojanus.* Es entspricht der *Squama temporalis* höherer Wirbelthiere.

12) *Os ethmoïdeum Spix, Agassiz; Ala orbitalis Meckel, Hallmann.* Cuvier erwähnt dieses Knochens in seiner am häufigsten vorkommenden Form nicht; das *Os ethmoïdeum* der Cyprinen und Siluroïden verwechselt er aber mit seinem *Sphenoïdeum anterius.* — Brühl nennt dies *Os ethmoïdeum Ala orbitalis anterior.*

13) Bei Salmo salar ist es sehr weit vorwärts bis zwischen die Basis der *Ossa frontalia anteriora* ausgedehnt und trägt hinten noch zur vorderen Begrenzung der Schedelhöhle bei. Bei Esox enthält es, wie man auf Querdurchschnitten sieht, eine bis in die Gegend der *Ossa frontalia anteriora* fortgesetzte enge Höhle, welche, als Verlängerung der Schedelhöhle, die Geruchsnerven aufnimmt.

pelleisten verbunden werden. — Wo und so weit der Siebbeinkörper eine Höhle einschliesst, die die Schedelhöhle nach vorne verlängert, verlaufen in dieser die Geruchsnerven; von dem Punkte an, wo der Siebbeinkörper ein einfaches *Septum* darstellt, verlaufen die Geruchsnerven gewöhnlich an dessen Aussenfläche bis zu ihren Austrittsstellen in der Nähe der Basis der *Ossa frontalia anteriora.* Bei den Gadoïden ist die Grundlage der Siebbeingegend häutig, der Geruchsnerven-Canal liegt hier unter den Stirnbeinen und wird nach unten durch die aufwärts divergirenden Lamellen des häutigen *Septum interorbitale* gebildet. Alle genannten Bildungsformen des Siebbeines kehren bei anderen Wirbelthieren wieder; die Höhlenbildung durch den Knochen selbst zur Verlängerung der Schedelhöhle bei vielen Batrachiern; die Form eines verticalen knöchernen *Septum interorbitale* bei der Mehrzahl der Vögel; die Reduction auf ein faserhäutiges und knorpelhäutiges *Septum* bei vielen Sauriern.

Als Randknochen, welche die Grenze dieses und des folgenden Schedelsegmentes bezeichnen, erscheinen die *Ossa frontalia anteriora* [14]). Diese Knochen, welche gewöhnlich durch perennirend ungegliederte Knorpelsubstanz von einander getrennt bleiben, bilden den vorderen Augenhöhlenrand; bei der überwiegenden Mehrzahl der Fische finden sich in ihrer Basis, die der gemeinsamen knorpeligen Schedelgrundlage noch angehört, bisweilen in ihrer Substanz selbst, Oeffnungen zum Durchtritte der Geruchsnerven [15]). Die Knochen selbst unterstützen mit ihren vorderen Flächen sehr häufig die Ausbreitung des Geruchsorganes.

Die obere Bedeckung des zweiten, dritten und vierten Schedelsegmentes geschieht durch Knochen, welche als *Ossa parietalia* und *Ossa frontalia* anzusprechen sind.

Der Bereich der *Ossa parietalia* [16]) ist ein viel beschränkterer, als der der vor ihnen gelegenen *Ossa frontalia*, indem sie meistens nur so weit, als die Innenränder der *Ossa mastoïdea* reichen, das Schedeldach bilden. Bei den meisten Teleostei werden sie durch die zwischengeschobene

---

14) *Os frontale Auct. Ethmoïdeum laterale Meckel, Bojanus. Lacrymale Geoffroy, Carus.*

15) Diese Oeffnungen für die Geruchsnerven werden bald von ihnen allein, bald unter Theilnahme benachbarter Knochen gebildet. Bei Gadus callarias werden die beiden *Ossa frontalia anteriora* durch eine discrete Knochenbrücke verbunden. Der mittlere Theil derselben liegt unmittelbar unter der hinteren stielförmigen Verlängerung des *Os nasale.* Von ihm aus erstreckt sich zu jedem *Os frontale anterius* ein Schenkel. Jeder Schenkel bildet ein Dach uber der Austrittsstelle des *N. olfactorius*, die auswärts vom vorderen Stirnbeine begrenzt wird. Darf dieser discrete unpaare Knochen als Repräsentant eines Siebbeines angesehen werden?

16) Durch eine Oeffnung jedes *Os parietale* tritt bei vielen Fischen der *Ramus lateralis N. trigemini.*

Squama occipitalis, die dann in unmittelbare Berührung mit den *Ossa frontalia* kömmt, von einander getrennt. Seltener berühren sich die beiden gleichnamigen vor den Vorderrand der *Squama occipitalis* geschobenen Knochen mit ihren Innenrändern, wie z. B. bei den Cyprinen, bei Macrodon [17]).

Die beiden *Ossa frontalia* [18]) erstrecken sich bei den meisten Fischen bis zur hinteren Grenze des einfachen Nasenbeines; wenn doppelte Nasenbeine vorhanden sind, wie z. B. bei Esox, können sie sich noch eine beträchtliche Strecke weit zwischen sie schieben. Sie besitzen demnach immer einen sehr beträchtlichen Bereich ihrer Ausbreitung auf dem Schedel. Absteigende Fortsätze derselben können, wie bei einigen Ganoïden, zur Bildung eines die Geruchsnerven aufnehmenden und die Schedelhöhle nach vorn fortsetzenden Canales beitragen.

Das fünfte Schedelsegment bildet gewöhnlich ein mehr oder minder weit über die, durch dasselbe getrennten, Nasengruben hinaus verlängertes *Septum narium*. In Betreff seiner Ausdehnung, seiner Formverhältnisse, seiner Sonderung verhält es sich äusserst verschieden. Es gehören demselben zwei Ossificationen an: der einfache oder doppelte *Vomer* und das einfache oder doppelte Nasenbein. — Bei manchen Teleostei z. B. den Cyprinen, den Gadoïden, auch bei den Siluroïden und Loricarinen ist dies Schedelsegment vollständig ossificirt. Bei sehr vielen Anderen bleibt seine Grundlage aber knorpelig und steht in diesem Falle in vollkommenerem [19]) oder unvollkommenerem [20]) Zusammenhange mit der übrigen gemeinsamen Schedelgrundlage. Wichtig ist der Umstand, dass von der Basis dieses Segmentes sehr allgemein ein, von vorne nach hinten gerichteter Knorpelstiel abgeht. Dieser liegt abwärts von der Basis des vierten und dritten Schedelsegmentes und erstreckt sich bis in die Gegend des Vorderendes der beiden zusammenstossenden *Alae temporales*. Bis in die Gegend des vor-

---

17) Vor dem Vorderrande der *Squama occipitalis*, zwischen ihm und den *Ossa frontalia*, liegt bei Mormyrus ein beträchtliches unpaares, in der Mitte durch eine schwache Leiste ausgezeichnetes *Os interparietale*. Die zu seinen Seiten liegenden Deckknochen bedecken einen Hohlraum, welcher, ohne von Knorpel überzogen zu sein, einen grossen Theil des Gehörlabyrinthes einschliesst. Dieselbe Lücke, wie bei den Mormyri findet sich bei Notopterus u. Hyodon, wo sie aber nur von Haut bedeckt ist.

18) *Ossa frontalia principalia Cuvier*. Bei sehr vielen Siluroiden lassen die beiden Knochen vorne in der Mittellinie eine häutig geschlossene Lücke zwischen sich. So z. B. bei Silurus, Aspredo, Loricaria u. A. — Bei Cobitis findet sich ebenfalls eine Lücke, nur weiter nach hinten, und auch die *Ossa parietalia* trennend. — Bei Thynnus vulgaris sind Lücken vorhanden, sowol vorne als hinten, zwischen *Os frontale* und *Os parietale*.

19) z. B. bei Esox, bei den Salmones.

20) z. B. bei Cottus, Cyclopterus, Callionymus, Belone.

deren freien Randes der *Alae temporales*, also bis zur Grenze der *Hypophysis* hin, ist nämlich in frühesten Stadien der Entwickelung das Vorderende der von der Wirbelsäule aus in die Schedelbasis fortgesetzten *Chorda dorsalis* erkannt worden. — Der genannte Knorpelstiel wird in seiner hinteren Hälfte von der vorderen Hälfte des *Os sphenoïdeum basilare*, weiter vorwärts aber vom *Vomer* umfasst. Beide Knochen erscheinen meist als corticale Ossificationen dieses Knorpels.

Was die Ossificationen dieses Schedelsegmentes anbetrifft, so ist der *Vomer* fast immer einfach; bei Lepidosteus wird er jedoch durch zwei seitliche, in der Mittellinie einander berührende Ossificationen repräsentirt. Der *Vomer* greift gewöhnlich mit Zacken in das Vorderende des *Os sphenoïdeum basilare* ein und stellt, ganz abgesehen von seinen genetischen Verhältnissen, das äusserste Ende des abortiv gewordenen Wirbelkörpersystemes dar. Er ist bald eine ganz dünne Ossification, bald stärker und dicker, bisweilen an seinem Vorderende verbreitert, wie z. B. bei Silurus. Bei den Cyprinen trägt er an seinem freien Ende zwei starke Apophysen. — Der *Vomer* kömmt an seiner unteren, der Mundhöhle zugewendeten Fläche in innige Berührung mit der Schleimhaut derselben, die nicht selten ein Blastem für seine Verdickung liefert. Er gehört daher auch zu denjenigen Knochen, die am häufigsten zahntragend sind.

Oberhalb des *Vomer* liegt meistens ein einfaches Nasenbein (*Os nasale* [21]). Bei solchen Fischen die durch vollständigere Ossification dieses Schedelsegmentes sich auszeichnen, z. B. bei Gadus, Cyprinus, Silurus, Macrodon liegt das Nasenbein dicht oberhalb dem Vorderende des *Vomer* und schliesst unmittelbar an den Vorderrand der *Ossa frontalia principalia* sich an, ein einfaches *Septum narium* bildend. Seine Form kann dabei höchst mannichfach sein, wie eine Vergleichung der eben genannten Fische lehrt. — Bei anderen, wo dieses Schedelsegment unvollkommen ossificirt ist, wie z. B. bei Cottus, Callionymus, Belone, liegt oberhalb des *Vomer* fast nur Knorpel; aber eine kleine in diesen Knorpel eindringende unpaare Ossification bezeichnet das *Os nasale*. Bei anderen, wie bei den Salmones ist diese Ossification schon beträchtlicher und, je nach Verschiedenheit der Arten, bald ganz cortical, bald tiefer eindringend. Bei Clupea dringt der Vordertheil der Ossification tief in die Knorpelsubstanz, während zwei nach hinten abgehende getrennte Fortsätze cortical sind. — Paarige Nasenbeine sind nur bei wenigen Fischen beobachtet. Solche schliessen sich bei Lepidosteus vorne an die Stirnbeine und bedecken oben, wie der *Vomer* unten, den Canal, in welchem die Geruchsnerven, von der Schedelhöhle

---

21) Als *Os nasale* haben Spix, Bojanus und Agassiz diesen Knochen mit Recht bezeichnet. — Es ist Cuvier's *Os ethmoïdeum*; Meckel, Bakker, Geoffroy deuten ihn wie Cuvier.

aus, zu den weit vorwärts gerückten Riechorganen treten. Bei Esox sind sie ebenfalls vorhanden. Jeder beginnt ein wenig vor der Nasengrube, noch einwärts vom *Os terminale* und erstreckt sich auswärts vom *Os frontale* seiner Seite, als Deckknochen bis zum Vorderende der Schnauze.

Bei einzelnen Teleostei erscheint dem Schedelsegmente des *Septum narium* noch ein Schnauzentheil vorne angefügt. Bei Manchen kömmt er nicht zu Tage. Dies ist z. B. der Fall bei Cottus, bei Belone, wo ein dem vorderen Schedelende angeschlossener discreter kleiner Knorpel von den Zwischenkiefern bedeckt wird. Bei anderen, wie bei Agonus, finden sich mehre in Stacheln ausgezogene Ossificationen dem Vorderende des Schedels angefügt. Bei Malthaea bildet der discrete Schnauzentheil eine beträchtliche freie Vorragung am Schedel. — Bei Esox findet sich kein abgegliederter discreter Schnauzentheil, aber vorne, zu jeder Seite des stark verlängerten Schedelknorpels, zeigt sich eine discrete Ossification, die in die Tiefe des Knorpels eindringt; sie gehört dem Systeme der Randknochen an, indem das *Os palatinum* an diese Stelle sich anlegt.

§. 30.

Eigenthümliche oberflächliche Gesichtsknochen oder Gesichtspanzerknochen kommen den Ganoïden und den Teleostei in der Regel zu. Sie fehlen selten ganz [1]). Bei einigen ist dies System von Knochen blos angedeutet, bei anderen sehr ausgebildet vorhanden.

Bei den Teleostei erscheinen sie gewöhnlich in derjenigen Reihe von Knochen, welche als *Ossa nasalia, infraorbitalia, supratemporalia* bekannt sind. Der vorderste dieser Knochen: *Os terminale* [2]) liegt als mehr oder minder schuppenförmige Platte oder als Rinne oder Röhrchen einwärts von der Nasengrube oder über ihr und reicht bis zum Zwischenkiefer. Bei Bedeckung der Nasengrube bleibt er gewöhnlich unbetheiligt, kann aber auch eine Art von Dach über dem einwärts gelegenen Theile derselben bilden [3]). — An dieses *Os terminale* schliesst sich mehr oder minder unmittelbar der vorderste der *Ossa infraorbitalia*. Dieser vorderste Infraorbitalknochen, welcher gewöhnlich dem durch das *Os frontale anterius* gebildeten vordersten Augenhöhlenfortsatze eng anliegt, bildet den vordersten Theil eines Unteraugenhöhlenringes, der durch mehre, nach hinten successive auf einander folgende *Ossa infraorbitalia* vervollständigt wird, deren hinterster gewöhnlich an dem durch das *Os frontale posterius* gebildeten hinteren Augenhöhlenfortsatze befestigt ist. — Neben den Infraorbitalknochen kom-

---

1) Unter den Teleostei, bei mehren Pediculati, z. B. Lophius, Chironectes, bei den Plectognathi Gymnodontes und Ostraciones.

2) Cuvier's Bezeichnungsweise beizubehalten war nicht möglich, weil sein *Os ethmoïdeum* als *Os nasale* erkannt und aufgeführt ist.

3) Z. B. bei Macrodon, Polypterus, Amia.

men oft noch eigene Supraorbitalknochen *Ossa supraorbitalia* vor 4). — Die Infraorbitalknochen, gewöhnlich in der Zahl von vier vorhanden, bieten rücksichtlich ihres näheren Verhaltens sehr grosse Verschiedenheiten dar. Oft stellen sie einen schmalen, die Augenhöhle unten und seitlich begrenzenden Bogen dar. Bisweilen erlangt einer derselben einen beträchtlichen Umfang 5). Bei anderen Teleostei mehre derselben. So bilden z. B. bei Macrodon die hinteren Infraorbitalknochen eine breite Platte, welche, wie ein äusserer Gesichtspanzer, den Gaumen-Apparat und das Kiefersuspensorium auswärts bedeckt. Bei manchen Teleostei wird der Infraorbitalring durch einen absteigenden Knochen mit dem ***Praeoperculum*** verbunden, wie z. B. bei Cottus. Bei den Triglae kömmt eine Verwachsung ihres ventralen Randes mit dem ***Praeoperculum*** zu Stande und sie breiten auch vor der Augenhöhle schildförmig sich aus. Auf diese Weise bilden sie einen sehr vollständigen äusseren Gesichtspanzer. Bei einigen Teleostei verlängern sie sich einwärts in die Augenhöhlen und bilden einen unvollständigen Augenhöhlenboden 6). — Andererseits können sie ihre Verbindung mit dem *Os frontale posterius* aufgeben, wie z. B. bei Pterois volitans, bei Liparis, wo, von der Mitte des ***Praeoperculum*** aus, eine aus zwei Knochen gebildete Platte bis zur Zwischenkiefergegend sich erstreckt.

Fast beständig schliessen mehr oder minder unmittelbar an den hintersten Infraorbitalknochen ein oder mehre Knochen sich an, welche, der Reihe der vorderen im Ganzen conform gebildet, den in der Schläfengegend gelegenen Randknochen, namentlich dem *Os frontale posterius* und dem *Os mastoideum* auf- und anliegen und selbst über die obersten Glieder des Schultergürtels sich fortsetzen. Diese Knochen sind, wegen ihrer bezeichneten Lage, als *Ossa supratemporalia* 7) und die letzten derselben, in so ferne sie die Zinken des Schultergürtels bedecken, als *Ossa extrascapularia* bezeichnet worden 8).

Alle genannten Knochen können ihre platte Form aufgeben und durch Röhren und Hohlräume vertreten werden, die bestimmt sind zur Aufnahme peripherischer Nervenknäuel. Enge Röhren kommen z. B. vor bei

---

4) Z. B. einer bei Cyprinus nach aussen vom *Os frontale principale*, der vorwärts auch an das *Os frontale anterius* stosst.

5) Z. B. bei Callionymus lyra der vorderste.

6) Bei Mormyrus erstreckt sich von der Circumferenz der *Ossa infraorbitalia* eine fibröse Membran in die *Orbita*, welche einen sehr scharf begrenzten Boden derselben bildet und ihr eine trichterförmige Gestalt verleihet. Ein unvollkommener knöcherner Augenhöhlenboden findet sich z. B. bei Uranoscopus.

7) Diese Bezeichnung hat Bakker ihnen zuerst gegeben.

8) Ich habe sie früher *Ossa suprascapularia* genannt, aber, um einer Verwechselung mit so benannten Elementen des Schultergürtels vorzubeugen, die Bezeichnung geändert.

Silurus glanis; weite Hohlräume bei den Gadoïden [9], bei den Sciänoïden [10], bei Acerina cernua u. A.

Sehr entwickelt erscheinen die oberflächlichen Gesichtsknochen bei den Ganoïdei, mit Ausnahme von Spatularia, wo sie ganz abortiv sind. Bei Lepidosteus bilden sie, mosaikartig an einander gefügt, nicht nur einen oberflächlichen Panzer über der ganzen Schläfengegend, sondern setzen auch über und unter der Augenhöhle, so wie vor derselben ziemlich weit vorwärts sich fort. Bei Polypterus verläuft eine Reihe solcher Knochen quer über der Hinterhauptsgegend und erstreckt sich dann jederseits oberhalb des Kiemendeckelapparates und der Schläfengegend, das Spritzloch bedeckend, zur hinteren Grenze der Augenhöhle hin und von hier aus weiter vorwärts. Eine vom *Praeoperculum* aufsteigende Knochendecke ergänzt den äusseren Panzer. Bei Accipenser und bei Amia verhält sich ihr Verlauf wesentlich, wie bei den Teleostei.

Bei vielen, aber nicht bei allen Fischen (z. B. anscheinend nicht bei Lepidosteus, bei Hypostoma) enthalten diese Knochen ein System von Rinnen und Canälen, mehr oder minder analog denen, die die Schuppen der Seitenlinie des Rumpfes vor anderen Schuppen auszeichnen. Dabei können sie aber doch einen mehr oder minder vollständigen Hautpanzer bilden.

Bei anderen Fischen bilden sie nur noch ein System von solchen Rinnen und Canälen und verlieren fast jeden Antheil an der Formation eines äusseren Panzers.

Unter allen Verhältnissen erscheinen diese Knochen als ein System von Hartgebilden, welche der Haut angehören. Bald sind sie Glieder eines den ganzen Kopf oberflächlich überziehenden Hautpanzers; bald sind sie ausschliesslich Glieder eines der Haut angehörigen, aber selbstständig gewordenen Systemes von Hartgebilden, die die Bestimmung haben, peripherische Hautnerven aufzunehmen und zu stützen. Unter beiden Bedingungen erstrecken sich ihre Fortsetzungen auch über typische Schedel- und Gesichtsknochen.

1. Sie sind Glieder eines den ganzen Kopf oberflächlich überziehenden Hautpanzers. An den Schedeln der genannten Ganoïden, so wie auch mancher Teleostei, z. B. der Triglae, der Loricarinen, der Syngnathi, einiger Siluroïden erkennt man leicht, dass sie Fortsetzungen einer corticalen Ossificationsschicht sind, welche auch die sämmtlichen typischen Schedel- und Gesichtsknochen auswendig überzieht. Diese letztere findet gewöhn-

9) Besonders ausgezeichnet ist die Bildung bei Lepidoleprus.

10) Abbildungen davon finden sich bei Cuvier u. Valenciennes, Hist. nat. des poiss. Tb. 140. Sie stellen weite Höhlen dar, die nach aussen theils durch zierliche Knochenbrücken überspannt, theils häutig geschlossen werden. Nach Valenciennes (Hist. nat. des poiss. T. XIX. p. 279.) sollen diese Knochen bei einigen Mormyri, ähnlich wie bei den Sciänoïden ausgehöhlt sein; so namentlich bei M. bane.

lich Wiederhohlungen und Fortsetzungen in Ossificationen, welche die Rumpfgegend bedecken und entschieden der *Cutis* angehören. Sie sind demnach diejenigen Glieder eines den ganzen Kopf überziehenden Hautpanzers, welche die von typischen Schedel- und Gesichtsknochen entblössten Kopfstellen bekleiden. Charakteristisch ist der Umstand, dass sie als selbstständige Knochen solchen Fischen spurlos fehlen, bei denen ein äusserer zusammenhangender Hautknochenpanzer die unterliegenden Kopfknochen, so wie deren freie Interstitien, ohne dass eine eigentliche Verwachsung Statt fände, loser umhüllt, wie bei Diodon und den Ostraciones.

2. Sie sind ausschliesslich Glieder eines selbstständigen, aber der Haut angehörigen Systemes von Hartgebilden, die häufig und vielleicht immer zur Aufnahme von peripherischen Hautnerven bestimmt sind; also Glieder eines Hautnervenskeletes. So erscheinen sie z. B. bei den Aalen, bei den Gadoïden, bei einigen Siluroïden. Sie setzen bei diesen Fischen, namentlich bei vielen Repräsentanten der erstgenannten Gruppen, sich fort in ein System von Knochen, das längs dem Rumpfe sich hinzieht und dem nämlichen Zwecke dient [11]). Wie aber diejenigen Knochen, welche als abgelösete Glieder eines zusammenhangenden Kopfhautpanzers erscheinen, über die Schedel- und Gesichtsknochen sich fortsetzen, so auch diese Glieder des Hautnervenskeletes. Bei den Aalen finden sich über den Schedel und in Gesichtsknochen fortgesetzte Röhren; bei den Gadoïden sind ihnen analoge Schuppen den Schedel- und Gesichtsknochen eng aufgesetzt [12]). — Was speciel ihre Beziehungen zur Haut anbetrifft, so liegen sie in einer aponeurotischen, fibrösen Schicht, die stellenweise von der *Cutis* getrennt ist, aber weiterhin ganz allmälich in sie übergeht.

3. Sie combiniren meistens beide Bestimmungen, bilden einen mehr oder minder vollständigen Gesichtspanzer und zugleich ein peripherisches Hautnervenskelet, verhalten sich demnach analog den Schuppen der Seitenlinie, welche gleichfalls beide Bestimmungen erfüllen und in die sie nach hinten unmittelbar sich fortsetzen. In dieser Art der Verwendung finden sie sich bei der Mehrzahl der Teleostei.

Analoge Glieder eines Kopfhautpanzers, die die Augenhöhlen umgürten, kehren in anderen Thierclassen wieder; dahin gehören z. B. die Supraorbitalknochen der Crocodile, der Eidechsen. — Anscheinend ist auch die Gruppirung dieser Knochen um die Augenhöhle der Ausdruck eines allgemeineren architektonischen Planes, den die Natur in den verschiede-

---

11) Diese Fortsetzung längs dem Rumpfe unter Gestalt einer eigenen Knochenreihe kömmt auch bei solchen Fischen vor, wo die Gesichtsknochen zugleich plattenförmig verbreitert sind, wie bei Cottus scorpius. Auch bei einer Synanceia habe ich diese Knochen am Rumpfe gefunden.

12) Unter den Gadoïden ist besonders instructiv der Schedel von Raniceps fuscus.

nen Thierclassen hier und da, unter Verwendung verschiedener Elemente, ausführt.

§. 31.

Das **Kiefersuspensorium** der Ganoïdei holostei und der Teleostei — ein Complex von Elementen der beiden vordersten Visceralbogen und von Gesichtsknochen — erstreckt sich von der Schläfengegend des Schedels, welcher er beweglich eingelenkt zu sein pflegt, in einem meist weiten Bogen bis zu dem, ihm durch Gelenk verbundenen Unterkiefer und steht zugleich mit den Gaumenknochen in Verbindung. Das Zungenbein haftet an ihm und es dient dem Opercular-Apparate zur Stütze. Abgesehen von den beiden unzweifelhaft dem Gaumen-Apparate angehörigen Knochen: dem *Os pterygoïdeum* und *palatinum*, ist bei den meisten Teleostei der Knochencomplex des Suspensorium aus sechs discreten Ossificationen zusammengesetzt.

Das eben angedeutete gewöhnliche Verhältniss erfährt jedoch bisweilen bedeutende Abweichungen, begründet in der Vereinfachung des ganzen Apparates unter gleichzeitigem Mangel der Gaumenknochen, wie dies z. B. bei Muraenophis hervortritt.

Die das Kiefersuspensorium gewöhnlich zusammensetzenden Knochen sind: 1. das die Verbindung mit dem Schedel bewirkende *Os temporale Cuv.*; 2. eine stabförmige, meistens etwas einwärts gelegene Verlängerung desselben: das *Os symplecticum Cuv.*; 3. das das Gelenkstück des Unterkiefers gewöhnlich allein aufnehmende *Os quadrato-jugale, Os jugale Cuv.*; 4. das dem Aussenrande des *Os temporale* und *quadrato-jugale* angefügte *Praeoperculum*; 5. das *Os tympanicum Cuv.*, welches eine Verbindung zwischen dem *Os temporale*, *Os quadrato-jugale* und *Os pterygoïdeum* bewirkt; 6. ein Randknochen des *Os pterygoïdeum:* das *Os transversum Cuv.* [1])

Das *Os temporale* [2]) ist meistens beweglich und nur bei den Familien der Plectognathi unbeweglich mit dem Schedel verbunden. In ersterem Falle greift es gewöhnlich mit doppeltem Gelenkkopfe in zwei der Schläfengegend angehörige, durch das *Os mastoïdeum* und *Os frontale posterius* gebildete Gelenkgruben ein. Bei einzelnen Teleostei sind in dem *Os temporale* zwei durch dünnere Knochensubstanz vereinigte dickere Knochenleisten zu erkennen [3]). — Am oberen Theile seines Hinterrandes be-

---

1) Bei Mormyrus, wo, nach anderen Angaben, die Zahl der Knochenstücke verringert sein soll, finde ich sie sämmtlich; die Anheftung des ein sehr vollständiges Gewölbe bildenden Apparates am Schedel ist aber inniger als sonst und gestattet weniger freie Bewegung.

2) *Os temporale Cuv.*, *Os quadratum Bojanus*, *Os mastoïdeum Agassiz.* Vgl. §. 16. — Einen eigenthümlichen inwendigen Vorsprung besitzt es bei Ophicephalus; er steht in Beziehung zu den accessorischen Respirationsorganen der Schlundkiefer.

3) Z. B. bei Batrachus surinamensis.

sitzt es einen gewöhnlich runden Gelenkkopf, bestimmt zur Einlenkung des *Operculum*, des obersten Stückes des Kiemendeckels. Nur selten liegt dieser Gelenkkopf tiefer abwärts, wie z. B. bei Muraenophis.

Eine stabförmige untere Verlängerung des *Os temporale* ist bei jungen Thieren knorpelig, bei älteren ganz oder theilweise ossificirt, durch Zwischenknorpel von ihm gesondert und darum als eigener Knochen: *Os symplecticum* [4]) erscheinend. Dicht neben der Stelle, wo das *Os symplecticum* vom *Os temporale* sich abscheidet, liegt das oberste Stück des Zungenbeinbogens: das *Os styloïdeum* an letzterem Knochen, der also anfangs die gemeinsame Grundlage zweier Visceralbogen gebildet hatte, die an diesem Punkte sich trennen. — Nur bei wenigen der hier abzuhandelnden Fische, unter denen Amia und Lepidosteus hervorzuheben sind, erstreckt sich das *Os symplecticum* bis zum Unterkiefer und bildet einen eigenen Gelenkkopf für seine Aufnahme, so dass also hier das *Os articulare* des Unterkiefers zwei Gelenkverbindungen eingeht: eine mit dem *Os symplecticum* und die andere mit dem *Os quadrato-jugale.* — Meistens erstreckt sich das *Os symplecticum* einwärts vom *Praeoperculum* nach vorne und endet unterhalb des *Os quadrato-jugale*; dann aber lässt sich oft ein Faserband von seinem Ende bis an das *Os articulare*, denjenigen Knochen des Unterkiefers, aus dessen Substanz heraus der Meckel'sche Knorpel sich fortsetzt, verfolgen. Die genannten Verhältnisse charakterisiren das *Os symplecticum* als obere Fortsetzung des Unterkieferknorpels, als Schläfentheil des Meckel'schen Knorpels. — Ein Mangel des *Os symplecticum*, unter Anwesenheit des Unterkieferknorpels, kömmt bei erwachsenen Teleostei selten vor; er ist beobachtet worden bei vielen Siluroïden und Loricarinen.

Das *Praeoperculum* lehnt sich meist lose und etwas beweglich an den Aussenrand des *Os temporale* und *Os quadrato-jugale.* Seltener, wie z. B. bei den Siluroïden, den Plectognathi Gymnodontes u. A. ist es demselben ganz innig und unbeweglich verbunden. Sein vorderes Ende erreicht fast immer das Unterkiefergelenk. Es enthält in der Regel einen bogenförmig zum Unterkiefer hin sich erstreckenden Hauptarm der Knochenrinnen oder Knochenschuppen des Seitencanalsystemes. Eine solche Reihe von Knochenrinnen kann das *Os temporale* an seinem Aussenrande begleiten, ohne dass ihm ein entwickeltes *Praeoperculum* angefügt wäre, wie dies z. B. bei Muraenophis der Fall ist.

Nicht selten verlängern sich die *Ossa infraorbitalia* abwärts in einem mit dem Aussenrande des *Praeoperculum* auf das Innigste verbundenen Knochenpanzer, der dann schildartig über den Schläfenmuskel weggeht. — Das *Praeoperculum* gehört zu denjenigen Knochen die besonders häufig in

---

4) *Tympano-malléal Agassiz.*

harte, stachelförmige, nach der freien Oberfläche des Körpers gerichtete Fortsätze auslaufen.

Das dem *Os temporale* unten sich anschliessende *Os quadrato-jugale* [5]), durchaus beständig in seinem Vorkommen, nimmt das Unterkiefergelenk auf und entspricht, nach Lage und Function, dem gleichnamigen Knochen der Reptilien und Vögel. — Ein dem wirklichen *Os jugale* entsprechendes, von ihm zum Oberkiefer gelangendes discretes Knochenelement scheint den Fischen allgemein zu fehlen; indessen hangt der Oberkiefer bisweilen z. B. bei Muraenophis durch ein starkes Ligament mit dem hier sehr kleinen *Os quadrato-jugale* zusammen.

Das *Os tympanicum*, eine meist dünne, platte Ossification, welche eine Verbindung des *Os temporale* mit dem *Os pterygoïdeum* bewirkt, das Gaumengewölbe erweitert und dem Schläfenmuskel breitere Grundlage gewährt, ist der am häufigsten fehlende Bestandtheil dieses Knochenapparates.

Das *Os transversum Cuv.* [6]) *s. pterygoïdeum externum* ist ein gewöhnlich von der vordersten Grenze oder dem Vordertheile des *Os quadrato-jugale* ausgehender, nach der Oberkiefergegend hin vorwärts gerichteter Randknochen des *Os pterygoïdeum.* Cuvier's Vergleichung desselben mit dem *Os transversum* der Reptilien hat Anstoss gegeben, weil letzteres ein Verbindungsglied zwischen dem *Os pterygoïdeum* und dem Oberkiefer darstellt und das *Os transversum* in solcher Function bei den Fischen nicht bekannt war. Indessen findet sich bei Macrodon taraira, die Stelle des *Os transversum* der übrigen Teleostei vertretend, ein von der Verbindungsstelle des *Os pterygoïdeum* und *palatinum* ausgehender, quer auswärts gerichteter, mit dem Oberkiefer ganz eng verbundener Knochen, welcher also auf das Entschiedenste dem *Os transversum* der Reptilien entspricht.

§. 32.

Ein eigener knöcherner Gaumen-Apparat fehlt selten. Er wird z. B. vermisst bei der Gattung Muraenophis, unter gleichzeitiger Verkümmerung des grössten Theiles des Visceralskeletes. — Den Gaumen-Apparat bilden gewöhnlich zwei paarige Knochen: die *Ossa pterygoïdea* und *palatina.* Jene sind weiter hinterwärts, diese, an sie sich anschliessend, ganz vorne unter dem Schedel gelegen. Die paarigen Knochen beider Seiten werden durch den zwischenliegenden *Vomer* und einen Theil des *Os sphenoïdeum basilare* getrennt. Ihre Verbindung mit dem Kiefersuspensorium wird hinten gewöhnlich durch das zwischen dem *Os pterygoïdeum*

---

5) *Os jugale Cuvier*, *Os quadratum Agassiz.* — Müller hat das Verdienst, diesen Knochen dem *Os quadrato-jugale* vieler Reptilien und der Vögel verglichen zu haben.

6) *La caisse Agassiz*, *Pterygoïdeum posterius Hallmann*, *Bojanus.*

und *temporale* gelegene *Os tympanicum* vermittelt; vorne begrenzt das *Os pterygoïdeum* gewöhnlich das *Os quadrato-jugale*; nach aussen vom *Os pterygoïdeum* liegt das *Os transversum*. — Das *Os palatinum* ist vorne gewöhnlich an dem *Os frontale anterius*, häufig auch an dem *Vomer* befestigt. — Beide Knochen des Gaumen-Apparates sind gewöhnlich Zahntragend.

§. 33.

Der Unterkiefer articulirt meistens nur mit dem *Os quadrato-jugale*; selten wie bei Amia, Lepidosteus, besitzt er zwei Gelenkvertiefungen, von denen die eine zur Verbindung mit dem genannten Knochen, die andere dagegen zur Einlenkung an dem *Os symplecticum* bestimmt ist. Er besteht aus zwei convergirenden und in der vorderen Mittellinie in sehr verschiedenem Grade der Innigkeit verbundenen Bogenschenkeln. Jeder Schenkel wird, mit seltenen Ausnahmen, mindestens aus zwei Knochen zusammengesetzt. Diese sind: 1. das dem *Os quadrato-jugale* beweglich eingelenkte Gelenkstück: *Os articulare* und 2. das den beträchtlichsten Theil des Unterkiefers bildende, in der vorderen Mittellinie mit dem gleichnamigen Knochen der entgegengesetzten Seite verbundene, gewöhnlich Zahntragende *Os dentale*. Das *Os articulare* zeichnet gewöhnlich durch beträchtlichere Dicke vor dem zweiten Knochen sich aus. Von seiner Substanz aus erstreckt sich inwendig, als deren unmittelbare Fortsetzung, der Meckel'sche Knorpel [1]) längs der Innenfläche des ganzen *Os dentale* bis zur vorderen Mittellinie. Das *Os dentale*, von beträchtlicherem Umfange, als das vorige Stück, erscheint als äussere Schale, als Belegungsknochen des Meckel'schen Knorpels. — Bisweilen bildet er eine Höhle, indem sein Knochenblatt nach innen sich umkrempt.

Die Aussenfläche des *Os dentale* ist oft mit denselben kleinen Knochenrinnen besetzt, wie das *Praeoperculum*, indem der Arm des Seitencanales der längs dem *Praeoperculum* sich erstreckt, über der ganzen Aussenfläche des Unterkiefers, der Länge nach, bis vorn sich fortzusetzen pflegt.

Bei den meisten Teleostei kömmt eine Vermehrung der Zahl der den Unterkiefer zusammensetzenden Knochenstücke vor. Es liegt nämlich gewöhnlich unterhalb des *Os articulare*, aber an der Aussenfläche des Unterkiefers erkennbar, ein kleines Eckstück: *Os angulare*, das sowol mit dem *Os articulare*, als mit dem *Os dentale* verbunden ist. An diesem Knochen pflegt das *Interoperculum* mit seinem vordersten Ende entweder durch Bandmasse angeheftet zu sein oder es articulirt selbst mit ihm durch eine Gelenkverbindung. — Ein anderes, seltener vorkommendes Knochenstück ist das *Os operculare*, an der Innenseite des *Os articulare* gelegen.

---

1) Der Knorpel kann auch streckenweise ossificiren, wie ich dies z. B. bei Caranx trachurus sehe. —

Bei Lepidosteus und Osteoglossum [2]) steigert sich die Anzahl der jeden Unterkieferschenkel zusammensetzenden Knochenstücke auf sechs, indem für die Gegend des ***Processus coronoïdeus*** noch zwei accessorische Knochen hinzukommen: das auswendig gelegene ***Os supraangulare*** und ein inneres Deckstück: das ***Os complementare***. Noch grösser wird ihre Anzahl bei Amia, indem nicht nur die eben aufgezählten Knochenstücke vorhanden sind, sondern auch das die Innenwand des Unterkieferkanales bildende und oben die Reihen kleiner inwendig stehender Zähne tragende beträchtliche ***Os operculare*** vorne durch vier kleine zahntragende Knochenstücke fortgesetzt wird.

Der Unterkiefer, in seinen Formverhältnissen ausserordentlich variirend, besitzt häufig einen eigenen ***Processus coronoïdeus*** [3]).

An seiner Aussenfläche befestigt sich häufig ein eigener Mundwinkelknorpel [4]), der bogenförmig zum Oberkiefer-Apparate hinaufreicht und selten einem eigenen oberen Knorpel derselben Art entspricht. Er unterstützt auswendig die zwischen dem Oberkiefer-Apparate und dem Unterkiefer gelegene Mundwinkelhaut oder Falte.

Bei einigen Fischen trägt der Unterkiefer accessorische Knochen. So ist jedem Seitenschenkel desselben bei Polypterus eine kiemendeckelartige Knochenplatte angefügt, welche den Zwischenraum zwischen beiden Unterkieferschenkeln auswendig bedecken. Bei Amia geht eine unpaare mediane Knochenplatte, analoger Function, von dem Vereinigungswinkel der beiden Unterkieferschenkel ab.

Ein unpaarer Knochen, der bei Megalops und Elops von derselben Stelle abgeht, wiederholt für den Unterkiefer, indem er tiefer gelegen ist, den Kiel des Zungenbeines.

§. 34.

Der Oberkiefer-Apparat, bestehend aus dem Oberkiefer (***Maxilla superior***) und dem Zwischenkiefer (***Os intermaxillare***), begrenzt den oberen Rand des Einganges in die Mundhöhle. Die gegenseitigen Lagen- und Verbindungs-Verhältnisse der beiden genannten, meist paarigen Knochen zeigen sich sehr verschieden. Einigen Teleostei z. B. den Plectognathi Gymnodontes, der Gattung Serrasalmo u. A. kömmt eine innige ausgedehnte Verbindung und Verschmelzung des Zwischenkiefers, der aber nur bei Diodon unpaar ist, mit den Oberkieferstücken zu.

Bei der Mehrzahl der Teleostei, namentlich bei den Acanthopteri, den

---

2) Bei letztgenanntem Fische nach Müller's Angabe.

3) Derselbe ist z. B. stark bei Mormyrus, Cyprinus u. A.

4) Z. B. bei Polypterus, Megalops, Gadus, Chironectes, Cyclopterus, Caranx, Zeus, Ophicephalus, Fistularia und vielen Anderen. Es sind diese Mundwinkelknorpel, worauf bereits Müller, der sie bei Trigla zuerst auffand, aufmerksam gemacht hat, Analoga derjenigen der Plagiostomen.

Anacanthini, den Pharyngognathi acanthopteri, den Cyprinoïdei, den Cyprinodontes, den Scopelini, den Symbranchii, bei Syngnathus liegen die beiden Elemente des Oberkiefer-Apparates so hinter einander, dass der Zwischenkiefer den ganzen äusseren Kieferrand bildet und der Oberkiefer einen hinter ihm gelegenen, ihm parallelen, ihn auswärts jedoch nicht überragenden Bogen darstellt. — Bei anderen Fischen z. B. bei Macrodon [1]) ist diese Anordnung so modificirt, dass der Oberkiefer nur eine kurze Strecke weit hinter dem Zwischenkiefer liegt, alsbald aber an den nur kurzen und wenig nach aussen verlängerten Zwischenkiefer herantritt um, seinen Bogen verlängernd, mit ihm den Aussenrand des Maules zu bilden. — Bei anderen Gruppen z. B. den Ganoïdei holostei, bei Esox, den Salmones, den Clupeïdae, bei Gymnotus, Muraenophis u. A. fehlt der hinter dem Zwischenkiefer und ihm parallel laufende Abschnitt des Oberkiefers. Letzterer schliesst an den äusseren Rand des Zwischenkiefers sich an und bildet mit ihm einen gemeinsamen Bogenschenkel zur äusseren Begrenzung des Maules. — Bei einigen Gruppen, z. B. den Siluroïden, den Loricarinen, bildet der Zwischenkiefer deshalb die Begrenzung des Maules, weil der Oberkiefer ganz abortiv ist.

Wenn die beiden Bogen einander parallel laufen, kömmt beiden, vorzugsweise aber dem Zwischenkiefer, meistens eine grosse Freibeweglichkeit zu. Jeder Schenkel des Zwischenkieferbogens besitzt dann gewöhnlich einen aufsteigenden Ast, welcher mit dem Schedel durch elastische Bänder verbunden zu sein pflegt [2]). Die Länge dieses aufsteigenden Astes und verschiedentlich getroffene mechanische Einrichtungen gestatten manchen Fischen, z. B. den Labroïden, den Cyprinodonten, das Maul stark vorzustrecken. — Die Freibeweglichkeit des Zwischenkiefers wird aber bedeutend beschränkt oder aufgehoben, wenn seine beiden Hälften in grösserer Ausdehnung, sei es durch feste Bandmasse, wie z. B. bei Cybium, sei es durch in einander greifende Knochenzacken, wie bei Belone, mit einander verbunden werden. Sie fällt ebenfalls dann weg, wenn der Zwischenkiefer dem Vorderende des Schedels durch Naht fest verbunden ist, wie z. B. bei den Ganoïdei holostei, bei Macrodon, bei Muraenophis. — Bei einigen Fischen bildet der stark verlängerte Zwischenkiefer den Schnabel, wie bei Belone, oder das Schwert, wie bei Xiphias [3]). — Bei manchen Fischen wird die Substanz des Zwischenkiefers wesentlich zur Unterstützung der Nasengruben mit verwendet, wie z. B. bei den Ganoïdei holostei, bei Muraenophis.

---

1) Aehnlich bei den verwandten Gattungen: Tetragonopterus, Anodus u. A.

2) Interessant ist unter vielen anderen z. B. die mechanische Einrichtung bei Callionymus lyra, wo die enorm langen aufsteigenden Zwischenkieferäste unter einer häutigen und einer ossificirten Brücke hingleiten.

3) Abgebildet bei Cuvier u. Valenc. Tb. 231. Vgl. Vol. VIII. p. 266.

Was die Zusammensetzung des Zwischenkiefers anbetrifft, so besteht er meistens aus zwei discreten Seitenschenkeln; selten sind diese zu einem unpaaren Stücke verschmolzen, wie z. B. bei Diodon und bei Mormyrus.

Jeder Oberkieferschenkel besteht bald aus einem einzigen Stücke, bald tragen mehre [4]) oder selbst sehr viele discrete Ossificationen zu seiner Bildung bei. Das merkwürdigste Beispiel der letzteren Art bietet Lepidosteus dar, wo jeder Schenkel des sehr langen zahntragenden Oberkiefers aus zahlreichen an einander gereiheten Knochenstücken besteht.

Während der Oberkiefer meist von beträchtlichem Umfange ist, erscheint er bei einigen Fischen z. B. bei Belone im Vergleiche zum Zwischenkiefer sehr klein und bei Anderen z. B. den Siluroïden, den Loricarinen, ganz reducirt, oder fehlt, wie beim Aal. — Der Oberkiefer ist häufig dem *Vomer*, den *Ossa frontalia anteriora* und auch den Gaumenbeinen in verschiedenem Grade der Innigkeit verbunden [5]).

III. Vom Skelet des Respirations-Apparates.

§. 35.

Die Skelettheile, welche zu dem Respirations-Apparate der Fische in engere Beziehung treten, ordnen sich in zwei Gruppen. Die der einen Gruppe angehörigen Theile bilden eine unmittelbare Umschliessung desjenigen Segmentes des Darmrohres, welches von den engeren oder weiteren *Pori branchiales interni* durchbrochen ist, und dienen gewöhnlich den Kiemenblattreihen zur mittelbaren Stütze und Grundlage. Sie constituiren das innere Skelet des Respirations-Apparates, das, mit Ausnahme der Marsipobranchii, allgemein entwickelt ist. — Die in der anderen Gruppe zu vereinigenden Theile bilden blos äussere Stützen oder Bedeckungen der von den Kiemen eingenommenen Höhlen und constituiren das äussere Skelet des Respirations-Apparates. Sie erscheinen nach zwei Richtungen hin entwickelt: entweder als solide Stützen der zwischen den einzelnen Kiemensäcken und zwischen den *Pori branchiales externi* bis zur äusseren Haut sich erhebenden Brücken, wie bei den Marsipobranchii hyperoartii und den Squalidae, bei welchen Thieren sie zu den Kiemenhöhlen ähnlich sich verhalten, wie Rippen zur Rumpfhöhle; oder als äussere meist von Theilen des Kiefersuspensorium ausgehende Deckplatten der gemein-

---

4) Z. B. bei Esox, bei vielen Clupeïden (Clupea, Alosa, Megalops, Butirinus u. A.) Salmones: (Salmo, Coregonus), manchen Scomberoïden (Caranx, Cybium, Vomer, Argyreiosus u. A.) manchen Percoïden (Myripristis, Holocentrum, Serranus, Plectropoma). Man hat diese Knochen als *Ossa supramaxillaria* bezeichnet.

5) Ein eigenthümliches Verhalten schildert Valenciennes bei Chirocentrus. Hist. nat. des. poiss. Vol. XIX. p. 154.

samen Kiemenhöhle, wie in dem Opercularapparate der Ganoïdei, Teleostei, wo sie die Elemente des Opercularapparates bilden.

[Ueber das Skelet des Respirations-Apparates vergleiche man: Geoffroy Saint Hilaire, Philosophie anatomique. T. I. Paris, 1818. 8. — Duvernoy in Cuvier Leçons d'Anat. compar. 2. édit. T. VII. p. 220 sqq. — Rathke, Anat. philos. Untersuchungen über den Kiemen-Apparat und das Zungenbein der Wirbelthiere. Riga, 1832. 4.]

A. Vom äusseren Skelet des Respirations-Apparates.

§. 36.

Dasselbe ist am vollkommensten ausgebildet bei Petromyzon und Ammocoetes.

Bei Petromyzon [1]) setzt eine dorsale fibröse Decke des Herzbeutels in das hintere Ende eines äusseren knorpeligen Kiemenkorbes sich fort, der zuerst hinten, seitwärts und unten eine zur Aufnahme des Herzens bestimmte Capsel bildet. Indem dieser knorpelige Kiemenkorb vom Herzen aus vorwärts sich verlängert, bildet er ein oben jederseits mit der Wirbelsäule zusammenhangendes, an der ventralen Seite durch ein ununterbrochenes *Sternum* geschlossenes Gitterwerk, welches mit dem Wirbelrohr, die *Aorta*, die Speiseröhre, den *Bronchus*, die Kiemensäcke, die Kiemenarterie und mehre Muskeln einschliesst. Dieser äussere Kiemenkorb wird, mit Ausnahme der *Pori branchiales externi*, von absteigenden Fortsetzungen der Rumpfmuskeln auswendig bedeckt.

Die Anordnung der knorpeligen Elemente dieses Kiemenkorbes ist wesentlich folgende:

Von der den Herzbeutel unten und seitlich umschliessenden Knorpelcapsel treten jederseits 4 Knorpelleisten vorwärts, welche durch eine Querleiste verbunden werden. Diese zwischen den Insertionsstellen zweier Knorpelleisten ausgeschweifte und daher unregelmässig gestaltete Querleiste ist nach aussen und oben am Wirbelrohre befestigt; nach innen und unten stosst sie mit der der entgegengesetzten Seite in einem medianen Brustbeinartigen Knorpel zusammen. Solcher Systeme von unregelmässig gestalteten Querleisten, welche oben an der Axe des Wirbelsystemes befestigt sind und an der Ventralseite in einem ununterbrochenen langen *Sternum* zusammenstossen, gibt es sieben, oder, mit Einschluss der vordersten, die einerseits dem Gaumenbogen des Schedels und andererseits

---

1) Abbildungen dieses Apparates geben Rathke, Müller in den citirten Schriften; Mayer, Analecten f. vergl. Anatomie. Bonn, 1835. 4. Tb. 1. — Carus und Otto, Erläuterungstfln. z. vgl. Anat. Hft. 7. Tb. 4. Bei Ammocoetes ist, wie bereits Rathke (Ueber den Bau des Querders) Schrift. d. naturf. Gesells. zu Danzig. Bd. 4. angegeben (Seite 71. Tb. 3. Fig 15.) derselbe im Ganzen ähnlich gebildet, doch fehlt die Knorpelcapsel um das Herz.

mit dem *Sternum* verbunden ist, acht. Jede der sieben eigentlichen Querleisten wird mit der ihr zunächst liegenden durch zwei unregelmässig ausgeschweifte knorpelige Längscommissuren verbunden. Der von letzteren, in Gemeinschaft mit ersteren umschriebene Raum dient zum Theil zur Umschliessung der *Spiracula externa* des Kiemensystemes. Ausser diesen Längscommissuren ragen von jeder Querleiste aus noch einige hakenförmige freie Fortsätze in das zwei Querleisten trennende Interstitium hinein.

Bei den Squalidae [2]) erstrecken, sich jederseits in die Interstitien der Kiemenspalten Knorpelstreifen; bald finden sich dorsale und ventrale Streifen, bald nur letztere; diese gehen aus von der unteren Seite der *Copulae* der Kiemenbogen, denen sie bisweilen durch Ligament angeheftet sind und erstrecken sich durch das Muskelfleisch nach aussen. Ihre Formen sind mannichfach; sie finden sich bei manchen Haien nicht zwischen den Interstitien aller Kiemenspalten.

§. 37.

Der Apparat von Kiemendeckelknochen, welcher den Dipnoi [1]), Ganoïdei und Teleostei eigenthümlich ist, hat, sobald er nicht blos abortiv erscheint, gleich den ihm nahe verwandten *Radii branchiostegi*, die physiologische Bestimmung eine äussere bewegliche Bedeckung der Kiemenhöhle zu bewirken. Die Kiemendeckelknochen erscheinen meist dem Kiefersuspensorium und dem Unterkiefer verbunden; können aber auch ohne solche feste Anhaltspunkte vorkommen, wie dies bei Accipenser der Fall ist.

Der Apparat der Kiemendeckelknochen besteht in der Regel aus drei discreten Elementen, von denen das oberste als *Operculum*, das mittlere als *Suboperculum* und das dritte, von der Unterkieferecke ausgehende, als *Interoperculum* bezeichnet wird.

Bei Accipenser bleiben drei, der Lage und Function nach, ihnen durchaus entsprechende Ossificationen ganz ausser Verbindung mit dem Kiefersuspensorium und dem Unterkiefer, stecken vielmehr in der *Cutis*. Bei Spatularia ist ein einziger Kiemendeckelknochen am *Os temporale* befestigt, der durch Hautausbreitung mit der Platte der vom Zungenbeine ausgehenden *Radii branchiostegi* zusammenhangt. Sonst ist allgemein das *Operculum* einem vom *Os temporale* ausgehenden Gelenkkopfe, und zwar gewöhnlich sehr beweglich, angefügt. Ihm schliesst abwärts das meistens kleinere [2]), eigener Gelenkverbindung ermangelnde *Suboperculum* sich an,

---

2) S. eine Abb. bei Rathke, Untersuch. über d. Zungenbein- und Kiemenbogen-Apparat. Tb. 2. 3.

1) Rhinocryptis besitzt zwei Opercularstücke, von welchen eines dem Kiefersuspensorium, das andere dem Zungenbeine, als Repräsentant der Radii, angehört. S. d. Abb. bei Peters in Müller's Archiv. 1845. Tb. 2. Fig. 2.

2) Es ist bisweilen ausnahmsweise beträchtlicher als das Operculum, z. B. bei Callionymus lyra.

welches durch Faserhaut ihm und dem *Interoperculum* verbunden ist. Das *Interoperculum* nimmt gewöhnlich den Raum zwischen dem *Suboperculum* und dem *Os angulare* des Unterkiefers ein und liegt dabei nach innen und hinten vom *Praeoperculum* und *Os quadrato-jugale*. Es ist dem *Os angulare* des Unterkiefers durch Faserband verbunden. Bei den Plectognathi Gymnodontes und Ostraciones [3]) erstreckt es sich von der Unterkieferecke vorwärts zum Zungenbeinbogen, legt sich verbreitert an diesen und verlängert sich dann, bald ossificirt, bald als Ligament zum *Operculum*, mit dem es sich verbindet. Indem das *Interoperculum*, vom Unterkiefer ausgehend, an der Aussenseite einer Stelle des Zungenbeinbogens und weiterhin am *Suboperculum* angeheftet ist, bewirkt es die Combination der Bewegungen sämmtlicher genannter Hartgebilde.

Bei manchen Teleostei, z. B. Cotylis, bleibt es jedoch, vom *Os angulare* des Unterkiefers [4]) zum obersten Theile des Zungenbeinbogens sich erstreckend, ganz ausser Verbindung mit den vom obersten Theile des *Os temporale* ausgehenden zwei Elementen des Kiemendeckels. Eben so verhält es sich, unter Erreichung einer ausserordentlichen Länge, bei Fistularia.

Die Anzahl der Kiemendeckelknochen erscheint häufig reducirt. Nicht selten fehlt nämlich das *Interoperculum*, indem es nur durch ein vom Unterkiefer zum Zungenbeine sich erstreckendes straffes Faserband vertreten wird, wie z. B. bei Liparis, Mormyrus, Notopterus, den Siluri. Bei den Loricarinen hat der ganz abortive Opercularapparat seine Freibeweglichkeit eingebüsst. Sehr unbeträchtlich sind die tief am *Os temporale* angehefteten Opercularknochen bei Muraenophis [5]), wo das *Interoperculum* ebenfalls fehlt.

B. Vom Systeme der inneren Kiemenbogen.

§. 38.

Bei allen Fischen, mit Ausnahme der Marsipobranchii, erhält eine mehr oder minder lange Strecke der Rachenhöhle eine unmittelbare Umschliessung durch solide, bald vollständige, bald unvollständige Ringe bildende Bogen, welche bald temporär, bald perennirend, den Kiemenblattreihen mittelbare Stützpunkte gewähren.

Bei Branchiostoma erscheinen sie, innerhalb der Rumpfhöhle gelegen, als solide Gerüste desjenigen zwischen Mundhöhle und Speiseröhre gelege-

---

3) Aehnlich verhält es sich bei Callionymus.

4) Es erscheint bei manchen Fischen als Ossification eines Ligamentes. Bisweilen hat es dagegen unverkennbare Aehnlichkeit mit einem Zungenbeinstrahl, gleich wie dies auch von den übrigen Gliedern des Opercular-Apparates nicht selten gilt.

5) Beim Aale sind die gewöhnlichen drei Knochen vorhanden.

nen sehr langen Segmentes des Visceralsystemes, das als Kiemenhöhle fungirt, sind also ihrer physiologischen Verwendung gemäss, solide Stützen der Kiemenhöhle. Sie erscheinen an jeder Seite als ein System von Knorpelleisten, die oben bogenförmig mit einander verbunden sind, unten aber frei enden. Je zwei auf einander folgende Leisten zeigen ein verschiedenes Verhalten. Immer theilt sich nämlich die eine Leiste in zwei Gabeln, während die nächst folgende einfach bleibt. Indem nun der Ast der einen Gabel dem vorderen Aste der nächsten Gabel entgegentritt, entsteht ein System von Spitzbogen, deren jeder eine einfach und ungetheilt gebliebene Leiste einschliesst. Es geschieht also die Bildung eines solchen Bogens auf Kosten dreier Leisten. Diese drei Leisten sind noch durch Querbalken verbunden. Die Anzahl der Spitzbogen beläuft sich auf 40 bis 50. Die jeder Seitenhälfte angehörigen Stäbe sind oben durch ein an die *Chorda dorsalis* sich anschliessendes Längsband, unten durch ein analoges freies Band verbunden [1]).

§. 39.

Bei den Elasmobranchii, Ganoïdei, Teleostei und Dipnoi erscheint ein ganz analoges System von Bogen, das, nur in geringerer Ausdehnung, die Umgürtung des vorderen vor der Speiseröhre gelegenen Abschnittes des Darmrohres besorgt. Je nach ihrer verschiedenen Function erhalten die einzelnen Bogen verschiedene Benennungen.

Diejenigen, welche die Kiemenspalten begrenzen und meist zugleich die die Kiemenblätter tragenden *Diaphragmata* stützen, werden als Kiemenbogen, *Arcus branchiales*, bezeichnet. Die jenseits derselben nach der Speiseröhre hin gelegenen, erhalten, weil sie den Schlundkopf unterstützen, die Benennung: unterer Schlundknochen, *Ossa pharyngea inferiora*. Derjenige Bogen, welcher vor dem vordersten Kiemenbogen liegt und theilweise zur Unterstützung eines Zungenrudimentes verwendet wird, dem gewöhnlich auch keine, häufig nur eine Kiemenblattreihe entspricht, heisst Zungenbein.

Mit wenigen Ausnahmen besteht jeder dieser Bogen aus zwei paarigen Seitenschenkeln, die an der ventralen Mittellinie durch ein System von *Copulae* oder Körperstücken unter einander verbunden zu werden pflegen. An den meisten Bogen besteht jeder Seitenschenkel aus mehren discreten Stücken oder Segmenten.

§. 40.

Das Zungenbein verhält sich in Bezug auf seine dorsale Anheftung bei den einzelnen Ordnungen der Elasmobranchii [1]) verschieden. Bei

---

1) S. Müller, Bau und Lebensersch. d. Branchiost. S. 89. Abb. Tb. 4.

1) Abbildungen finden sich: von Callorhynchus bei Müller, Myxin. Tb. 5. Fig. 2. von Narcine bei Henle. Tb. 4. Fig. 1. 4.

den Holocephali ist es durch fibröse Haut an die *Apophysis articularis* des Schedels angeheftet; bei den Rajidae ist es entweder unmittelbar hinter dem Kiefersuspensorium am Schedel eingelenkt und mit der Basis des letzteren nur durch Faserbandmasse verbunden, oder, wie bei den Torpedines, dem Schedelende des Kiefersuspensorium angefügt; bei den Squalidae ist es dagegen an das untere Ende des Kiefersuspensorium angefügt. — Gemeinsamer Charakter des Zungenbeines aller Elasmobranchii ist der, dass es in einer Strecke seines äusseren Randes mit freien Knorpelstrahlen besetzt ist [2]), analog denjenigen, die bei den Plagiostomen von der Mitte jedes eigentlichen Kiemenbogens viel höher sich erheben, als bei den Chimären. Bei allen Elasmobranchii liegt die erste Kiemenblattreihe an der hinteren Seite dieser Ausbreitung von Knorpelstrahlen, welche also auch die functionelle Bestimmung der Strahlenreihen der eigentlichen Kiemenbogen dadurch theilt, dass sie der Vorderwand des ersten Kiemensackes eine solide Unterstützung gewährt.

Jeder Seitenschenkel des Zungenbeines besteht bei den Holocephali aus drei Stücken, von denen das oberste ganz klein ist; bei den Rajidae nur aus zwei unter einem Winkel zusammenstossenden Stücken [3]) und bei den Squalidae aus einem einzigen. — Bei den Holocephali und den Squalidae werden die beiden Schenkel des Zungenbeinbogens durch ein mittleres, dickes, nach vorne vorspringendes, zur Unterstützung der Zunge dienendes Körperstück verbunden. Bei den Rajidae geschieht ihre Verbindung meistens durch einen einfachen weiten schmalen Knorpelbogen; bei der Familie der Torpedines aber vereinigen sie sich in der vorderen Mittellinie gar nicht, sondern jeder Seitenschenkel lehnt nur nach hinten an den des ersten Kiemenbogens sich an.

Die Anzahl der hinter dem Zungenbeine gelegenen Bogen, welche meistens sämmtlich nicht unterhalb des Schedels, sondern des vordersten Abschnittes der Wirbelsänle gelegen sind, beläuft sich bei den Holocephali und den Rajidae auf fünf; bei den Squalidae findet sich allgemein hinter dem fünften noch die Andeutung eines sechsten [4]) und wahrscheinlich ist

2) Diese freien Knorpelstrahlen des Zungenbeines der Chimären sind an ihrer Basis theilweise zu einer Knorpelplatte verwachsen. Aehnliche Verwachsungen kommen bei einigen Squalidae an den Strahlen des Kiefersuspensorium vor.

3) Die zwei Stücke des Zungenbeines der Rajidae, so wie der grösste Theil der beiden untersten Stucke desjenigen der Chimären entsprechen den beiden Mittelstücken eines Kiemenbogens.

4) Ich habe dieses bisher nicht bekannte Glied gefunden: bei Prionodon glaucus und einigen anderen Prionodon, bei Scoliodon acutus und einer zweiten Art, bei Sphyrna, bei Galeus canis, bei Spinax niger, Acanthias vulgaris, Pristiurus melanostomus, Scyllium Edwardsii, Chiloscyllium punctatum, Centroscyllium Fabricii, Squatina vulgaris und einem Scymnus. Es liegt hinter dem langen ventralen Segmente des sogenannten

ihre Anzahl bei den Notidani noch grösser. Von den fünf Bogen entspricht der hinterste den *Ossa pharyngea inferiora* der Teleostei; bei den Rajidae stosst jeder Schenkel des letzteren mit dem Winkel, den seine beiden Segmente bilden, unmittelbar an den Schultergürtel; bei den Squalidae geschieht seine Verbindung mit demselhen durch ein straffes Band.

Jeder Bogenschenkel besteht aus mehren mit einander articulirenden Segmenten oder Gliedern. Die Anzahl [5]) der Glieder jedes der fünf ausgebildeten Bogen beläuft sich bisweilen auf vier; oft ist aber die Zahl der Glieder einzelner Bogen, namentlich des letzten und vorletzten reducirt. Zwischen einzelnen Segmenten finden sich bei den Squalidae oft noch kleine rundliche Knorpel eingeschaltet [6]).

Die eigentlichen Kiemenbogen sind an ihrer convexen Seite mit Kiemenhautstrahlen besetzt. Diese sind bei den Holocephali niedrig und kurz, bei den Plagiostomen oft sehr lang. Indem sie die Bestimmung haben, die häutigen Kiemenbeutel zu unterstützen, kann es nicht auffallen, dass die Strahlen nicht nur längs der Kiemenbogen vorkommen, sondern auch an der dorsalen und ventralen Seite zweier auf einander folgender Bogenschenkel, also entsprechend den beiden Commissuren eines Kiemensackes, verbreitert in einander übergehen können [7]). — Sobald ein Bogenschenkel aus vier Segmenten besteht, sind nur die beiden mittleren mit diesen Strahlen besetzt. Das oberste [8]) legt sich dachartig über den Schlundkopf und das unterste bewirkt die Verbindung mit dem System der *Copulae* oder mit anderen Bogen.

Dies System der *Copulae* bietet wieder eine grosse Mannichfaltigkeit der Anordnungsweisen dar.

Os pharyngeum inferius, beginnt an dem Punkte, wo das dorsale Segment mit ihm zusammenstosst, ist meist länglich und erstreckt sich mehr oder minder weit einwärts zur Gegend der *Copulae* hin. Oft ist diese seine Verlängerung blos ligamentos. — Bei den meisten Haien ist ein einziger Knorpel vorhanden, der z. B. bei einem erwachsenen Galeus canis sehr gross ist; bei einigen Fötus, namentlich von Prionodon glaucus, und bei jungen Exemplaren von Sphyrna und von Scoliodon acutus liegt dem eben beschriebenen ein zweiter, ihm parallel laufender, ganz abortiver Knorpel hinten an. Bei einem grösseren Scoliodon ist nur einer vorhanden. Seine Form weicht am meisten von der beschriebenen ab bei Squatina.

5) Jeder Bogen hat z. B. 4 Segmente bei Squatina vulgaris.

6) Z. B. bei Galeus canis, Prionodon glaucus u. A.

7) Diese öfter vorkommende Bildung erscheint vorzugsweise ausgeprägt bei Aëtobatis, wo die letzten Knorpelstrahlen, mit welchen die einzelnen Bogen besetzt sind, oben sowol, als unten, zu breiten Knorpelblättern werden, die von einem Bogen zum anderen hinüber sich erstrecken und dorsale und ventrale Begrenzungen der Kiemensacke bilden.

8) Diese obersten Segmente entsprechen den *Ossa pharyngea superiora* der Teleostei. Bei den Rajidae fehlen sie oft dem ersten Kiemenbogen. Bei vielen Elasmobranchii auch den unteren Schlundkiefern.

Charakteristisch für alle Elasmobranchii ist der Besitz einer an der Ventralseite des Kiemenbogensystemes gelegenen und über dessen hintere Grenze meist weit hinaus verlängerten, unpaaren, oft in eine, bald unabgesetzte, bald discrete Spitze auslaufenden Knorpelplatte: *Cartilago subpharyngea impar*. Diese Knorpelplatte ist der unteren Wand des Schlundkopfes eng angeheftet und bildet eine solide Bedachung des Herzbeutels. Bald ist sie breit, bald schmäler. Sie setzt sich bisweilen ununterbrochen von hinten nach vorne fort; als *Copula* sämmtlicher Bogenschenkel, mit Einschluss derjenigen des Zungenbeines, erscheinend, die an ihren Seitenrändern sich inseriren wie bei Pristis, bei Aëtobatis u. A.; oder ihre Ausdehnung ist blos auf den hintersten Abschnitt des Kiemenkorbes beschränkt wie bei anderen Rajidae, den meisten Squalidae und den Chimären. In diesem letzteren Falle lehnen bei den Squalidae und den Chimären nur die ventralen Glieder des Schlundkiefers und des hintersten Kiemenbogens an sie unmittelbar sich an. Bei vielen Rochen z. B. den Torpedines, bei Rhinobatus u. A. hat nicht eine successive Einlenkung der einzelnen Glieder Statt, sondern die eines gemeinsamen Stückes, das die Summe der ventralen Segmente der meisten Kiemenbogen repräsentirt. — Die beiden vom Schultergürtel aus an die den Herzbeutel bedeckende *Cartilago impar* tretenden ventralen Glieder der *Ossa pharyngea inferiora* bilden bei den Rajidae oft solide Seitenleisten für den Herzbeutel [9]). — Die ventralen Glieder der drei vordersten Kiemenbogenschenkel der Squalidae und der Chimären, welche nicht unmittelbar an die *Cartilago impar* sich anlehnen, werden gewöhnlich durch eigene unpaare *Copulae* mit einander verbunden, deren Anzahl aber nicht immer genau derjenigen der Bogen entspricht, die auch nicht unter einander der Länge nach verbunden zu sein pflegen.

Bei Pristis, wo die *Cartilago subpharyngea impar* als gemeinsame *Copula* zwischen den beiden Schenkelreihen der Kiemenbogen nach vorne sich verlängert, tritt sie in ein eigenthümliches Verhältniss zum Kiemenarterienstamme; ein von ihren Seitenrändern absteigender und unten geschlossener Knorpelbogen bildet nämlich den Boden eines soliden, zur Aufnahme des Kiemenarterienstammes bestimmten Canales. Dieser erstreckt sich weit vorwärts und besitzt Seitenöffnungen zum Durchtritte der einzelnen Kiemenarterien; bei Trygon, bei Aëtobatis u. A. ist dieser Canal nur durch eine schmale untere Brücke angedeutet, die auch unten nicht immer knorpelig, sondern nur häutig geschlossen sein kann.

§. 41.

Das Zungenbein und die Kiemenbogen der Ganoïdei und Teleostei ermangeln selten der die paarigen Schenkel unter einander und die ganze Bogenreihe verbindenden unteren Schluss- oder Körperstücke (*Copulae*).

---

9) Am deutlichsten bei Pristis, minder ausgeprägt bei anderen Rajidae.

Das Zungenbein haftet mit seinem obersten Segmente an dem unteren Ende des *Os temporale* oder an dem *Os symplecticum* [1]). Sein Bogen ist in der Regel weiter, als der der folgenden Kiemenbogen. Jeder seiner Schenkel besteht gewöhnlich aus vier Gliedern, von welchen das mittelste am längsten zu sein pflegt [2]). Das oberste derselben, das die Anheftung an das Kiefer-Suspensorium besorgt, ist bei den Teleostei unter dem Namen des *Os styloïdeum* bekannt, bleibt oft knorpelig und verkümmert selbst nicht selten. Das unterste, gleichfalls kurze Segment legt sich meist an dasjenige des ersten Kiemenbogens und an die vorderste *Copula*. Dies unterste Segment besteht bei vielen Teleostei aus zwei über einander liegenden Knochenstücken. Mit sehr wenigen Ausnahmen, zu denen namentlich die Ganoïden, unter Ausschluss von Lepidosteus, so wie die Gattung Muraenophis gehören, geht von der Verbindungsstelle der beiden Bogenschenkel ein vorwärts gerichtetes Knochenstück: *Os linguale s. entoglossum* ab, das der Zunge zur Grundlage dient. — Von der unteren Seite jedes Endgliedes tritt meistens eine Sehne ab. Die Sehnen beider Seiten dienen zur Befestigung eines unpaaren, verschieden gestalteten Knochenstücks: des Zungenbeinkiels, der die Bestimmung hat, die beiden zum Zungenbeine tretenden *M. M. sternohyoïdei* zu trennen und ihre Ansatzflächen zu vergrössern. Dies nicht selten fehlende Knochenstück ist bei Polypterus durch paarige Stücke vertreten, deren jedes von dem Ende eines Schenkels ausgeht.

Mit Ausnahme einiger Ganoïden haftet an dem mittelsten Segmente ein verschiedentlich entwickeltes System von Knochenstrahlen: *Radii branchiostegi* [3]). — Gewöhnlich durch eine Hautverdoppelung, zwischen welcher Muskelfasern verlaufen, zusammengehalten (*Membrana branchiostega* [4]) tragen sie zur Umschliessung der Kiemenhöhle wesentlich bei. Diese Function tritt am entschiedensten da hervor, wo die Kiemenhöhle, sehr weit ausgedehnt, nur durch einen engen Spalt sich öffnet, wie z. B. bei Muraenophis, wo auch dieselbe fast allseitig von den langen dünnen Strahlen umschlossen wird, die übrigens hier ausnahmsweise des un-

---

1) Bei Accipenser geht es vom oberen Theile, bei Spatularia vom unteren Ende des *Os symplecticum* aus.

2) Bei Accipenser sind nur drei Segmente vorhanden; bei Polypterus, Lepidosteus, Amia, bleibt das oberste knorpelig; überhaupt ist die Anzahl der Segmente bei den Teleostei nicht constant.

3) Diese Strahlen sind sehr verschieden ausgebildet, daher von der systematischen Zoologie zur Charakteristik der Fische vielfach benutzt. Bei den Aalen sind sie stark gekrümmt und geschwungen. Bei Tetrodon ist der erste von enormem Umfange. Bei Lophius sind sie sehr lang.

4) Die *Membranae branchiostegae* beider Seiten stehen in der ventralen Mittellinie gewöhnlich durch einen schmalen *Isthmus* mit einander in Verbindung. Bei den Mormyri fliessen sie in ihrer ganzen Breite in einander, so dass ein unpaarer Vorhang entsteht der bis zum Schultergürtel hinreicht.

mittelbaren Zusammenhanges mit den Zungenbeinbogen ermangeln. Bei Spatularia werden die Strahlen durch eine dem Kiemendeckel ähnliche Platte repräsentirt und bei Polypterus geht vom Zungenbeine [5]) eine der Strahlen ermangelnde *Membrana branchiostega* ab.

§. 42.

Die dem Zungenbeine nach hinten sich anschliessenden Bogen liegen meistens unterhalb des Schedels, seltener, wie bei vielen Malacopterygii apodes, weiter nach hinten gerückt unter dem vordersten Abschnitte der Wirbelsäule. Die Anzahl dieser Bogen beläuft sich gewöhnlich auf fünf, von welchen die vier vordersten die eigentlichen Kiemenbogen, *Arcus branchiales* darstellen, der hinterste aber, weil er bei vorgeschrittener Entwickelung der Fische in der Regel keine Kiemenblätter stützt, sondern nur zur Umgürtung des unteren Theiles des Schlundkopfes verwendet ist, als unterer Schlundkiefer: *Os pharyngeum inferius* bezeichnet wird. Bei Polypterus fehlt dieser fünfte Bogen ganz; bei Rhinocryptis kommen perennirend sechs Bogen vor, und bei Lepidosiren fungirt der fünfte und letzte als Kiemenbogen.

Sämmtliche Bogen umgürten die Schleimhaut der Rachenhöhle auswendig unmittelbar. Nur sehr selten stehen die Kiemenbogen mit der die Rachenhöhle auskleidenden Schleimhaut ausser eigentlicher nächster Verbindung. So erscheinen sie bei Muraenophis als zarte Stäbe, welche zwischen der Muskelschicht der Rachenhöhle, deren Schleimhaut bis auf kleine runde, die Stelle der sonst langen Interbranchialschlitze vertretende Oeffnungen undurchbohrt ist, gelagert sind. Bei den meisten Fischen sind Fortsetzungen der Rachenschleimhaut, wenigstens längs bestimmter Segmente der Kiemenbogen, mit der soliden Substanz der letzteren ganz innig verwachsen. Wenn bei ihnen gewisse Segmente der Bogen die weiten Interbranchialschlitze unmittelbar begrenzen, so kann es den Anschein gewinnen, als würde die Continuität der Rachenwände von diesen Hartgebilden durchbrochen. Dies ist aber nicht der Fall, denn die gewöhnlich aus Stacheln, Tuberkeln, zahnartigen Gebilden bestehenden inneren Ueberzüge der die Brücken zwischen den Interbranchialschlitzen bildenden Segmente der Kiemenbogen sind die eigentlichen Fortsetzungen der Rachenschleimhaut, welche selbst brückenartig zwischen den Interbranchialschlitzen sich hindurchziehen und von den Kiemenbogen, mit denen sie oft sehr innig verwachsen sind, nur eine feste Unterstützung erhalten.

Die Zahl der Segmente, welche einen einzelnen Kiemenbogenschenkel bilden, ist nicht gleich; für die letzten Bogenschenkel pflegt sie geringer zu sein, als sie für die vorderen es ist. Jeder Schenkel der drei vordersten

---

5) Abbild. des Zungenbeines und Kiemenbogengerüstes von Polypterus, s. b. Müller, Bau und Grenzen der Ganoïden. Tb. 1.

Kiemenbogen besteht sehr allgemein aus vier Segmenten, jeder Schenkel des vierten Bogens besitzt meist nur drei Glieder und der untere Schlundkiefer hat gewöhnlich nur eingliedrige Schenkel.

Jedes einzelne Segment eines Schenkels erhält seine eigenthümliche Verwendung. Die obersten oder dorsalen Segmente der vorderen Bogenschenkel bilden eine äussere Belegung der Rachenhöhle und dienen dorsalen Muskeln des Kiemenapparates zur Anheftung, ohne dass jemals das *Diaphragma* der Kiemenblätter an ihnen sich fortsetzte. Selten nur zeigen sie sich unter der stabartigen Form der übrigen Segmente. Wenn dieser Fall aber bei manchen Fischen, namentlich am obersten Segmente des ersten Kiemenbogens eintritt, so ist letzteres meistens dem *Os sphenoïdeum basilare* mit seiner oberen Spitze durch Ligament verbunden und besorgt also eine Anheftung des knöchernen Kiemenbogenapparates an den Schedel. Seltener convergiren die entsprechenden Segmente des ersten Bogens beider Seiten und schliessen sich an einander [1]). — Bei sehr vielen Fischen zeichnen die obersten Segmente der Bogenschenkel durch unregelmässige Gestalt, durch Verwachsung oder sonstige innige wechselseitige Verbindung der Segmente derselben Seite zu breiteren Platten und durch den Besitz von Zähnen, welche von ihnen ab in die Rachenhöhle hineinragen, sich aus. Ihre von denen der übrigen Segmente so häufig abweichenden Gestaltungsverhältnisse und Functionen gaben Veranlassung zu einer besonderen Bezeichnung derselben als *Ossa pharyngea superiora*.

Die beiden mittelsten Segmente der Kiemenbogen besitzen aussen, an ihrer convexen Seite gewöhnlich eine Rinne oder Aushöhlung, bestimmt zur Aufnahme der Gefässe und Nerven der Kiemen; zu jeder Seite derselben haftet auch die Grundlage, von welcher die soliden Stützen der Kiemenblättchen ausgehen. Das zweite Segment ist kürzer, als das dritte, welches alle übrigen an Länge übertrifft. Jenes besitzt an seinem dorsalen Ende gewöhnlich zwei Zinken, von denen die eine, als ***Processus articularis***, zur Anheftung an das ***Os pharyngeum superius*** bestimmt, die andere, als ***Processus muscularis***, aber frei ist.

Eine eigenthümliche functionelle Verwendung erfährt das zweite dem *Os pharyngeum superius* zunächst liegende Segment des ersten Kiemenbogens in der Familie der Pharyngii labyrinthiformes, indem es an der den Kiemenblättern entgegengesetzten inneren Seite in dünne Blätter sich theilt, welche von Schleimhaut überzogen, Aushöhlungen bilden, in welchen Wasser eine Zeitlang für die Bedürfnisse der Respiration aufbewahrt wird, eine Einrichtung durch welche diese Fische in den Stand gesetzt werden, ihren gewöhnlichen Aufenthalt im Wasser auf längere Zeit zu

---

1) Z. B. bei Clupea harengus; hierdurch kommt dann eine vollständige Umgürtung der Rachenhöhle zu Stande.

verlassen und auf dem Erdboden sich fortzubewegen. Diese blätterigen Theilungen sind bei den verschiedenen Gattungen der genannten Familie verschiedentlich entwickelt; vorzugsweise ausgebildet sind die mehrmals gekrümmten zarten Lamellen bei Anabas [2]).

Das vierte oder vorderste meist unbeträchtliche Segment, welches in der Regel den Schenkeln des vierten Kiemenbogens fehlt, besorgt wesentlich die Anheftung an das System der die Bogenschenkel beider Seiten unter einander vereinigenden *Copulae*. Es erfährt dasselbe aber häufig noch eine eigenthümliche Verwendung. Unterhalb der Reihe der *Copulae* zeigt sich nämlich bei vielen Teleostei ein verschiedentlich entwickelter Canal, zur Aufnahme der *Arteria branchialis communis* und bisweilen auch der *Thyreoïdea* bestimmt. Dieser Canal hat gewöhnlich ossificirte Stützen. Bei den meisten Teleostei besitzt das letzte Segment einzelner Kiemenbogenschenkel einen absteigenden Fortsatz zur seitlichen Unterstützung desselben. Vorzugsweise oft geht derselbe vom letzten Segmente jedes Schenkels des dritten Kiemenbogens ab. Die Fortsätze beider Seiten neigen sich convergirend zu einander und bilden, in der Mitte durch fibrös-häutige Theile verbunden, einen abwärts gerichteten Spitzbogen [3]). — Oft wiederholt sich die nämliche Bildung, wenn gleich weniger deutlich, auch am letzten Segmente des zweiten Kiemenbogens. — Bei den Plectognathi [4]) werden aber nicht Knochenfortsätze, sondern ganze Knochen zur Bildung eines unterhalb der *Copulae* gelegenen Knochencanales verwendet. Bei Ostracion z. B. steigt von den Anlehnungsstellen der Schenkel des dritten Kiemenbogens an die hinterste *Copula* ein Paar solcher Knochen ab. Da hier jedem dieser Schenkel das sonst gewöhnlich vorhandene vierte Segment fehlt, so wird es wahrscheinlich, dass dasselbe durch den genannten absteigenden Knochen ausschliesslich repräsentirt ist.

Der fünfte, das *Os pharyngeum inferius* constituirende Bogen besteht gewöhnlich aus zwei eingliedrigen Schenkeln. — Bei den Chromiden sind dieselben durch eine mittlere Naht innig vereinigt. — Bei den Labroïden und den Scomber-Esoces fehlt eine solche und so werden die sonst vorhandenen Bogen durch ein unpaares mittleres Knochenstück vertreten.

Bei wenigen Teleostei liegen die entsprechenden Schenkel der einzelnen Kiemenbogen in der ventralen Mittellinie neben einander, ohne durch eigene Körperstücke oder *Copulae* verbunden zu sein [5]). — Den meisten

---

2) Diese richtigere Bezeichnung der Lage der siebbeinförmigen Labyrinthe verdanken wir Peters, der nächstens darüber nähere Mittheilungen machen wird.

3) Z. B. bei allen Clupeïden (Megalops, Butirinus, Alosa etc.), bei Esox, bei Cyprinus u. s. w. Diese Bildung fehlt anderen Fischen ganz, z. B. den untersuchten Cyclopoden, Gobioïden, Blennioïden, Cataphracten.

4) Aehnlich wie Ostracion verhält sich Tetrodon.

5) Z. B. bei Lophius piscatorius, Cotylis Stannii, Muraenophis helena, punctata.

Ganoïden und Teleostei kömmt dagegen ein System ventraler Körperstücke oder *Copulae* zu, das ein Verbindungsglied zwischen den beiderseitigen Bogenschenkeln darstellt. — Nur bei einigen Ganoïden [6]) erstreckt sich dasselbe zwischen alle Bogenschenkel hindurch und verlängert sich selbst über die hintere Grenze des *Os pharyngeum inferius* hinaus. — Bei den meisten Teleostei werden dagegen die Schenkel des unteren Schlundkiefers und meist auch des vierten Kiemenbogens durch mittlere Körperstücke nicht verbunden. — Die Anzahl der letzteren schwankt [7]), beschränkt sich jedoch meistens auf drei, von denen das erste unmittelbar an das *Os entoglossum* des Zungenbeines sich anzuschliessen pflegt. An das erste lehnen meist die Endglieder des Zungenbeines und des ersten Kiemenbogens, an das zweite die des ersten und zweiten Kiemenbogens und an das dritte die des zweiten und dritten Kiemenbogens sich an. Die des vierten Bogens pflegen nur durch Knorpelhaut verbunden zu sein.

IV. Von den Extremitäten.

§. 43.

Nur wenigen Fischen fehlen die Vorderextremitäten und mit ihnen zugleich ein Schultergürtel. Dahin gehören die Leptocardii und Marsipobranchii.

Bei den Elasmobranchii ist der Schultergürtel hinter dem Schedel an dem vorderen Abschnitte der Wirbelsäule gelegen; am weitesten nach hinten gerückt in der Familie der Torpedines

Bei den Squalidae besteht er aus einem, vom Rücken aus, jederseits vorwärts und abwärts gerichteten Bogenschenkel. Die Schenkel beider Seiten gehen in der ventralen Mittellinie ohne alle Unterbrechung und ohne Naht in einander über. Jedes dorsale Ende trägt oft einen kleinen discreten Knorpel, der als Schulterstück sich zu erkennen gibt [1]). — Mit der Wirbelsäule steht der Schultergürtel der Squalidae nirgend in unmittelbarer Verbindung, liegt vielmehr theils oberhalb der Rückenmuskeln, theils in die Muskelsubstanz eingesenkt, durch welche er fixirt wird. — In der Gegend, wo der Bogenschenkel jeder Seite von oben nach unten sich umbiegt, besitzt er an seinem hinteren Rande drei Gelenkköpfe zur Articulation dreier Knorpelstücke: *Ossa carpi.* An die beiden äusseren Stücke schliessen oft

---

6) So bei Accipenser und bei Amia. Beim Stör haften das Zungenbein und die drei vordersten Kiemenbogen an einem einzigen Körperstücke; zwischen den beiden Schenkeln des dritten und vierten Bogens, ferner zwischen denen des vierten und fünften liegen discrete *Copulae*; endlich liegt noch jenseits der Schenkel des fünften oder des *Os pharyngeum inferius* ein mittlerer Endknorpel. — Bei Amia sind an der jenseits des unteren Schlundkiefers liegenden Endverlängerung des Systemes der *Copulae* noch zwei kleine zahntragende Knochenplatten befestigt.

7) Bei einigen Fischen werden sie sehr abortiv. Bei Batrachus, bei Uranoscopus u. A. findet sich nur eine die beiden ersten Bogen verbindenue kleine *Copula.*

1) Z. B. bei Squatina, Scyllium.

vorne und hinten successive noch accessorische Knorpel sich an. Die *Ossa carpi* tragen die *Phalanges digitorum* entweder unmittelbar, oder durch eine zwischengeschobene zweite Reihe von Knorpeln, welche breiter sind, als die *Phalanges* [2]). Letztere bestehen aus mehren Reihen länglicher Cylinder, welche aber nicht bis an das freie Flossenende reichen. Denn im äusseren Segmente der Flosse finden sich zwischen den beiden Lamellen der *Cutis* feine gelbe Faserstreifen von hornartigem Ansehen', welche mit ihrer Basis die freien Enden der knorpeligen *Phalanges* umfassen.

In den wesentlichen Verhältnissen, namentlich auch in Betreff mangelnder unmittelbarer Verbindung mit der Wirbelsäule übereinstimmend, zeigt sich der Schultergürtel der Chimären. Er bildet einen einfachen, nirgend unterbrochenen Knorpelbogen, dessen dorsales Ende in einen hinterwärts gerichteten, an der Kante der Wirbelsäule unbefestigten Knorpelfaden sich verlängert. Ihm unmittelbar eingelenkt sind nur zwei *Ossa carpi.* Die äussersten *Phalanges* sind sehr kurz. Die gelben Faserstreifen bilden, beträchtlich ausgedehnt, den grössten Abschnitt der Flosse.

Was die Rajidae anbetrifft, so gestaltet die Art der Fixirung ihres Schultergürtels sich sehr verschieden. Bei Einigen, z. B. bei Raja, sind die beiden dorsalen Enden des Gürtels an einen, von der oberen Kante des ungegliederten Segmentes der Wirbelsäule ausgehenden, dünnen Querfortsatz befestigt. Bei anderen, z. B. bei Trygon, sind sie den Seiten desselben Segmentes in ganzer Höhe durch Syndesmose verbunden; bei anderen, z. B. bei Aëtobatis, den Seiten des ungegliederten Segmentes durch Gelenke eingefügt; bei anderen, z. B. bei Torpedo, steht der weit nach hinten gerückte Schultergürtel ausser unmittelbarer Verbindung mit der Wirbelsäule und verhält sich in dieser Hinsicht, wie bei den Squalidae. Aber er bildet einen allseitig geschlossenen Ring. Jeder Seitenbogen dieses Ringes besteht aus zwei Abschnitten: einem oberen transversellen, der der *Scapula* angehört, und einem absteigenden, der *Clavicula* entsprechenden. Die ossificirten Clavicular-Segmente beider Seiten werden in der ventralen Mittellinie durch eine Knorpelleiste verbunden. Jedes Scapularsegment steht mit dem der entgegengesetzten Seite gleichfalls durch eine knorpelig bleibende *Pars suprascapularis* in Verbindung. — An jeden Bogenschenkel lehnt sich, anscheinend bei allen Rajidae unmittelbar und durch Syndesmose das *Os pharyngeum inferius.* — An die beiden äusseren der mit dem Schultergürtel verbundenen *Ossa carpi* (deren Zahl oft drei beträgt) reihen sich nach vorne und hinten successive sehr viele zur Stützung der *Phalanges digitorum* dienende ähnliche Stücke an. Das vordere Ende der Reihe dieser Knorpel steht ferner mit dem Schedel beständig durch einen eigenen Sche-

---

2) Z. B. bei Scyllium Edwardsii. Die Hand der Scyllien erinnert lebhaft an diejenige der Cetaceen.

delflossenknorpel [3]) in Verbindung. Dieser ist dem ***Processus frontalis anterior*** neben der Nasencapsel eingelenkt und von ihm aus hinterwärts gerichtet, um mit den *Cartilagines carpi* eine Reihe zu bilden. Durch diese Ausdehnung der *Ossa carpi* nach hinten und nach vorne, und die Menge der an sie angehefteten Phalangen gewinnt der ganze Körper der Rochen seine eigenthümliche scheibenförmige Gestalt [4]). — Eine Eigenthümlichkeit der Familie der Myliobatides [5]) ist noch die, dass die Elemente ihrer Vorderextremität in einem, aus zwei ganz discreten Seitenschenkeln bestehenden, Bogen, der vom Schedelflossenknorpel der einen Seite zu dem der anderen Seite reicht, vor dem Schedel, so wie vor und über den Nasencapseln sich fortsetzen. Jeder dieser Bogen ist mit gegliederten Flossenstrahlen besetzt. — Die in vielfachen Reihen stehenden ***Phalanges digitorum*** der Rajidae zerfallen gewöhnlich in zwei Abtheilungen; die der ersten sind einfach; in der zweiten finden sich mehre Reihen gespaltener oder doppelter *Phalanges*. — Die gelben Faserstreifen der Squalidae und Holocephali sind ganz abortiv oder fehlen vollständig.

§. 44.

Was die übrigen Ordnungen der Fische anbetrifft, so ermangeln wenige unter ihnen der Vorderextremitäten; unter denen, welche keine Brustflossen besitzen, wohin namentlich die Symbranchii, die Gattung Muraenophis, die Syngnathi ophidii, die Pleuronectiden-Gattung Achirus gehören, kömmt den meisten aber ein Schultergürtel zu. Dieser ist bald stark entwickelt, wie bei Achirus, Symbranchus [1]), bald auf zwei äusserst feine Gräthen reducirt, wie bei Muraenophis [2]). Fische, welche im ausgewachsenen Zustande der Brustflossen ermangeln, können solche in früheren Ent-

---

3) Bei Narcine liegen zwischen dem Schedelflossenknorpel und der schnauzenförmigen Verlängerung des Schedels noch zwei kleine Knorpel. S. Henle, l. c. Tb. IV. Fig. 1.

4) Dass die Vorderflossen der Torpedines in einem gewissen Entwickelungsstadium, als vorne freie, unangewachsene, blos mit dem Schultergürtel verbundene flügelförmige Anhänge erscheinen, geht hervor aus den Mittheilungen von J. Davy, Philosoph. transact. 1834. p. 531. Tb. XXII. und Leuckart in Siebold Zeitschrift f. wisssens. Zoologie. S. 259. Tb. XVI. Fig. 1. 2.

5) Eine Abb. s. b. Müller, Myxinoid. Tb. IX. Fig. 13. S. 174. Müller hat diese Bildung bei Myliobates und Rhinoptera beschrieben. Meine Darstellung beruhet auf Untersuchung von Aëtobatis Narinari.

1) Bei Symbranchus ist die *Scapula* klein; die *Clavicula* gross; die beiden *Claviculae* convergiren und verbinden sich, wie gewöhnlich, mit einander. Merkwürdig ist die Anwesenheit eines der Hinterhauptgegend des Schedels eingelenkten stielförmigen Knochens, der nach hinten gerichtet, dennoch die *Scapula* nicht erreicht und auch ausser mittelbarer Verbindung mit ihr bleibt.

2) Cuvier hat auf diese Gräthen, die den ***Radii branchiostegi*** an Feinheit nicht nachstehen, bereits aufmerksam gemacht. Sie berühren sich in der ventralen Mittellinie nicht.

wickelungsstadien besitzen [3]). — Ein Beispiel auffallender Asymmetrie gibt Solea monochirus ab, wo nur rechterseits eine Flosse entwickelt ist. — Bei den Ganoïdei und den meisten Teleostei hat die Anheftung des Schultergürtels am Schedel Statt; bei den Symbranchii, Muraenoïdei und Notacanthini ist er indessen weiter hinterwärts an Querfortsätzen der Wirbelsäule suspendirt.

Der Schultergürtel der Ganoïdei und Teleostei besteht aus paarigen Seitenschenkeln, welche in der ventralen Mittellinie meist durch Ligament, selten durch Naht unter einander verbunden sind [4]). Die Zusammensetzung jedes Bogenschenkels geschieht meistens durch drei Knochenstücke, von denen das oberste oder dorsale eine *Omolita* [5]), das mittlere eine *Scapula* [6]) und das ventrale eine *Clavicula* [7]) darstellt. Diese Knochen sind gewöhnlich durch Faserbänder unter einander verbunden.

Die *Omolita* lehnt sich in der Regel mit zwei Zinken an den Schedel; die obere Zinke ist dem *Os occipitale externum*, die untere dem *Os mastoïdeum* angeheftet. Seltener fehlt die Spaltung in zwei Zinken und der ungetheilte Knochen bewirkt die Fixation am Schedel [8]).

Die *Scapula* setzt, vom vorigen Knochen aus, den Gürtel abwärts fort.

Die *Clavicula* ist immer das beträchtlichste Segment und verbindet sich in der ventralen Mittellinie des Körpers mit derjenigen der anderen Seite, meist durch Ligament, selten durch Naht, wie z. B. bei Platycephalus, bei vielen Siluroïden und Loricarinen [9]). — Indem sie sehr häufig in zwei Knochenblätter sich spaltet, bildet sie eine nach hinten geöffnete Rinne zur Aufnahme von Muskeln. Von ihrer Verbindungsstelle mit der *Scapula* aus, erstreckt sich häufig zum *Os occipitale basilare* ein straffes cylindrisches Faserband, das eine feste Anheftung derselben an den Basilartheil des Schedels bewirkt [10]).

Vom oberen Theile der *Clavicula* geht gewöhnlich ein hinterwärts und abwärts gerichteter Knochen ab, der bisweilen fehlt [11]) und bei anderen Fischen

---

3) Nach den Beobachtungen von Fries gilt dies von sehr jungen Individuen von Syngnathus lumbriciformis (s. Wiegmann's Archiv 1838. 1. S. 252. Tb. VI. Fig. 7. 8.

4) Bei Accipenser liegt über der Verbindungsstelle der beiden *Claviculae* eine eigenthümliche unpaare Ossification, welche, wol mit Unrecht, einem Sternum verglichen ist.

5) *Omolita Geoffroy; Omoplata Bakker*; *Suprascapulare Cuvier*.

6) *Scapula Cuvier*; *Omoplata Geoffroy; Acromion Bakker.*

7) *Clavicula Gouan*, *Geoffroy*, *Meckel*, *Agassiz. Coenosteon Bakker; Humerus Cuvier.*

8) Z. B. bei Chironectes, Cyclopterus, Liparis, Pterois.

9) Z. B. bei Aspredo, Hypostoma.

10) Z. B. bei Macrodon, Tetragonopterus, Megalops.

11) Z. B. bei Silurus, Anguilla, Symbranchus, Cotylis.

durch einen Fortsatz vertreten wird[12]. Er bleibt selten einfach[13]; indem früher oder später gewöhnlich ein zweiter Knochen ihm sich anschliesst. Diese Knochen betrachtet Cuvier als analog dem *Os coracoïdeum*[14]. Sie bieten, in Betreff ihrer Ausdehnung und Verbindungen, grosse Verschiedenheiten dar. Häufig sind sie nur kurz und enden frei, eingesenkt in die Masse des Ventraltheiles des Seitenmuskels oder oberflächlicher unter der Haut. Bei einigen Teleostei sind sie aber lang, reichen weit nach hinten und stehen selbst mit dem Beckenknochen in Verbindung[15]; bei anderen erstrecken sie sich sogar bis zu den Trägern der Afterflosse[16] und sind dann oft nicht platt, sondern cylindrisch oder prismatisch.

Die eben geschilderten Verhältnisse des Schultergürtels erfahren mannichfache Modificationen, welche sowol die Anzahl der ihn zusammensetzenden Knochen, als auch die Art ihrer Verbindung mit dem Schedel und der Wirbelsäule betreffen. Bei Silurus liegt oberhalb der *Clavicula* nur ein einziger Knochen[17], der durch zwei Zinken mit dem Schedel und durch einen dritten Fortsatz mit einem *Processus transversus* des ersten Wirbels in Verbindung steht. — Bei Batrachus ist die *Clavicula* jeder Seite durch zwei discrete cylindrische Knochen an dem Schedel befestigt; der vordere bewirkt ihre Verbindung mit dem *Os mastoïdeum*; der hintere und tiefere mit der Seite der *Crista occipitalis*. — In sehr eigenthümlicher Weise bilden bei den Loricarinen die *Claviculae* beider Seiten, ein nur in der Mitte offenes knöchernes *Septum* zwischen der Kiemen- und Rumpfhöhle.

Bei den meisten Fischen folgen auf die *Clavicula* zwei Reihen von Knochen, welche in ihren näheren Verhältnissen ausserordentlich zahlreiche Verschiedenheiten darbieten und die mannichfachsten Deutungen erfahren haben, insgesammt aber nur die Hand der Fische zu repräsentiren scheinen. Diejenigen der obersten Reihe, welche unmittelbar der *Clavicula* sich anschliessen, entsprechen den *Ossa carpi*; die der zweiten Reihe aber den *Ossa metacarpi*. Ein der *Regio carpi* angehöriges Element erstreckt sich sehr häufig[18] längs jeder *Clavicula* bis zur Vereinigungsstelle

12) Z. B. bei Hypostoma.

13) Z. B. bei Chironectes, Batrachus, Liparis, Cyprinus.

14) *Os coracoïdeum Geoffroy.*

15) Diese Thatsache ist zuerst durch Geoffroy hervorgehoben (Philosoph. anatomique p. 460 sqq.). Bei Mugil cephalus schliesst an den obersten schuppenförmigen Knochen ein zweiter, langer cylindrischer Knochen sich an, der an das hintere Ende des Beckenknochens sich anheftet.

16) Z. B. bei den Arten der Gattung Amphacanthus, bei Argyreiosus u. A.

17) Die *Omolita* fehlt überhaupt häufig als discretes Stück z. B. bei Lepidosteus.

18) Z. B. bei Balistes, bei Silurus glanis, bei Zeus faber.

dieses Knochens mit dem der entgegengesetzten Seite, steht auch nicht selten, wie z. B. bei Loricarinen und Siluroïden durch Naht mit der vor ihr gelegenen *Clavicula* in Verbindung. Die Anzahl der *Ossa metacarpi* beläuft sich nicht selten auf fünf, wodurch dem numerischen Typus der höheren Wirbelthiere entsprochen wird. Doch ist die angegebene Zahl bei weitem nicht für alle Fische normirend. Form und Ausdehnung dieser *Ossa metacarpi* sind ebenfalls sehr vielen Variationen unterworfen; durch Länge und etwas cylindrische Form ähneln sie denen der höheren Wirbelthiere am meisten bei den Pediculati und bei Polypterus. Die *Regio metacarpi* bleibt unentwickelt bei den Siluroïden und Loricarinen. — Den Enden dieser *Ossa metacarpi* sind, als den Fischen durchaus eigenthümliche Elemente, welche die Stelle der *Phalanges digitorum* functionel vertreten, ohne ihnen morphologisch irgend zu entsprechen, die Flossenstrahlen [19]) angefügt. Diese Flossenstrahlen verhalten sich ihrem Baue nach, durchaus wie die der unpaaren Flossen, welche eben den Fischen eigenthümliche Elemente sind; ihre Grundlagen, werden, gleich denen der unpaaren Flossen, von einigen Fischen in frühen Lebensstadien, abgeworfen; sie erhalten bei anderen, gleich den unpaaren Flossen, nicht von den zunächst gelegenen Spinalnerven, sondern aus der Bahn des *Ramus lateralis N. trigemini* ihre Hautnerven [20]). — Dass die soliden Elemente der Hand ausgebildet sind, und unmittelbar ohne vermittelnde Verbindung durch Vorderarm- und Oberarmknochen an den Schultergürtel sich anschliessen, darf, Angesichts vieler Thatsachen aus der Entwickelungsgeschichte der höheren Wirbelthiere, nicht befremden.

Was die Flossenstrahlen anbetrifft, so erscheint als Eigenthümlichkeit der meisten Siluroïden und Loricarinen die ungemeine Stärke und die bisweilen vorkommende zahnartige Bewaffnung des, auch wegen des Mechanismus seiner Einlenkung beachtenswerthen ersten Flossenstrahles [21]). — Abweichend von den Flossenstrahlen verhalten sich die sogenannten fingerförmigen Anhänge der *Triglae* und *Polynemus* dadurch, dass sie nicht, wie die übrigen, durch eine zusammenhangende Haut verbunden werden. — Wenn, wie dies bei den meisten Fischen der Fall ist, jeder Strahl aus zwei parallelen Stücken oder Hälften besteht, so kömmt es oft vor, dass die äussere Hälfte des einen Strahles mit der inneren Hälfte eines zunächst gelegenen Strahles durch ein an der Basis beider verlaufendes Ligament in Verbindung steht [22]).

---

19) Diese letzteren entsprechen demjenigen Segmente der Flosse der Chimären und Squalidae, das durch die gelben Faserstreifen eingenommen wird.

20) Z. B. bei den Gadoïden.

21) Eines der eigenthümlichsten Bildungsverhältnisse zeigt er z. B. bei der Gattung Aspredo.

22) Z. B. bei Cottus, Synanceia.

Unter den Dipnoi hat bei Lepidosiren die Verbindung des Schultergürtels mit dem Schedel durch Band Statt; der Schultergürtel wird durch zwei aus Knorpel und Knochensubstanz [23]) bestehende, unten ununterbrochen in einander übergehende Schenkel gebildet. Ein conischer Knorpel der von der Convexität jedes Schenkels ausgeht, gewährt der eigenthümlichen pfriemenförmigen Knorpelgerte, welche die Flosse repräsentirt, einen Stützpunkt. Bei Rhinocryptis [24]) findet sich zur Suspension des sonst übereinstimmend gebildeten Schultergürtels am Schedel eine eigene *Omolita*, so wie ein accessorischer vom Schedel ausgehender Knochen, der hinter dem Schultergürtel im Fleische liegt und mit ihm durch fibröse Haut in Verbindung steht. Der auch hier in einfacher Zahl vorhandene gegliederte Flossenstrahl ist in ganzer Länge mit knorpeligen Nebenflossenstrahlen besetzt. Auf sie folgt noch ein feiner Flossenbart, bestehend aus verklebten Fasern.

[Ueber die Vorderextremitäten der Fische vergleiche man: Carolus Mettenheimer, Disquisitiones anatomico-comparativae de membro piscium pectorali. Berol. 1847. 4. Von der Richtigkeit der abweichenden Deutungen der von mir als *Ossa carpi* und *metacarpi* bezeichneten Elemente habe ich mich nicht zu überzeugen vermocht.]

§. 45.

Der Hinterextremitäten oder Bauchflossen ermangeln sehr viele Fische und zwar sowol solche, welche keine Vorderextremitäten besitzen, als auch solche, denen diese zukommen. Sie fehlen namentlich Branchiostoma, den sämmtlichen Marsipobranchii, den Malacopterygii apodes, den Plectognathi Gymnodontes und Ostraciones, den Ophidini, den Lophobranchii und einzelnen Repräsentanten anderer Familien z. B. Anarrhichas, Xiphias, Ammodytes. Die Lage der Hinterextremitäten ist sehr verschieden. Sie sind bald den Vorderextremitäten unmittelbar angefügt, bald etwas entfernter von ihnen gelegen, bald an die Grenze der Schwanzgegend gerückt. Die Fische heissen, je nach der Lage derselben: Pisces jugulares s. subbrachii, Pisces thoracici und Pisces abdominales. — Das Becken der Fische ermangelt jeder Verbindung mit der Wirbelsäule. Bei den Elasmobranchii liegen die Hinterextremitäten immer am Bauche vor dem After. Bei den Plagiostomi besteht das Beckengerüst in einem einfachen queren Knorpelbogen. Dieser trägt jederseits ein *Os tarsi*, an welchem die Flossenstrahlen, gewöhnlich mit Ausnahme eines einzigen, der unmittelbar am Becken haftet, befestigt sind; letztere sind bei den Haien in wenigen, bei den Rochen in zahlreicheren Reihen vorhanden. Bei den männlichen Elasmobranchii befestigen sich an den hinteren Enden der beiden *Ossa tarsi* eigenthümliche

---

23) Abb. bei Bischoff. Tb. 2. Fig. 4.

24) Abb. b. Peters, Müller's Arch. 1845. Tb. 2. Fig. 2.

zangenartige äussere Begattungsorgane. Bei den Chimären besteht das Becken, das auch durch seine Form verschieden ist, aus zwei Seitenhälften. Als *Os tarsi* erscheint ein rundlicher Knorpel, an dem dann die knorpeligen Flossenstrahlen befestigt sind. Am freien Ende finden sich wieder die gelben Hornstreifen.

Bei den Ganoïden, welche gleichfalls sämmtlich Pisces abdominales sind, besteht das Becken aus paarigen Seitenstücken. Bei Accipenser und Polypterus schliesst sich an dasselbe eine Reihe von *Ossa metatarsi.* An diesen haften die Flossenstrahlen.

Was die Teleostei anbetrifft, so besteht ihr in seinen Formverhältnissen sehr variirendes [1]) Becken gewöhnlich aus zwei in der Mittellinie in mehr oder minder weiter Ausdehnung durch Syndesmose bald loser, bald inniger verbundenen Seitenhälften. Selten sind diese Seitenstücke in der Mittellinie unverbunden und weiter von einander getrennt [2]). Nur bei den Loricarinen (Hypostoma) kömmt eine Zusammensetzung jeder Beckenhälfte aus zwei Stücken dadurch zu Stande, dass seitlich ein schräg vorwärts zur Seitenwand des Bauches gerichteter Knochen von dem Hauptstücke abgeht. Bei den Balistes ist das Becken durch einen einfach, mit seinem Vorderrande zwischen den beiden *Claviculae* eingekeilten, unpaaren, säbelförmigen Knochen vertreten, der keine Spuren einer Entstehung aus paarigen Seitentheilen zeigt, auch am freien Ende keine Flossenstrahlen, sondern nur einen von Hautincrustationen überzogenen kurzen Zapfen trägt [3]). Bei allen Teleostei sind die Flossenstrahlen dem Becken unmittelbar angefügt.

Das eigenthümliche Bauchschild der Cyclopoden entsteht entweder allein durch die beiden Beckenknochen und die diesen angefügten Flossenstrahlen, wie z. B. bei Cyclopterus und Liparis oder unter Theilnahme der Vorderextremitäten, und wird hinten durch die in Form eines Bogens angeschlossenen Schenkel des Beckengerüstes ergänzt. So bei Cotylis, wo den Schenkeln des Beckengerüstes nur sehr feine und durch einen häutigen Saum verbundene Flossenstrahlen angefügt sind.

Bei den Dipnoi sind die von einem einfachen Beckenstücke ausgehenden beiden Strahlen ähnlich gebildet, wie an den Vorderextremitäten; bei

---

1) Bei Zeus faber besteht er z. B. aus zwei verticalen, eng an einander gefügten Hälften; bei Hypostoma, Loricaria u. A. aus zwei breiten, horizontalen, zu einer beträchtlichen Platte verbundenen Stücken.

2) Z. B. bei Belone, Exocoetus, Anableps, Lophius.

3) Der lange, vorne zwischen den *Claviculae* eingekeilte, hinten vor dem After frei vorragende Knochen der Balistes ist vielfach als ein Brustbein gedeutet worden. Da die Hinterextremitäten der Plectognathi, sobald sie überhaupt vorhanden, wie bei Triacanthus, nicht abdominal sind, so ist mir die Deutung jenes Knochens als Beckenknochen sehr wahrscheinlich. Beobachtungen über die Entwickelung der Balistini mussen ergeben, ob derselbe transitorische Flossen trägt, oder nicht.

Lepidosiren ist ein einfacher gegliederter Knorpelstrahl vorhanden, bei Rhinocryptis besitzt er eine Strecke weit Nebenstrahlen und einen Hautsaum.

V. Von den unpaaren Flossen.

§. 46.

Das System der unpaaren Flossen, dessen einzelne, meist unterbrochene Segmente, unter den Benennungen der Rückenflosse, Schwanzflosse und Afterflosse bekannt sind, würde, bei mangelnder Unterbrechung und bei weit vorwärts gerücktem After, eine freie und zusammenhangende Umgürtung der Kanten des ganzen Körpers, mit Ausnahme der Kiemenhöhlengegend, bilden. Die Betrachtung der perennirenden Verhältnisse einzelner Fische z. B. vieler Pleuronectides, die Wahrnehmung [1]), dass bei manchen anderen, die nur einzelne Glieder des Flossensystemes besitzen, diese die allein vollständig entwickelten Ueberreste einer in der Anlage vorhanden gewesenen Flosse von der angegebenen Ausdehnung sind, unterstützen die Auffassung, dass die Bildung einer zusammenhangenden, die äussersten Kanten des Wirbelsystemes frei umgürtenden Flosse wesentlich im architectonischen Plane der Fische liegt.

Perennirend erscheint sie in solcher Ausdehnung nur selten z. B. bei Branchiostoma, einigen Blennioïdei, Pleuronectides, Muraenoïdei; bei den meisten Fischen ist sie in einzelne, wenigstens äusserlich getrennte Segmente zerfallen. Nur bei Wenigen, z. B. bei Cristiceps, bei Lophius und einigen Pleuronectes erheben sich Flossenstrahlen auch noch von der Oberfläche des Schedels.

Die unpaaren Flossen besitzen anscheinend immer mehr oder minder solide Elemente. Bei Branchiostoma sitzen auf dem vom Wirbelsysteme senkrecht aufsteigenden fibrösen Blatte hinter einander gestellte Strahlen,

---

1) Vgl. hierüber C. E. v. Baer, Entwickelungsgeschichte der Fische. S. 23. u. 37. B. Fries, in Wiegmann's Archiv f. Naturgesch. 1838. 1. S. 256. C. Vogt, Embryol. des Salmones. p. 134. — Baer beobachtete bei jungen Cyprinen nach dem Ausschlüpfen eine zusammenhangende Flosse, die vom Nacken um die Schwanzspitze bis zum After und sogar vor diesem weg am Bauche hin sich erstreckt. Sie hat an der Stelle, wo der After sich bildet, eine Kerbe. Die einzelnen perennirenden Flossen entstehen so, dass in der primären zusammenhangenden häutigen Flosse für jene Knorpelstrahlen sich bilden, während in den Intervallen die Haut schwindet. — Fries machte die interessante Beobachtung, dass bei ganz jungen Individuen von Syngnathus lumbriciformis eine Schwanzflosse vorhanden ist, die ganz dieselbe Bildung und Form, wie beim Aal besitzt und als eines ihrer vorzüglichsten Bewegungsorgane dient. — Vogt fand, dass die einzelnen Flossen bei Coregonus, mit Einschluss der Fettflosse, aus einer zusammenhangenden embryonalen Flosse durch secundäre Gliederung entstehen.

bestehend aus röhrigen Capseln, die in zwei symmetrischen Seitenhälften eine consistentere Masse und eine Flüssigkeit enthalten. Die Strahlen erreichen das freie Ende der Flosse nicht [2]). — Bei Petromyzon bestehen die soliden Elemente in dünnen, biegsamen, am Ende gabelförmig gespaltenen Strahlen.

Bei den Elasmobranchii, Ganoïdei und Teleostei besitzen die Flossen nicht nur selbst solide Grundlagen in ihren Strahlen, sondern diese erhalten, wenigstens so weit sie der Rücken- und Afterflosse angehören, noch eigene, dem Wirbelsysteme angefügte solide Stützen in den Flossenträgern, während die Strahlen der Schwanzflosse den von den Wirbelkörpern ausgehenden, meist plattenförmig verbreiterten Fortsätzen unmittelbar angefügt zu sein pflegen. Die verschiedene Art der Anfügung der Flossenträger an das Wirbelsystem erscheint meist durch das verschiedene Verhalten der soliden auf- und absteigenden Elemente der Wirbelbogen bedingt. Wenn die letzteren in ganzer Höhe und Tiefe, ohne durch häutige Interstitien von einander getrennt zu sein, sich unmittelbar an einander fügen, liegen die Flossenträger jenseits ihrer freien Enden; wenn die einzelnen Wirbelbogenelemente dagegen durch membranöse Interstitien von einander getrennt werden, reichen die Flossenträger in der Regel, eingeschlossen zwischen den häutigen Blättern, mehr oder minder weit in die Zwischenräume der Wirbelbogenstücke hinab und erhalten die Benennung: *Ossa interspinalia* [3]). — Wenn bei den Ganoïdei und Teleostei solche *Ossa interspinalia* häufig ohne entsprechende Flossenstrahlen beobachtet werden, so erklärt sich dies mit Wahrscheinlichkeit aus der, dem individuellen Plane solcher Thiere angemessenen, blos partiel erfolgten, vollständigen Entwickelung der ursprünglich weit ausgedehnten Anlage des Flossensystemes.

Bei den Elasmobranchii und bei Accipenser liegen die Flossenträger am Rücken über, an der ventralen Seite unter den freien Enden der Wirbelbogen, durch fibröses Gewebe an dieselben eng angeheftet. Jeder wirkliche Flossenträger besteht entweder aus einem einzigen Knorpelstücke, wie bei Chimaera, oder aus mehren über einander gelagerten Stücken, wie bei den Elasmobranchii und bei Accipenser. Bei den Teleostei sind die Flossenträger selten den freien Enden der Wirbelbogenelemente angefügt, wie bei einigen Siluroïden und Loricarinen [4]). Meist liegen sie, als *Ossa interspinalia*, mehr oder minder tief hinabreichend, zwischen den, in Gestalt einfacher Dornen verlängerten, Bogenschenkeln, eingeschlossen von den beiden

---

2) Vgl. Müller, Abh. d. Berl. Acad. d. Wissensch. Berl. 1844. S. 88. Tb. 1. — Nicht ganz übereinstimmend äussert sich Quatrefages (l. c.)

3) Dass diese *Ossa interspinalia* nicht dem Wirbelsysteme, als solchem angehören, hat Cuvier gegen Geoffroy und Andere, die diesem gefolgt sind, nachgewiesen. Hist. natur. d. poissons. T. 1. p. 365.

4) Z. B. bei Aspredo, bei Hypostoma u. A.

Lamellen der diese trennenden fibrösen Membran. Oft liegen mehre Flossenträger zwischen je zwei Wirbelbogenelementen [5]). — Bei einzelnen Teleostei, deren After mehr oder minder weit vor dem Anfange der Schwanzgegend gelegen ist, erscheinen auch viele Träger der Afterflosse nicht zwischen die vereinigten absteigenden Bogenschenkel geschoben, sondern vor ihnen liegend [6]). — Sehr häufig kommen Flossenträger ohne entsprechende Flossenstrahlen vor; sie haben dann oft, wenn gleich nicht immer, die, auch wirklichen Flossenträgern bisweilen zukommende, Bestimmung [7]), Knochenschilder der Haut zu stützen. — In Bezug auf ihre Formen, ihre Ausdehnung und ihr näheres Verhalten zu den Bogenelementen verhalten sich die Flossenträger äusserst verschieden.

Bisweilen sind sie den Bogenelementen durch Naht verbunden [8]). Bisweilen bilden die unteren Flossenträger durch gegenseitige Anlagerung ein festes *Septum* zwischen den beiden Körperhälften längs der Schwanzgegend [9]).

Eine Verwachsung mehrer Flossenträger mit einander zu einem starken abwärts und bogenförmig vorwärts gerichteten Knochen findet häufig, besonders bei Fischen mit schmalem, seitlich comprimirtem Körper, an der unmittelbaren hinteren Grenze der Rumpfhöhle Statt, welche durch ihn von der Caudalgegend geschieden wird [10]). — Eine Verwendung dieses Flossenträgers zur Bildung einer die Aufnahme des hintersten Endes der Schwimmblase besorgenden Höhle kömmt bei einigen Arten der Gattung Pagellus vor [11]). — Eigenthümlich sind die bei einigen Squamipennes und Scomberoïden vorkommenden Auftreibungen einzelner *Ossa interspinalia* [12]). — Bei der Gattung Echeneis werden die Flossenträger, nebst ihren

---

5) Z. B. bei Pleuronectes platessa; bei Zeus faber; bei Notopterus Bontianus die Träger der Afterflosse. — In Bezug auf die Ossification der Flossenträger mag beiläufig bemerkt sein, dass bei Pleuronectes platessa eine corticale Knochenscheide um einen centralen Knorpel vorhanden ist.

6) Z. B. bei Pleuronectes, Brama Raji, bei welchem letzteren Fische diese vordersten Flossenträger durch unregelmässige Lage und theilweise Verschmelzung noch sich auszeichnen.

7) Bei Hypostoma gehen für diesen Zweck eigene Seitenfortsätze von den Flossenträgern ab. — Flossenträger, in Gestalt einfacher Knorpelstücke kommen auch bei Haien ohne entsprechende Flossen vor, z. B. bei Squatina vor der ersten und zwischen beiden Rückenflossen.

8) Z. B. bei Hypostoma. — 9) Z. B. bei Vomer Brownii.

10) Z. B. bei Zeus faber, wo drei Flossenträger vollständig verschmolzen sind und auch die nächst hinteren verschmolzenen Flossenträger diesen sehr innig sich anschliessen.

11) Z. B. Pagellus calamus, penna. (Cuv. et Valenc. Vol. VI. p. 209. Tb. 152.

12) Z. B. bei Ephippus gigas (S. Cuv. et Valenc. Vol. VII. p. 124.), bei Platax arthriticus, (ibid. VII. p. 230.), Hynnis goreensis (ibid. IX. p. 196.).

Strahlen, zur Bildung des zum Ansaugen bestimmten Kopfschildes verwendet[13]).

Zwecks Einlenkung der Flossenstrahlen besitzen die Flossenträger an ihren freien Enden passende mechanische Einrichtungen, die wieder mannichfach sind. Der Flossenträger ist, in so ferne er der Einlenkung eines Flossenstrahles dient oft, z. B. bei Cyprinus, aus zwei, durch Symphyse verbundenen, trennbaren Stücken gebildet. Eine am Ende des oberen Stückes befindliche Gelenkgrube nimmt ein aus zwei Seitenhälften bestehendes Gelenkknöchelchen auf, dessen obere rundliche Erhabenheiten den Vertiefungen an der Basis des Flossenstrahles entsprechen. — Ein Flossenstrahl kann aber auch an zwei Flossenträgern zugleich eingelenkt sein, wie das oft rücksichtlich der harten, einfachen Strahlen vorkömmt. —

Die Flossenstrahlen[14]) selbst sind verschieden gebauet. Entweder sind sie durchgängig einfache spitze Knochen; oder sie besitzen zwei seitliche Hälften, deren Basis knöchern zu sein pflegt, während sie weiterhin aus gegliederten, weichen, oft ramificirten Hornstreifen bestehen. — Die Grundlage der bei den Salmones, bei vielen Characini, bei den Siluroïden u. s. w. vorkommenden Fettflosse bilden zu Faden eng verbundene Fasern.

---

13) S. Abb. bei Rosenthal, Ichthyotomische Tafeln. Das Schild besteht aus Querstäben (Flossenträgern) und zwischen diese eingeschobenen Stücken (Flossenstrahlen).

14) Auf diesen Verschiedenheiten in der Bildung der Flossenstrahlen beruhet die Sonderung der Knochenfische in Acanthopteri und Malacopteri. Die letztere Benennung erhalten diejenigen Fische, deren sämmtliche Flossenstrahlen gegliedert sind, während bei den Acanthopteri, neben solchen, auch einfache, ungegliederte stachelförmige Strahlen vorkommen. Müller hat die herkömmliche Unterscheidungsweise zwischen Acanthopteri und Malacopteri modificirt und zahlt zu den Acanthopteri auch diejenigen Fische, welche einen ungegliederten ersten Strahl der Bauchflosse besitzen. — Bei manchen Ganoïden, z. B. bei Lepidosteus ist der vordere Rand der Flossen oder der erste Strahl mit stachelartigen Schindeln (*Fulcra*) besetzt. — S. darüber Müller, Ganoïden. S. 35. — Bei Polypterus sind die abgesonderten Rückenflossen sehr merkwürdig gebildet, indem sie aus einem Flossenstrahle und aus einer fahnenartig davon ausgehenden Reihe von Nebenstrahlen bestehen.

Zweiter Abschnitt.

Von den äusseren Hautdecken und dem peripherischen Nervenskelet.

§. 47.

Die äusseren Hautdecken bieten eine äusserst reiche und bunte Mannichfaltigkeit der Bildungsverhältnisse dar, welche bedingt wird theils durch die verschiedene Dicke der *Cutis* und der unter ihr abgelagerten Blasteme theils durch die An- oder Abwesenheit von Hartgebilden, welche oft zu einem mehr oder minder dicken Panzer zusammengefügt sind. Zu letzteren gehören namentlich: die Schuppen, die, oft mit schmelzähnlichen Schichten überzogenen, Ossificationen, die verschiedenen Stacheln und Tuberkeln, welche sämmtlich rücksichtlich ihrer architectonischen Anordnung, ihrer Verwendung für die speciellen Zwecke des Thieres, so wie ihrer histologischen Differenzirung wieder eine unabsehbar grosse Mannichfaltigkeit des Verhaltens darbieten.

Die Dicke der *Cutis,* welche von den unterliegenden Muskeln gewöhnlich durch eine silberglänzende und pigmentirte Gewebsschicht getrennt wird, ist nicht nur bei den verschiedenen Gattungen und Arten der Fische, sondern häufig auch an verschiedenen Stellen der äusseren Oberfläche desselben Thieres sehr verschieden. — Ein auffallendes Beispiel des Unterschiedes zwischen zwei Seiten des Körpers, in Bezug auf Pigmentirung und andere Verhältnisse, liefern die Pleuronectiden und besonders die Gattung Solea. — Die gewöhnlichen Bildungselemente der *Cutis* sind Fasern, dem Bindegewebe und dem elastischen Gewebe angehörig; meistens finden sich zwischen diesen, oder auch unter ihnen, in eigener Schicht, mit Fett, Lymphe, Elementarzellen, Pigmentzellen, mehr oder minder gefüllte Räume. In diesem subcutanen Blasteme, das oft auffallend dick ist, gleichwie in der *Cutis* selbst, vertheilen sich Blutgefässe. Bedeckt wird die *Cutis* meistentheils von einer Schicht Pigmentzellen. Oberflächlich liegt endlich die, aus verschiedenartig gestalteten Zellen, welche gewöhnlich nicht pflasterartig an einander liegen, gebildete *Epidermis* [1]). Interessant sind die temporären Verschiedenheiten, welche das Hautsystem mancher Fische, in Bezug auf Färbung und Exsudationen, darbietet. Bei manchen Cyprinen, bei Cottus und

---

1) Abgebildet bei Agassiz et Vogt, Anatomie des Salmones. Tb. O. Fig. 12. 13. Vogt hat l. c. p. 107. mit allem Rechte darauf aufmerksam gemacht, dass der die Hautoberfläche der Fische bedeckende Schleim aus dieser abgestossenen, beständig sich erneuernden *Epidermis* besteht. — Man sieht z. B. bei Petromyzon diese Zellen in den verschiedensten Entwickelungsstadien in dem Hautschleime.

anderen Knochenfischen männlichen Geschlechtes erscheint die Haut zur Begattungszeit schön pigmentirt; zugleich erheben sich bei manchen männlichen Cyprinen um dieselbe Zeit unter dem Epidermial - Ueberzuge der Schuppen Exsudationen, um derentwillen diese Fische als Perlfische bezeichnet werden.

Die am häufigsten vorkommenden derberen, der *Cutis* angehörigen Elemente sind die Schuppen [2]). Diese hinsichtlich ihrer Formen, ihrer Ausdehnung, ihrer Ausbreitung in der *Cutis* unendlich variirenden Hartgebilde liegen eingebettet innerhalb geschlossener Capseln oder Säcke, die von Fortsetzungen der *Cutis* gebildet werden. Die Haut, welche den Cutis-Sack bildet ist an ihrer freien Oberfläche oft äusserst zart und an der Schuppe angewachsen. Das Wachsthum der Schuppen geschieht theils von der Peripherie der ganzen Schuppe aus, theils an den Grenzen der einzelnen, durch Nähte von einander geschiedenen Stücke der Schuppen. Diese, wachsen auf Kosten des in den Nähten zwischen ihnen liegenden Blastemes. Die Nähte zeigen sich bald als vom Centrum gegen die Peripherie auslaufende Linien, bald quer verlaufend. An der Oberfläche der Schuppe gewahrt man oft, in dünner Schicht, ein von der *Cutis* gesondertes membranartiges Blastem, welches Erhabenheiten und Vertiefungen besitzt, die den eben so gerichteten Unebenheiten der Schuppe selbst entsprechen; an ihrer unteren Fläche zeigt sich ebenfalls häufig eine weichere Substanz von der Textur des Faserknorpels; beide oberflächlichen Lagen gehen an den Rändern der Schuppe bisweilen in einander über, sind auch von der eigentlichen Substanz der Schuppe an deren Rändern kaum zu sondern. — An den Flächen der Schuppen haftet sehr gewöhnlich eine aus mikroskopischen flachen, länglichen, zugespitzten Plättchen bestehende Materie, welche der Haut der Fische ihren Metallglanz verleihet. — Was die elementare Zusammensetzung der Schuppen anbelangt, so kommen unter und in ihnen oft eigenthümliche elliptische und auch viereckige Körper: die sogenannten Schuppenkörperchen vor.

Seltener lassen in ihnen strahlige Knochenkörperchen sich nachweisen [3]). In diesem Falle, wo sie also wirklich ossificirt sind, besitzen sie an ihrer Oberfläche oft eine härtere schmelzähnliche Schicht. Rücksichtlich ihres Vorkommens und ihrer Anordnung verhalten sich die Schuppen verschieden. Sie liegen bald verstreuet und einzeln in der *Cutis*, bald, und zwar

---

2) Bei den meisten Fischen decken sie einander Dachziegelförmig; bei manchen sind sie in der *Cutis* mehr verstreuet, wie bei den Aalen. Bei den Squamipennes sind Rücken- und Afterflosse fast vollständig mit Schuppen bekleidet. — Die Schuppen des Seitencanales sind vor den übrigen durch aufgesetzte, bisweilen ossificirte Röhren, durch ramificirte Canäle, bisweilen durch die Bildung von *Cristae* und dergl. mehr ausgezeichnet.

3) Z. B. bei Polypterus, Lepidosteus, Thynnus vulgaris u. A.

ist dieser Fall der häufigere, sind sie dachziegelartig über einander gelagert. Eigenthümlich verhalten sie sich bei Polypterus und Lepidosteus, wo sie in schiefen Binden stehen und wo die, eine Binde bildenden, Schuppen durch Gelenkfortsätze mit einander verbunden sind [4]). — Der freie Rand der Schuppen ist entweder ununterbrochen, oder gezähnelt und gewimpert. Hierauf beruhet die Unterscheidung der Schuppen in Cycloïd-Schuppen oder ganzrandige Schuppen und in Ctenoïd-Schuppen oder Kammschuppen.

Die Stelle der Schuppen wird bei vielen Fischen vertreten durch Ossificationen und Knochenschilder, welche z. B. bei den Accipenserini, bei einigen Cataphracti, einigen Siluroïdei, den Loricarini, bei vielen Plectognathi und bei den Lophobranchii angetroffen werden. Solche Ossificationen bilden oft einen zusammenhangenden Hautpanzer. Sie können aber auch blos einzeln und spärlich verstreuet in der sonst einfachen *Cutis* vorkommen. — Die Knochenschilder sind sehr gewöhnlich von einer harten, glatten, schmelzähnlichen Schicht an ihrer freien Oberfläche bedeckt. Die Art ihrer gegenseitigen Verbindung ist verschieden. Bisweilen, wie z. B. bei Ostracion, sind die polygonalen Knochen mosaikartig mit einander verbunden; bei Diodon sind es vertikale Stacheln die von horizontalen, in der dicken *Cutis* haftenden Grundlagen ausgehen. Bei manchen Rajidae kommen einzelne Stacheln vor, die in Bau und Entwickelung volle Uebereinstimmung mit den Zähnen besitzen. — Manche Fische sind mit eigenthümlichen Bewaffnungen versehen, welche über die Hautoberfläche hinausragen; so z. B. besitzen mehre Theutyi am Schwanze jeder Seite einen Stachel, der bei den Arten der Gattung Acanthurus beweglich ist.

[Die Haut der Fische und namentlich die Schuppen derselben sind Gegenstand vieler Forschungen gewesen. Schon Leeuwenhoek hatte mit derselben sich beschäftigt. S. Anatomia Lugd. Bat. 1687. 4. p. 56. p. 104 sqq. — Baster, Opera subseciva. I. III. Tb. 15. — Heusinger, Histologie. Bd. 2. S. 229. — Kuntzmann, in den Verhandl. d. Gesells. naturf. Freunde in Berlin. Thl. I. S. 269 ff. Mt. Abb. — Mandl, in den Ann. des scienc. natur. 1839. XI. p. 347. und XIII. p. 62. Agassiz, ebendaselbst. XIV. p. 97. — Peters in Müller's Archiv. 1841. p. CCIX. — Reiches Detail bei Agassiz, Poissons fossiles. — Alessandrini de intima squamarum textura piscium in 1. Novi commentarii Acad. scientiar. Instit. Bononiens. 1849. Vol. IX. p. 371. (Cyprinus Carpio und Labrax lupus). — Williamson, On the microscopic structure of the scales and dermal theth of some Ganoïd. and Placoid. fishes. Philos. Transact. 1849. Part II. p. 43. — Ueber Hautknochen: Müller, Myxinoïd. Thl. I. S. 63.]

§. 48.

Dem äusseren Hautsysteme innig verbunden ist ein System von Säckchen, Canälen, Röhren, welche an bestimmten Stellen der Hautoberfläche

---

4) Z. B. Lota vulgaris. Ophidium. — 5) Abgebildet bei Agassiz, Poiss. fossil.

nach aussen münden. Sie bilden das Seitenporensystem oder Seitencanalsystem. Dasselbe ist bei den meisten Fischen vorwaltend am Kopfe entwickelt. Weil die diesem Systeme angehörigen Gebilde häufig einen mehr oder minder flüssigen Inhalt besitzen und frei nach aussen münden, hat man sie lange Zeit für secernirend gehalten und sie als Schleimsäcke oder Schleimröhren bezeichnet. Bei dem ihnen zukommenden Reichthume an Nerven, welche aus den Bahnen des *N. trigeminus* und *N. vagus* hervorkommen, ist es sehr wahrscheinlich geworden, dass ihre wesentliche Bestimmung die sei, peripherischen Nervenausbreitungen eine Unterlage und Stütze zu gewähren. In Rücksicht hierauf könnten sie als ein peripherisches Nervenskelet aufgefasst werden. Die Anwesenheit dieses Systemes von peripherischen Gebilden gehört in den allgemeinen Bauplan der Fische und so verschiedenartig dieselben sowol in architectonischer, als in histologischer Beziehung angelegt sein mögen, so sind doch die Hauptglieder dieses Systemes auf bestimmte, in ihren Grundzügen in allen Fischgruppen gleichartig wiederkehrende Bahnen angewiesen. Diese Bahnen sind folgende: Von dem Vorderende der Kopfoberfläche aus erstrecken zwei Arme, welche gewöhnlich die Nasengrube ihrer Seite umfassen, sich hinterwärts; der eine liegt oberhalb; der andere unterhalb jeder Augenhöhle. Beide Arme vereinigen sich und setzen verbunden längs der Schläfengegend nach hinten sich fort, um hier durch eine quere Brücke mit denjenigen der entgegengesetzten Körperhälfte verbunden zu werden. Jedes Seitensystem erstreckt sich längs jeder Seite des Rumpfes, als eigentlich sogenannter Seitencanal, von vorne nach hinten und zwar meist bis zum Ende des Schwanzes. Die bei den einzelnen Gruppen der Fische vorkommenden Abweichungen von diesem typischen Verhalten beruhen: 1. auf mangelnder Entwickelung einzelner Arme; 2. in der Zugabe oft mächtig, selbstständig und eigenthümlich entwickelter accessorischer Elemente zu den typischen; 3. in Modificationen, die durch eigenthümliche Anordnung oder Entwickelung gewisser Körpertheile, z. B. in abweichender Stellung der Nase, in starker Entwickelung der Extremitäten, begründet sind.

Bei den Myxinoïden [1]) scheint nur der Rumpftheil dieses Systemes entwickelt zu sein; er beginnt entfernt von der Schnauze. Auf den Zwischenraum zweier *Ligamenta intermuscularia*, von dem 9ten an, bis zum Schwanzende hin, kömmt ein nach aussen mündender, runder, platter Sack. — Bei Petromyzon ist nur der vordere Theil entwickelt. Ein Bogen von

---

1) S. d. Abb. bei J. Müller, Myxinoid. I. Tb. 1. Jeder Sack ist nach J. Müller von eigener muskulöser Haut umgeben. Die innere Oberfläche ist glatt. Die Säcke enthalten eine grosse Anzahl ovaler Körper, welche einen in unzähligen Windungen aufgewickelten Faden bilden. S. Müller, Eingeweide der Fische. S. 11.

Poren [2]) zieht hinter der unteren Hälfte des Maules sich hin; von jedem seiner Enden aus erstreckt sich ein Arm über, der andere unter der Augenhöhle nach hinten; letzterer setzt unterhalb der *Pori branchiales* bis zu deren hinterem Ende sich fort.

Bei den Elasmobranchii erfährt unter allen Fischen dies ganze System seine grösste und, je nach Verschiedenheit der grösseren Gruppen und Gattungen, am meisten individualisirte Ausbildung. Da die Nasengruben nach unten sich öffnen, haben auch die zu ihrer Umgürtung bestimmten Schenkel ihre Lage nicht an der Oberfläche, sondern an der Unterfläche des Kopfes; für die meist stark entwickelte Schnauze erstrecken sich Fortsetzungen des Apparates bis zu deren Vorderende; mit der von oben nach unten plattgedrückten Körpergestalt der Rochen und der enormen Entwickelung ihrer Extremitäten hangt es zusammen, dass bei ihnen der Rumpftheil des Seitencanales längs der Rückenfläche des Körpers nach hinten verläuft. Das ganze System von Gebilden zerfällt bei den Plagiostomen: 1. in Centralröhren und deren Aeste, ausgezeichnet durch Dicke ihrer Wandungen, und 2. in meist dünnwandige Gallert-Röhren. Beide pflegen nach aussen zu münden. Von beiden können noch 3. Systeme von Bläschen unterschieden werden, die mit ihnen nicht communiciren und auch keine nach der Oberfläche hin frei ausmündende Oeffnungen besitzen.

Die dickwandigen Centralröhren bilden das eigentliche Seitencanalsystem. Sie sind meistens von fibröser, bisweilen von knorpelähnlicher oder wirklich knorpeliger Textur und haben im Ganzen den typischen Verlauf. An der Oberfläche des Kopfes liegen ganz vorne Schenkel für die Schnauze oder die häutigen Bedeckungen anderer vor dem Schedel gelegenen Theile, ein unterer und oberer Augenhöhlenring, ein Schläfenfortsatz und eine Quercommissur in der Hinterhauptsgegend. Bald liegen sie loser unter der Haut, bald in tiefer eingefurchten Stellen der Schedeloberfläche, bald etwas vergraben in seiner Knorpelsubstanz. Der Rumpftheil ist eine Fortsetzung des Schläfentheiles. Die äusseren *Pori* sind, wie man namentlich bei den Rajidae sieht, nicht Oeffnungen der Hauptcanäle selbst, sondern die Enden von ihnen ausgehender Querschenkel. Stärkere, vom Rumpftheile ausgehende Seitenschenkel sind bei den Rajidae ausserdem für die Oberflächen der Brustflossen bestimmt [3]).

2) Die Poren führen in enge häutige Säckchen. Ihr Bau und die Beschaffenheit ihres Inhaltes sind mir nicht ganz klar geworden.

3) Eine gute Abb. des Verlaufes bei Torpedo findet sich bei Davy, Researches. Vol. I. Plate XI. Es ist wol ein Irrthum, wenn H. Müller (in Würzburg) S. 141. dieses System bei den nicht electrischen Rochen für unbekannt hält. Es ist dies dasjenige Röhrensystem, das, wie ich schon S. 51. der ersten Auflage bemerkt, bei einigen Rochen in kurzer Strecke durch den Schedelknorpel tritt, das den allgemeinen

An der unteren Fläche des Kopfes [1]) liegen die Bogenschenkel für die Nase und für die untere Fläche der Schnauze, welche sowol unter einander, als mit den dorsalen Röhren zu communiciren pflegen. Bei Acanthias z. B. erstreckt sich ein von der Schläfengegend absteigender Schenkel längs der Aussenseite der Kiefergegend vorwärts und spaltet sich in zwei gewundene, im Umkreise der Nase sich hinziehende Aeste: einen inneren und einen äusseren. Die inneren Aeste beider Seiten legen sich in der Mitte der Unterfläche der Schnauze dicht an einander; der äussere zieht sich um den Rand der Schnauze herum nach oben. Bei den verschiedenen Rochen ist dies System in seinen Grundzügen ähnlich, im Einzelnen sehr variabel ausgebildet. Die Fortsetzungen der Supraorbitalschenkel erstrecken sich vor dem Schedel z. B. bei mehren glatthäutigen Trygones in die Tiefe und communiciren so mit dem unter dem Kopfe gelegenen Röhrensysteme. Dies bildet reiche gewundene Geflechte unter der Haut der Nasenklappe, dann zwischen der Nasengrube und der Spitze und den Seiten der Scheibe. Fortsetzungen dieser gewundenen Canäle erstrecken im Umkreise des ganzen Bogens der *Ossa carpi*, also auswärts von der Kiemengegend und der Bauchhöhle, nach hinten. Secundäre beträchtliche Aeste verlaufen unter der Haut der Mitte der Flossengegend. Die einzelnen Gattungen und selbst Arten bieten gewisse Eigenthümlichkeiten des Verlaufes der Röhren dar.

Die dünnwandigen Gallertröhren [2]) münden einerseits frei an der Hautoberfläche und enden andererseits mit einer Ampulle, in welche ein Nervenstämmchen eintritt. Die dünnwandigen Röhren selbst sind mit glasheller Gallerte erfüllt. Die blinden Enden der Gallertröhren liegen in Päckchen gesammelt, die oft von eigener Faserhaut umhüllt werden. Sie finden sich vielleicht bei allen Plagiostomen. Am deutlichsten und reichlichsten sieht man sie bei den Haien, sowol in der ganzen Schnauzengegend, als auch längs dem Verlaufe der Centralröhren.

Verlauf des Seitencanalsystemes aller Fische theilt, dessen Verlauf denjenigen der Aeste der Seitennerven bei Raja modificirt (Periph. Nervensyst. d. Fische. S. 104.,) das, meines Wissens, seit langer Zeit allgemein bekannt war. Müller's Citate aus der ersten Auflage dieses Buches dürfen nur auf dies System bezogen werden.

1) Die grösseren Canäle und einzelnen Gallertröhren der unteren Fläche von Raja sind abgeb. bei Monro, Vergleichung des Baues der Fische. Tb. 5. u. 11. (11. u. 12. des Originales). — S. über die grösseren Canäle H. Müller, S. 140 ff.

2) Es sind dies Savi's Organes mucifères. p. 329. Abbildungen des Verlaufes derselben s. b Savi. Tb. 3. Fig. 10.; einzelne Röhren mit ihren Ampullen, Fig. 11. Fig. 15. — Abbildungen der Ampullen bei verschiedenen Plagiostomen bei Leydig, Beiträge. Tb. 2. Fig. 1—6. — Ein Conglomerat solcher Gallertröhren am Unterkiefer von Raja ist, wie ich gezeigt habe, Periph. Nerv. d. Fische. S. 66., von Swan fur ein Ganglion gehalten. (Illustrations of nervous system. p. 66.). — S. H. Müller, l. c. S. 134—139.

Die Bläschen [3]) sind von Savi als *Appareil folliculaire nerveux* bei den Torpedines beschrieben worden. Sie liegen hier reihenweise auf sehnigen Strängen an der unteren Fläche des Kopfes, in der Circumferenz der Nasengruben, an der Nasenklappe, zwischen den Flossenknorpeln und dem electrischen Organe. Sie umschliessen gleichfalls eine glashelle Flüssigkeit und graue granulirte, Zellen und Kerne enthaltende amorphe Masse, in welche ein Nerv eintritt und aus welcher Nervenfasern wieder austreten, um in ein benachbartes Bläschen sich zu begeben.

Alle diese verschiedenen Gebilde dienen zur Aufnahme peripherischer Nervenausbreitungen; diese stammen aus einer gemeinsamen centralen Quelle: den *Corpora restiformia*. Diese Nerven besitzen breite Primitivröhren welche Ausläufer bipolarer Ganglienkörper sind. Sie verlaufen in den Bahnen des ***N. trigeminus*** und *facialis*, so wie des ***R. lateralis N. vagi*** [4]). — Die zur Aufnahme der Enden dieser Nerven bestimmten Gebilde haben sämmtlich mehr oder minder den oben geschilderten typischen Verlauf, dem derjenige der peripherischen Hautnerven accommodirt ist. Sie dürften als histologisch verschieden differenzirte Antheile des nämlichen Apparates zu betrachten sein.

Bei den Chimären erhält sich der typische Verlauf der dickwandigen Centralröhren am Kopfe und am Rumpfe. Hinter dem Unterkiefer finden sich zwei quere absteigende Bogen. Vorne an der Schnauze kommen deren mehre vor. Die Röhren gehen an einigen dieser Bogen in weitere nach aussen geöffnete Halbcanäle über. Diese sind von Stelle zu Stelle weiter geöffnet und besitzen solide Grundlagen in knöchernen [5]) Reifen. Die weiter geöffneten erhabenen Stellen werden durch niedrigere, nicht so unterstützte unterbrochen. — In der Schnauzengegend finden sich den dünnwandigen Gallertröhren analoge Gebilde in reichster Zahl, welche die nämlichen Nerven aufnehmen [6]). — Bei Accipenser und Spatularia liegen letzteren entsprechende Gruben, eigenthümlich gruppirt, unter der Schnauze und am spatelförmigen Schedelfortsatze.

Bei den Teleostei liegt das vorderste Ende des peripherischen Nervenskeletes [7]) gewöhnlich an der Innenseite jeder Nasengrube; sein unterer

---

3) S. Savi, l. c. 332. Tb. 3. Fig. 10. 12. 13. — Leydig, Tb. 3. Fig. 6. Vgl. H. Müller l. c. S. 139—140.

4) S. meine Schrift über d. periph. Nervensystem d. Fische an vielen Stellen. S. 30. 38, 108 u. s. w. — S. über die Eintrittsweise der Nerven Savi; über dieselbe und ihr weiteres Verhalten besonders H. Müller.

5) Auf diese histologische Eigenthümlichkeit hat Leydig aufmerksam gemacht. Müller's Archiv 1851. S. 241.

6) S. meine Schrift üb. d. periph. Nervens. d. Fische u. d. Aufsatz v. Leydig.

7) Es gibt Fische, bei denen solide Grundlagen für die Nervenausbreitung nicht aufzufinden sind. Dahin gehören Lophius, Chironectes, Malthaea, die meisten Plectognathi. Bei Batrachus sind sie abortiv vorhanden. —

Arm bildet einen Infraorbitalbogen; sein oberhalb der Augenhöhle verlaufender Arm folgt dem *Os frontale* und setzt längs dem *Os parietale* nach hinten sich fort, um mit dem der anderen Seite durch einen längs der hinteren Grenze der *Ossa parietalia* verlaufenden Querarm sich zu verbinden [8]. Ein tieferer unterer Arm beginnt an der Verbindungsstelle der beiden Unterkieferhälften, erstreckt sich am Unterkiefer hinterwärts zur Grenze des *Praeoperculum*, verläuft in diesem aufwärts zur Schläfengegend und von hier aus zur *Omolita*, wo der obere Arm in ihn einmündet, damit beide vereinigt längs dem Rumpfe, als Seitenlinie oder Seitencanal zum Schwanzende sich fortsetzen. — Das peripherische Nervenskelet besitzt bisweilen theilweise selbstständige Röhren oder Halbcanäle, welche namentlich von der Nasengegend an, als Infraorbitalbogen, und in ihrer bis zum Schultergürtel hin gerichteten und weiter längs dem Rumpfe verlaufenden Fortsetzung, weder anderen Skelettheilen, noch auch den Schuppen eingefügt sind. In diesem Falle haben die selbstständigen Röhren und Halbcanäle meistens eine knöcherne Textur [9]; seltener bestehen sie aus einem derben, eng in die *Cutis* eingebetteten faserigen Gewebe, dem bisweilen etwas Knochensubstanz eingesprengt ist [10]. — Meistens aber hat das peripherische Nervenskelet der Teleostei seine Selbstständigkeit verloren und erscheint durchgängig als ein Röhren- und Canalsystem, das am Kopfe dessen Knochen, am Rumpfe den Schuppen eingefügt oder innig und fest aufgesetzt ist [11]. Folgende Kopfknochen werden gewöhnlich zu seiner Auf-

---

8) Es findet sich bisweilen eine vordere Quercommissur und eine hinter der Grenze des Schedels gelegene zweite wie z. B. bei Muraenophis.

9) Dies ist namentlich der Fall bei vielen, aber nicht bei allen Gadoïden. Vorzüglich schön ausgebildet in Gestalt selbstständiger subcutaner Halbcanäle, die am Rumpfe längs einer Strecke sich wiederholen, erscheinen sie bei Lepidoleprus und bei Raniceps; namentlich sind sie bei letzterem Fische am Kopfe ebenso, wie am Rumpfe gebildet; doch setzt sich bei diesen beiden Gattungen das System der in einer tieferen fibrösen Cutis-Schicht gelegenen Knochen nicht weit nach hinten am Rumpfe fort. Viel weiter nach hinten reicht es bei Gadus und Lota; vorne sind sie grösser und dichter, hinten stehen sie entfernter und werden abortiv. Vermisst habe ich sie bei Phycis und Motella. — Beim Aal und bei Muraenophis erscheinen sie als subcutane Knochenröhren, die in fibröser Hautschicht sich entwickelt haben. Beim Aal kannte sie schon Stenonis (Myologiae Specimen. Amstel., 1669.). Bei diesen Aalen sind die Grundlagen der Röhren aber am Kopfe theilweise plattenförmig ausgebreitet. — Als in der Haut gelegene Knochenröhren kommen sie auch am Rumpfe solcher Fische vor, bei denen sie am Kopfe nicht selbstständig, sondern den Knochen des Gesichtspanzers eingefügt sind. So z. B. bei Cottus scorpius und anscheinend mehren anderen Cataphracti, unter denen ich sie bei einer Synanceia gefunden habe.

10) So bei Silurus unter den Teleostei; bei Spatularia unter den Ganoïden.

11) So wenig als in den Knochen, namentlich denen des Infraorbitalbogens, als in denen der Schuppen kommen immer einfache Canäle vor; dieselben sind vielmehr häufig stark ramificirt. — Die den Schuppen zur Canalbildung aufgesetzten kleinen Bogen enthalten bisweilen Knochensubstanz. — Die Canalbildenden Schuppen der

nahme verwendet: sein vorderes Ende an der Oberfläche des Kopfes liegt im *Os terminale*; sein Unteraugenhöhlenarm wird von den Unteraugenhöhlenknochen des Gesichtspanzers, sein oberer Kopfarm vom Stirnbeine und Scheitelbeine, sein tiefster Arm vom *Os dentale* des Unterkiefers und ferner vom *Praeoperculum* aufgenommen; die Fortsetzung zum Schultergürtel liegt entweder im *Os mastoïdeum* oder ist selbstständig, als *Os supratemporale* und *Os extrascapulare*. — Mag das peripherische Nervenskelet selbstständig oder bestimmten Knochen und Schuppen eingefügt sein, fast immer sind nach aussen mündende Oeffnungen seiner einzelnen Glieder sichtbar; besonders deutlich und weit erscheinen dieselben gewöhnlich längs dem ganzen Kopftheile. Oft liegen die Mündungen dicht unter der Haut, bisweilen tiefer; dann führen, von der Hautoberfläche aus, Gänge zu ihnen, deren äussere Circumferenz aus fibrösen Gewebstheilen gebildet ist[12]). — Ebenso finden sich in beiden Fällen an der Innenseite derselben Oeffnungen, bestimmt zum Durchtritte von Nerven und von Gefässen.

[Dies Seitencanalsystem der Fische ist Gegenstand vieler Untersuchungen gewesen. Stenson, Redi, Lorenzini, Perrault, Monro, Camper sind die älteren Naturforscher, die ihm ihre Aufmerksamkeit zuwendeten. Der Umstand, dass es gewöhnlich nach aussen geöffnete Mündungen besitzt, liessen in ihm einen Secretionsapparat vermuthen, und zwar um so mehr, als es oft gelingt eine Flüssigkeit aus den äusseren Poren desselben hervorzudrücken. Der eigentliche Inhalt erschien mehren Naturforschern und zwar selbst solchen, die den Nervenreichthum und die Gefässe dieser Gebilde kannten, wie namentlich mir selbst bei früheren, lange Zeit hindurch nicht wiederholten, Untersuchungen drüsig und gleich Cuvier, Wagner, Savi, die von denselben Voraussetzungen ausgingen, hielt ich diese Anschauungsweise fest. Blainville hatte sich schon nicht zu Gunsten derselben ausgesprochen; Jacobson und Treviranus hatten den Apparat bei den Plagiostomen für ein besonderes Sinnesorgan gehalten; Vogt hatte dann bei Knochenfischen seinen Zusammenhang mit Lymphgefässen nachgewiesen, auch die Ansicht, dass er Schleim absondere, bekämpft. Leydig ist endlich, nachdem ich wiederholt auf den Nervenreichthum der damals sogenannten Schleimröhrenknochen und der Theile des Seitencanales aufmerksam gemacht, in der Beschreibung des Verhaltens der Nerven innerhalb derselben mir zuvorgekommen, indem er zeigte, dass die in den Schleimröhrenknochen und in den Theilen des Seitencanales vorkommenden von langen Zellen bedeckten Bläschen Schlingenförmig verbundene und sich theilende Nervenfibrillen enthalten. Diese Nervenfibrillen werden im Zustande der vollen Entwickelung der Organe von lymphatischer Flüssigkeit umspült. Bemerkenswerth ist meine Erfahrung, dass beim Hechte diese Blasen während

---

Seitenlinie folgen bald der Grenze zwischen Dorsal- und Ventralmasse des Seitenmuskels, bald liegen sie oberhalb z. B. bei Ammodytes, bald (wie bei den Scomberesoces,) weit unterhalb derselben. Diese Schuppen bilden bald ein *Continuum*; bald ist ihre Reihe so unterbrochen, dass die der Schwanzgegend in einer tieferen Reihe stehen, welche die des Rumpfes nicht continuirlich fortsetzt, wie bei vielen Chromiden.

12) Z. B. bei Motella am Kopfe, bei Muraenophis am Rumpfe.

strenger Winterkälte ganz anders sich verhalten, indem die Nerven zu atrophiren und zum grossen Theil zu zerfallen scheinen. — Da nun die vermeintlichen Drüsencanäle nicht existiren, schliesse ich mich der Ansicht an, dass die wesentliche Bedeutung dieses der Haut adjungirten mehr oder minder soliden Systemes darin bestehe, peripherische Nervenausbreitungen zu unterstützen. Dass sie ein besonderes, nur den Fischen eigenthümliches Sinnesorgan beherbergen, möchte ich darum noch nicht annehmen, denn es liegen auch bei anderen Thieren die Enden der Hautnerven in häutigen Bläschen, welche eine helle Flüssigkeit enthalten. In wie ferne die in den Hohlräumen enthaltenen lymphatischen Flüssigkeiten als Blasteme für die Neubildung von Nervenfibrillen sich erweisen möchten, bleibt noch zu erforschen.

Man vgl. über diese Gebilde bei den Plagiostomen: Blainvilles, Principes d'Anatomie comparée. Paris, 1822. T. I. p. 152. Jacobson, Isis 1843. p. 406. Savi bei Matteucci, Traité des phénomènes électro-physiologiques des animaux. Paris 1844. Leydig, Beiträge z. mikroskop. Anatomie d. Rochen u. Haie. Lpz. 1850. — H. Müller, in d. Verhandlungen d. med. phys. Gesellschaft zu Würzburg. 1851. S. 134. bei den Knochenfischen: meine Mittheilung in Froriep's Notizen. April 1842. Nr. 469. bezüglich der Schleimröhrenknochen, der Agassiz, Owen u. Andere unbedingt gefolgt sind, freilich ohne Hinweisung auf die Quelle; über die Verbindung mit Lymphgefässen: Vogt und Agassiz Anatomie des Salmones p. 137.; über die Nerven dieser Theile: meine Schrift über d. peripherische Nervensystem der Fische; über das Verhalten der Nerven in diesen Gebilden: Leydig und Muller's Archiv. 1850. S. 170. und 1851, S. 235. Mt. Abb. — Alle speciellen Erörterungen müssen, so mancher Stoff immer vorliegt, hier ausgeschlossen bleiben.]

Dritter Abschnitt.

Vom Muskelsysteme und den electrischen Organen.

I. Uebersicht der Muskeln.

§. 49.

Die gesammte Muskelmasse, welche das Skelet der Fische auswendig bedeckt, zerfällt — abgesehen von der Muskulatur der Gesichtsknochen und des Visceralskeletes — mindestens in Muskeln des Wirbelsystemes und solche des Flossensystemes. Die Muskeln des Wirbelsystemes können bald zugleich zur Umschliessung der Rumpfhöhle verwendet werden, bald können, längs dem Verlaufe dieser letzteren, eigene Systeme von Bauchmuskeln, welche nur am Schwanze fehlen, eingeschaltet sein.

Die Muskulatur des Wirbelsystemes zeigt bei der Mehrzahl der Fische eine eigenthümliche Anordnung. Diese besteht darin, dass von dem Wirbelsysteme und seinen Fortsätzen, so wie ferner von den Rippen oder den fibrösen äusseren Bekleidungen der Rumpfhöhle aponeurotische Ausbreitungen ausgehen, welche von vorne nach hinten und von innen nach aussen so gerichtet sind, dass ihre äusseren freien Enden nach Entfernung der *Cutis* in Gestalt von schmalen Streifen, die die Muskelmasse durchziehen, zu Tage kommen. Indem die Aponeurosen schief von vorne nach hinten und von innen nach aussen durchtreten, müssen auf Querschnitten mehre Systeme der Streifen, die ihre Enden bezeichnen, in einander geschachtelt erscheinen. Diese aponeurotischen Ausbreitungen, deren Anzahl derjenigen der Wirbelkörper entspricht, von deren Mitte je eine ausgeht, bilden schief durchtretende *Septa*, welche die der hinteren Hälfte des einen und der vorderen des folgenden Wirbels entsprechenden Muskelfasern scharf von einander sondern. — Das System dieser aponeurotischen Ausbreitungen ist gewöhnlich so angeordnet, dass eine Symmetrie zwischen dem Systeme der dorsalen und der ventralen Muskulatur des Wirbelsystemes hervortritt. Dies geschieht dadurch dass eine mittlere vom Schwanzende bis zum Kopfe sich hinziehende Furche, deren Richtung bei manchen Fischen genau dem Verlaufe der medianen Querfortsätze der Wirbelkörper entspricht, eine Theilung in eine dorsale und ventrale Hälfte der Muskelmasse und ihrer Aponeurosen bewirkt. Die Mehrzahl der Teleostei bietet Beispiele dieser medianen Scheidung der dorsalen und ventralen Hälfte des vertebralen Muskelsystemes dar, durch welche eine der Anordnung des Wirbelsystemes entsprechende, selten vollkommene, Symmetrie zwischen oben und unten bewirkt wird. Diese Scheidung beider Muskelmassen liegt aber nicht unabänderlich im architectonischen Plane aller Fische, denn sie mangelt z. B. bei Petromyzon [1]), obschon hier noch keine selbstständigen Bauchmuskeln zur Umschliessung der Rumpfhöhle auftreten. — Diese letzteren erscheinen als neue Elemente für die Rumpfgegend aber schon bei den Myxinoïden.

Doch bei weitem nicht bei allen Fischen erhält sich die erwähnte typische Anordnung des vertebralen Muskelsystemes vollständig und rein ausgeprägt; unter den Teleostei tritt z. B. bei den Aalen, eine Sonderung seiner Dorsalhälfte in eine tiefere und eine oberflächlichere Muskulatur ein. Bei den Plectognathi Gymnodontes und Ostraciones wird das vertebrale

---

1) Bei Petromyzon erstrecken sich von einer solchen Aponeurose zur anderen zahlreiche, dicht an einander liegende Scheidewände, welche also den Zwischenraum zweier Intermuskularbänder in gerader Richtung durchsetzen. Zunächst jedem *Septum* liegt etwas fett- und gefässreiche Muskelsubstanz; im inneren Raume jedes durch die *Septa* umschlossenen Kästchens aber liegt eine muskulöse Schicht, welche das Eigenthümliche besitzt, dass sie in zahlreiche ganz dünne Lamellen oder Blättchen zerlegt werden kann. Die ganze Einrichtung zeigt eine unverkennbare Analogie mit der Bildung des electrischen Organes der Torpedines. Nerven und Gefässe habe ich zwischen diesen Muskelblättchen nie wahrgenommen. S. meine Mittheilungen über den Bau d. Muskeln bei Petromyzon fluviat. in d. Nachrichten d. königl. Gesells. d. Wissensch. z. Göttingen. No. 17. 1851.

Muskelsystem, im Gegensatze zu den äusserst stark entwickelten Muskeln der Rücken-, After- und Schwanzflosse, ganz abortiv und dünne Bauchmuskeln steigen vom Rücken zur Umschliessung der Rumpfhöhle abwärts. — Bei den Elasmobranchii begegnet man einer Sonderung der vertebralen Muskulatur in einzelnen Muskeln, welche, obschon mannichfach unter einander durch ihre Sehnen verflochten, einer Reduction auf die Rücken- und Schwanzmuskeln höherer Wirbelthiere fähig zu sein scheinen.

[Man vergl. über die Anordnung der Muskeln bei den Myxinoïden: Müller, Vgl. Anat. d. Myx.; bei Petromyzon: Rathke, Bau der Pricke; über die Rücken- und Schwanzmuskeln von Raja: Robin, Annales des sciences natur. 1847.; auch als besonderer Abdruck: Thèses de zoologie. Recherches sur un appareil qui se trouve sur les poissons du genre des Raies. Paris, 1847. 8.; über die Muskeln von Perca: Cuvier, in der Hist. nat. d. poiss. Vol. I.; über die des Coregonus: Vogt et Agassiz Anatomie des Salmones; über die der Orthagoriscus: Goodsir, in den Annals of natural history. Vol. VI. p. 522.; über die des Lepidosiren: Hyrtl, Lepidosiren. S. 13. — Ausserdem s. die grösseren Handbücher von Cuvier und Meckel. — Die verhältnissmässig sparsamen Vorarbeiten gestatten noch keine vergleichende Uebersicht der Muskeln von Fischen aller Gruppen; deshalb beschränke ich mich auf eine kurze Charakteristik der Muskulatur der typischen Teleostei.]

§. 50.

Bei den Ganoïden und denjenigen Teleostei, deren Wirbelsäule in ihrer ganzen Länge durch entwickelte obere und untere Bogenstücke mehr oder minder entschieden symmetrisch in eine dorsale und entsprechende ventrale Hälfte zerfällt, ist die das Wirbelsystem aussen bedeckende Muskelmasse gewöhnlich in eine dorsale und ventrale Portion von mehr oder minder symmetrischer Anordnung geschieden.

Jede Seitenhälfte des Rumpfes wird nämlich von einer starken Muskelmasse, dem Seitenmuskel, eingenommen, welcher vom Ende des Schwanzes aus oben zum Hinterhaupte, unten zum Schultergürtel sich erstreckt. Eine mittlere Längsfurche theilt die jede Seitenhälfte des Rumpfes einnehmende Muskelmasse in eine dorsale und ventrale Hälfte. In der Gegend dieser Längsfurche erhebt sich gewöhnlich die ausgebildete Masse des eigentlichen Seitenmuskels am wenigsten nach aussen; vielmehr entsteht hier, indem die dorsale, wie die ventrale Hälfte des Muskels nach der sie trennenden Furche hin sich abdachen eine mehr oder minder seichte Vertiefung, welche häufig von Muskelfasern ausgefüllt wird, die einen mehr embryonalen Charakter tragen und oft sehr fettreich, gefässreich und röthlich gefärbt sind [1]). An der Oberfläche des Seitenmuskels erscheinen zahlreiche,

---

1) Agassiz und Vogt, p. 60., bezeichnen diese Muskelmasse als Hautmuskel. Indessen hat schon Leydig, (Beiträge zur mikrosk. Anat. d. Rochen u. Haie, S. 77.) auf den embryonalen Charakter der Primitivbündel dieser Muskellage bei Abramis brama

im Ganzen parallele, sehnige Streifen. Jeder Streifen verläuft von der Mitte der Gegend eines Wirbelkörpers aus in seiner grössten Strecke schräg hinterwärts und bildet dann einen mehr oder minder spitzen Winkel, indem er die Richtung nach vorn einnimmt. Dieser Winkel pflegt in der Schwanzgegend spitzer, als in der Rumpfgegend zu sein. Die an der äusseren Oberfläche der Muskulatur erscheinenden Streifen sind die Säume durch die eigentliche Muskelmasse durchtretender und sie in einzelne Abtheilungen sondernder Ligamente. Ein solches Ligament geht von der Mitte jedes Wirbelkörpers aus und ist zunächst längs der ihm angehörigen unteren und oberen Bogenschenkel, in der Rumpfgegend auch längs der jenen angefügten Rippen befestigt, biegt sich aber am Ende jeder dieser Wirbelfortsätze gewöhnlich unter mehr oder minder spitzem Winkel nach vorne um. Solide Stützen erhalten diese Ligamente sehr häufig in den bei den verschiedenen Fischen verschiedentlich entwickelten Fleischgräthen, deren Richtung am Skelete den Verlauf der Ligamente bezeichnet. Es zerfällt also der Seitenmuskel in so viele Abtheilungen als Wirbelkörper und Spinalnerven vorhanden sind. Vermöge ihrer Anheftungsweise an den von jedem Wirbelkörper aus hinterwärts gerichteten oberen und unteren Bogenschenkeln sind die an den Bogenschenkeln und Rippen sich befestigenden Segmente jedes Ligamentes oben, wie unten, nach hinten gerichtet. Beide Segmente stossen also convergirend an ihrem mittlerem, dem Wirbelkörper angehefteten Theile in einem vorwärts gerichteten Bogen zusammen. — Jedes Ligament durchsetzt aber von innen nach aussen die Muskelmasse nicht in verticaler Richtung. Vielmehr erscheint das den Wirbelfortsätzen angehörige obere und untere Segment jedes Ligamentes, während es von der knöchernen Wirbelsäule nach der Haut hin aufsteigt, nach der Kopfseite hin convex, nach der Schwanzseite hin ausgehöhlt, bildet also gewissermaassen eine vom Mittelpunkte der Wirbelsäule aus schräg hinterwärts gerichtete, nach vorn convexe, nach hinten ausgehöhlte Rinne. Jede mehr vorn gelegene Rinne ist weiter, als die nächst hintere und umfasst diese zum grossen Theile. Wenn nun die sehnigen Bänder, genau

---

aufmerksam gemacht. Wie bei diesem Fische, verhalten sich nach meinen Untersuchungen die Primitivbündel dieser Muskellage bei Salmo salar und bei Belone. — Sie stimmen auch mit denen der Augenmuskeln von Petromyzon überein. — Gleich wie an den Augenmuskeln von Petromyzon, sieht man auch in dieser Muskulatur — namentlich derjenigen der Schwanzgegend des Lachs — die Umwandlung von capillaren Blutgefässen in Muskelelemente. — Ich möchte, nach Maassgabe meiner bisherigen Beobachtungen, dies rothe, fett- und gefassreiche Fleisch fur in der Bildung begriffene Muskelsubstanz erklären. Zugleich ist es mir wahrscheinlich geworden, dass die oft vorkommenden ramificirten, mit querovalen Kernen und feinkörnigem Inhalte versehenen Muskelröhren blos provisorische Bildungen sind, deren Untergang der definitiven Bildung von Muskelsubstanz vorausgeht.

dem Verlaufe der Wirbelfortsätze folgend, da aufhörten, wo diese endigen, so würden die beiden von der Mitte eines Wirbelkörpers ausgehenden Ligamente: das obere und das untere zusammen einen Hohlkegel darstellen, mit nach vorn gerichteter Spitze und mit später divergirenden auf- und abwärts gerichteten Schenkeln. Am Ende jedes Wirbelfortsatzes nimmt aber jedes Band, unter Bildung eines hinterwärts gerichteten Winkels, eine, der bis dahin verfolgten, entgegengesetzte Richtung an. Seine hinterwärts gerichtete Concavität war schon, je mehr es vom Wirbelkörper sich entfernte, allmälich immer flacher geworden, zuletzt verschwunden und in eine vorwärts gerichtete Höhlung übergegangen; diese zeigt sich auch an dem, als zweitem Winkelschenkel, von ihm ausgehenden vorwärts gerichteten Blatte. Durch diese Verhältnisse kömmt es, dass jedes Ligament an der Stelle wo der äussere Winkel erscheint, einen hinterwärts gerichteten Hohlkegel oder Hohlkegelabschnitt bildet, der den Hohlkegel des nächst vorderen Ligamentes aufnimmt. Auf diese Weise bildet jedes Querband drei zusammenhangende Hohlkegel oder Hohlkegelabschnitte; die Spitze des mittleren ist nach vorne, die Spitzen des oberen und unteren sind nach hinten gerichtet. Von hinten nach vorne stecken die Hohlkegel aller einzelnen Querbänder successive in einander, in der Weise, dass die hinteren die spitzesten sind, während die vorderen allmälich immer stumpfer und weiter werden. Der Zwischenraum zwischen zwei solchen Querbändern wird durch Muskelfasern ausgefüllt. Die so eben geschilderten Verhältnisse des Seitenmuskels erfahren häufige Modificationen. Die Symmetrie zwischen der ventralen und dorsalen Hälfte desselben erscheint meistens nur in der Schwanzgegend vollständig ausgeprägt; in der Rumpfgegend, wegen der durch die Rippen bedingten Erweiterung der Bauchhöhle und wegen der oft überwiegenden Kürze der oberen Bogenschenkel, mehr verwischt. In der Rückengegend des Rumpfes sind die hinterwärts convexen Hohlkegel des sie bedeckenden Segmentes des Seitenmuskels oft sehr viel stärker rückwärts gerichtet, als in der Bauchgegend.

Der Dorsaltheil des Seitenmuskels befestigt sich vorn an dem Schedel, und zwar meistens mit einem Hauptschenkel an dem Schedeldache, welcher bei den mit stark entwickelter *Crista occipitalis* versehenen Fischen auswärts derselben sich anlegt. Der Ventraltheil des Seitenmuskels sendet gleichfalls ein Fascikel zum Schedel, der an dem Seitentheile desselben endet. Er befestigt sich jedoch wesentlich an der unteren Hälfte des Schultergürtels, und von der Vereinigungsstelle der beiden *Claviculae* aus erstreckt sich seitwärts, an den Zungenbeinkiel angelegt, eine unter dem Namen des *M. sternohyoïdeus* bekannte Fortsetzung zum Zungenbeinkörper.

§. 51.

Das ganze System von Visceralbogen verschiedener Weite ist bei den Teleostei in hohem Grade beweglich und die verschiedenen Muskeln jedes einzelnen Gliedes lassen sich in gewisse, wesentlich nach gleichem Plane gebildete, Systeme bringen.

Ein System dieser Muskeln zieht die einzelnen Bogenschenkel aufwärts gegen den Schedel; diese Muskeln steigen vom Schedel oder von festen Punkten, die ihren Endansätzen näher liegen, in schräger oder gerader Richtung abwärts und befestigen sich an den Aussenseiten der durch sie anzuziehenden Schenkel, erweitern daher den von letzteren umschlossenen Raum. Uebrigens wirken sie in verschiedenen Richtungen, indem die Einen ihre Schenkel auf- und vorwärts, die anderen sie auf- und rückwärts ziehen.

Zu diesem Systeme gehört: 1. der gemeinsame Kiefermuskel [1]). Er nimmt die obere Fläche der das Kiefersuspensorium bildenden und einwärts erweiternden Knochengruppe ein. Er besteht gewöhnlich aus mehren, in ihren Ursprüngen differenten Portionen. Eine derselben liegt oberflächlich und haftet oft wesentlich dicht unter der Haut; eine zweite starke Portion nimmt vom ganzen äusseren Umfange der Knochengruppe und namentlich vom *Praeoperculum* ihren Ursprung; eine dritte, von der vorigen bisweilen durch einen zwischengeschobenen *Levator suspensorii* getrennt, entsteht vom *Os frontale posterius, mastoïdeum* und *temporale.* Diese verschiedenen Portionen laufen vorne in zwei durch eine Aponeurose [2]) verbundene Sehnen aus, von denen die obere, dünnere, längere am Oberkiefer, die andere kürzere, dickere am Unterkiefer und zwar vorzugsweise an seinem *Os articulare* sich befestigt.

2. Der *M. levator suspensorii* [3]). Er entspringt vom *Os frontale posterius* und zerfällt bisweilen in zwei differente Portionen: eine obere stärkere, die am *Praeoperculum* und eine tiefere kürzere, die am *Os temporale* sich befestigt. Der Muskel hebt das *Suspensorium* gegen den Schedel.

3. Der *M. levator operculi* [4]), bald ein einfacher Muskel, bald ein System mehrfacher Bündel, die, von dem *Os mastoïdeum* aus, an den Aussenrand der Oberfläche des *Operculum* sich begeben.

---

1) Cuvier u. Agassiz, No. 20. *M. masseter Ag.* Bei Cottus sind seine drei Portionen scharf unterschieden; die oberflächlichste geht wesentlich in die für den Oberkiefer bestehende Sehne über. Die zweite Portion entspricht mehr dem *M. masseter*, die dritte dem *M. temporalis* höherer Wirbelthiere.

2) Diese Aponeurose verliert sich in der die Kiefer verbindenden Membran.

3) Cuvier und Agassiz, No. 24.

4) Cuvier und Agassiz, No. 25. Mehrfache Fascikel in einer Reihe z. B. bei Cottus; die vorderen sind länger, als die hinteren; jene ziehen das *Operculum* zugleich aufwärts, diese quer an den Schedel.

4. *M. M. levatores arcuum branchialium* 5). Sie erstrecken sich, von der unteren Seite der Gelenkverbindung des *Os temporale* mit dem *Os frontale posterius* und *Os mastoïdeum* aus, an die Seiten der oberen Glieder der Kiemenbogen.

5. *M. M. levatores ossium pharyngeorum superiorum* 6), zwei Muskeln, die von den *Alae temporales* zu den ersten *Ossa pharyngea superiora* fast gerade absteigen und sie heben.

6. Verwandt diesen Muskeln ist ein anderer, bei vielen Fischen sehr mächtig ausgebildeter Muskel, der die *Ossa pharyngea superiora* gegen die Wirbelsäule zieht. Er wirkt weniger als Heber, wie als Zurückzieher des Kiemenapparates und verdient daher die Bezeichnung eines *M. retractor ossium pharyngeorum superiorum* 7).

Ein zweites System von Muskeln zieht den Bogenapparat abwärts gegen das Schultergerüst oder auch gegen das Zungenbein, erweitert aber ebenfalls den von ihm eingeschlossenen Raum. Es gehören dahin die Senker des Kiemengerüstes:

1. Ein Muskel, der von der Mitte jedes Schenkels des Schultergürtels schräg zum *Os pharyngeum inferius* sich erstreckt 8).

2. Ein Muskel, der, von der Vereinigungsstelle der beiden *Claviculae* aus, schräg von hinten nach vorne verlaufend, an das System der *Copulae* der Kiemenbogen sich befestigt 9).

3. Ein Muskel, der von der Unterfläche des Zungenbeinkörpers aus schräg nach hinten sich erstreckt um an die Unterfläche des *Os pharyngeum inferius* sich zu inseriren 10).

4. Ein sehr kurzer Muskel der, von derselben Stelle aus, an die *Copulae* der Kiemenbogen tritt 11).

Ein zweites System von Muskeln zieht die einander correspondirenden Bogenschenkel an einander oder einen Bogen an ein gemeinsames Mittelglied. Es wirken also diese Muskeln als Constrictoren. Sie sind sowol an der dorsalen, wie an der ventralen Seite der Knochengruppe entwickelt. Diesem Systeme gehören folgende Muskeln der dorsalen Seite an:

---

5) Cuvier, (No. 30.) beschreibt bei Perca vier solcher Muskeln; bei Cottus finde ich drei; einen für jeden der drei vorderen Kiemenbogen; der vierte erhält einen eigenen, weiter hinterwärts entspringenden Muskel. Jene entsprechen der No. 30., dieser den No. 32. und 33. der Cuvier'schen Abbildungen.

6) Cuvier erwähnt ihrer unter No. 30. p. 411. Agassiz, No. 31.

7) Cuvier, No. 41. Er ist bei Cottus, Cyclopterus, Gadus u. A. viel stärker, als bei Perca. — 8) Cuvier und Agassiz, No. 37.

9) Cuvier und Agassiz, No. 36. Die beiden oben genannten Muskeln liegen immer seitwärts vom *Pericardium*, das sie unmittelbar berühren.

10) Cuvier und Agassiz, No. 35.

11) Agassiz erwähnt diesen Muskel unter No. 35.; bei Cottus u. A. ist er gesondert.

1. Als Constrictor wirkt ein von dem Seitenrande des *Os sphenoïdeum basilare* ausgehender, quer nach aussen an das *Os tympanicum* und *pterygoïdeum* seiner Seite tretender mächtiger querer Gaumenmuskel [12]).

2. Als Senker des *Suspensorium* wirkt ein kleinerer, hinter diesem gelegener, von der *Ala temporalis* zur Innenseite des *Os temporale* tretender Muskel [13]).

3. Als Senker des *Operculum* wirkt ein, von demselben Knochen ausgehender an die Innenseite des *Operculum* sich begebender Muskel [14]).

4. Zwischen den beiden Reihen der *Ossa pharyngea superiora* finden sich gleichfalls quere, sie an einander ziehende, als Constrictoren wirkende Muskeln [15]).

An der ventralen Seite gehören diesem Systeme an:

1. Ein querer Muskel, der, an der Innenseite des Unterkieferbogens gelegen, dessen beide Seitenschenkel an einander zieht. *M. transversus mandibulae* [16]).

2. Zarte Muskelbündel, die von der Innenfläche des Opercular-Apparates der einen Seite, längs der Innenfläche der *Radii branchiostegi* beider Zungenbeinschenkel, zu der entsprechenden Stelle der entgegengesetzten Seite sich hinziehen [17]).

Diesem Systeme von Muskeln angehörig sind kleine Muskeln, welche von der Basis des einen Radius zu der des anderen treten [18]). — Die genannten Muskeln liegen eingeschlossen zwischen den Blättern der *Membrana branchiostega.*

3. Ein kleiner Muskel erstreckt sich vom Körper des Zungenbeines zur Innenseite jedes Zungenbeinschenkels [19]).

4. Quere Muskeln, welche zwischen den beiden *Ossa pharyngea inferiora* vorkommen [20]).

5. Quere Muskeln, welche zwischen den einander entsprechenden Schenkeln der letzten Kiemenbogen vorkommen [21]).

Das ganze System oberer und unterer Quermuskeln lässt als eine vor-

---

12) Cuvier und Agassiz, No. 22.

13) Cuvier erwähnt ihn unter No. 22. — 14) Cuvier und Agassiz, No. 26.

15) Agassiz, No. 38.; sehr stark bei Cottus, unmittelbar unter dem *Os sphenoïdeum basilare.* — 16) Cuvier und Agassiz, No. 21.

17) Cuvier, No. 28., Diesen Muskel, den Herr Remack (Müller's Archiv 1843. p. 190.) für unbekannt hielt, hat gerade Cuvier auf das Sorgfältigste beschrieben, wie schon Agassiz mit vollem Rechte bemerkt. S. Cuvier l. c. p. 409. und auch p. 408. und Agassiz, l. c. p. 67. Er ist z. B. bei Cyclopterus, Cottus, Lophius sehr entwickelt. — 18) Agassiz, No. 28.

19) Agassiz, No. 44. — 20) Cuvier, No. 40.

21) Ein sehr starker Quermuskel dieser Art liegt bei Cottus zwischen den Endgliedern der beiden letzten einander entsprechenden Bogenschenkel unterhalb der *Copulae.*

dere Fortsetzung der den Schlundkopf und die Speiseröhre ringförmig umgürtenden Schicht quergestreifter Muskelbündel sich auffassen.

Ein drittes System von Muskeln hat das Gemeinsame, dass es aus paarigen Muskeln besteht, deren jeder von der Aussenfläche hinterer Bogenschenkel beginnt, um an nächst vordere Bogen sich anzusetzen. Dahin gehören an der Ventralseite:

1. Die ***Musculi geniohyoïdei***[22]. Jeder Muskel erstreckt sich von der Aussenseite eines Zungenbeinbogens, an welchem er, längs der Basis der ***Radii branchiostegi***, sich hinzieht, schräg vorwärts und einwärts zum Unterkiefer.

2. Die sich kreuzenden Zungenbeinmuskeln[23]. Jeder dieser Muskeln erstreckt sich, von einem ***Radius branchiostegus*** des einen Zungenbeinschenkels schräg vorwärts verlaufend, zum vordersten Segmente des Zungenbeinschenkels der entgegengesetzten Seite.

3. Von dem untersten Gliede des letzten Kiemenbogens erstreckt sich von aussen nach innen verlaufend, ein Muskel zu dem unten vorspringenden Gliede des dritten Bogens; er erhält ein Verstärkungsbündel von dem unteren Gliede des dritten Kiemenbogens, das denselben Endansatzpunkt am zweiten Bogen hat. Ein analoger Muskel erstreckt sich vom unteren Gliede des zweiten Kiemenbogens vor- und einwärts zur Grenze der ***Copula*** der ersten Glieder[24].

Auch an der Dorsalseite ist dieses System repräsentirt in Muskeln, die von den oberen Gliedern der hintersten Kiemenbogen, schräg vor- und einwärts verlaufend, an die ***Ossa pharyngea superiora*** sich anheften[25].

Abgesehen von diesen Muskeln, ist noch ein muskelhäutiges ***Diaphragma*** hervorzuheben, das wesentlich von der Ausbreitung jedes ***Os pharyngeum inferius*** und weiter aufwärts von dem Schlundkopfe aus zu dem ganzen vorderen Umfange des Schultergürtels sich hinzieht und so eine hintere Begrenzung der Kiemenhöhle bildet.

---

22) Cuvier und Agassiz, No. 27. Dieser Muskel zeigt bei den einzelnen Fischen manche Eigenthümlichkeiten. Bei Cottus vereinigen sich beide Muskeln bevor sie zum Unterkiefer treten und bilden zwei Bäuche: einen unteren und einen oberen, von denen jener an dem inneren und oberen, dieser an dem unteren und äusseren Rande der Verbindungsstellen der beiden Unterkieferhälften sich inserirt. Zwischen der von diesen beiden Bäuchen gebildeten Schlinge verläuft der mittlere Theil des ***M. transversus mandibulae***. Da die sich kreuzenden Zungenbeinmuskeln fehlen, die unteren Bäuche des Muskels aber sich kreuzende Fasern enthalten, auch eine theilweise Trennung des Gesammtmuskels in zwei Schichten gelingt, so findet hier offenbar eine Verschmelzung der ***M. M. geniohyoïdei*** mit den sich kreuzenden Zungenbeinmuskeln Statt, welche letzteren aber einen weiter vorwärts gerückten Ansatzpunkt besitzen.

23) Cuvier, No. 29. — 24) Nach Untersuchungen bei Cottus und Cyclopterus. — 25) So namentlich bei Cottus.

§. 52.

Die verschiedenen Flossensysteme der Knochen-Fische erhalten ihre eigenen Muskeln. Längs den Kanten des Rückens und des Bauches erstrecken sich, von vorne bis hinten, über und unter dem Seitenmuskel gelegen, eigene oberflächliche Längsmuskeln der unpaaren Flossen [1]), deren Continuität durch die Flossen selbst unterbrochen ist. Sie liegen auswärts von denjenigen Flossenträgern, welche keine Strahlen tragen. Das vorderste Segment des oberflächlichen Flossenmuskels der Rückenseite erstreckt sich, sobald nur eine einzige Rückenflosse vorhanden ist, welche entfernter vom Kopfe beginnt und nicht zur Schwanzflosse sich ausdehnt, vom *Os suprascapulare* zum vordersten Strahle der Rückenflosse, an den er sich befestigt: das zweite Segment vom letzten Flossenträger zu demjenigen oberen Strahle der Schwanzflosse, der noch dem Rückenflossensystem angehört. — Wenn mehre von einander getrennte Rückenflossen vorhanden sind, liegen die Muskelbäuche längs ihrer Zwischenräume; wird aber der Rücken von einer einzigen Flosse eingenommen, wie bei Pleuronectes, so fehlen diese Muskeln.

Längs der Bauchkante erscheinen diese Muskeln wieder. Ihre unterhalb der Rumpfhöhle verlaufenden Segmente sind bei den Bauchflossern nur schwach gesondert von den Bauchtheilen der Seitenmuskeln und befestigen sich an den Aussenseiten des Beckens. Vom Hinterrande jedes Beckenknochens geht, sowol bei den Pisces jugulares, als bei den P. abdominales, ein gewöhnlich den After umfassender Muskelbauch ab. Die Endsehnen beider Muskeln befestigen sich am Gelenkende des vordersten *Os interspinale inferius*. Zwischen dem hinteren Ende der Afterflosse und dem ersten Schwanzflossenstrahl liegt wieder ein Muskelbauch.

Verschieden von den genannten Muskeln sind die in gerader oder etwas schräger Richtung auf- oder absteigenden eigenen Muskeln der einzelnen Flossenstrahlen, welche wieder in oberflächliche und in tiefe zerfallen. Die oberflächlichen [2]) gehen von der Aponeurose des Seitenmuskels aus und befestigen sich auswärts vom Gelenkkopfe eines Flossenstrahles. Die tiefen [3]) gehen von den *Ossa interspinalia* aus, um vorne und hinten am Gelenkkopfe jedes Flossenstrahles sich zu fixiren. Sie liegen gewöhnlich zum grössten Theile unter den Enden der Seitenmuskeln verborgen.

Die für die Schwimmbewegungen so wichtige Schwanzflosse besitzt ihre eigenen Muskeln, die ihre einzelnen Strahlen von einander entfernen. Sie zerfallen in oberflächliche [4]) und tiefe [5]). Zu ihnen kommen bei manchen Fischen noch Muskeln, welche die einzelnen Strahlen

1) Cuvier und Agassiz, No. 6. 7. 8. — 2) Cuvier und Agassiz, No. 2.
3) Cuvier und Agassiz, No. 3. u. 4. — 4) Cuvier und Agassiz, No. 11.
5) Cuvier und Agassiz, No. 9. 10. 13.

an einander ziehen [6]). Zwei oberflächliche Muskeln strahlen von der Mitte des Schwanztheiles der Wirbelsäule nach oben und unten zu den einzelnen Strahlen der Schwanzflosse aus. Sie liegen unmittelbar unter der Haut und haften an einer fibrösen Decke des Seitenmuskels. Sie ziehen die Strahlen gegen die Axe der Wirbelsäule und nähern sie einander. Zwei tiefe seitliche Muskeln, in ihrem Verlaufe analog, von dem Schwanztheile der Wirbelsäule selbst entspringend, sind vom Seitenmuskel beinahe bedeckt. Sie befestigen sich an die Basis der gespaltenen Flossenstrahlen, mit Ausnahme der beiden oberen Strahlen, welche dem Systeme der Rückenflossen angehören. Ein dritter mittlerer Muskel befestigt sich an einen Theil der dorsalen Schwanzflossenstrahlen. Diese Muskeln entfernen die einzelnen Strahlen von einander und beherrschen die Seitenbewegungen der Flosse.

Die Strahlen der Brust- und Bauchflossen besitzen gleichfalls eigene, meist stark entwickelte Muskeln [7]). Sowol die Vorder-, als die Hinterfläche der Brustflosse besitzt zwei Systeme derselben, welche ausschliesslich für die Flossenstrahlen bestimmt sind. Was zuerst die dem Kopfe zugewendete Fläche der Brustflossen anbetrifft, so entspringt von der *Clavicula* eine schräg absteigende Muskelmasse, die in so viele Bäuche zerfällt, als Flossenstrahlen vorhanden sind. An dem aufwärts gelegenen Rande jedes Flossenstrahles befestigt sich ein Muskelbauch. — Von dieser Muskelmasse bedeckt, liegt eine zweite, von den *Ossa carpi* ausgehende, deren Fasern eine mehr aufsteigende Richtung haben. An dem abwärts gelegenen Rande jedes Flossenstrahles befestigt sich eine ihrer Endsehnen. — Eine analoge Einrichtung wiederholt sich an der Hinterseite. Von der *Scapula* aus steigt eine Muskelmasse schräg abwärts. Sie zerfällt in so viele Bäuche, als Flossenstrahlen vorhanden sind. An dem aufwärts gelegenen Rande jedes Strahles befestigt sich die Sehne eines dieser Muskelbäuche. Von der Innenseite der *Clavicula* geht eine andere schräg aufwärts gerichtete Muskelmasse aus. Jeder ihrer Bäuche befestigt sich an dem abwärts gelegenen Rande der Basis eines Flossenstrahles. — Bisweilen erhält der erste Flossenstrahl noch einen eigenen Muskel. — Gleich den Brustflossenstrahlen, besitzen auch die Bauchflossenstrahlen [8]) an ihrer vorderen Seite zwei Systeme von Muskeln; an der hinteren Fläche sind dieselben bisweilen nicht gesondert.

Der Schultergürtel selbst wird durch die Fortsetzungen des Seitenmuskels fixirt. Bei manchen Fischen wird er durch einen eigenen, von dem *Os mastoïdeum* ausgehenden Muskel an den Schedel gezogen [9]).

Das Becken wird besonders durch die oberflächlichen Längsmuskeln

---

6) Cuvier, No. 11. 12. — 7) Cuvier und Agassiz, No. 14. 15. 16.
8) Cuvier und Agassiz, No. 17. 18. — 9) Cuvier, No. 10.

der Flossen und die Seitenmuskeln fixirt. Die beiden Beckenhälften werden, besonders da, wo sie nicht mit einander verbunden sind, sondern entfernter von einander liegen, durch einen Quermuskel an einander gezogen.

§. 53.

Ein sehr merkwürdiges Bildungsverhältniss besitzen einige Rochen. An der unteren Fläche des Schwanzes der Rochen kömmt jederseits von der Wirbelsäule ein langes spindelförmiges etwas transparentes, lichtgrauliches Gebilde vor, das etwa zwei Drittheile bis drei Viertheile der Schwanzlänge einnimmt. Es liegt hinten unmittelbar unter der Haut und geht vorne fast unmerklich in die Masse des Schwanztheiles des *Musc. sacrolumbalis* über. Sein Uebergang in den genannten Muskel geschieht so, dass seine Spitze in die Hohlkegel, welche von dessen Lamellen gebildet werden, zugespitzt sich hineinerstreckt und von ihnen umfasst wird. Wie an jeden dieser Hohlkegel des Muskels eine von der Hautfascie ausgehende Aponeurose übergeht, so findet sich auch ein fortlaufendes System ähnlich gerichteter Aponeurosen, die successive an die Aussenwand dieses Gebildes herantreten.

Das Gebilde wird sowol oberflächlich, als auch in der Dimension der Dicke von queren Bindegewebsscheidewänden durchsetzt, die von unregelmässig gestellten Längsscheidewänden wiederum durchkreuzt werden. Durch diese Scheidewände zerfällt es in eine sehr grosse Anzahl von unregelmässigen, polygonalen, wesentlich quer gerichteten, von einander getrennten Räumen. An den Längsscheidewänden verlaufen grössere Gefässe und Nerven, an den Querscheidewänden die jedem geschlossenen Raume bestimmten feineren Verzweigungen beider und zwar vertheilen sich die Nerven an der Vorderwand, die Gefässe an der Hinterwand jedes *Septum*. Der Inhalt der Räume besteht aus einer gallertartigen durchscheinenden Grundmasse, welche besonders in der hinteren Hälfte des polygonalen Raumes ein unregelmässig gestaltetes, von grösseren und kleineren Hohlräumen vielfach durchbrochenes Maschenwerk darstellt. In diesen Hohlräumen oder Alveolen, welche, von der Gefässwand aus, nach der Nervenwand hin an Umfang abnehmen, hat die Ausbreitung der Capillargefässe Statt, welche büschelweise in sie sich einsenken. — An vielen Stellen der Grundmasse sieht man runde Kernhaltige Elementarzellen eingelagert; in der vorderen Hälfte jeder Capsel des vordersten Theiles des Gebildes findet man ferner quergestreifte Muskelsubstanz, welche theils in sehr dünnen zarten Blättern, bisweilen wie ein Anflug, die Alveolen überzieht, theils breitere Bündel bildet.

[S. J. Stark, in den Annals of natural history. XV. p. 121. — Ch. Robin, in den Annal. des scienc. natur. 1847.; Froriep's Notizen, 1847. Octob., No. 78. Bd. IV. N. 12. S. 179 ff. — Die Beschreibung von Robin ist sehr genau. Derselbe hält dies

Organ für ein electrisches. Er hat es angetroffen bei Raja clavata, Raja rubus und Raja batis.

Der Robin'schen Deutung möchte ich nicht, oder höchstens sehr bedingt beistimmen. Meiner Ansicht nach, verhält sich dies Organ zu dem Muskel, den es fortsetzt, ungefähr wie die *Chorda dorsalis* zur Wirbelsäule. Es ist die primordiale Anlage eines Schwanzmuskels, welche perennirend sich erhält. Als Fortsetzung des Muskels charakterisirt es sich, theils durch seine Continuität mit demselben, theils durch seine gleiche Anheftungsweise mittelst fortlaufender Aponeurosen. Entscheidend ist jedoch für mich der Umstand, dass ich in dem vordersten, dem wirklichen Muskel zunächst gelegenen Theile quergestreifte Muskelelemente in Gestalt von sehr zarten quergestreiften Blättern und selbst von Faserbündeln getroffen habe.]

II. Von den electrischen Organen.

§. 54.

Sowol bei der Familie der Torpedines unter den Rajidae, als bei einigen Teleostei, kömmt ein merkwürdiger Apparat vor, der unter Einfluss der ihm angehörigen Nerven Electricität frei werden lässt.

Bei den Torpedines erstreckt sich dieser Apparat zu beiden Seiten des Kopfes und des Kiemenapparates nach aussen zu dem vorwärts zum Schedel verlängerten Flossenknorpel und liegt unmittelbar unter der äusseren glatten Haut. Nach Entfernung der letzteren gelangt man auf eine Aponeurose, unterhalb welcher die electrischen Organe gelegen sind. Jedes Organ besteht aus einer beträchtlichen Anzahl meist sechsseitiger, vertikal oder etwas schräg gestellter Säulen. Jede Säule besitzt eine aus Bindegewebe und elastischen Fasern oder ausschliesslich aus ersterem gebildete Umhüllung. Letztere umschliesst eine anscheinend gallertartige Masse; diese besteht aber aus zahlreichen queren *Septa*, welche in der Richtung der Säule über einander geschichtet sind. In sie trennenden Zwischenräumen findet sich eine helle, feine Körnchen haltige Flüssigkeit. Mit seinen Rändern ist jedes *Septum* angewachsen an der Umhüllung jeder Säule, als deren Fortsetzung es zu betrachten ist. Jedes *Septum* erhält wieder einen eigenen inneren Ueberzug. An jedem *Septum* verästeln sich zahlreiche Capillaren. Die Nervenfibrillen verzweigen sich unter vielfacher Theilung, wobei sie sehr fein und blass werden, an der verticalen Wand der Säulen und an den *Septa*. Jedes Organ erhält vier Nervenstämme, von denen der vorderste in der Bahn des *N. facialis* und die drei anderen in der des *N. glossopharyngeus* austreten. Die Nerven nehmen ihren Ursprung aus den *Lobi electrici*; ihre Primitivfasern erscheinen als Ausläufer der in diesen enthaltenen multipolaren Ganglienkörper. Sie ermangeln nach ihrem Austritte aus dem Centralorgane eigener ganglöser Elemente durchaus.

Gymnotus electricus besitzt zwei paarige electrische Organe. Jedes grössere obere Organ liegt unmittelbar unter der äusseren Haut, über den

Muskeln und erstreckt sich längs des ganzen Schwanzes nach hinten. Das untere kleinere wird von den Muskeln der Schwanzflosse bedeckt. Die Nerven dieser Gebilde (jederseits über 200) sind Fortsetzungen der *Rami anteriores* der Spinalnerven.

Malapterurus electricus besitzt ein einziges, über den ganzen Körper sich ausdehnendes, electrisches Organ. Unter der äusseren Haut liegt eine starke sehnige, aus sich kreuzenden Fasern bestehende Aponeurose; zwischen dieser und einer zweiten Aponeurose, die über dem die Muskeln deckenden laxen Bindegewebe sich ausbreitet, liegt das electrische Organ, das am Bauche die grösste Dicke besitzt. Es besteht aus rhomboïdalen Zellen, welche, von einem feinen Häutchen ausgekleidet, eine gallertartig durchscheinende Masse von speckartiger Consistenz enthalten. In dieser Masse finden sich runde mikroskopische Körnchen. Die Nerven des Organes stammen aus dem *N. vagus* und den *Rami anteriores* der Spinalnerven.

Während die electrische Natur der eben bezeichneten Organe der Torpedines, des Gymnotus und des Malapterurus durch Beobachtungen und zum Theil sehr instructive Versuche ganz ausser Zweifel gestellt ist, haben rein anatomische Untersuchungen zu der Ansicht geführt, dass auch einige andere Fische im Besitze electrischer Organe sein möchten. Abgesehen von den im vorigen §. erwähnten Gebilden der Gattung Raja, hat man auch bei mehren Arten der Gattung Mormyrus, so wie dem Gymnarchus niloticus solche zu finden geglaubt. Früher wurden noch zwei andere Fische: Trichiurus indicus und Tetrodon electricus [1]) als electrisch bezeichnet.

[Die elektrischen Organe der Torpedines waren bereits den Alten bekannt. Eine Zusammenstellung der Kenntnisse derselben gibt: E. du Bois, Quae apud veteres de piscibus electricis exstant argumenta. Berol. 1843. 8. Später haben Borelli, Redi, Lorenzini, Kaempfer, Réaumur, J. Hunter, (Philos. Transact. 1773. T. II. p. 481. u. 1775. P. 2. p. 395.), Geoffroy u. A. mit den anatomischen, Walsh, (Phil. Transact. abridged. Vol. XIII. p. 475.) mit den physicalischen Verhaltnissen sich beschäftigt. — Dann haben die Gebrüder Davy (S. J. Davy, Researches physiological and anatomical. Vol. I. Lond. 1839.) und Matteucci (Traité des phénomènes électro-physiologiques des animaux. Paris, 1844. 8.) die physicalischen Untersuchungen fortgesetzt, während Delle Chiaje (Anatomiche disamine sulle torpedini Napoli 1839. 4.), Valentin (in den Neuen Denkschrift. der allgem. Schweiz. Gesellsch. für die ges. Naturwiss. Bd. 6. Neuchat. 1841.), Savi, (in den der Schrift von Matteucci angefügten Recherches anatomiques sur le Système nerveux et sur l'organe électrique de la torpille. Par. 1844. 8.) Wagner, (Ueber den feineren Bau des electrischen Organes im Zitterrochen. Gött. 1847. 4.) die histologischen Verhältnisse wesentlich erörterten. Nachdem Savi die Theilungen der Nervenfibrillen, und die Abwesenheit gangliöser Elemente an den Nerven des electrischen Organes gefunden (l. c. p. 318 sqq.), auch

---

1) Vgl. Patterson, Philosoph. Transaet. Vol. 76.

die Ganglienkörper in den *Lobi electrici* nachgewiesen (l. c. p. 298.), wurden die Ursprungs- und Endigungsweisen der Nerven näher studirt von Wagner, der durch den Nachweis, dass Ganglienkörper in Nerven sich fortsetzen und Ganglienkörper mit einander sich verbinden können, so wie durch richtigere Auffassung der Theilungsverhältnisse peripherischer Nerven Savi's Arbeiten ergänzte. Ecker endlich gab eine dankenswerthe Arbeit über die Entwickelung der Nerven des electrischen Organes. (Siebold und Kölliker's Zeitschrift. Bd. 1. S. 38.)

Was Gymnotus electricus anbetrifft, so wurden seine electrischen Eigenschaften bekannt durch Richer (Mém. de l'acad. roy. d. scienc. Par. 1677.). Walsh, Humboldt, Faraday, Schoenbein haben dieselben näher studirt. Hunter, (Philos. Transact. Vol. V.), Rudolphi, (Abh. d. Acad. d. Wissens. z. Berl. 1820—21. S. 229.) u. Valentin l. c haben die anatomischen Verhältnisse des electrischen Organes exponirt. — Das electrische Organ des Malapterurus ist in seinen Wirkungen durch Adanson bekannt geworden; Geoffroy, (Annal. d. Mus. d'hist. nat. T. I. p. 3.), Rudolphi, (Abh. d. Acad. d. Wissensch. zu Berlin. 1824. S. 137.) und zuletzt Peters (Müller's Archiv f. Phys. 1845. S. 375. Tb. 13. Fig. 8—11.) haben seine anatomischen Verhältnisse aufgeklärt. — Nachträglich verweise ich auf die interessanten Beobachtungen des Dr. Bilharz in den Nachrichten von der Königl. Ges. der Wiss. zu Göttingen. No. 9. 1853. Der electrische Nerv entspringt aus dem Rückenmarke, steht mit Ganglien nicht in innerer Verbindung und besteht aus einer einzigen colossalen Primitivfaser, welche im electrischen Organe erst einfache, dann mehrfache Zweige abgibt, die wider sich theilen.

Was Mormyrus longipinnis anbetrifft, so hat Rüppell (Fortsetzung der Beschreibung und Abbildung mehrer neuer Nilfische Frankfurt. 1832. p. 9.) zwei Paar längliche gallertartige Massen erwähnt, welche unter den Sehnen der Schwanzflossenmuskeln liegen. Feine verticale weissliche Linien durchkreuzen den Längendurchmesser dieser Gallerte. Sie veranlassen eine Verdickung des Schwanzendes, welche allen Mormyri eigenthümlich ist. — Gemminger und Erdl haben diese Organe für electrische erklärt (Gelehrte Anzeigen d. Königl. Baiers. Acad. d. Wissens. Bd. 23. Münch. 1846. S. 405.). Kölliker, (Bericht von d. Königl. zootom. Anstalt zu Würzburg. Leipz. 1849. 4. l. q.) hat diese Organe als electrische beschrieben und Tb. 1. abgebildet. Jedes Organ stellt eine längliche Capsel dar, welche durch zahlreiche senkrecht stehende, quere Scheidewände in Fächer getheilt wird. Nach mir gewordenen Mittheilungen von Rüppell hat dieser verdiente Forscher niemals electrische Schläge von einem Mormyrus erhalten. Sollte dies Organ nicht dem der Rochen an die Seite zu stellen sein? An einem Mormyrus, den ich vor mir habe, fällt mir die Unregelmässigkeit des Organes und sein anscheinender Uebergang in benachbarte Muskeln auf.

Ueber den sogenannten electrischen Apparat des Gymnarchus niloticus hat Erdl (Gelehrte Anzeigen der königlich Baiers. Academie der Wissenschaften. No. 73. 1847.) sich ausgesprochen. Die grösste Masse des Apparates ist auf die hintere Hälfte des langen Schwanzes angewiesen; ein Theil davon begleitet noch die Wirbelsaule bis zum Kopfe hin. Er wird gebildet aus vier häutigen Röhren, die kurze prismatische Körper enthalten, welche, wie Perlen an einer Schnur, hinter einander gereihet sind. Die häutigen Röhren sind durchsichtig und hangen mit den sie umgebenden Muskeln und Intermuskularbändern so innig zusammen, dass es schwer hält, sie in ihrer Integrität darzustellen. — So gewagt es ist, diese Organe functionel den electrischen Organen der Torpedines u. s. w. gleich zu stellen, so ist ihre Kenntniss doch höchst interessant, weil sie **mindestens** Uebergangsbildungen zwischen eigentlichen electrischen Organen und der Muskelbildung bei Petromyzon darstellen.]

Vierter Abschnitt.

Vom Nervensysteme und von den Sinnesorganen.

I. Vom Nervensysteme.

§. 55.

Die **Centralorgane** des Nervensystemes bestehen aus dem im Canale der oberen Wirbelbogenschenkel liegenden Rückenmarke und dem von der Schedelhöhle umschlossenen Gehirne, welche mittelst des verlängerten Markes in einander übergehen. Nur Branchiostoma macht von dieser Regel in so ferne eine Ausnahme, als bei diesem Fische der vordere Theil des centralen Nervensystemes vor dem Rückenmarke durch eigene Anschwellungen nicht ausgezeichnet ist, jenes vielmehr nach vorn allmälich sich verdünnt und endlich vorne abgerundet, als Hirn endet.

[Die Centralorgane des Nervensystemes sind Gegenstand vielfacher Untersuchungen und Deutungen gewesen. — Die wichtigsten früheren Arbeiten sind namhaft gemacht bei **Cuvier** (Hist. nat. d. poiss. I. p. 415.) und bei **Gottsche** in dessen an Beobachtungen sehr reichhaltigem Aufsatze: Vergleichende Anatomie des Gehirnes der Gräthenfische in **Müller**'s Archiv f. Anat. u. Physiol. 1835. — Eine kritische Analyse sämmtlicher über die Deutung der einzelnen Gehirntheile vorgetragenen Ansichten hat geliefert: **Müller** in seiner Vergleichenden Neurologie der Myxinoïden. Berlin, 1840. — Die Entwickelung des Gehirnes des Coregonus ist mit besonderer Sorgfalt studirt worden von: C. **Vogt**, Embryol. des Salmones. p. 52. Dem genannten Beobachter zufolge, sind bei Coregonus bereits ursprünglich die drei auf einander folgenden Erhabenheiten vorhanden, welche das Gehirn der erwachsenen Teleostei auszeichnen. Er nennt sie Prosencephalon, Mesencephalon und Epencephalon. — **Vogt** stimmt mit seinem grossen Vorgänger **Baer**, (Entwickelungsgesch. der Fische S. 14.) sowol über diesen Punkt, als in Betreff des zweiten überein, dass die Augen eine Entwickelung der primitiven mittleren Hirnblase sind. — Anders verhält es sich, nach den übereinstimmenden Beobachtungen anderer Forscher, bei den höheren Wirbelthieren, indem bei ihnen die Augen aus der vordersten der drei primitiven Hirnblasen sich entwickeln und zwar aus der der *Regio ventriculi tertii* entsprechenden hinteren secundären Abschnürung derselben. Ich verweise z. B. auf die ausführlichen Angaben von **Bischoff**, Entwickelungsgeschichte des Hundeeies. S. 81. 84. 91. 96. 103. 111. Hiernach würde also die vorderste primitive Hirnblase der Fische kein vollständiges physiologisches Aequivalent derjenigen der beschuppten Reptilien (s. **Rathke** Entwickelung der Schildkröte. S. 15.), der Vögel und der Säugethiere sein können; die primitive vordere Hirnblase der Teleostei bleibt einfach und zerfällt nicht in zwei secundäre Blasen; aus ihr entwickeln sich nicht die Sehnerven; die primitive vordere Hirnblase höherer Thiere zerfällt secundär in zwei Blasen, von welchen die hintere, als *Regio ventriculi tertii*, die hohlen Augenblasen hervortreten lässt —

Die histologischen Verhältnisse der Centralorgane des Nervensystemes scheinen bei den höheren Fischen ziemlich gleichartig und mit denen höherer Wirbelthiere übereinstimmend zu sein. Nicht so verhalten sie sich bei niedriger organisirten Fischen. Bei Petromyzon besteht wenigstens das Rückenmark aus Fasern, welche mit den Elementarbestandtheilen desselben bei höheren Wirbelthieren fast jeder Aehnlichkeit ermangeln und nur mit dem sogenannten Axencylinder, der gewöhnlich im lebendigen Nerven in derjenigen Form, unter welcher er nach dem Tode sich darbietet, nicht existirt, verglichen werden kann. Es sind platte bandartige, von hüllenlosen Ganglienkörpern ausgehende Fasern, von theilweise colossaler Breite, die allmälig oder plötzlich in die allerfeinsten kaum messbaren Fibrillen zerfallen, deren Aehnlichkeit mit den feinsten elastischen Fasern nicht zu verkennen ist. — In dem Gehirne mancher Fische kommen neben kleinen Zellen oder Zellenkernen und einer feinkörnigen Medullarsubstanz, grosse und zum Theil colossale Ganglienkörper ohne eigene Hüllen vor. Müller hat sie zuerst bei Petromyzon gesehen von dem ich sie näher beschrieb; Valentin im Gehirne von Chimären; Savi und Wagner in den *Lobi electrici* der Zitterrochen; Leydig im *Cerebellum* von Sphyrna; ich in der *Medulla oblongata* von Raja clavata; neuerdings habe ich in der *Medulla oblongata* von Esox und Salmo einzelne gefunden, gleichzeitig mit Wagner, der sie im *Lobus vagi* von Cyprinus antraf. Ein Resultat von Wagner's Studien ist die durch Leydig bestätigte Thatsache, dass Fortsätze dieser Ganglienkugeln unmittelbar in peripherische Nerven übergehen. Eine andere Thatsache ist die, dass solche cen trale Ganglienkörper unter einander verbunden sein können. Wagner fand dies bei Torpedo; ich bei Petromyzon. Meine Studien an letzterem Thiere haben von der Variabilität der Grössenverhältnisse der Ganglienkörper und der Zahlverschiedenheit der von ihnen abgehenden Fortsätze mich überzeugt. Als Ergebniss anhaltender Forschungen möchte ich aussprechen: dass bei manchen Fischen die grossen Ganglienkörper der Centralorgane blos temporär vorbandene Gebilde mir zu sein scheinen, bestimmt zu weiterer Differenzirung in molekulare Körner- und sehr kleine Zellen, welche letzteren dann in Nervenfasern sich fortsetzen. — S. über diese Ganglienkörper: Wagner, in den Nachrichten von der königl. Gesells. d. Wissens. zu Göttingen. 1850. No. 4. und in Ecker's Icones physiologicae. Lips. 1852. Hft. 2. Tb. 14. und meine Abh. in den Nachrichten von der königl. Gesells. d. Wissens. zu Göttingen. 1850. No. 8.

Der Verlauf der Nervenfasern in den Centralorganen ist bisher noch nicht mit Erfolg studirt worden. — Einen eigenthümlichen Weg hat eingeschlagen: Nat. Guillot, Exposition anatomique de l'organisation du centre nerveux dans les quatre classes d'animaux vertébrés. Paris, 1844.

Das peripherische Nervensystem der Fische ist gleichfalls vielfach untersucht. Ausser den Schriften über die vergleichende Anatomie des gesammten Nervensystemes, vergleiche man: Stannius, das peripherische Nervensystem der Fische. Rost. 1849. 4., worin die frühere Literatur möglichst berücksichtigt ist und die Verdienste, welche vor Allen E. H. Weber, ferner J. Müller, (Vgl. Anat. d. Myxinoïd.); Schlemm u. d'Alton, (über Petromyzon, Müller's Archiv 1838.); Büchner, (über Cyprinus,

Mém. de la société d'hist nat. d. Strasburg. T. II.); Hyrtl, (Ueber Lepidosiren); Swan, (Illustrations of the nervous system. Lond. 1838. 4.) und Andere sich erworben, hervorgehoben sind. Man vergl. ausserdem: Agassiz und Vogt, Anatomie des Salmones; Bonsdorff, Disquisitio anatomica nervum trigemin. partemque cephalic. Gadi Lotae cum nervis Mammal. comparans. Helsingf. 1846. 4.]

§. 56.

Das Rückenmark der Cyclostomen [1]) ist bandartig, platt, elastisch und dehnbar. — In seiner Umgebung findet sich im *Canalis spinalis* von Petromyzon eine grauliche, weiche, sulzige Masse [2]). — Auch bei den Chimären bleibt es, unter Anwesenheit ähnlicher Bildungselemente elastisch und zeigt sich im hintersten Theile bandartig [3]).

Bei den Ganoïden, Teleostei und Plagiostomen ist es gewöhnlich von cylindrischer Form, besitzt eine hintere tiefere und eine vordere seichtere Längsfurche und einen mehr oder minder weiten Mediancanal. — Gewöhnlich ist das Rückenmark sehr lang, indem es die ganze Länge des Wirbelcanales einzunehmen pflegt; dabei verliert es gewöhnlich von vorne nach hinten allmälich an Dicke. — Nur wenige Fische machen, so weit bekannt, von dieser Regel eine Ausnahme. Dahin gehört zunächst Lophius piscatorius, wo das anfangs ziemlich dicke Rückenmark, von dem die langen Wurzeln der Spinalnerven entspringen, sich plötzlich sehr verdünnt und zwischen jenen im *Canalis spinalis* gelegenen Wurzeln fadenförmig nach hinten sich fortsetzt [4]). Hier sind ferner namhaft zu machen mehre Plectognathi Gymnodontes, namentlich Orthagoriscus, Diodon [5]), Tetrodon, wo das Rückenmark einen ganz kurzen conischen Zapfen darstellt und der *Canalis spinalis* durch die, eine lange *Cauda equina* bildenden, Spinalnervenwurzeln ausgefüllt wird. — Das Rückenmark endet bei vielen Teleostei mit einer scharf hervortretenden rundlichen oder ovalen Anschwellung [6]),

---

1) Bei Branchiostoma soll es nach Quatrefages aus hinter einander liegenden Anschwellungen bestehen.

2) In einer zähen formlosen Grundmasse finden sich grosse blasse Kugeln von $\frac{1}{30}$—$\frac{1}{70}$''' Durchmesser. Sie sind sehr scharf conturirt, kugelrund oder elliptisch, sehr elastisch, mattweiss. Sie enthalten bald einen grossen Kern mit Kernkörper, bald feinkörnige gelb oder schwarz pigmentirte Substanz oder grössere Tropfen, wie Oeltropfen aussehend. In der Grundmasse entwickeln sich in spindelförmige Fasern ausgezogene körnchenhaltige Kerne.

3) So nach den Angaben von Valentin, Müller's Archiv. 1842.

4) So ist Arsaky's (de piscium cerebro et medulla spinali. Hal. 1813.) nicht genaue Angabe durch Valenciennes, Hist. nat. d. poiss. T. XII. p. 357. verbessert worden, wie ich durch eigene Untersuchung mich überzeugt habe.

5) Dies Verhalten, das ich bei Diodon glaubte zuerst erkannt zu haben (Nervensyst. d. Fische. S. 114.), finde ich schon von Owen (Comparative anatomy. p. 173), gekannt. Ueber Orthagoriscus s. Arsaky, Tb. 3. Fig. 10.

6) S. darüber E. H. Weber in Meckel's Archiv f. Anat. u. Physiol. 1827.

welche bisweilen noch in einen unpaaren Faden sich auszieht. — An den Ursprungsstellen einzelner stärkerer Nervenwurzeln aus den hinteren Strängen erheben sich diese bisweilen zu rundlichen Anschwellungen. Am bekanntesten sind die bei den Triglae vorkommenden, aus welchen diejenigen Wurzeln hervorgehen, deren Elemente peripherisch für die sogenannten fingerförmigen Anhänge der Brustflossen bestimmt sind. Bei Trigla gurnardus erheben sich von der oberen und hinteren Fläche des Rückenmarkes, zunächst der *Medulla oblongata*, jederseits hinter einander fünf graulich-weisse, solide, rundliche Anschwellungen, von denen die beiden vordersten nur durch eine sehr seichte Einschnürung von einander geschieden, die hinteren aber ganz discret sind. An der Basis dieser Anschwellungen und in ihren Zwischenräumen treten successive fünf hintere Spinalnervenwurzeln hervor [7]).

Die Umhüllungen des Rückenmarkes verhalten sich im Allgemeinen übereinstimmend mit denen des Gehirnes. Beim Stör werden die vorderen und hinteren Wurzeln der Spinalnerven innerhalb des *Canalis spinalis* durch ein, der Länge nach, an jeder Seite desselben befestigtes elastisches mit Zahnfortsätzen versehenes *Ligamentum denticulatum* getrennt.

§. 57.

Das Gehirn der Marsipobranchii zeichnet sich durch den Umstand aus, dass vor der Gegend des *Cerebellum* an der Oberfläche drei discrete, hinter einander gelegene, einfache oder paarige Erhabenheiten oder Lappen vorhanden sind, während bei den übrigen Fischen, nach Abzug der *Tubercula olfactoria*, nur zwei solcher Lappen vorkommen. Bei den Myxinoïden entspricht das vorderste Paar, von dem die *Nervi olfactorii* ausgehen, den *Tubercula olfactoria* und den Hemisphären zugleich. Die nächstfolgende paarige Abtheilung repräsentirt die *Lobi ventriculi tertii*; von ihrer Basis nehmen die Sehnerven ihren Ursprung; hinter der Ursprungsstelle der Sehnerven liegt, an ihrer Basis, die *Hypophysis*; zwischen dem hinteren Theile der die beiden Lappen oberflächlich trennenden Furche liegt die *Epiphysis.* Die nächst folgende paarige Abtheilung, welche über und zwischen den Anschwellungen der *Medulla oblongata* eingekeilt liegt, ist vorläufig als *Cerebellum* zu deuten. Diese sämmtlich paarigen Abtheilungen erscheinen an der Basis kaum gesondert. Sie sind durchaus solide und ohne innere Höhlen gefunden worden. Nur zwischen dem *Cerebellum* und der *Medulla oblongata* liegt ein *Sinus rhomboïdalis.* — Das verlängerte Mark zeigt sich, im Vergleiche zum Rückenmarke, in der Dicke und Breite angeschwollen. Es besitzt seitlich zwei divergirende längliche Anschwellun-

---

7) Diese bereits Collin's bekannten Anschwellungen sind von Arsaky, Tiedemann, (Meckel's deutsches Archiv f. Phys. Bd. 2. S. 103.), Cuvier, Gottsche und mir untersucht worden. (Periph. Nervens. d. Fische. S. 111.).

gen (*Lobi medullae oblongatae*), welche zur Seite der hintersten Hirnabtheilungen vorne frei und stumpf enden. Aus diesen *Lobi medullae oblongatae* nehmen die meisten Hirnnerven ihren Ursprung [1]).

Das Gehirn der Petromyzonten unterscheidet sich von dem der Myxinoïden in mehren wesentlichen Punkten. Nächst den *Tubercula olfactoria* und von ihnen sehr unvoltkommen gesondert, zeigen sich die vorne durch eine Spalte getrennten, hinten verbundenen soliden Hemisphären. Auf letztere folgt der unpaare, hohle *Lobus ventriculi tertii*, welcher unten in die Höhle der *Hypophysis* sich fortsetzt. Aus einer oberen, von wulstigen Lippen begrenzten dreieckigen Oeffnung dieses *Lobus* treten feine Gefässe hervor, an welchen die *Epiphysis* [2]) befestigt ist. Vor der *Hypophysis* kommen die Sehnerven hervor. An den *Lobus ventriculi tertii* schliesst sich ein gleichfalls hohles, den *Corpora quadrigemina* entsprechendes Paar von Erhabenheiten [3]). Als *Cerebellum* endlich kann höchstens eine schmale Querleiste gedeutet werden, welche über dem vordersten Theile des *Sinus rhomboïdalis* ausgespannt ist und nur eine Commissur der seitlichen oberen Theile der *Medulla oblongata* darstellt. Die untere Fläche des Gehirnes zeigt sich ziemlich eben; nur am vorderen Theile der Basis des verlängerten Markes befindet sich eine unbeträchtliche unpaare Vorragung. — Die *Medulla oblongata* gewinnt nach dem Hirne zu an Breite und besitzt einen weiten *Sinus rhomboïdalis*, der unter dem *Cerebellum* in die Höhle der Vierhügelmasse sich fortsetzt. — Die den Myxinoïden eigenthümlichen *Lobi medullae oblongatae* fehlen.

Die vaskulösen Gebilde des Gehirnes bilden an der Oberfläche des vierten Ventrikels eine gefaltete Gefässhaut [4]).

§. 58.

Das Gehirn der Teleostei unterscheidet sich durch den Besitz von nur drei auf einander folgenden oberen Erhabenheiten [1]), von welchen die beiden vorderen paarig sind, während die letzte unpaar ist.

Meistens liegen unmittelbar vor den Hemisphärenlappen die den Riechnerven angehörigen Anschwellungen, die selten erst, unter Anwesenheit

1) Das Gehirn der Myxinoïden ist von Müller: Vergl. Neurol. d. Myxinoïd. geschildert; die Abbildungen finden sich in Müller's Schrift: Ueber den eigenthümlichen Bau d. Gehörorganes bei d. Cyclostomen. Berl. 1838. Tb. 2. 3.

2) Die *Epiphysis* erscheint oft als ein rundes, weissliches, aus Molekularkörnern bestehendes sackförmiges Gebilde hoch aufwärts in der Schedelhöhle und bisweilen in Communication mit einer gallertartigen hinter dem Geruchsorgan gelegenen Masse, welche oberflächlich nur von der Haut bedeckt ist.

3) An der Oberfläche der Vierhügelmasse liegt vorne eine weite unpaare Oeffnung, die in ihre Höhle führt.

4) Dieselbe bedarf noch näherer Untersuchungen.

1) Es sind Vogt's Prosencephalon, Mesencephalon und Epencephalon. Embryol. d. Salmon. p. 152.

längerer *Tractus olfactorii*, unmittelbar vor der Austrittsstelle der Riechnerven aus der Schedelhöhle sich vorfinden [2]). Auf die Hemisphärenlappen folgen dann, als paarige, hohle Anschwellungen, die sogenannten *Lobi optici*, deren Deutung verschiedenartig ausgefallen ist. Der Umstand, dass die *Hypophysis* an der unteren vorderen Grenze dieser Lappen sich befestigt und dass die Sehnerven aus ihrem grössten oberflächlichen gewölbten Theile hervorgehen, deutet entschieden darauf hin, dass die *Lobi optici* physiologisch zum Theil dem Mittelhirne oder der Gegend des dritten Ventrikels höherer Wirbelthiere entsprechen, während die zweite Thatsache, dass zwischen ihnen und der hintersten Hirnanschwellung die *Nervi trochleares* entspringen, in ihnen zugleich die Elemente der *Corpora quadrigemina* der höheren Classen erkennen lässt. Auf die *Lobi optici* folgt das unpaare *Cerebellum*, und dann die *Medulla oblongata*, welche häufig durch den Besitz eigenthümlicher, mit stärkerer Entwickelung gewisser Nerven in Beziehung stehender, Anschwellungen (*Lobi posteriores Auct.*) ausgezeichnet ist. An der Basis des Gehirnes liegt die *Hypophysis*, hinter welcher die Sehnerven hervorkommen und dann folgen, als untere Anschwellungen der Gegend der *Lobi optici*, die *Lobi inferiores*.

Die paarigen, soliden Hemisphärenlappen der Teleostei haben gewöhnlich in frischem Zustande eine bläulich-graue Farbe und besitzen häufig einige sehr schwache Erhabenheiten und Vertiefungen an ihrer Oberfläche [3]). Sie bestehen grossentheils aus grauer Masse, enthalten aber zugleich weisse Fasern, mit welchen die Pyramidalstränge als *Pedunculi cerebri* in sie ausstrahlen. Die beiden Lappen der Hemisphären sind durch eine weisse schmale *Commissura interlobularis*, deren Fasern aus den *Pedunculi* stammen, verbunden. Von der Basis der Hemisphären nimmt beständig der Geruchsnerv seinen Ursprung.

In der Regel sind die Hemisphären minder umfänglich, als die *Lobi optici* [4]), seltener gleich gross oder grösser. Bei den durch asymmetrische Entwickelung der Seitenhälften des Gehirnes ausgezeichneten Pleuronectides ist der aufwärts gelegenen *Lobus* umfänglicher, als der untere, ihm entsprechende.

Zwischen den Hemisphärenlappen und den *Lobi optici* eingekeilt, liegen auf dem *Pedunculus cerebri* zwei kleine graue Erhabenheiten (*Tubercula intermedia*) welche bisweilen durch eine feine Quercommissur (*Com-*

---

2) Vgl. §. 72.

3) Bei Cottus theilt eine schräge Furche jede Hemisphäre sehr unvollkommen in zwei Lappen; bei Gadus callarias sind mehre nach vorne convergirende Längsfurchen vorhanden.

4) Bei Alosa z. B. verhältnissmässig sehr klein.

missura tenuissima [5]) verbunden erscheinen. Ein hinter und zum Theil zwischen ihnen gelegener Spalt führt in das *Infundibulum*. Von ihnen aus erheben sich zwei Gefässe in der Schedelhöhle, welche in Zweige sich auflösen, in deren Circumferenz bisweilen mit lymphatischer Flüssigkeit gefüllte Bläschen sich finden. Die Stelle dieser Bläschen wird bei anderen Fischen durch eine feinkörnige *Epiphysis* vertreten [6]).

Die zunächst folgenden, oberflächlichen, paarigen, meist sehr umfänglichen Erhabenheiten bilden ein Gewölbe über anderen, von ihnen bedeckten, Theilen, in deren Grundlage sie seitwärts übergehen, von deren Oberfläche sie jedoch durch einen Hohlraum oder Ventrikel (*Ventriculus lobi optici*) getrennt werden. Sie bilden zusammen mit den von ihnen überwölbten Theilen die *Lobi optici* und repräsentiren, mit Einschluss letzterer, die Gegend des dritten Ventrikels und die der *Corpora quadrigemina*. Der Umfang der gewölbten oberflächlichen Erhabenheiten, in deren grauer Grundmasse weisse Fasern eingetragen sind, die, nach vorne convergirend und gewissermaassen sich abschnürend, in den beiden Sehnerven sich sammeln und concentriren, steht anscheinend immer in geradem Verhältnisse zur Stärke der Sehnerven und zum Umfange der Augen. Es erscheinen also diese Decken der *Lobi optici* als oberflächliche Ausbreitungen der Anfänge der Sehnerven. An der Stelle, wo die Sehnerven selbstständig werden, sind dieselben durch eine Commissur (die *Commissura transversa Halleri*) unter einander verbunden. — Die genannten beiden oberflächlichen Decken der *Lobi optici*, welche in der oberen Mittellinie einander oft nicht unmittelbar berühren, werden durch ein in ihre innere Schicht sich fortsetzendes, zwischen ihnen blattartig ausgespanntes System von queren, weissen, in graue Grundsubstanz eingetragenen Markfasern verbunden [7]). — Ein unter dieser Commissur gelegenes, mit zwei Schenkeln aus der Tiefe des vorderen Theiles der *Lobi* entspringendes, meist dreieckiges Markblatt bedeckt häufig die in der Höhle der *Lobi* gelegenen Erhabenheiten [8]). — Da wo die gewölbten Decken seitlich in den Grund des Ventrikels übergehen, liegt jederseits ein verschiedentlich gestalteter, oft beträchtlicher Wulst [9]), von

5) Ob sie beständig vorkömmt, ist mir sehr zweifelhaft geworden; bei Cottus scorpius z. B. habe ich sie im Mai spurlos vermisst.

6) Die *Epiphysis* gehört, wie bereits Gottsche bemerkt, zu den sehr variabelen Gebilden. Beim Lachs erheben sich, wie beim Stör, Gefässe und Nervenschenkel von den *Tubercula intermedia* aus, weit aufwärts in die Knorpelsubstanz des Schedels.

7) Es ist dies Gottsche's *Corpus callosum*. Bei Clupea harengus und Alosa vulgaris liegt dies Querfasersystem oberflächlich zu Tage, da die beiden äusseren Lappen hinten aus einander weichen.

8) Gottsche hat es als *Fornix* bezeichnet. Es ist vorzüglich ausgebildet bei Alosa und bei Esox.

9) Dies ist der *Thalamus opticus Auct.* Er ist z. B. sehr stark bei Belone. Die ausstrahlenden Fasern bilden den Stabkranz: *Corona radiata*.

dem aus zahlreiche weisse Fasern, in Gestalt eines Plättchens, in die Innenfläche der Decken der *Lobi optici* ausstrahlen. — Eine tiefe, weisse, beträchtliche Commissur [10]) zwischen beiden *Lobi* findet sich vor dem *Aditus ad infundibulum*, den sie vorne begrenzt und etwas bedeckt. — Hinten erheben sich vom Boden des *Ventriculus lobi optici*, unmittelbar vor dem Vordertheile des *Cerebellum*, mit dem sie in Verbindung stehen, zwei oder häufiger vier graue Erhabenheiten [11]). Sie liegen auf einer Markplatte, unter welcher ein Hohlraum [12]) verläuft, der eine Communication zwischen dem vierten und dritten Ventrikel bewirkt. — Die Grundlage der *Lobi optici* besteht wesentlich aus den zu den Hemisphären sich fortsetzenden Hirnschenkeln. An der Basis ihrer hinteren Hälfte zeigen sich zwei mehr oder minder ovale, nach hinten juxtaponirte, nach vorne etwas aus einander weichende Erhabenheiten: die *Lobi inferiores*. Oft findet man sie hohl. Ueber ihrem hinteren Theile liegt eine, die hinteren Seitentheile der *Lobi optici* verbindende, weisse Doppelcommissur: *Commissura ansulata*. Sie steht durch seitliche Fasern mit der den Sehnerven angehörigen *Commissura transversa* in Verbindung. — Da, wo die *Lobi inferiores* vorne aus einander weichen, findet sich ein grauer Raum mit zwei wulstigen Lippen (*Trigonum fissum*), welche einen Spalt begrenzen, aus dem das *Infundibulum* hervortritt, durch den auch die dieser Gegend angefügte Gefässhaut des *Saccus vasculosus* in den gemeinsamen Ventrikel sich fortsetzt. — Dem *Trigonum fissum* angefügt liegt auch die *Hypophysis* [13]). Dies sehr beträchtliche Gebilde ist gewöhnlich eingesenkt in eine mehr oder minder tiefe Grube, deren hintere Grenze durch den freien Vorderrand der vereinigten *Alae temporales* des Keilbeines gebildet wird. Sie zeigt, zu verschiedenen Jahreszeiten und in verschiedenen Lebensaltern bei der glei-

---

10) Es ist dies Gottsche's *Commissura anterior*.

11) *Corpora quadrigemina Auct.* Merkwürdig ist das Schwankende in der Anzahl dieser Körper bei Thieren derselben Art. Schon Gottsche hat bei einem Pleuronectes darauf aufmerksam gemacht. Ein Gadus callarias, den ich vor mir habe, besitzt, statt der gewöhnlich vorkommenden zwei Körper, vier. Bei Esox sind vier vorhanden; bei Belone zwei, deren jeder unvollkommen getheilt ist.

12) *Aquaeductus Sylvii*, Gottsche.

13) Gottsche's gegen einige seiner Vorganger ausgesprochener Tadel, dass sie in ihren Beschreibungen der *Hypophysis* ungenau gewesen, weil sie sie, als bisweilen aus zwei hinter einander liegenden Körpern bestehend, geschildert, scheint mir nicht gerechtfertigt. Ihr Zustand ist einmal sehr ungleich. Gottsche selbst gibt dies zu, wenn er sagt, dass man sie bisweilen vergrössert findet, dass sie dann von Blutgefässen strotzt, dass sie in einem Falle bei einem Pleuronectes sogar die Grösse des *Lobus opticus* hatte. — Sie wird meistens solide gefunden, doch anscheinend nicht immer. — Auch die Art ihrer Verbindung mit den angrenzenden Theilen möchte ich nicht als immer gleichartig bezeichnen. Einen Theil ihrer Substanz findet man oft ganz schneeweiss, während der andere bläulicher gefärbt ist.

chen Species untersucht, Verschiedenheiten in Betreff ihrer Anfügung und Ausdehnung. Der Umstand, dass bisweilen ein schon durch verschiedene Farbe ausgezeichnetes Blastem ihr angefügt ist, hat zur Annahme zweier hinter einander liegender *Hypophyses* Anlass gegeben. Hinter der *Hypophysis* liegt, gleichfalls dem *Trigonum fissum* und den *Lobi inferiores* unten angefügt, ein Gefässsack: *Saccus vasculosus* [14]), sehr variabel hinsichtlich seiner Ausdehnung und speciellen Beschaffenheit. Es besteht aus Läppchen, in welche Gefässschlingen übergehen.

Die letzte der oberflächlichen Anschwellungen bildet das unpaare *Cerebellum*, ein in seinem Umfange bei den verschiedenen Teleostei sehr variabeles Gebilde. Klein ist es z. B. bei Gobius niger, Cyclopterus lumpus, Cottus scorpius, grösser bei Belone, bei Alosa, bei Clupea harengus, noch grösser bei Gadus callarias, wo sein Vordertheil in die Höhle der *Lobi optici* hineinragt, ferner bei Scomber scombrus, bei Thynnus vulgaris, bei Silurus glanis, wo es die *Lobi optici* zum grossen Theile bedeckt. Es zeigt bisweilen Querfurchen und auch die Andeutung einer Längsfurche. Seitwärts geht die Masse des *Cerebellum* über in die Anschwellungen der *Corpora restiformia*, von denen ein Theil der Wurzeln des *N. trigeminus* entsteht [15]). Inwendig erstreckt sich in die Substanz des *Cerebellum* eine Höhle, welche mit dem vorderen Abschnitte des vierten Ventrikels communicirt.

Die *Medulla oblongata*, vor dem Rückenmarke durch überwiegende Breite ausgezeichnet, besitzt in der Mittellinie eine Längsfurche, an deren Seiten die weissen vorderen Pyramiden, als Fortsetzungen der vorderen Rückenmarksstränge, liegen. Diese bilden den Boden des vierten Ventrikels, an dessen Oberfläche ein System weisser querer Markfaserbündel verläuft. Die auseinander weichenden hinteren oder oberen Rückenmarksstränge lassen zum Ursprunge des *Nervus trigeminus* hin sich verfolgen. Ein drittes Paar von angeschwollenen Strängen liegt zwischen beiden; es sind die *Corpora restiformia*; sie bilden die *Pedunculi cerebelli*.

Diese Stränge umschliessen den vierten Ventrikel, dessen Höhle nach hinten in die des Rückenmarkes sich fortsetzt. Am hinteren Ende des vierten Ventrikels, also an der Grenze des Rückenmarkes, und eigentlich diesem angehörig, findet sich stets eine, die aus einander weichenden hinteren Rückenmarksstränge verbindende, weisse Markcommissur: *Commissura spinalis*. Selten liegt der vierte Ventrikel frei und offen zu Tage. Bei sehr vielen Fischen nämlich wird derselbe etwa in der Mitte seiner Länge oder

14) Ich habe ihn nicht selten ganz vermisst, namentlich bei Esox.

15) In der grauen Substanz des *Cerebellum* finden sich beim Dorsch weisse Markstränge, welche vollständig sich kreuzen und nach hinten in die graue Substanz des *Cerebellum* ausstrahlen.

auch, wie bei einigen Clupeïden, weiter vorwärts von zwei, in der Mittellinie zusammenstossenden, Erhabenheiten (*Lobi posteriores*) bedeckt und überwölbt [16]). Es sind dies eigenthümliche Anschwellungen der *Corpora restiformia*, aus welchen hintere Wurzeln des *N. trigeminus* und des Seitennervensystemes des *N. vagus* Ursprung nehmen. Sie sind sehr beträchtlich bei Clupea harengus, Alosa vulgaris, Gadus callarias, Esox, mässig stark bei Belone, schwach bei Cottus, Perca, Pleuronectes.

Andere Anschwellungen liegen seitwärts an den *Crura cerebelli ad medullam oblongatam*; sie stehen durch eine an der Unterfläche der *Medulla oblongata* verlaufende Commissur mit einander in Verbindung und geben den Elementen des *N. vagus* Ursprung. Bei vielen Cyprinen sind diese sonst unbedeutenden, als *Lobi vagi* bekannten, Anschwellungen, aus denen hier die, für das contractile Gaumenorgan bestimmten, Nerven hervorgehen, sehr entwickelt.

Bei Cyprinen und Silurus erhebt sich vom Grunde der vierten Hirnhöhle noch eine unpaare rundliche Anschwellung (*Lobus impar*), welche zwischen jenen seitlichen gelegen, gewissen Elementen des *N. trigeminus* Ursprung gibt.

Das Gehirn der Teleostei füllt die Schedelhöhle, wenigstens bei älteren Fischen, fast niemals vollständig aus, vielmehr bleibt zwischen ihm und den Wandungen der Schedelcapsel gewöhnlich ein sehr beträchtlicher Zwischenraum. Als *Dura mater* ist die die Innenwand der Schedelcapsel auskleidende, bisweilen pigmentirte Membran zu betrachten. Eine, in Bezug auf ihren Gefässreichthum und ihre Stärke sehr variirende, Gefässhaut bildet den Ueberzug des Gehirnes, setzt über die Zwischenräume seiner einzelnen grösseren Abtheilungen sich fort und bildet nicht selten, namentlich über dem vierten Ventrikel, einen Gefässsack. Zwischen ihr und der *Dura mater* finden sich mehr oder minder reichlich Gallert- und Fettmassen, Pigmentzellen, Gefässe und Substanzbrücken. Bei einigen Fischen z. B. beim Lachs sind die Fettmassen gewöhnlich äusserst stark und reichlich, bei anderen, wie bei Cottus scorpius viel spärlicher. Bei manchen z. B. bei Esox, Gadus u. A. findet sich statt der Fettmassen, lymphatische oder gallertartige Flüssigkeit, in welcher jedoch Fetttröpfchen vorzukommen pflegen.

[Unter den zahlreichen Arbeiten über das Gehirn der Gräthenfische sind hervorzuheben: der schon §. 55. genannte Aufsatz von Gottsche; die Schilderung des Gehirnes von Coregonus palaca in Agassiz und Vogt, Anatomie des Salmones und

16) Bei Trigla gurnardus, Alosa vulgaris und anderen Fischen werden diese *Lobi posteriores* vom *Cerebellum* fast ganz verdeckt. — Rusconi hat darauf aufmerksam gemacht, dass bei Tinca die *Lobi medullae oblongatae* des einjährigen Thieres noch kaum entwickelt sind. S. Müller's Arch. 1846. S. 478. Tb. 15. Fig. 7. 8.

eine Monographie des Gehirnes einheimischer Süsswasserfische von H. M. A. Klaatsch: de cerebris piscium ostacanthorum aquas nostras incolentium. Halis. 1850. 4. Sie sind sämmtlich durch Abbildungen erläutert. — Merkwürdige Abweichungen vom gewöhnlichen Hirnbau zeigt, nach Erdl (Gelehrte Anzeigen, hersgb. v. d. k. baiers. Acad. d. Wissensch. 1846. No. 179. S. 403.) die Gattung Mormyrus, so wie nach demselben (s. ebendaselbst 1846. No. 202. S. 599.) Gymnarchus niloticus.]

§. 59.

Das Gehirn der Ganoïden [1]) stimmt, mit Ausnahme grösserer Ausdehnung der *Pedunculi cerebri* zwischen den Hemisphären und den *Lobi optici*, in seiner wesentlichen äusseren Anordnung mit demjenigen der Teleostei überein. Bei Accipenser folgen auf die, durch den Besitz eines an ihrem Ausgangspunkte oben geöffneten, Ventrikels ausgezeichneten *Tubercula olfactoria* die durch eine Spalte getrennten, aber durch eine weisse *Commissura interlobularis* verbundenen Hemisphären. Jeder *Lobus* derselben besteht aus zwei, durch eine quere Furche geschiedenen, inwendig soliden, Erhabenheiten. An sie schliessen sich die *Pedunculi cerebri*, eine oben geöffnete Rinne darstellend, welche seitlich von schwachen Erhabenheiten begrenzt wird. Sie sind oben von den Fortsetzungen der gemeinsamen Hirnhaut überwölbt, welche vor ihnen in einen langen, conischen, dünnen, geschlossenen, vorwärts und aufwärts gerichteten, in die Knorpelsubstanz des Schedels weit hineinragenden Sack sich zuspitzen. Diese äusseren Membranen aber umschliessen einen zweiten oben geschlossenen, hinten mit dem *Infundibulum* communicirenden Gefässsack, welcher lymphatische Flüssigkeit enthält. Dieser Gefässsack ist ähnlich gebildet, wie der *Saccus vasculosus*. Von seinen Gefässhäuten aus erheben sich mehre gestreckte, parallel laufende Gefässe in den conischen Sack der gemeinsamen Gefässhaut und von diesem aus in die Knorpelsubstanz des Schedels. An der Basis dieser Gefässe entwickeln sich die Bläschen der *Epiphysis* [2]).

---

1) S. über Accipenser meine Abhandl. in Müller's Archiv. 1843. — Die wesentliche Uebereinstimmung des Gehirnes der Ganoïdei holostei mit dem von mir geschilderten Baue desselben beim Stör hat nachgewiesen: J. Müller, Ueber Bau und Grenzen d. Ganoïden, wo auch die erforderlichen Abbildungen gegeben sind. Von den ursprünglich gegebenen, auch durch Müller acceptirten Deutungen, weiche ich in dieser Darstellung, die auf fortgesetzte Untersuchungen sich stützt, ab. Busch, De Selachiorum et Ganoïdeorum encephalo. Berol 1848. 4. hat mit Recht auf die Inconsequenz einer Annahme eigener *Lobi ventriculi tertii* aufmerksam gemacht, bei seinem über mich ausgesprochenen Tadel aber übersehen, dass sein grosser Lehrer mehrfach die gleiche Deutung ausgesprochen hatte.

2) Der Zustand dieser *Epiphysis* ist höchst verschiedenartig. Bisweilen sieht man nur Gefässe und Bläschen. Bei anderen Thieren, und zwar gewöhnlich, Folgendes: die *Tubercula intermedia* werden durch eine graue Brücke verbunden. Ihre Bestandheile sind Körnchenhaltige Zellen, die in feinkörniger Grundsubstanz liegen. Von dieser Brücke geht nun ein weisser, bei grossen Stören bis 3 Zoll langer, bisweilen

Die hintere Grenze der Rinne der *Pedunculi* wird, unmittelbar vor den *Lobi optici* überwölbt von einer den *Tubercula intermedia* entsprechenden, zwei Erhabenheiten bildenden Commissur. — Die zunächst folgenden gewölbten, weissen, oberflächlichen, paarigen Lappen der *Lobi optici*, von welchen die *Nervi optici* ausgehen, verhalten sich, in ihrer Verbindungsweise durch ein graues Gewölbe und eine vordere weisse Commissur, wie bei den Teleostei. Sie bedecken eine Höhle, welche nach vorne mit dem Raume zwischen den *Pedunculi cerebri*, nach unten mit der Höhle der eng verbundenen *Lobi inferiores* und mit dem *Infundibulum*, nach hinten mit dem *Sinus rhomboïdalis* communicirt. — Das *Cerebellum* ragt zapfenförmig hinein in die Höhle der *Lobi optici* und empfängt hier, von jeder Seite der Wandungen dieser Höhle aus, einen starken weissen Markschenkel. Mit diesem, von den *Lobi optici* überwölbten eigentlichen *Cerebellum* hangt eine sehr entwickelte, hinter jenen *Lobi* gelegene, steile, gewundene graue Commissur der *Corpora restiformia* innig zusammen. — Die nach dem Hirne zu an Breite beträchtlich gewinnende *Medulla oblongata* bildet einen weiten offenen *Sinus rhomboïdalis*. Zur Seite seiner Längsfurche liegen die weissen Pyramidalstränge zu Tage: unmittelbare Fortsetzungen der gleichen an der Basis der Rückenmarkshöhle befindlichen Stränge. Am Vorderende des *Sinus rhomboïdalis* erstreckt sich von jedem derselben ein weisser Querstrang in die umgebende Markmasse. Diese Querstränge sind es, welche in den, von den *Lobi optici* überwölbten, Theil des *Cerebellum* später eintreten. — Weiter nach aussen folgen die in zwei parallele Längsbündel zerfallenen, aus einander gewichenen Fortsetzungen der hinteren oder oberen Rückenmarksstränge. Ihnen aussen und oben angefügt erscheinen die grauen gekräuselten *Corpora restiformia*, deren Commissur den frei zu Tage liegenden Theil des *Cerebellum* bildet.

Was die Umhüllungen anbetrifft, so ist der hinterste weite Theil der Schedelhöhle, welcher noch einen Theil des Rückenmarkes aufnimmt, mit gelbem Fett und einer röthlichen gefässreichen Masse erfüllt, welche in ihren mikroskopischen Bestandtheilen mit der, die grossen Venenstämme umgebenden, Gefässdrüse wesentlich übereinstimmt. Die *Medulla oblongata*, nebst dem Gehirne, werden von einem, stellenweise dunkel pigmentirten Sacke umhüllt, dessen Häute in mehre Schichten sich sondern lassen. Die äusseren Schichten stehen durch Brücken mit einer, die austretenden Ner-

---

doppelter Faden aus, der in dem conischen Sacke und später ausserhalb desselben in einer eigenen vorderen, vorn abgerundet endenden Aushöhlung der Knorpelsubstanz des Schedels nach vorn verläuft und hier endet. Dieser weisse Faden besteht aus einem mit dunkelen Molekularkörnchen, mit hirnzellenartigen und anderen Theilen und Kernen gefüllten Hohlraume, neben welchem Blutgefässe verlaufen. Sein vorderes Ende enthält bald blasse runde Zellen, bald *Detritus*: dunkele Molekularmasse und Fett.

ven und zum grossen Theil auch die innere Schedelhöhlenwand überziehenden, Gefässhaut in Verbindung. Dieser Sack umhüllt einzelne Abtheilungen des Gehirnes, namentlich die Gegenden der *Sinus* ganz lose, andere innig. Er wird wesentlich gebildet aus Gefässhäuten. Zur Seite der *Corpora restiformia* bildet die hier der Hirnsubstanz auf das engste anliegende innerste Platte des Sackes zahlreiche, parallele, kammartige, transverselle Falten, in welchen die Gefässe verlaufen. Während seiner Ausdehnung über dem *Sinus rhomboidalis* und über dem *Sinus* der *Pedunculi* umhüllt er mit lymphatischer Flüssigkeit erfüllte Säcke. Der in Gestalt eines Hornes verlängerte, von der Höhle der *Pedunculi* ausgehende Lymphsack erhält von den Fortsätzen der Gefässhaut ebenfalls eine äussere Bekleidung.

Mit der Anordnung der Hirnabtheilungen bei den Ganoïden scheint diejenige der Dipnoi grosse Aehnlichkeit zu haben [3]).

§. 60.

Die wesentliche Anordnung der Hirntheile bleibt bei den Elasmobranchii [1]) dieselbe, wie bei den Teleostei und Ganoïdei; doch zeichnet sich das Gehirn immer durch viel beträchtlichere Entwickelung seiner Masse, so wie durch mehre andere Umstände aus. Dahin gehören: 1) die schon bei manchen Teleostei angetroffene Entfernung der *Tubercula olfactoria* von den Hemisphärenlappen durch die zwischengeschobenen, oft sehr langen *Tractus olfactorii*; 2) die auch den Ganoïdei im Ganzen eigenthümliche, aber bei manchen Elasmobranchii, und zum Theil in auffallender Weise, hervortretende Entfernung der *Lobi optici* von den Hemisphärenlappen durch die zwischen gelegenen längeren *Pedunculi cerebri*; 3) der sehr bedeutende Umfang des *Cerebellum*.

Die Hemisphären [2]) zeigen verhältnissmässig einen beträchtlichen Um-

---

3) S. vorzüglich Peters in Müller's Archiv. 1845. Tb. 3. Fig. 6. 7.

1) Das vielfach untersuchte Gehirn der Elasmobranchii ist, in Betreff seiner morphologischen Verhältnisse, am ausfuhrlichsten und gründlichsten erortert von Busch, De Ganoïdeorum et Selachiorum encephalo. Berol. 1848. 4. mit trefflichen Abbildungen. — Andere Abbildungen von Gehirnen der Plagiostomen finden sich z. B. bei Carus Zootomie Tb. 9.; Carus, Darstellung des Nervensystemes. Tb. 2.; Kuhl, Beiträge z. Zool. u. vergl. Anat. Frkf. 1820. Tb. 1.; bei Weber, de aure et auditu hom. et animal. Lipz. 1820. 4. Tb. 10.; bei Wagner, Icones physiol. Tb. 23.; bei Davy, Physiolog. researches. Vol. I. Tb. 1.; bei Swan, Illustrat. of the comp. anat. of the nerv. Syst. Tb. 10.; bei Savi in Matteucci, Traité d. phénom. electro-phys. Tb. 2. 3. — Ueber den elementaren Bau s. Savi, Wagner und Leydig. — Rücksichtlich aller speciellen Verhältnisse muss auf Busch verwiesen werden.

2) Warum Busch l. c. p. 10., nach dem Vorgange von Rolando, die Hemisphären als *Lobi communes* d. h. als *Lobi olfactorii* und *hemisphaerici* zugleich deuten will, ist mir unklar. S. meine Schrift über d. periph. Nervensyst. d. Fische. S. 3., wo ich aus einander gesetzt, dass die *Tractus olfactorii* der Fische immer Hirnröhren enthalten, mögen sie lang oder kurz sein, während die *N. N. olfactorii* immer

fang, erscheinen auswendig durch eine seichtere oder tiefere Längsfurche unvollkommen von einander getrennt, besitzen mehr oder minder deutliche Spuren von Windugen und, wenn nicht beständig, wenigstens temporär eine innere Höhlung, in welcher bisweilen den Streifenhügeln vergleichbare Erhabenheiten beobachtet werden. Aus den Seitentheilen dieser Hemisphären gehen die *Tractus olfactorii* hervor, um vorn, oft weit vom Gehirne entfernt, ihre Anschwellungen zu bilden. Diese *Tractus* werden ebenfalls häufig hohl angetroffen und communiciren dann mit dem Ventrikel der Hemisphären.

Die Hemisphären schliessen sich bald unmittelbar an die oberflächlichen Wölbungen der *Lobi optici*, bald werden sie durch die beiden längeren, frei zu Tage liegenden, seitlich durch graue Masse belegten, in der Mitte eine Rinne bildenden, also einen *Sinus* besitzenden *Pedunculi cerebri* 3) von ihnen getrennt. An der hinteren Grenze dieser liegen die *Tubercula intermedia* und unterhalb letzterer der *Aditus ad infundibulum*, welchem die solide, bei den Squalidae vielfach gelappte *Hypophysis*, nebst dem mit ihm communicirenden *Saccus vasculosus* angefügt sind.

Die Gegend der *Lobi optici* besitzt oberflächlich zwei convexe, mittelst einer Längsfurche unvollkommen von einander getrennte Gewölbe, deren Umfang meist geringer ist, als derjenige der Hemisphären und im Ganzen auch, als der der gleichnamigen Gebilde bei den Teleostei. Aus ihnen entstehen die meisten Fasern der Sehnerven. Sie werden meistens mehr oder minder vollständig überragt und bedeckt von dem Vordertheil des *Cerebellum*. An der Basis der *Lobi optici* liegen, etwas vorwärts gerückt, die bald hohlen, bald soliden *Lobi inferiores*, zwischen denen die *Hypophysis* und der *Saccus vasculosus* eingekeilt sind. Vor den *Lobi inferiores* findet sich das *Chiasma nervorum opticorum*.

Das sehr umfängliche *Cerebellum*, dessen Höhle mit dem *Aquaeductus Sylvii* in Verbindung steht, erstreckt sich vorne gewöhnlich über einen sehr beträchtlichen Theil der Decken der *Lobi optici* und bedeckt hinten in einer nicht minder bedeutenden Strecke den *Sinus rhomboïdalis*, besitzt bisweilen eine Längsfurche, zeigt häufig transverselle Streifen, oder wie bei Sphyrna tiefe Querfurchen und hangt mit den *Corpora restiformia*, so wie mit der Fortsetzung der hinteren Rückenmarksstränge zusammen.

---

einen anderen Bau zeigen, sobald sie die *Tubercula olfactoria* verlassen, mögen diese unmittelbar vor dem Gehirne oder weit nach vorne gerückt liegen.

3) Ein Theil der Stränge der *Pedunculi* steht mit den Sehnervenursprüngen hinten in Verbindung. Cuvier und Gottsche haben diese Communication richtig erkannt und ich habe geirrt, wenn ich sie zu vermissen glaubte. (s. meine Schrift S. 8.). Sollten diese von den Sehnervenursprüngen zu den Hemisphären tretenden Stränge bestimmt sein, Lichtempfindungen zum *Sensorium* zu übertragen, um zu willkührlichen Actionen anzuregen?

Die umfängliche *Medulla oblongata* besteht jederseits aus drei Strängen: den vorderen Pyramiden, den Fortsetzungen der hinteren Rückenmarksstränge und den *Corpora restiformia*. Letztere bilden vielfach gewundene Wülste zur Seite des *Cerebellum*: die *Lobi posteriores s. Lobi nervi trigemini*. Am Boden des *Sinus rhomboïdalis* erheben sich bei den Haien 4—6 perlschnurförmig an einander gereihete Erhabenheiten, welche den Rochen allgemein zu fehlen scheinen.

Bei den Torpedines wird der *Sinus medullae oblongatae* fast ganz bedeckt durch die in der Mittellinie an einander stossenden, einwärts von den *Corpora restiformia* gelegenen, sehr beträchtlichen *Lobi electrici* [4]), welche reichlich multipolare Ganglienkörper enthalten, deren Pole in Nervenfasern sich fortsetzen [5]).

In seinen wesentlichsten Verhältnissen stimmt das Gehirn der Holocephali mit dem der Plagiostomen überein [6]).

Das Gehirn der Elasmobranchii füllt bei ganz jungen Thieren die Schedelhöhle ziemlich vollständig aus; bei älteren Thieren gewöhnlich — aber nicht immer [7]) — nur theilweise. Abgesehen von der harten Hirnhaut, die die Schedelhöhle unmittelbar auskleidet, verdient die das Gehirn überziehende Gefässhaut Beachtung. Sie bildet gefässreiche Falten, die den *Corpora restiformia* eng anliegen, und Fortsätze, die in den *Sinus rhomboïdalis* übergehen und wahre *Plexus chorioïdei* darstellen. Zwischen ihr und der harten Hirnhaut finden sich sehr oft zellenähnliche Räume, von Balken der Gefässhaut durchzogen, mit lymphatischer, gallertartiger Substanz erfüllt. Eine dritte zarte Membran bildet die das Gehirn dicht überziehende *Pia mater*.

§. 61.

Jeder Spinalnerv entsteht in der Regel mit zwei Wurzeln: einer vorderen und einer hinteren; eine Ausnahme von diesem Gesetze macht nicht selten der erste Spinalnerv. Die vordere Wurzel entsteht aus dem vorderen, die hintere aus dem hinteren Strange des Rückenmarkes. Gewöhnlich, doch nicht ganz beständig, z. B. nicht bei Diodon, übertrifft die hintere Wurzel die vordere an Stärke. Die Dicke der einzelnen Wurzeln kann an verschiedenen Stellen des Rückenmarkes verschieden sein. Besonders stark sind z. B. einige der ersten Spinalnervenwurzeln bei den Triglae [1]) und bei Polynemus, wo sie zugleich von eigenen Anschwellungen

---

4) Die genauesten Abbildungen des Gehirnes der Torpedines verdanken wir Savi, l. c. Tb. 3. — 5) Diese Thatsache ist durch Wagner ermittelt.

6) S. das Speciellere bei Busch, l. c. nnd dessen Abbildungen. Tb. 2. Fig. 7—9.

7) Eine Ausnahme bildet z. B., wie auch Busch angibt, Zygaena.

1) S. über diese Anschwelluugen §. 56. An der Basis dieser Anschwellungen und in ihren Zwischenräumen treten successive fünf hintere Spinalnervenwurzeln hervor. Die beiden Stränge, welche die hintere Wutzel des dritten Spinalnerven con-

des Rückenmarkes ihren Ursprung nehmen. — Die vordere Wurzel eines jeden Spinalnerven verlässt das Rückenmark gewöhnlich als einfacher Strang. Bei Accipenser, Spinax [2]) und Carcharias tritt dagegen die vordere Wurzel in der Regel mit zwei discreten Strängen aus dem Rückenmarke hervor. — Eine Eigenthümlichkeit der bisher untersuchten Gadoïden [3]) ist die, dass jede hintere Wurzel einiger oder vieler der Spinalnerven der Rumpfgegend zwei gesonderte Stränge und jeder dieser letzteren sein eigenes Spinalganglion besitzt. Die eine dieser Wurzeln ist für den *R. dorsalis*, die andere für den *R. ventralis* eines Spinalnerven bestimmt. — Die hintere Wurzel enthält vorzugsweise feine, die vordere, ausschliesslich oder vorwaltend, breite Primitivfäden. — Bisweilen haben die Wurzeln der Spinalnerven von ihrem Ursprunge aus dem Rückenmarke bis zu ihrer Austrittsstelle aus dem Spinalcanale eine weite Strecke zurückzulegen, sind daher sehr lang. Besonders ist dies bei extremer Kürze des ganzen Rückenmarkes, wie bei mehren Plectognathi Gymnodontes oder bei grosser Dünne seines hinteren Theiles, z. B. bei Lophius der Fall, wo die Nervenwurzeln eine starke *Cauda equina* bilden.

---

stituiren, sind von sehr beträchtlicher Stärke. Auch findet man für diese Wurzel zwei unvollkommen getrennte Spinalganglien. Diese hinteren Wurzeln enthalten grösstentheils feine Primitivfäden. Auch die vorderen, von den vorderen Rückenmarkssträngen entstehenden Wurzeln sind stark. — Die beiden ersten hinteren Wurzeln treten mit drei vorderen Wurzeln zur Bildung des ersten Spinalnerven durch eine gemeinsame Schedelöffnung aus. Die beiden ersten hinteren Wurzeln bilden nach ihrem Austreten aus der letzteren zwei dicht neben einander liegende Ganglien. — Die *Rami anteriores* der beiden ersten Spinalnerven sind, nach Abzug des *Ramus pro musculo sternohyoïdeo* und des starken Nerven für den Seitenmuskel der Schwimmblase, bestimmt für die Vorderextremität; der dritte Spinalnerv aber begibt sich, nach Abgabe eines *R. communicans* zum *Plexus brachialis*, ausschliesslich an die fingerförmigen Organe und deren Muskeln.

2) Bei Spinax hat der eine Strang, indem er der Austrittsstelle der ganzen Wurzel gegenüber aus dem Rückenmarke kömmt, einen sehr kurzen queren Verlauf im *Canalis spinalis*, während der andere Strang, weiter vorwärts entspringend, im Spinalcanale eine Strecke weit hinterwärts verlaufen muss.

3) Gefunden habe ich diese Eigenthümlichkeiten bei Gadus callarias an 31 Spinalnerven, bei G. aeglefinus und G. minutus an vielen, ferner bei Raniceps fuscus, Lepidoleprus norwegicus, Lota vulgaris, Brosmius vulgaris und Motella mustelus. — Die für den *R. posterior s. dorsalis* bestimmte hintere Wurzel verlässt den *Canalis spinalis* zwischen den oberen Bogenschenkeln je zweier Wirbel, steigt aufwärts und bildet in einiger Entfernung von der Austrittsstelle ein eigenes kleines Ganglion. Entweder sogleich nach der Ganglienbildung, oder etwas später, legt an sie das dünne für den Rücken bestimmte motorische Wurzelelement des nächst hinteren Spinalnerven sich an. So entsteht der *R. dorsalis* aus den heterogenen Elementen zweier auf einander folgender Spinalnerven. — Die für den Bauchast bestimmte hintere Wurzel bildet nach ihrem Austritte aus dem *Foramen intervertebrale* ihr Spinalganglion und darauf legt die ihr entsprechende vordere Wurzel an sie sich an.

Die Austrittsweise der beiden Wurzeln aus dem *Canalis spinalis* verhält sich in so ferne verschieden, als sie den letzteren bald durch eine gemeinsame, bald durch discrete Oeffnungen verlassen. Erstere Austrittsweise haben die Elemente der vorderen Spinalnerven vieler, die aller Spinalnerven mancher Teleostei. Bei den Elasmobranchii, bei Accipenser, bei einigen Teleostei, z. B. bei Perca, Pleuronectes, Silurus, Cyprinus, Esox, Salmo hat jede Wurzel ihre discrete Austrittsstelle. Bei den Plagiostomen tritt die vordere Wurzel durch die *Cartilago cruralis*, die hintere durch die *Cartilago intercruralis* [4]). — Bei den Teleostei liegen die Austrittsöffnungen bald in den ossificirten Elementen, bald in den häutigen Theilen der oberen Bogen, bald in beiden zugleich.

Die Spinalganglien entstehen auf Kosten der hinteren Wurzeln. Für einzelne Nerven kann das Ganglion noch im *Canalis spinalis* liegen, wie dies namentlich in Betreff der vordersten bisweilen vorkömmt. Wenn ein Nerv zwei hintere Wurzeln erhält, bilden diese gewöhnlich zwei juxtaponirte Ganglien. — Die Ganglien einzelner Spinalnerven sind oft besonders stark.

Schon vor der Vereinigung der beiden Wurzeln eines Spinalnerven können Zweige aus einer oder aus beiden derselben hervortreten, wie dies namentlich bei Plagiostomen, bei Accipenser, bei Cyprinen, Salmonen u. s. w. beobachtet ist [5]).

Jeder vollständige Spinalnerv besitzt wesentlich einen dorsalen und einen ventralen Ast. Am vollkommensten ist die Symmetrie Beider da ausgeprägt, wo jeder dieser Aeste seine eigene vordere und hintere Wurzel besitzt, wie bei den Gadoïden an vielen Nerven. Ein zweiter Bildungstypus ist der, dass die hintere Wurzel ein einfaches Spinalganglion bildet, aber die vordere Wurzel sogleich nach ihrem Austreten in zwei Schenkel sich theilt, von denen einer für den ***R. dorsalis***, der andere für den ***R. ventralis*** bestimmt ist. Endlich können die Elemente beider Aeste aus einem indifferenten Vereinigungspunkte der vorderen und der hinteren Wurzel entstehen.

1. Der ***Ramus dorsalis*** erstreckt sich längs dem oberen Bogen seines Wirbels und später auf den tiefen Flossenmuskeln aufwärts zum Rücken, indem er seine Zweige abgibt sowol für den Rückentheil des Seitenmuskels, als auch für die tiefen Flossenmuskeln. — Während seines Verlaufes nach oben empfängt er einen ***R. communicans*** aus dem ***R. dorsalis*** der nächst vorderen Spinalnerven. Dieser ***R. communicans***, welcher bisweilen stärker ist, als der eigentliche ***R. dorsalis***, trennt sich von einem

---

4) In Folge eines Irrthums des Correctors sind im Texte meiner Schrift über das Nervensystem die Bezeichnungen *Cartilago cruralis* und *intercruralis* verwechselt.

5) S. Näheres in meiner Schrift. S. 118.

solchen bald sogleich bei oder nach seinem Entstehen, bald erst viel später. In ersterem Falle steigt er gewöhnlich längs dem oberen Bogenschenkel des nächst hinteren Wirbels schräg aufwärts zum Rücken, um mit dem nächst folgenden *R. dorsalis* sich zu verbinden [6]). Im zweiten Falle stellt er zwischen seinem ursprünglichen *R. dorsalis* und dem nächst hinteren einen mehr queren Verbindungsast dar. Auf diese Weise kann also durch sämmtliche einzelne *R. R. communicantes* ein auf den tiefen Flossenmuskeln liegender, die einzelnen *R. R. dorsales* verbindender Längsstamm entstehen, wie z. B. bei Cottus, bei den Gadoïden.

Bei denjenigen Fischen, welche einen *R. lateralis N. trigemini* besitzen, geht der vereinigte Stamm des eigentlichen *R. dorsalis* und des *R. communicans* oben am Rücken, einfach oder in zwei Zweige gespalten, in die Bahn dieses Collectors über. Aber auch da, wo ein *R. lateralis* fehlt, können die oberen Enden der dorsalen Aeste an der Grenze der eigentlichen Flossenmuskeln noch durch sehr feine, in der Längenrichtung des Rumpfes gelegene *R. R. communicantes* verbunden werden. Die von den dorsalen Aesten ausgehenden Muskelzweige enthalten vielfach sich theilende Fibrillen.

2. Der ***Ramus ventralis*** ist beständig umfänglicher, als der *R. dorsalis*. Er erstreckt sich an seinem Wirbelkörper etwas abwärts, gibt gewöhnlich eine einfache oder doppelte Wurzel zum Grenzstrange des *N. sympathicus* und entsendet andererseits einen, gewöhnlich von seinem vorderen Rande ausgehenden, *Ramus medius*, um dann abwärts zu treten. Der *R. medius* tritt in den Zwischenraum zwischen Dorsalmasse und Ventralmasse des Seitenmuskels und begibt sich in demselben nach aussen. Er vertheilt sich in den Seitenmuskel und besonders in dessen dorsale Hälfte. Seine Endzweige treten, anscheinend immer, unter die Haut, ohne in die Bahn des *R. lateralis vagi* überzugehen. Nach Abgabe des *R. medius* tritt der einfache Stamm des *R. ventralis* als *Ramus intercostalis* oder *R. intercruralis* abwärts, wobei er oft zugleich stark hinterwärts gerichtet ist. Er tritt immer am Vorderrande des dem nächst hinteren Wirbel angehörigen absteigenden Bogenschenkels abwärts, kreuzt diesen und begibt sich in das *Spatium intercostale* des nächst hinteren Wirbels. Er liegt dicht über dem *Peritoneum*, gibt aber auch Muskelzweige ab. In der unteren Bauchgegend spaltet er sich oft in zwei Zweige von denen der Eine vorwärts, der Andere hinterwärts gerichtet ist.

Bei einigen Teleostei und den Rajidae stehen in der Schwanzgegend die *R. R. ventrales* zweier Spinalnerven, bald höher, bald tiefer, durch einen transversellen *R. communicans* mit einander in Verbindung.

---

6) Er kann aber mehr als ein blosser *R. communicans* sein, indem er, nach Abgabe eines solchen, noch selbstständig sich verlängert, wie z. B. bei Esox.

Bei Gadus und Raniceps gehen in der Caudalgegend die *R. R. intercrurales inferiores* über in den ventralen Stamm des *R. lateralis trigemini*, der schon bei seinem Absteigen längs dem Rumpfe feine Verbindungszweige von den *R. R. intercostales* erhalten hatte.

Einige Eigenthümlichkeiten bietet der erste Spinalnerv (*N. hypoglossus Auct.*) dar; die Zahl seiner Wurzeln ist schwankend [7]); er tritt häufig aus durch das *Os occipitale laterale*. Sobald der erste Spinalnerv, sei es allein, sei es in Verbindung mit dem zweiten, einen *R. anterior* besitzt, gibt dieser letztere einen Strang ab zum *Plexus brachialis* und setzt dann sich fort in den zwischen Schultergürtel und Zungenbein gelegenen *M. sternohyoïdeus*. Bei den Haien erhalten die viel zusammengesetzteren Muskeln, welche zwischen dem Schultergürtel und dem Zungenbeine oder Unterkiefer gelegen sind, ihre Nerven aus den *R. R. anteriores* der beiden ersten Spinalnerven. Ebenso bei den Rochen durch einen, von dem, durch Vereinigung vieler Spinalnerven, gebildeten Stamme, sich ablösenden Ast. Den Fischen mangelt demnach ein selbstständiger *N. hypoglossus* [8]), der vielmehr noch in den Elementen ihres ersten Spinalnerven enthalten ist.

Bei Trigla erhalten die starken Seitenmuskeln der Schwimmblase ihre Aeste aus den ersten Spinalnerven. Diese Aeste steigen analog dem *N. phrenicus* der Säugethiere ab.

Bei solchen Fischen, deren Rückenflosse [9]), sei es in einzelnen, oder in zahlreichen verschmolzenen Strahlen, am Schedel sich befestigt, sind es dorsale Aeste der ersten Spinalnerven, welche vorwärts sich erstreckend, diese Flossen mit Nerven versehen.

Zur Vorderextremität der Teleostei treten meistens Elemente der *Rami anteriores* dreier Spinalnerven, nämlich ein Zweig vom *R. anterior* des ersten, der ganze *R. anterior* des zweiten und ein Ast vom *R. anterior* des dritten Spinalnerven; bei einigen Teleostei kömmt noch ein Ast vom *R. anterior* des vierten hinzu. Bei Accipenser begeben sich zu ihr Aeste vom sechsten, bei Acanthias Aeste vom elften Spinalnerven. Bei den Rochen ist, wegen Ausdehnung der Flossen, die Anzahl der für sie bestimmten Nerven ausserordentlich vermehrt. Bei *R. clavata* sammeln sich die 16 Spinalnerven in einen Längsstamm, der zuerst den *R. hypoglossus* abgibt und dann zur Extremität tritt. Zu der Flosse treten ausserdem noch einzeln die *R. R. anteriores* von 30 Spinalnerven.

Bei denjenigen Teleostei, deren Becken am Schultergerüste befestigt ist, erhalten die Bauchflossen ihre Nerven häufig von den *R. R. anteriores*

---

7) S. Näheres in meiner Schrift. S. 121.

8) S. Näheres in meiner Schrift. S. 124., wo über die Elemente des *N. hypoglossus* und *accessorius* Bemerkungen gegeben sind.

9) Z. B. bei Lophius, Pleuronectes, Echeneis. S. Näheres in meiner Schrift. S. 123.

des vierten und fünften Spinalnerven. Doch kommen einzelne Abweichungen von dieser Regel vor. — Bei den Pisces abdominales empfangen die Bauchflossen ihre Aeste aus denjenigen Spinalnerven, welchen sie zunächst liegen.

§. 62.

Die Verhältnisse des *N. sympathicus* [1]) der Marsipobranchii sind noch nicht gehörig aufgeklärt. Während die meisten Anatomen denselben einen sympathischen Nerven absprechen, ist es mir wahrscheinlich geworden, dass derselbe bei Petromyzon repräsentirt sei in Fasern, welche aus den die *Venae vertebrales* begleitenden Fettkörpern hervorkommen, und von diesen aus, einerseits an die Gefässstämme und andererseits an die unter ihnen gelegenen keimbereitenden Geschlechtstheile sich begeben. Diese Annahme stützt sich vorzugsweise auf der Beobachtung, dass in den genannten Fettkörpern sehr kleine Cysten oder Schläuche sich bilden, in denen Fasern sich entwickeln oder mit denen Fasern in Verbindung stehen; dass ferner auch den, in gewissen Ganglien von Petromyzon angetroffenen granulirten Körperchen analoge Gebilde in der Umgebung und namentlich am Ursprunge dieser Fasern wahrgenommen sind. Wenn allerdings die langen, wellenförmig gekräuselten Fasern mit Bindegewebsfibrillen und mit elastischen Fasern die grösste Aehnlichkeit haben, so ist zu bedenken, dass auch die Elementartheile des Rückenmarkes bei Petromyzon und die im *Sympathicus* anderer Thiere vorkommenden Remakschen Fasern viel Abweichendes von dem Baue der gewöhnlichen Nerven-Elemente besitzen.

Auch bei den Plagiostomen bietet der *N. sympathicus* manche Eigenthümlichkeiten dar. — Ein Kopftheil desselben ist bisher vermisst worden. Längs der Wirbelsäule zieht bei Acanthias, neben jeder *Vena vertebralis*, von ihrer Ausgangsstelle aus der Schwanzvene an, eine Reihe von Ganglien sich vorwärts, welche zum Theil durch einen Grenzstrang unter einander der Länge nach verbunden sind. Zwei obere oder vordere Ganglien sind stärker, als die übrigen. In jedes der letzteren treten *Rami communicantes* von Spinalnerven; das vorderste hangt auch mit einem Faden des *N. vagus* zusammen. Das erste oder vorderste Ganglion ist das beträchtlichste und liegt im *Lumen* des *Truncus transversus venarum* zur Seite des *Oesophagus*, dicht über der Wirbelsäule. Die vordersten Ganglien beider Seiten stehen durch einen queren Zweig mit einander in Verbindung. Aus diesen vordersten Ganglien gehen die Wurzeln des die *Arteria coeliaca* begleitenden schwachen *N. splanchnicus* ab. — Aus den nächst hinteren Gang-

---

1) Man vgl. über den *N. sympathicus* der Fische: E. H. Weber, Anatomia comparata nervi sympathici. Lips. 1818. 8. — C. M. Giltay, de nervo sympathico. Lugd. Bat. 1834. 8. — O. E. A. Hjelt, In systema nervorum sympathicum Gadi Lotae observationes. Halsingfors. 1847. 8.

lien entstehen beträchtliche Nerven für die Geschlechtstheile [2]). — Die Ganglienketten und die Nerven selbst scheinen in steter und vielleicht periodischer Erneuerung begriffen zu sein. Keimstätten der Ganglienkörper sind theils rundliche mit Blastem erfüllte an den grossen Venenstämmen hangende Säckchen, in welche von den *Venae vertebrales* sich ausstülpende Gefässe hineintreten, theils die als Nebennieren angesprochenen Körper. Auf Kosten der grossen Ganglienkörper selbst entwickeln sich die Kernfasern, aus denen namentlich die zu den Geschlechtstheilen tretenden Nerven oft ausschliesslich bestehen [3]).

Kaum ausgebildeter, als bei den Plagiostomen, ist das sympathische Nervensystem bei Accipenser. Der Grenzstrang liegt in der Substanz einer die *Vena vertebralis* jeder Seite umgebenden Gefässdrüse verborgen und reicht, gleich dieser, bis zu den Seiten der Schedelbasis. Er ist von grauer Farbe und besteht wesentlich aus Kernfasern. Innerhalb der Bauchhöhle entlässt er — ausser den für die Niere und die Geschlechtstheile bestimmten Elementen — an beträchtlichen Zweigen zwei, von welchen der hinterste der *Arteria mesenterica posterior* folgt, der vordere aber eine Wurzel des der *Arteria coeliaco-mesenterica* sich anschliessenden *Ramus splanchnicus* ist. Weiter nach dem Kopfe hin treten Zweige ab, die die Kiemenvenen begleiten. Seine Endausläufer auf der Schedelbasis werden sehr fein und communiciren mit dem austretenden *N. vagus*.

Sämmtliche Teleostei stimmen darin überein, dass sie nicht blos in der Rumpfgegend und oft auch in der Schwanzgegend einen ausgebildeten Grenzstrang des *Sympathicus* besitzen, sondern dass letzterem auch ein Kopftheil zukömmt. Der Grenzstrang des Rumpfes liegt immer hart an der Wirbelsäule, über der Niere oder in dem Rückentheile der Nierensubstanz eingebettet. Der Schwanztheil desselben setzt mehr oder minder weit nach hinten sich fort in dem die *Aorta* und die *Vena caudalis* aufnehmenden Canale der unteren Wirbelbogenschenkel.

Sowol der Rumpftheil, als auch bisweilen der Schwanztheil, empfängt *Rami communicantes* von den *Rami anteriores* aller Spinalnerven. An der Uebergangsstelle der *Rami communicantes* in den Grenzstrang finden sich, anscheinend beständig, Ganglien, die bald mit unbewaffnetem Auge, bald mikroskopisch wahrnehmbar sind.

Der Kopftheil des Grenzstranges setzt immer unter den Austrittsstellen der *N. N. vagus*, *glossopharyngeus* und *facialis* sich fort und liegt

---

2) Diese Nerven bilden zum Theil Stränge, deren jeder in sehr feine Fasern sich zerlegen lässt. Diese feinen, geschwungenen Fibrillen lassen sich meist als Ausläufer spindelförmiger mit feinen Körnchen gefüllter Zellen erkennen.

3) Eine genauere Beschreibung des sympathischen Nervensystemes der Plagiostomen, über das noch Vieles zu sagen wäre, liegt ausser dem Plane dieser Schrift.

ausserhalb der Schedelhöhle. An seinen Verbindungsstellen mit den genannten Hirnnerven finden sich Ganglien, deren Lage, Zahl und Anordnung bei den einzelnen Fischen manche Verschiedenheiten darbietet, gewöhnlich aber der Zahl und Lage der genannten Nerven entspricht. Oft gelingt der Nachweis seiner Verbindung mit dem *N. trigeminus*; endlich sind auch sympathische Fäden zum *Ganglion ciliare* und zu dem *N. abducens* verfolgt worden. Die specielle anatomische Anordnung des Kopftheiles entspricht wesentlich derjenigen der Aortenwurzeln. Sobald die Kiemenvenen jeder Seite in einen Bogenabschnitt zusammentreten und die beiden Seitenbogenabschnitte erst nach Aufnahme sämmtlicher Kiemenvenen zur Aorta sich vereinigen, ist der Verlauf des sympathischen Kopftheiles, der dann gewöhnlich den austretenden Hirnnerven eng anliegt, analog; liegt zwischen den Insertionen vorderer und hinterer Kiemenvenen aber schon ein unpaarer Aorten-Anfang, so folgen die beiden, dann enger an einander gerückten, Kopfgrenzstränge diesem und stehen durch längere *R. R. communicantes* mit den einzelnen Hirnnerven in Verbindung. — Die aus dem Kopftheile des Grenzstranges entstehenden Zweige sind, — mit Ausnahme der bei einzelnen Fischen beobachteten Fäden für den Gefässcanal des *Os sphenoïdeum basilare*, für das *Ganglion ciliare*, für den *N. abducens* und für die Pseudobranchie — feine in der Rinne der Convexität jedes Kiemenbogens verlaufende, die Gefässe begleitende Kiemennerven.

Indem die beiden Grenzstränge am Anfange des Rumpfes nahe an einander rücken, pflegen die *Rami communicantes* der ersten zwei oder drei Spinalnerven lang zu sein und in ihrem speciellen Verhalten manche Verschiedenheiten darzubieten. Am Anfange seines Rumpftheiles bildet jeder Grenzstrang, sei es unter der Schedelbasis oder am Anfange der Wirbelsäule eine, oft beträchtliche, Anschwellung (*Ganglion splanchnicum*). Diese Ganglien sind wesentlich [4]) die Ursprungsstellen der die *Arteria coeliaco-mesenterica* begleitenden *N. N. splanchnici* und durch den verschiedenartigen Ursprung dieser Arterie ist die verschiedene Lage der genannten Ganglien wesentlich bedingt. Aus jedem Ganglion geht eigentlich ein *Truncus splanchnicus* hervor; entspringt aber die *Arteria coeliaco-mesenterica* rechterseits, so ist scheinbar oft das rechte, dann gewöhnlich stärkere oder auch allein vorhandene, Ganglion die Ursprungsstätte der genannten Nerven und ein zu ihm tretender Verbindungsast aus dem linken Ganglion oder dem linken Grenzstrange ist Repräsentant der linken Wurzel. — Was die *N. N. splanchnici* anbetrifft, so folgen sie in der Regel wesentlich dem Verlaufe der *Arteria coeliaco-mesenterica*. Bei vielen Knochenfischen bil-

---

4) Auch untergeordnete Zweige für die Nierensubstanz, für die letzte Kiemenvene, für die absteigende *Aorta*, für das Vorderende des *Ovarium* können aus ihm hervorgehen.

den die *N. N. splanchnici* an der genannten Arterie alsbald zwei unvollkommen verschmolzene Ganglien oder eine einfache stärkere gangliöse Anschwellung (*Ganglion coeliacum*), das bei Belone in directer Verbindung steht mit dem Ganglion eines jeden *R. intestinalis N. vagi*. Das Verhalten der *N. N. splanchnici* zu den *R. R. intestinales N. vagi* bietet sonst mannichfache Verschiedenheiten dar. Bei einigen Knochenfischen bleiben die Stämme beider Nerven von einander gesondert und nur untergeordnete Zweige derselben gehen Verbindungen ein; bei anderen verbindet sich ein sympathischer Ast innig mit dem rechten *R. intestinalis N. vagi* oder verschmilzt mit ihm, wie bei den Cyprinen. — Die Zweige der *N. N. splanchnici*, welche wesentlich dem Verlaufe der Gefässe zu folgen pflegen, begeben sich zur Leber, zur Schwimmblase, zum Pancreas, zur Milz, zum Magen und Darmcanal und in das Mesenterium.

Die Fortsetzungen der beiden Grenzstränge am Rumpfe stehen bisweilen durch feine, die Aorta umspinnende Fäden mit einander in Verbindung. Zweige von ihnen begeben sich in die Nierensubstanz, auch an die Geschlechtstheile. Ist eine *Arteria mesenterica posterior* vorhanden, so erhält auch diese einen begleitenden Ast aus jedem Grenzstrange oder einen einfachen Ast aus einer unpaaren Anschwellung, die aus jedem Grenzstrange eine Wurzel empfängt.

Die bemerkenswerthesten Aeste, welche aus dem Rumpftheile ihren Ursprung nehmen, sind die Nerven für die Ovarien und Hoden, so wie für die Harnblase. Die Zweige für die Geschlechtstheile treten bald einzeln und successive aus der Nierenmasse hervor, wie z. B. bei Zoarces, bei Cyclopterus; bald sind es wenige austretende Aeste die sie zusammensetzen, wie z. B. bei Lucioperca und Silurus. Bei manchen Fischen z. B. bei Gadus, Pleuronectes liegen die Nerven für die Ovarien und die Harnblase am äussersten Ende der Rumpfhöhle und bilden sehr beträchtliche Stämme, deren Umfang, in Vergleich zu den Wurzeln, enorm zu nennen ist. Eine wichtige Thatsache ist die, dass diese starken Nerven nur durch äusserst feine *Rami communicantes* oder Wurzeln mit den Grenzsträngen des *N. sympathicus* in Verbindung stehen. Ihre Masse besteht z. B. bei Gadus grossentheils aus den sogenannten Remak'schen Kernfasern. Nester von Ganglienkörpern sind ihnen an verschiedenen Stellen reichlich eingelagert. Das Blastem für diese Ganglienkörper, die, gleich den Nerven selbst, in beständiger Neubildung begriffen zu sein scheinen, geben, obschon nicht ausschliesslich, doch zum grossen Theile, die in die Nierensubstanz eingebetteten Nebennieren ab.

Die Grenzstränge sind bei mehren Knochenfischen in den Canal der unteren Wirbelbogenschenkel verfolgt worden, wo sie die Schwanzgefässe begleiten. Sie verhalten sich hier verschieden und verschmelzen häufig zu einem einfachen Stamme.

§. 63.

Die Anzahl der sogenannten spinalartigen Hirnnerven [1]) beschränkt sich bei den Fischen gewöhnlich auf vier; diese sind die *N. N. vagus, glossopharyngeus, facialis* und *trigeminus*. — Elemente des *N. hypoglossus* sind im ersten Spinalnerven enthalten; ein durch seine charakteristischen Ursprungsverhältnisse bezeichneter *N. accessorius* scheint dagegen allgemein zu fehlen. — Der *N. glossopharyngeus* zeigt durch Verschmelzung, enge Anlagerung und Austausch von Fasern oft eine innige Beziehung zum *N. vagus*; der *N. facialis* desgleichen zum *N. trigeminus*. — Die Analogie der genannten Hirnnerven mit Spinalnerven erscheint nur durch das Verhalten einzelner Zweige angedeutet, ist dagegen keine vollständige und ins Einzelne durchgeführte. Der Verlauf vieler ihrer Aeste ist nämlich der architectonischen Anordnung derjenigen Hartgebilde accommodirt, welche der eigentlichen vorderen Fortsetzung des Wirbelsystemes angefügt sind. Wie in den unterhalb des Schedels liegenden Hartgebilden eine Fusion zweier ideel zu trennender Skeletsysteme Statt hat, so enthalten auch die ventralen Aeste der Hirnnerven Elemente zwiefacher Art: solche die den Skelettheilen des eigentlichen Visceralsystemes folgen und solche, welche an den die gesammte Visceralhöhle auswendig umgürtenden Theilen sich verbreiten. Ihre Hauptäste folgen dem Verlaufe der eigentlichen Visceralbogen und zwar wird jeder Visceralbogen von zwei, aus verschiedenen ventralen Stämmen abgehenden, Aesten begleitet. — Die dorsalen Aeste der Hirnnerven steigen da, wo sie vollständig entwickelt sind, nicht an den Aussenwandungen des Schedels auf, wie die der Spinalnerven an den Aussenseiten der oberen Wirbelbogen, sondern treten durch die Schedelhöhle nach oben und dann nach aussen. Sie entsprechen, abgesehen von ihren in der Schedelhöhle selbst sich vertheilenden Fäden, wesentlich nur denjenigen dorsalen Elementen der Spinalnerven, die für das Flossensystem bestimmt sind. Aber aus der Bahn der Hirnnerven können auch solche Aeste abgehen, die an dem ventralen Flossensysteme und selbst an den Flossen der Extremitäten sich vertheilen. — Indem der dorsale Flossennervenstamm des *N. trigeminus* oft zu einem Collector von dorsalen Zweigen aller Spinalnerven wird, ähnelt er dem Grenzstrange des *N. sympathicus*, der aus den ventralen

1) Die Texturverhältnisse der peripherischen Nerven der Fische sind nicht überall dieselben. Während bei den höheren Fischen bisher keine wesentliche Abweichung in dem Baue ihrer Nerven von dem den höheren Wirbelthieren zukommenden wahrgenommen ist, zeichnen die Nerven der Gattung Petromyzon durch den Besitz glasheller, scharf conturirter, platter Fasern sich aus, welche keine Varicositäten bilden, jedes gerinnenden Inhaltes ermangeln und eine Substanz enthalten, die in ihrem äusseren Verhalten derjenigen entspricht, welche dem Axencylinder anderer Nerven eigen ist. S. meine Mittheilung in den Nachrichten von d. königl. Gesellsch. d. Wissensch. zu Göttingen. 1850. No. 8.

Aesten der Spinalnerven successive Elemente empfängt. — Aus der Bahn des *N. vagus* entsteht ferner gewöhnlich ein Nerv, welcher längs des ganzen Körpers bis zum Schwanzende hin unter der Haut sich vertheilt. So wiederholt sich an der äusseren Körperoberfläche diejenige weite Ausdehnung der Elemente dieses Nerven, welche in der Rumpfhöhle Statt hat, indem sein *R. intestinalis* mindestens bis zum Magen und bisweilen längs des ganzen Darmes sich erstreckt. — Während der Grenzstrang des *N. sympathicus* vorne unterhalb der Austrittsstelle des *N. trigeminus* endet, ersetzt ein aus der Bahn dieses Hirnnerven hervorgegangenes Element (der *N. palatinus*) die mangelnde Fortsetzung des Grenzstranges unterhalb der vordersten Hälfte des Schedels.

§. 64.

Bei allen Teleostei, den Ganoïdei und den Plagiostomi besitzt der *Nervus vagus* mit Einschluss des Seitennerven, zwei ganz discrete Wurzelportionen von beträchtlicher Stärke. — Die erste der beiden Wurzelportionen, welche den *Ramus lateralis* bildet, besteht immer aus einem einzigen Bündel. Sie enthält immer breite oder sehr breite, doppelt und dunkel conturirte Primitivfäden, mit flüssigem leicht gerinnendem Inhalte, welche als Pole bipolarer Ganglienkörper sich zu erkennen geben. Ihre Reizung sollicitirt niemals Bewegungen. Sie entsteht ganz allgemein, nebst der dritten Wurzel des *N. trigeminus*, aus den Anschwellungen der *Corpora restiformia*, mögen diese als Anschwellungen den *Sinus rhomboïdalis* brückenartig eine Strecke weit überwölben, wie bei vielen Teleostei, oder an der Seite der *Medulla oblongata* schwächere Anschwellungen bilden, wie bei den Cyprinen und bei Silurus, oder gekräuselte und gekrümmte Wülste zur Seite des *Sinus rhomboïdalis* und des *Cerebellum* darstellen, wie bei Accipenser und bei den Elasmobranchii.

Die zweite Wurzelportion, welche den eigentlichen *Nervus branchio-intestinalis* constituirt, gewöhnlich bedeutend stärker, als die erste, tritt bei den Teleostei tiefer abwärts zwischen den Strängen der *Medulla oblongata* hervor. Bei allen Cyprinen findet sich an ihrer Austrittsstelle eine beträchtliche graue Anschwellung, in welcher die Elemente der für das contractile Gaumenorgan bestimmten Nerven wurzeln. Bei allen Teleostei sind in dieser Wurzel die feinen Primitivfibrillen vor sparsam vorhandenen breiteren vorherrschend; nicht in gleichem Maasse bei den Plagiostomen und bei Accipenser. Bei einigen Haien treten an diese Wurzel durch einen eigenen Knorpelcanal ein Paar, vorderen Spinalnervenwurzeln analoge, Fibrillen-Complexe heran, welche später sich ablösend, in Schultermuskeln sich vertheilen.

Bei allen Fischen enthält diese Wurzelportion functionel verschiedene Elemente; die motorischen beherrschen die die Kiemenbogen an- und abziehenden Muskeln, das muskulöse Diaphragma der Kiemenblätter, die Muskeln des Schlundkopfes, ferner die Speiseröhre und den Magen, so wie endlich die *Rami cardiaci* den von Weber entdeckten, die Bewegungen hemmenden, Einfluss auf das Herz kund geben.

Bei Accipenser, Raja und einigen Gadoïden ist diese zweite Wurzelportion von der des *N. glossopharyngeus* in so ferne unvollkommen geschieden, als ein Austausch von Fasern zwischen beiden Statt findet.

Noch innerhalb der Schedelhöhle sondert sich von einer oder von beiden Wurzelportionen des *N. vagus* häufig, doch bei weitem nicht beständig, ein dorsaler Schedelhöhlenast [1]). Er vertheilt sich entweder im Fette der Schedelhöhle und an den häutigen Umhüllungen des Gehirnes und der *Medulla oblongata*, wobei er mitunter mit einem analogen Zweige vom *N. trigeminus* sich verbindet, und kann selbst die Schedeldecken durchbohren, um unter der Kopfhaut sich zu verzweigen, oder er geht, sei es theilweise oder vollständig, in die Bahn des nach hinten sich erstreckenden *R. lateralis N. trigemini* über.

Die beiden Hauptportionen des *N. vagus* verlassen die Schedelhöhle durch eine gemeinsame Oeffnung, welche bei den Teleostei im *Os occipitale laterale* gelegen ist. Während ihres Durchtrittes sind beide Portionen eng an einander gefügt. Während des Durchtretens und gleich nach demselben bildet die zweite Portion eine einzige grössere oder mehre kleinere, bald vollkommener, bald unvollkommener mit einander zusammenhangende Anschwellungen, mit denen die Elemente der austretenden ersten Portion, deren bipolare Ganglienkörper hier gleichfalls gelegen sind und mitunter ebenfalls eine leicht erkennbare discrete Anschwellung bilden, bald schwach, bald gar nicht verbunden sind.

Die erste Wurzelportion des *N. vagus* constituirt demnach das Seitennervensystem. Dasselbe enthält wesentlich breite Primitivfäden, denen aber auch, wenigstens secundär, meist schmale beigemengt sind. Diese stammen bei vielen Telostei aus Elementen, die an der Austrittsstelle aus dem Schedel von der zweiten Wurzelportion des *N. vagus* abgegeben werden, bei vielen Cyprinen aber aus dem *R. recurrens*, der aus der Wurzelmasse des *N. trigeminus cum faciali* hervorgegangen ist.

Mit Ausnahme des abortiven Seitennerven von Petromyzon, der aus zwei Zweigen des *N. vagus* uud einem rücklaufenden Aste des *N. facialis* gebildet wird und noch eine Verbindung mit dem ersten Spinalnerven

---

1) Er kömmt, mit Ausnahme von Silurus, allen denjenigen Knochenfischen zu, welche einen ausgebildeten *R. lateralis N. trigemini* besitzen, doch auch bei anderen. So kömmt er vor bei Perca, Acerina, Cottus, Trigla, Caranx, Zoarces, Cyclopterus, Labrus, Belone, den Gadoïden, Cyprinoïden, Esox, Accipenser. S. Näheres in meiner Schrift. S. 85.

eingeht, sind keine Verbindungen des Rumpftheiles der Seitennerven mit Spinalnerven erkannt worden.

Bei den Teleostei sondert sich von dem gemeinsamen Stamme des Seitennervensystemes alsbald ein dorsaler Ast; dieser bleibt selten einfach, zerfällt vielmehr meistens in zwei Zweige, von denen der *R. opercularis* an der Innenfläche des *Operculum* sich vertheilt, während der zweite, als *Ramus supratemporalis* oder *R. extrascapularis*, in die Höhlen der in der Schläfen- und Schultergegend vorkommenden *Ossa supratemporalia* und *extrascapularia* eintritt. — Bei Raja begibt sich ein aufsteigender Ast zum Anfange des Rumpftheiles des Seitencanales aufwärts.

Der Seitennervenstamm tritt unter dem obersten Theile des Schultergürtels hindurch, um einfach, oder in stärkere Aeste getheilt, an der Seite des Rumpfes gerade hinterwärts bis zur Schwanzflosse oder selbst zwischen deren paarigen Strahlenwurzeln verlängert, zu verlaufen und nimmt, von vorne nach hinten, an Umfang allmälich ab.

Er ist in der Regel von beträchtlicher Stärke; nur bei solchen Fischen, denen ein Seitencanal mangelt, denen zugleich harte Hautbedeckungen zukommen, wie bei den Plectognathi Gymnodontes, zeigt er sich auf einen geringen Umfang reducirt oder ganz abortiv.

Er besteht entweder aus einem einfachen Hauptstamme und verläuft dann gewöhnlich oberflächlich an der Grenze der Dorsal- und der Ventralmasse des Seitenmuskels [2]) unter der Haut, oft auch ganz in der Tiefe unter den Rückenmuskeln dicht an der Wirbelsäule oder den Rippen; oder er zerfällt in zwei parallele Hauptstämme; oder der Hauptstamm gibt starke, seitliche, ihm nicht parallele Zweige ab [3]).

Sobald der Stamm der Seitennerven oberflächlich an der Grenze der Seitenmuskelmassen liegt, begleitet er das Seitenlymphgefäss. Bei den eines Seitencanales ermangelnden Fischen gibt er Fäden ab an die Haut; sonst gelingt es oft solche in den Seitencanal zu verfolgen.

Eine, wenn gleich nicht unumgänglich erforderliche, Bedingung der Theilung der Seitennerven in zwei parallele Aeste: einen *R. superficialis* und einen *R. profundus*, gibt die Abweichung des Seitencanales von der

---

2) Meine in der Abhandlung über das peripherische Nervensystem der Fische ausgesprochene Ansicht, dass das Vorkommen der Seitennerven durchaus an eine Trennung der Seitenmuskelmasse in eine dorsale und ventrale Hälfte gebunden sei, habe ich, neueren Studien gemäss, aufgegeben.

3) Ein einfacher Stamm ist vorhanden z. B. bei Spinax, Carcharias, Chimaera, Accipenser, Syngnathus, Anguilla, Diodon, Tetrodon, Hypostoma, Cyclopterus. In der Tiefe, an der Grenze der Wirbelsäule, verläuft er z. B. bei Carcharias, Spinax, Chimaera, Anguilla. In zwei parallele Hauptäste zerfällt er bei den meisten Knochenfischen; zwei starke seitliche, dem Hauptstamme nicht parallele Zweige gibt er ab bei Raja. S. Näheres in meiner Schrift. S. 99. ff.

Grenze der Hauptmuskelmassen des Rumpfes ab. Verläuft der Seitencanal oberhalb der genannten Grenze, so gibt der Seitennerv dorsale oberflächliche Aeste ab, verläuft er unterhalb jener Grenze, so werden mehr ventrale oberflächliche Aeste abgegeben. Bald sind dies mehre, successive zum Seitencanale tretende, Aeste; bald ist es ein einfacher Ast, der dann oft nach und nach Verstärkungsfäden aus dem Stamme selbst empfängt. Sobald der Seitencanal an der Grenze von Rumpf und Schwanz oder weiterhin in der Schwanzgegend auf die Grenzlinie zwischen Dorsal- und Ventralmasse des Seitenmuskels tritt, geht der dann schon auf ein dünnes Fädchen reducirte oberflächliche Ast der Seitennerven in den eigentlichen Stamm wieder über, welcher letztere von jetzt an, selbst wenn er anfangs tiefer lag, oberflächlich dicht unter dem Seitencanale nach hinten zur Schwanzflosse zu verlaufen pflegt.

Die feineren Zweige des Seitennerven [4]) treten da, wo Knochen des Seitencanales vorhanden sind, durch eine an deren convexer Fläche befindliche Oeffnung in die von derselben gebildete Rinne; da, wo den Schuppen solidere Halbcanäle aufgesetzt sind, durchbohren sie die Basis der Schuppen. Bei den eines Seitencanales ermangelnden Fischen vertheilen sie sich unter der Haut.

Bei Polypterus und einigen derjenigen Teleostei [5]), die eines *R. lateralis N. trigemini* ermangeln, gibt der *R. lateralis vagi* einen zum Rücken aufsteigenden feinen Ast ab, der in dem Zwischenraume, welcher die den Flossenträgern angehörigen Muskeln von dem eigentlichen Seitenmuskel trennt, von vorne eine Strecke weit nach hinten sich begibt und feine Zweige für die Flossenhäute entlässt.

Der eigentliche *N. vagus s. N. branchio-intestinalis* gibt zunächst Kiemenbogenäste ab. Jeder Kiemenbogen, mit Ausnahme des ersten, dem, als schon vom *N. glossopharyngeus* versorgt, nur ein Ast zukömmt, erhält zwei Aeste vom *N. vagus* und zwar gehen immer der hintere Ast eines Bogens und der vordere Ast des nächststehenden Bogens aus einem gemeinsamen ***Truncus branchialis*** hervor. Diese ***Trunci*** sondern sich successive aus dem gemeinschaftlichen gangliösen ***Plexus***, mit Ausnahme des ersten, der immer ein mehr oder minder discretes Ganglion besitzt. — Jeder *R. branchialis* gibt zunächst einen Zweig ab für die die Kiemenbogen an den Schedel ziehenden Muskeln, sendet dann einen Zweig an die äusseren häutigen Bekleidungen seines Kiemenbogens, tritt darauf in die Rinne der Convexität desselben, umspinnt die Gefässe, gibt Fäden an das muskulöse ***Diaphragma*** der Kiemenblätter und strebt zur Ventralseite des

---

4) S. meine Schrift. S. 105.

5) Dahin gehören namentlich die bisher untersuchten Cyprinoïden und Clupeïden. S. meine Schrift. S. 107.

Kiemenbogens, wo er an den *Copulae* und an den hier gelegenen Muskeln sich vertheilt.

Analog in ihrem Verlaufe sind die *Rami pharyngei inferiores*, welche den Schlundkopf umstricken und seine dorsalen und ventralen Muskeln versorgen.

Untergeordneter sind die, bisweilen von den *Trunci branchiales* abgehenden, bisweilen selbstständigen Zweige für die *Ossa pharyngea superiora*, welche an den ihnen angehörigen Häuten, Zähnen und Muskeln sich vertheilen. Verlängerungen dieser Zweige sind es, welche bei den Cyprinen reichlich in das contractile Gaumenorgan ausstrahlen.

Einige feine Zweige sind bestimmt für das die Kiemenhöhle hinten begrenzende muskulöse *Diaphragma*.

Ein *Ramus cardiacus* tritt von einem *R. pharyngeus* oder *oesophageus* ab und begibt sich an dem *Truncus venosus transversus s. Ductus Cuvieri* seiner Seite zum Vorhofe des Herzens.

Der *Truncus intestinalis* verbreitet sich allgemein an der Speiseröhre und dem Magen, bisweilen auch an einem Theile des Darmcanales und, sobald eine Schwimmblase vorhanden ist, auch an dieser. Jeder *Truncus intestinalis* begibt sich zur Seite der Speiseröhre, ihrer Aussenwand mehr oder minder innig angeheftet, unter Abgabe zahlreicher *Rami oesophagei*, in der Bauchhöhle hinterwärts. Der Verlauf beider *Trunci* ist in der Regel nicht ganz symmetrisch. Der rechte folgt gewöhnlich dem Verlaufe der meist rechterseits absteigenden *Arteria coeliaco-mesenterica*. Sein Stamm bleibt entweder von demjenigen des sie begleitenden *R. splanchnicus N. sympathici* gesondert und es gehen dann untergeordnete Zweige beider Nerven Verbindungen mit einander ein; oder er erhält einen *R. communicans* von ihm; oder beide verschmelzen vollständig mit einander. Die so gemischten Aeste sind oft auch noch am *Duodenum* zu verfolgen.

Bei Belone bildet jeder *R. intestinalis* eine starke gangliöse Anschwellung. Bei Diodon vertheilt sich der *R. intestinalis* vorzugsweise an dem Schlundsacke. — Der Schwimmblasenast, bald einfach, bald doppelt, oft zumeist aus dem linken *Truncus intestinalis* entstehend, tritt meist mit den Gefässen zur Schwimmblase, bisweilen auch längs ihres *Ductus pneumaticus*. — Bei Lepidosiren gibt der *Truncus intestinalis* einen Hauptast zur Lunge ab.

Bei den Myxinoïden verbinden sich die beiden *R. R. intestinales* an der hinteren Seite der *Cardia* unter spitzem Winkel zu einem unpaaren Nerven, welcher längs der Anheftungsstelle des *Mesenterium* bis zum After verfolgt ist.

§. 65.

Der *Nervus glossopharyngeus*, bei den Cyclostomen und bei Lepidosiren noch Theil des *N. vagus*, ist bei den Teleostei, Ganoïdei und

Elasmobranchii ein selbstständiger Nerv, wenn schon zwischen ihm und dem *N. vagus* bei einigen Teleostei noch innige Beziehungen obwalten. Sein meist einfacher, selten doppelter Wurzelstrang verlässt die *Medulla oblongata* seitwärts zwischen den Wurzeln des *N. acusticus* und *N. vagus.* Er enthält motorische Elemente neben anderen, die keine deutlichen Bewegungen sollicitiren. Bei den Teleostei verlässt er die Schedelhöhle durch eine Oeffnung im *Os occipitale laterale*; bei den Ganoïdei holostei tritt er vor diesem aus. Bei Accipenser und bei den Plagiostomen besitzt er zum Durchtritt einen eigenen Knorpelcanal, während er bei Chimaera mit dem *N. vagus* vereint austritt. Er verlässt die Schedelhöhle immer in der Kiemenhöhlengegend. Nachdem er dieselbe verlassen hat, bildet er allgemein eine gangliöse Anschwellung, welche bei den Teleostei immer in inniger Verbindung mit dem Grenzstrange des *N. sympathicus* steht.

Bei den Knochenfischen besitzt er gewöhnlich zwei Hauptäste: 1. einen *R. anterior s. hyoïdeus posterior*, der an der Schleimhaut des Gaumens und meist auch an der Pseudobranchie sich vertheilt und in seinem Verlaufe wesentlich dem hinteren Rande des Zungenbeinbogens folgt. — Bei den Cyprinen erweitert sich sein Bereich dadurch, dass er auch Zweige für das contractile Gaumenorgan abgibt. 2. einen stärkeren Ast, der für die Muskulatur, für die vordere häutige Bekleidung und für die die Gefässe aufnehmende Rinne der Convexität des ersten Kiemenbogens bestimmt ist. Seine ventralen Endzweige verbreiten sich in der Zunge oder unter der Schleimhaut des Zungenbeinkörpers.

Bei Accipenser, wo wesentlich dieselben Aeste vorhanden sind, kömmt noch ein vorwärts gerichteter Ast hinzu, welcher mit dem *R. palatinus* und *R. maxillaris superior N. trigemini* Verbindungen eingeht und mit ihren Elementen unter der Schleimhaut des Gaumens sich vertheilt.

Bei den Elasmobranchii versorgt er die am Zungenbeine befestigte halbe Kieme und gibt, wie gewöhnlich, einen zweiten Ast für den ersten Kiemenbogen ab. — Bei Torpedo verlaufen in seiner Bahn die Hauptäste des electrischen Organes.

§. 66.

Die Wurzeln des ***Nervus trigeminus cum Nervo faciali***, entspringen und liegen nahe neben einander; eine derselben geht nach der Peripherie hin in Stränge über, welche ausschliesslich dem *N. trigeminus* angehören; die Fortsetzung einer anderen ist ein blos dem *N. facialis* bestimmtes Element; andere Wurzeln setzen in Stränge sich fort, die in die Zusammensetzung beider Nerven eingehen. Die Zahl der Wurzeln beider Nerven beläuft sich bei den untersuchten Elasmobranchii, und bei den meisten Teleostei auf vier; sie steigt bei manchen der letzteren, so wie bei Accipenser, auf fünf und sinkt bei einigen Knochenfischen selbst auf drei. Bei Anwesenheit von vier Wurzeln enthält die erste, unmittelbar unter dem *Cerebellum*, von der Seite der *Medulla oblongata* austretende; neben motorischen, namentlich für den Kiefermuskel und den Hebemuskel des Kiefer-Suspensorium bestimmten, Elementen, solche, die nicht motorisch wirken, ist demnach als gemischt zu bezeichnen. Die von ihr ausgehenden Nerven bleiben ausschliesslich in der Bahn des *N. trigeminus*. — Eine zweite Wurzel, welche etwas weiter aufwärts, als die erste, aus der *Medulla oblongata* hervortritt und in der Regel primär blos feine Primitivröhren führt, bildet immer eine graue Anschwellung, aus welcher wesentlich die Elemente des *Nervus palatinus* hervorgehen. — Eine dritte Wurzel, unter allen die dünnste, verlässt die *Medulla oblongata* unmittelbar vor der ersten Wurzel des *N. acusticus*, welcher sie eng anliegt, führt nur breite Primitivröhren, bildet keine gangliöse Anschwellung, enthält nur motorische Elemente und ist blos dem *N. facialis* angehörig. — Zu den genannten Wurzeln kömmt eine einfache oder ursprünglich in zwei Schenkel gespaltene Wurzel hinzu, welche mit derjenigen des *R. lateralis vagi* aus dem durch das *Corpus restiforme* gebildeten *Lobus medullae oblongatae* hervorgeht. Sie führt ausschliesslich breite, doppelt conturirte Primitivröhren, welche als bipolare Ganglienkörper sich zu erkennen geben. Ihre Fäden gehen sowol in die Bahn des *N. trigeminus*, als in die des *N. facialis* über und enden in den verschiedentlich entwickelten Elementen des am Kopfe vorkommenden peripherischen Nervenskeletes, in welchen sie oft die von Leydig beschriebenen Nervenknäuel bilden.

Bei ihrem Austreten aus der Schedelhöhle bilden die Wurzeln des Nerven-Complexes bei manchen Teleostei, z. B. bei Lophius, bei den Gadoïden, bei Silurus, so wie auch ferner bei Accipenser einen gemeinsamen gangliösen *Plexus*; bei anderen, wie bei den Cyprinen, sind zwei unvollkommen getrennte gangliöse Geflechte vorhanden. Meistens bildet jedoch diejenige Wurzel, deren Elemente den *N. palatinus* constituiren, ein discretes Ganglion, während auch die erste, dem *N. trigeminus* ausschliesslich angehörige Wurzel ihre eigene gangliöse Anschwellung besitzt. Bei Trigla bildet ein Strang dieser Wurzel, aus welchem die Ciliarnerven hervorgehen, eine discrete Anschwellung.

Die Austrittsstelle des ganzen Nerven-Complexes liegt bei den Gadoïden in einem Ausschnitte des Vorderrandes der *Ala temporalis* des Keilbeins. Bei den übrigen Fischen treten die Stämme einzeln, und zwar die ventralen, grösstentheils oder sämmtlich, durch Oeffnungen der *Ala temporalis* des Keilbeines aus.

Dem *Nervus trigeminus* ausschliesslich angehörig sind folgende Aeste: 1. der *R. ophthalmicus*; 2. die *Rami maxillaris superiores, buccalis* und *maxillaris inferior*; 3. der *R. communicans ad R. hyoïdeo-mandibularem* des *N. facialis*.

Der *R. palatinus* behauptet bald eine gewisse Selbstständigkeit; bald ist er dem *N. trigeminus*, bald, und zwar häufiger, dem *N. facialis* inniger verbunden.

Ihm verwandt ist der *R. recurrens* vieler Cyprinen.

Dorsale Schedelhöhlenzweige und der *R. lateralis* zeigen sich gemeinsamen Elementen beider Nerven angehörig.

Der *Nervus facialis* gibt Zweige an die Muskeln des Kiemendeckel-Apparates und des Kiefer-Suspensorium und zerfällt dann in einen *R. mandibularis* und einen *R. hyoïdeus.*

Ein accessorisches Element desselben ist der erste *R. electricus* der Torpedines.

Bei der Mehrzahl der Teleostei sind dorsale Zweige des *N. trigeminus* beobachtet worden, welche aus dessen Wurzelgeflechten entstehend, im Fette der Schedelhöhle oder an deren Seitenwandungen aufsteigen. Sie verhalten sich, hinsichtlich ihrer Stärke und der Weite ihres Bereiches, sehr verschieden. Oft vertheilen sie sich blos im Fette der Schedelhöhle und an den Umhüllungen des Gehirnes; bei anderen durchbohrt zugleich ein Zweig dieser aufsteigenden Nerven die knöcherne Schedeldecke, um unter der Kopfhaut sich zu verbreiten; mitunter hat zugleich eine Verbindung mit einem analogen dorsalen Zweige des *N. vagus* Statt. Vorzüglich ausgebildet ist das System dieser für die Schedelhöhle bestimmten Nerven bei den Cyprinen und bei Silurus. — Bei vielen Fischen gehen diese Schedelhöhlen-Nerven aus vom Ursprunge des *R. lateralis*, der im Allgemeinen als weitere Ausbildung der dorsalen Aeste des *N. trigeminus* zu betrachten ist, aber auch zu einem, allen Flossen, die den Körper umgürten, bestimmten Nerven sich entwickeln kann.

Dieser *R. lateralis*, der bei weitem nicht allen Teleostei zukömmt [1]) und auch bei Fischen aller übrigen Abtheilungen spurlos vermisst ist, erstreckt sich, sobald er vorhanden, in der Schedelhöhle aufwärts und hinterwärts, um, nach Aufnahme eines *R. communicans Vagi*, dieselbe durch das *Os parietale* oder durch die Hinterhauptsgegend zu verlassen. Abweichend verhält er sich in dieser Beziehung beim Aal. — Nach seinem Austritte aus der Schedelhöhle stellt er entweder einen Rückenkantenast dar, oder er gibt zugleich ventrale Aeste und namentlich auch solche ab, die für die Extremitäten bestimmt sind. Unter beiden Bedingungen erhält er verstärkende Elemente aus dem dorsalen Aste eines jeden Spinalnerven. Sobald der *R. lateralis* einen einfachen Rückenkantenast darstellt, tritt er

---

1) Er ist namentlich beobachtet worden bei Perca, Acerina, Cottus, Zoarces, Cyclopterus, Labrus, Belone, allen Siluroïden und Gadoïden, Anguilla, fehlt aber sehr vielen Teleostei, gleich wie auch den Elasmobranchii und Ganoidei spurlos. E. H. Weber hat ihn bei Silurus glanis entdeckt. S. Meckel's Ans. f. Anat. und Phys. 1827. S. 303. Mt. Abb. Tb. IV. S. Näheres in meiner Schrift. S. 49. ff. u. Abb. Tb. 3.

zum Rücken und verläuft längs desselben gerade hinterwärts bis zum Schwanze; da, wo Rückenflossenmuskeln vorhanden sind, unter diesen, wo sie mangeln, unmittelbar unter der *Cutis* gelegen. Auf diesem ganzen Wege empfängt er von dem *R. dorsalis* eines jeden Spinalnerven einen gewöhnlich einfachen, seltener doppelten *R. communicans* und wird so zu einem Collector von Elementen aller Spinalnerven. Aus dem so gemischten Stamme gehen feine Fäden ab für die Muskeln der Flossenstrahlen, für die Haut der Rückenkante und für die der Flossenstrahlen.

Bei manchen Teleostei beschränkt sich der *R. lateralis* nicht auf die Rückenkante, sondern es gehen noch andere Aeste und Zweige von ihm ab. Dahin gehören: 1. nach vorn gerichtete Zweige für die Haut des Kopfes, in verschiedener Stärke und Ausdehnung beobachtet beim Aal und mehren Gadus. 2. Aeste für die Flossen der an der Kehle gelegenen Hinterextremität, gefunden bei allen untersuchten Gadoïden. 3. Aeste für Haut- und Flossenstrahlen der Vorderextremität, beobachtet beim Aal und allen Gadoïden. 4. Starke Hautzweige für verschiedene Gegenden des Rumpfes, wahrgenommen bei allen Gadoïden. 5. Ein starker ventraler Ast, der in der Schwanzgegend zur Afterflosse ebenso sich verhält, wie am Rücken zur Rückenflosse, ist beobachtet bei Gadus callarias, aeglefinus und Raniceps fuscus.

Der ***Ramus primus s. ophthalmicus***, auf dessen Reizung niemals Zuckungen in willkührlich beweglichen Muskeln beobachtet werden, führt Elemente, die aus der ersten Wurzel entstehen, neben solchen, die aus derjenigen Wurzel hervorgehen, welche vom ***Lobus posterior Medullae oblongatae*** entspringend, Fortsetzungen bipolarer Ganglienkörper als Elemente enthält. Bei manchen Fischen besitzen einer oder beide Wurzelstränge des Nerven discrete gangliöse Anschwellungen; auch dem Stamme des Ciliarnerven kömmt bisweilen eine solche zu.

Der *R. ophthalmicus* besteht bald aus zwei gesonderten Strängen, bald aus einem einfachen Stamme. Bei den Plagiostomen und den Ganoïdei holostei verläuft der obere Strang unmittelbar unter dem Dache der Augenhöhle vorwärts, während der andere, viel schwächere, unter den ***M. M. rectus*** und ***obliquus superior***, dicht an dem ***Bulbus*** gelegen, dieselbe Richtung nimmt. Immer vereinigen sie sich, bevor sie die Augenhöhle verlassen. Bei den meisten Teleostei verläuft der einfache oder zweischenkelige Nerv unter dem Dache der Augenhöhle vorwärts. Während dieses Verlaufes treten von dem oberflächlichen Aste oder von dem gemeinsamen Stamme verschiedentlich starke ***Rami frontales*** ab, welche in die Canäle des peripherischen Nervenskeletes sich begeben oder unter der Haut der Stirngegend sich vertheilen. Andere untergeordnetere Zweige sind für die häutigen Bekleidungen der Augenhöhle und die Umgebungen des ***Bulbus*** bestimmt. Immer werden in der Augenhöhle die Ciliarnerven abgegeben.

Bei den Plagiostomen geschieht die Vereinigung der beiden Stränge erst, nachdem der *R. superficialis* einen nach aussen und unten tretenden *R. nasalis* entsendet hat, der theils an den Umgebungen der Nasengrube, theils in der Gegend der Mundwinkelknorpel sich verzweigt. Bei Accipenser verlässt der Hauptstamm des Nerven die Augenhöhle in zwei Aeste gespalten, von denen der Eine oberhalb des Geruchsorganes unter der Haut sich vertheilt, während der Andere, als *R. nasalis*, in der unmittelbaren Umgebung des Riechorganes sich verzweigt.

Nachdem der einfache Stamm bei den Teleostei die Augenhöhle verlassen, gelangt er, oft nach Abgabe von dorsalen für die Kopfbedeckungen bestimmten Zweigen, hinter der Nasengrube unter die äussere Haut. Sein Ende zerfällt gewöhnlich in mehre feinere Zweige, welche theils das *Os terminale* durchbohren, theils an der Schleimhaut der Nasengrube, theils unter der äusseren Haut in der Umgebung des Riechorganes — sich vertheilen und häufig Verbindungen mit Endzweigen des *R. maxillaris superior*, selten auch mit solchen des *N. palatinus* eingehen. Bei Belone verlängert sich der Nerv bedeutend, als Zwischenkieferast. — Bei den Elasmobranchii verlängert sich die vereinigte Fortsetzung beider Stämme, nachdem sie die Augenhöhle verlassen, längs der Schnauze und strahlt in eine Menge von Zweigen aus, die bei den Haien und Chimären in die zur Aufnahme der Nerven bestimmten eigenthümlichen Röhren und Ampullen sich begeben.

Dem *R. ophthalmicus* mehr oder minder entschieden angehörig sind Ciliarnerven. Bei den Triglae und, in geringerem Grade, bei vielen anderen Teleostei besitzt der *Truncus ciliaris communis* eine gewisse Selbstständigkeit; bei anderen Teleostei, so wie auch bei Accipenser und den Plagiostomi löset er sich vom *R. ophthalmicus* und zwar bei letzteren von dessen *R. profundus*. — Verbindungen des *Truncus ciliaris* mit sympathischen Fädchen sind bei manchen Teleostei beobachtet.

Das Ciliarnervensystem [2]) besteht wesentlich aus Elementen des *N. trigeminus* und des *N. oculorum motorius*. Dem *N. trigeminus* ausschliesslich angehörig ist ein *R. ciliaris longus*, welcher neben der Insertion des *M. rectus superior* die *Sclerotica* durchbohrt und dann zur *Chorioïdea* und *Iris* sich begibt. Ein zweiter *R. ciliaris brevis* welcher selten vermisst ist, geht eine Verbindung ein mit dem Ciliarnerven des *N. oculorum motorius* und oft auch mit einem sympathischen Fädchen. Nach der Verbindung dieser Nerven zeigt sich ein *Ganglion ciliare*.

Aus diesem Ganglion geht ein einfacher oder doppelter Nerv hervor, welcher neben dem *N. opticus*, meist angeheftet an der *Arteria ophthalmica*, in den *Bulbus* tritt. Die Fäden dieses Nerven begeben sich zur Iris.

Das Ciliarnervensystem der Plagiostomen zeichnet durch einige Ver-

---

2) S. Näheres in meiner Schrift. S. 38.

hältnisse sich aus. Der *R. ciliaris ex Oculomotorio* tritt isolirt, in Begleitung eines Blutgefässes, zwischen den Insertionsstellen der *M.M. rectus internus* und *rectus inferior* in den *Bulbus*. Ausser ihm begeben sich in den letzteren zwei bis vier aus dem *Ramus ophthalmicus profundus* stammende Fädchen.

Die *Rami maxillares* und der *R. buccalis* gehen auf verschiedene Weise, meist einen gemeinsamen Stamm bildend, seltener mehr oder minder isolirt, aus dem gangliösen *Plexus* des *N. trigeminus* hervor. Sie begeben sich unter der den Boden der *Orbita* bildenden fibrösen Membran vorwärts, um früher oder später sich zu trennen.

Der *Ramus maxillaris superior*, wesentlich den *R.R. infraorbitalis* und *alveolaris* der Säuger entsprechend, meist von nicht beträchtlicher Stärke, vertheilt sich bei den Teleostei besonders in den vordersten Infraorbitalknochen, an Zwischenkiefer und Oberkiefer und zwar sowol an den häutigen Bedeckungen, als in Canälen derselben, so wie an der den Eingang der Mundhöhle bekleidenden Schleimhaut. — Bei Accipenser nimmt er einen Verbindungszweig vom *N. glossopharyngeus* in seine Bahn auf und vertheilt sich unter der Schleimhaut des vorstreckbaren Kieferapparates, an der Haut des Kieferwinkels und an der Oberlippe. — Bei Spinax vertheilt er sich in der Gegend des oberen Labialknorpels, am Oberkiefer und Mundwinkel.

Der *Ramus buccalis*, dem *R. subcutaneus malae* höherer Wirbelthiere vergleichbar, ist bei den Teleostei bestimmt für die Höhlen und häutigen Umgebungen der Infraorbitalknochen, mit deren Entwickelung sein Umfang correspondirt; bei Accipenser, wo er zwei Stränge besitzt, für die weiche untere Fläche der langen Schnauze, an welcher er in die Ampullen des Nervenskeletes sich vertheilt.

Der *Ramus maxillaris inferior*, schwächer bei Accipenser und besonders bei den Plagiostomen, als bei den Teleostei, wo er unter allen Aesten des *N. trigeminus* der stärkste zu sein pflegt, ist vorzugsweise Muskelnerv, verzweigt sich aber auch an häutigen Theilen, an den Lippen, den Unterkiefer-Bartfäden, in der Knochensubstanz und an der *Matrix* der Zähne des Unterkiefers.

Bei den Teleostei tritt er unterhalb der Augenhöhle ab- und vorwärts zum Unterkiefer. Er gelangt zu diesem nach Abgabe von Zweigen für den Hebemuskel des Kiefergaumen - Suspensorium und für den gemeinsamen Kiefermuskel. Am Unterkiefer gibt er einen für Haut uud Zähne bestimmten äusseren Ast ab und dann zwei an dessen Innenfläche verlaufende Aeste, von denen der eine über, der andere unter dem Meckel'scken Knorpel einwärts sich erstreckt. Der obere tritt in einen Knochencanal des Unterkiefers und ist bestimmt für Haut und Zähne; der untere, welcher beständig Verbindungen eingeht mit dem *R. mandibularis* des *N. facialis*, sendet Fäden zur Unterlippe, so wie in den die beiden Unterkieferäste an einander ziehenden Quermuskel und in den *M. geniohyoïdeus*. Die etwa vorhandenen Bartfäden erhalten z. B. bei Silurus, Gadus u. A. ihre Nerven gleichfalls aus Zweigen des *R. maxillaris inferior*. — Bei Accipenser ist sein Verlauf, so wie seine Vertheilung in den Muskeln wesentlich übereinstimmend; nur erhält der starke Hebemuskel des Kiefersuspensorium einige direct aus dem gangliösen *Plexus* des *N. trigeminus* hervorgehende Fäden. — Bei Chimaera sind Elemente für die Haut der weichen Schnauze in der Bahn des Nerven enthalten, der zuletzt auch an Haut und Muskeln der Labialknorpel sich vertheilt. Bei den Plagiostomen ist seine Vertheilungsweise wesentlich analog.

§. 67.

Der *Ramus palatinus* behauptet in der Regel, den übrigen Elementen des *N. trigeminus* und denen des *N. facialis* gegenüber, eine gewisse Selbstständigkeit. Bei den meisten Teleostei stammt der grösste Theil seiner Elemente aus der die schmalsten Primitivfäden führenden, gewöhnlich eine noch in der Schedelhöhle gelegene, discrete gangliöse Anschwellung bildenden Wurzel. Er verlässt dann die Schedelhöhle auch gewöhnlich durch einen eigenen Canal der *Ala temporalis* des hinteren Keilbeines. Bei den Gadoïden, bei Silurus, bei Accipenser und bei den Plagiostomen lassen sich dagegen seine Beziehungen zu einer bestimmten Wurzel des Nerven-Complexes weniger deutlich nachweisen. Bei den Gadoïden und bei Silurus verlässt er die Schedelhöhle mit den übrigen Elementen des *N. trigeminus*; bei den Elasmobranchii geht er aus einer dem *N. facialis* anliegenden Anschwellung hervor. Er enthält immer vorwaltend schmale, oder schmalere Fibrillen als die übrigen Nerven und ist wesentlich für die Gaumenschleimhaut bestimmt. Bei allen Teleostei erstreckt er sich — den vordersten Ausläufern des Wirbelsystemes folgend, und also wie ein vorderer Endtheil des *Sympathicus* in seinen wesentlichen morphologischen Beziehungen sich verhaltend — längs der Aussenseite des *Sphenoïdeum basilare* und des *Vomer*, meist unmittelbar unter der das Gaumengewölbe auskleidenden Haut, seltener über oder zwischen den Fasern des queren Gaumenmuskels vorwärts, vertheilt sich an der Gaumenschleimhaut und den etwa vorhandenen Zähnen der Gaumenknochen, geht vorn Verbindungen ein mit Fäden des *R. maxillaris superior* und verzweigt sich am *Vomer*, an den Rändern der Mitte der Kieferknochen unter Haut und Schleimhaut. Bei Cobitis, wo er an den Stamm des Oberkiefernerven sich anlegt und mit dessen Elementen sich mischt, gibt er Zweige für Oberlippe und Bartfäden ab. — Bei Accipenser geht er mit einem vorderen Aste des *N. glossopharyngeus* geflechtartige Verbindungen ein und vertheilt sich unter der Haut des vorstreckbaren Kiefer-Apparates. — Bei den Selachiern giebt er einen Ast zur Pseudobranchie und vertheilt sich dann unter der Schleimhaut der Rachenhöhle.

Ein merkwürdiger, nur bei einigen Cyprinen beobachteter, Ast ist der *R. recurrens*, welcher nur feine Primitivfäden und zahlreiche gangliöse Elemente führt. Aus dem gangliösen *Plexus* des Nerven - Complexes hervorgehend, stehen die *R. recurrentes* beider Seiten durch quere in der Schedelhöhle gelegene gangliöse Schlingen mit einander in Verbindung. Jeder Nerv verläuft innerhalb der Schedelhöhle nach hinten, umfasst einen Ast des *Acusticus* und geht später eine Verbindung mit dem *R. lateralis vagi* und eine andere mit dem *R. anterior* des ersten Spinalnerven ein [1]).

§. 68.

Der *Nervus facialis* der Teleostei besitzt stets eine discrete, nicht gangliöse, dicht vor den Elementen des *N. acusticus* austretende, motorische Wurzel, an welche bald aus zwei verschiedenen Wurzeln des *N. trigeminus* stammende Bündel, in Gestalt eines kurzen *R. communicans ad N. facialem* sich anzulegen pflegen, wodurch er dann zu einem gemischten Nerven wird. Der letztgenannte Ast wird nur dann vermisst, wenn der *N. facialis* aus dem gemeinsamen gangliösen *Plexus* des *N. trigeminus* hervorkömmt und keine gesonderte Austrittsstelle aus der Schedelhöhle besitzt, wie bei den Gadoïden und bei Lophius, in welchem Falle die Verbindung mit Elementen des *N. trigeminus* schon beim Austritte aus der Schedelhöhle Statt hat.

Der *N. facialis* ist allgemein bestimmt zur Beherrschung der die äusseren Eingänge in den Respirations-Apparat öffnenden und schliessenden Muskeln. Er besitzt ausserdem zwei absteigende Hauptäste, von denen der vordere den hinteren Ast des Unterkieferbogens, der hintere den vorderen Ast des Zungenbeinbogens bildet.

Der erste Ast des *N. facialis*, welcher gewöhnlich vor Hinzutritt des *R. communicans N. trigemini* sich sondert, ist der für die das *Operculum* an den Schedel ziehenden Muskeln bestimmte, hinterwärts gerichtete *R. opercularis*. Bei Accipenser vertheilt sich ein, stärkerer Ast in den beträchtlichen, das Kiefersuspensorium an den Schedel ziehenden Muskel; bei den Elasmobranchii wird er durch Zweige vertreten, die an den Constrictoren der vordersten Kiemensäcke sich vertheilen.

Ein anderer vorwärts gerichteter Ast begibt sich bei vielen Teleostei in den *Musc. adductor arcus palatini*, der aber bisweilen vom *R. palatinus N. trigemini* aus versorgt wird. — Bei Raja gibt der *N. facialis* Aeste in die zur Hebung und Senkung der Schnauze bestimmten Muskeln.

Die eigentliche Fortsetzung des durch Elemente des *N. trigeminus* verstärkten Stammes bildet bei den Teleostei der *Truncus hyoïdeo-mandibu-*

1) Vgl. meine Schrift. S. 58.

laris. Dieser Stamm tritt meistens an die Innenfläche des *Os temporale* und begibt sich dann durch einen Canal desselben nach aussen, um alsbald — häufig nach Abgabe von Elementen für die Canäle des *Praeoperculum*, bisweilen auch von Verbindungsfäden für den *R. anterior N. glossopharyngei* — in zwei Hauptäste sich zu theilen: einen *R. mandibularis* und einen *R. hyoïdeus.* Jener ist das morphologische Aequivalent der *Chorda tympani* höherer Wirbelthiere.

Der *R. mandibularis* erstreckt sich an den Knochen des Kiefersuspensorium und durch dieselben, zum Unterkiefergelenke und verläuft an der Innenfläche des Unterkiefers, unter dem Meckel'schen Knorpel, in der diesen aufnehmenden Längsrinne vorwärts bis zur Verbindung beider Unterkieferhälften. Er vertheilt sich, nach eingegangenen Verbindungen mit dem *R. maxillaris inferior N. trigemini,* in dem die beiden Unterkieferhälften an einander ziehenden Muskel, in dem *M. geniohyoïdeus,* an der Schleimhaut der Mundhöhle und an der den Unterkiefer bekleidenden äusseren Haut. — Bei Silurus und Anguilla gibt er einen beträchtlichen äusseren Hautzweig für den Unterkiefer ab, der sonst durch untergeordnete Zweige vertreten wird.

Der *R. hyoïdeus* tritt gewöhnlich an die Innenseite des Kiefersuspensorium; beim Aal ist er nach hinten gerichtet. Er begibt sich längs dem *Os styloïdeum* unter das *Interoperculum* an den Zungenbeinbogen. Dem Verlaufe des letzteren nach vorne folgend, gibt er Zweige ab für die häutige Bekleidung der Innenfläche des *Suboperculum* und des *Interoperculum* und für die Zwischenräume der einzelnen *Radii branchiostegi,* welche sowol für deren Muskulatur, als für deren häutige Umgebung bestimmt sind. Der Nerv endet unter der äusseren Haut der Zungenbeingegend und in dem die *Membranae branchiostegae* beider Seiten verbindenden Muskel.

Bei den Ganoïden und den Elasmobranchii ist die Vertheilung der Nerven im Wesentlichen analog. Bei den Plagiostomen sondert sich der *Truncus hyoïdeo-mandibularis* von dem ihm anfangs verbundenen *R. palatinus,* von einem Zweige für die Pseudobranchie und anderen Zweigen. Dann begibt er sich hinter die Hinterwand des Spritzloches und verläuft hierauf längs dem Kiefersuspensorium, dessen Hebemuskel er mit Zweigen versorgt, abwärts, gibt Zweige an die Nerven-Ampullen ab und entsendet Zweige, welche dem *R. mandibularis* und *R. hyoïdeus* der Teleostei im Ganzen entsprechen.

§. 69.

Was die Augenmuskelnerven anbetrifft, so sind sie bei Branchiostoma und bei den Marsipobranchii hyperotreti völlig vermisst worden.

Bei Lepidosiren haben sie keine ursprüngliche Selbstständigkeit, sondern verlaufen in der Bahn des *N. trigeminus.* Bei Petromyzon ist ihre Anzahl verringert und auch der *N. trigeminus* gibt Fäden an die Augenmuskeln ab. Der *N. trochlearis* entspringt hier hinter den *Lobi optici* und tritt mit dem *N. oculorum motorius*, welcher vor dem *N. trigeminus* entspringt, in die Augenhöhle. Der vereinigte Nervenstamm theilt sich in zwei Hauptäste: einen oberen, zum *M. rectus superior* und einen zweiten, zum *M. rectus internus* und *M. obliquus superior*. Die übrigen drei Augenmuskeln erhalten ihre Zweige aus der Bahn des *N. trigeminus*.

Bei den übrigen Fischen sind bisher ausnahmslos drei Augenmuskelnerven: der *N. oculorum motorius*, der *N. trochlearis* und der *N. abducens* angetroffen worden.

Der Umfang der Augenmuskelnerven entspricht der Stärke der Augenmuskeln; so sind sie fein bei Silurus, stark bei Gadus. Bei manchen Fischen legen sich dem *N. trigeminus* ursprünglich angehörige Fäden sowol an den *N. trochlearis*, als auch an den *N. oculorum motorius*.

Die primitiven Nervenelemente gehören immer zu den breiten, dunkel conturirten. Häufig kommen schon im Verlaufe der Nervenstämme und der grösseren Zweige Theilungen der Primitivröhren vor.

Der *N. oculorum motorius*, unter den Augenmuskelnerven immer der stärkste, entspringt beständig von der vorderen Pyramide oder dem *Pedunculus cerebri*, dicht hinter dem *Lobus inferior* und tritt bei den Teleostei zwischen den beiden Schenkeln der *Commissura ansulata* hervor. Die Schedelhöhle verlässt er bei den Teleostei durch die häutigen Theile oder durch die knöchernen Flügel des vorderen Keilbeines, oft auch durch den Flügel des hinteren Keilbeines. Er vertheilt sich, nachdem er meistens in zwei Aeste zerfallen ist, in die *Musculi rectus superior*, *rectus internus*, *obliquus inferior* und *rectus inferior*. Ausserdem gibt er, und zwar gewöhnlich sein tieferer Ast, eine Wurzel zum *Ganglion ciliare*, oder, wie bei einigen Salmones und Plagiostomi, ein die *Sclerotica* selbstständig durchbohrendes Fädchen ab.

Der *N. trochlearis*, immer ein sehr feiner Nerv, kömmt stets mit einfachem Wurzelstrange aus der zwischen *Lobus opticus* und *Cerebellum* gelegenen, sie trennenden Furche hervor. Die Ursprünge beider Nerven sind durch eine Commissur mit einander verbunden. Der *N. trochlearis* verlässt bei den Teleostei die Schedelhöhle durch die häutigen oder knöchernen Theile der vorderen Keilbeingegend und vertheilt sich ausschliesslich in dem *M. rectus superior*.

Der *N. abducens*, wenig stärker, als der vorige, entspringt allgemein weit hinterwärts aus den vorderen Pyramiden der *Medulla oblongata* dicht an deren Mittellinie und zwar meist mit zwei Wurzelsträngen.

Er tritt alsbald abwärts und verlässt die Schedelhöhle bei den Elasmobranchii und Accipenser durch einen Canal des Schedelknorpels, bei den mit ausgebildetem Augenmuskelcanale versehenen Teleostei durch die *Ala temporalis* des Keilbeines, bei anderen vor diesem, durch fibrös-häutige Theile. — Bei wenigen Teleostei sind Verbindungen des Nerven mit einem sympathischen Fädchen, das aus dessen vorderstem Kopfganglion stammt, beobachtet. — Er vertheilt sich ausschliesslich in den *Musc. rectus externus*; nur bei den mit Nickhaut versehenen Haien scheinen auch in den Muskel dieser Nickhaut Elemente des *N. abducens* einzutreten.

§. 70.

Der *Nervus acusticus*, bei allen Fischen durch seine beträchtliche Stärke ausgezeichnet, verlässt die *Medulla oblongata* dicht hinter den letzten Wurzeln des *Nervus trigeminus cum faciali*, der letzterem Nerven angehörigen Wurzel eng angeschmiegt, und vor der Wurzel des *N. glossopharyngeus*. Nur bei einigen Rajidae begeben sich Fasern, die in der Bahn des letztgenannten Nerven austreten, nachdem er solche vom *N. acusticus* empfangen hat, an Theile des Gehörorganes.

Die Elemente des *N. acusticus* verlassen die *Medulla oblongata* bald juxtaponirt und in Gestalt eines einfachen dicken Stranges, bald in zwei und selten in drei Wurzelstränge gesondert. Im ersteren Falle spaltet sich die Wurzelmasse alsbald in zwei Stränge, welche den sonst gesondert austretenden zwei Strängen analog sind, in so ferne der erste die beiden vordersten Ampullen und das *Vestibulum* mit seinen Elementen versorgt, während der zweite zu der hinteren Ampulle und zum Sacke sich begibt.

Die Elementartheile des Nerven sind breite oder sehr breite Nervenröhren. Sie enthalten bei Fischen aller Ordnungen Ganglienkörper eingeschlossen, sind demnach als bipolare Ganglienkörper [1]) zu bezeichnen.

Viele Nervenröhren bilden Endschlingen; andere scheinen einfach in Terminalzellen zu enden [2]).

§. 71.

Die *Nervi optici*, in ihrer Stärke je nach dem Umfange der Augen wechselnd beschaffen, nehmen ihren Ursprung wesentlich von den *Lobi optici*, deren Umfang wieder in geradem Verhältnisse zu demjenigen der Sehnerven zu stehen pflegt. Das Verhältniss der Sehnerven zu dem *Lobus opticus* ist so, dass man sich vorstellen kann, jener sei an seinem Hirnende hohl geworden und strahle mit seinen Wurzeln in den *Lobus opticus* aus. Fasern des Sehnerven stehen ausserdem in Verbindung mit der *Fascia lateralis* und der *Commissura ansulata*. Bei Raja und bei mehren Gadus-Arten lassen sich dem Sehnerven angehörige Fasern mit dem *Pedunculus cerebri* in den Hemisphärenlappen verfolgen.

---

1) Sie sind von mir gefunden bei Petromyzon, bei Acanthias und Raja, bei Accipenser, bei sehr vielen untersuchten Teleostei, z. B. Perca, Lucioperca, Acerina, Cottus, Trigla, Scomber, Pleuronectes, Gadus, Esox, Salmo, Alosa u. A.; Leydig hat sie auch bei Chimaera angetroffen. S. meine erste Mittheilung in d. Nachrichten von d. königl. Gesellsch. d. Wissens z. Göttingen. 1850.

2) Diese Endigungsweise glaube ich in den Ampullen der halbcirkelförmige Canäle bei Pleuronectes platessa erkannt zu haben.

Die beiden Sehnerven der Teleostei stehen bald nach ihrem Ursprunge durch Commissuren mit einander in Verbindung, welche, zwei oder selbst drei an der Zahl, als weisse Querbündel, unmittelbar vor dem als *Trigonum fissum* bezeichneten Theile der Hirnbasis gelegen sind. Nur die vordere dieser Commissuren gehört ausschliesslich den Sehnerven an; sie ist bei einigen Clupeïden, gleich wie bei Plagiostomen, weit vorwärts gerückt, dort unter der Kreuzungsstelle der beiden Nerven, hier an der Basis des *Chiasma* gelegen.

Das gegenseitige Verhalten der beiden Sehnerven gestaltet sich bei den verschiedenen Gruppen der Fische verschieden.

1. Bei den Marsipobranchii [1]) stehen die beiden Sehnerven an ihrer Basis durch eine Commissur in Verbindung, die dicht am Hirne liegt; von hier aus tritt aber jeder ohne weitere Kreuzung zu dem Auge seiner Seite.

2. Bei den Teleostei findet eine einfache Kreuzung der Sehnerven Statt, in der Art, dass der rechterseits entsprungene zum linken Auge, der linkerseits entsprungene zum rechten Auge tritt. Meistens liegt dabei der linkerseits entsprungene über dem rechterseits entsprungenen; doch ist dies Verhalten nicht beständig und selbst individuellen Abweichungen unterworfen. Beim Häring besitzt der rechterseits entsprungene Sehnerv zwei Bündel, zwischen welchen der ganze für das rechte Auge bestimmte Nerv hindurchtritt.

3. Die Anwesenheit eines *Chiasma* ist charakteristisch für die Elasmobranchii und die Ganoïden. Das Ergebniss der bisher über das Verhalten des *Chiasma* angestellten Untersuchungen ist, dass, wenigstens bei Raja, in demselben mehre Bündel der beiden Sehnerven successive sich kreuzen und dass ausserdem Quercommissuren in demselben vorkommen.

Gleich nach der Kreuzung tritt der Sehnerv bei vielen Knochenfischen durch eine dem vorderen Keilbeinsegmente angehörige fibröse Membran in die Augenhöhle. Wo, wie bei den Cyprinoïden und Siluroïden, das vordere Keilbeinsegment knöcherne Flügel besitzt, tritt er durch diese hindurch. Bei Accipenser und bei den Elasmobranchii durchbohrt er die soliden Schedelwandungen. Bei seinem Eintritte in die Durchgangsöffnung empfängt er ein derbes Neurilem, das ihn zum *Bulbus* begleitet. Diesen

---

1) Innerhalb dieser Commissur verlaufen bei Petromyzon Fäden von dem einen *N. opticus* zum anderen. Der *N. opticus* erscheint als ein mattweisses, mit feinen Molekularkörnchen besetztes sehr elastisches Band. In diesem Bande lässt sich eine feine Längsstreifung erkennen. Zerfasert man es, so zeigen sich feine wellenförmig gekräuselte Fäden oder Bänder. Jedes dieser letzteren ist in fast unmessbar feine, blasse, sehr elastische, gleichfalls wellenförmig gekräuselte Längsfibrillen zu zerlegen. Diese werden nach der *Retina* hin ganz starr. Die Fibrillen gehen im Gehirne von kleinen länglichen spindelformigen Zellen aus, welche durch zwischengelagerte feinkörnige Grundmasse zu einer Art Membran verbunden erscheinen.

durchbohrt er nicht in seiner Axe, sondern seine Eintrittsstelle liegt gewöhnlich etwas hinten und oben.

Was die Form des ganzen Nerven anbelangt, so ist sie anfangs gewöhnlich cylindrisch; früher oder später ändert er jedoch bei den meisten Fischen diese Form und erscheint in Gestalt eines gefalteten Bandes, das man aus einander breiten kann. Besonders deutlich und schön ist dies Verhalten bei den Scomberoïden, Pleuronectiden und Clupeïden [2].

§. 72.

Die *Nervi olfactorii* wurzeln allgemein in dem unteren Theile der Hemisphärenlappen. Sie besitzen stets eigene Anschwellungen (***Tubercula olfactoria***). Die Lage dieser ***Tubercula olfactoria*** bietet Verschiedenheiten dar. Bald nämlich liegen sie unmittelbar vor den Hemisphären [1], als einfaches oder doppeltes [2] Paar von Anschwellungen, bald dagegen weit nach vorne gerückt, unmittelbar vor dem Eintritte der Geruchsnerven in das Riechorgan [3]. Nur bei Raniceps fuscus sind sie etwa in der Mitte zwischen Ursprungs- und Austrittsstelle der Geruchsnerven angetroffen worden.

Bei den Teleostei besitzt der ***Tractus olfactorius*** zwei aus der Hemisphäre kommende Wurzelstränge, was am deutlichsten da erkannt wird, wo die ***Tubercula olfactoria*** weit nach vorne gerückt sind. Bei den Plagiostomen entsteht der, häufig hohle [4], ***Tractus olfactorius*** trichterförmig im Umkreise einer Anschwellung an der äusseren Seite des Hemisphärenlappens. Die ***Tractus olfactorii*** werden, gleich dem Gehirne, von der ***Pia mater*** umkleidet und bestehen bei den Teleostei und Elasmobranchii aus zarten Hirnröhren. Die ***Tubercula olfactoria*** sind immer seicht gelappt, graulich-weiss, sehr gefässreich.

Der aus einem ***Tuberculum olfactorium*** austretende Geruchsnerv übertrifft an Umfang und Masse beständig den in jenes eingetretenen ***Tractus***. Der eigentliche Geruchsnerv unterscheidet sich von letzterem auch durch sein Aussehen und seinen Bau. Er ist gewöhnlich bläulich-weiss, halb-

---

2) S. Näheres in meiner Schrift über d. peripher. Nervensyst. d. Fische. S. 10. B. Eustachi hat diese Bildung entdeckt; später hat Malpighi sie beschrieben.

1) So bei allen bisher untersuchten Percoïden, Cataphracten, Sciänoïden, Sparoïden, Mugiloïden, Squamipennen, Scomberoïden, Tänioïden, Theutyern, Blennioïden, Gobioïden, Cyclopoden, Pediculaten, Labroïden, Chromiden, Scomber-Esoces, Pleuronectiden, Fistulares, Esocinen, Salmoniden, Clupeïden, Muränoïden, Gymnotini, Lophobranchii, Plectognathi, Ganoidei, Marsipobranchii.

2) So bei Anguilla, Conger, Gymnotus.

3) So bei allen untersuchten Gadoïdei, Siluroïdei, Cyprinoïdei; ferner bei den Elasmobranchii holocephali und Plagiostomi.

4) Die Höhle ist bei Rochen bald angetroffen, bald — und zwar bei der gleichen Species — vermisst worden. Ich habe sie bei jungen Individuen gefunden, bei älteren öfter vermisst. Ob demnach, von Entwickelungsvorgängen abhängige Verschiedenheiten vorkommen, bleibt zu ermitteln.

durchscheinend und elastisch. Er besteht aus bandartigen, platten, sehr blassen Strängen von ungleicher Breite. In der Längsrichtung der letzteren verlaufen sehr feine, mit feinkörnigem Anfluge belegte Fasern.

Bei denjenigen Fischen, deren *Tubercula olfactoria* weit nach vorne gerückt liegen, und wo zugleich die Schedelhöhle weit nach vorne sich verlängert, verlässt der Geruchsnerv sein *Tuberculum* mit mehren oder vielen sehr kurzen grauen Strängen, welche sogleich durch kleine Zwischenräume der hinter dem Geruchsorgane ausgespannten fibrösen Membran hindurch- und in letzteres eintreten. — Bei den meisten Teleostei ist die Schedelhöhle nicht bis zur Gegend des Geruchsorganes hin verlängert, indem früher oder später die beiden fibrösen Blätter, welche, anfangs von einander abstehend, die Schedelhöhle von der Augenhöhle abgrenzten, sich dicht an einander legen und ein einfaches fibröses *Septum* zwischen den beiden Augenhöhlen bilden. Unter dieser letztgenannten Bedingung durchbohrt der Geruchsnerv oft, aber nicht immer, das fibröse Blatt seiner Seite und tritt an die Wand der Augenhöhle, wo er, von derberem Neurilem umgeben, über dem *Musculus trochlearis* vorwärts zu der Oeffnung neben der Basis des *Os frontale anterius* sich erstreckt, durch die er mit trichterförmig aus einander gebreiteten Fasern zum Geruchsorgane sich begibt.

II. Von den Sinnesorganen.

§. 73.

Das Gehörorgan der verschiedenen Gruppen der Fische steht auf verschiedenen Stufen der Ausbildung. — Das Labyrinth liegt entweder ausserhalb der eigentlichen Schedelhöhle und zwar bald, auf engeren Raum beschränkt, in mit ihr communicirenden, schon äusserlich erkennbaren Gehörcapseln (Cyclostomen), bald, weiter ausgedehnt, innerhalb der Knorpelsubstanz des Schedels (Plagiostomen; Dipnoi); oder es liegt theils in letzterer und theilweise auch in der Schedelhöhle selbst (Holocephali, Ganoïdei, Teleostei). Meistens ist es nach aussen hin von den starren, ununterbrochenen Wandungen der Schedelcapsel umschlossen, die bisweilen Anschwellungen und Auftreibungen in der Gehörsgegend bilden, wie z. B. bei manchen Taenioïdei; seltener besitzen die Schedelwandungen in der Gegend, die das Gehörorgan einschliesst, äussere Oeffnungen. Die letzteren münden bald an der äusseren Oberfläche des Kopfes und pflegen dann nur durch die äusseren Hautbedeckungen verschlossen zu sein, bald sind sie nach der Eingeweidehöhle hin gerichtet, in welchem Falle bei manchen Teleostei vordere Aussackungen der Schwimmblase an sie sich anlehnen oder mit ihnen durch eine Reihe verschiebbarer Knochen in Verbindung stehen.

Bei Branchiostoma ist noch keine Spur eines eigenen Gehörorganes nachgewiesen.

Bei den Marsipobranchii ist das Labyrinth eingeschlossen in seitlichen dem Schedel unmittelbar und innig verbundenen Knorpelcapseln. Bei den *M. hyperotreti* liegt das blos in einem ringförmigen, in sich selbst zurücklaufenden Rohre bestehende häutige Labyrinth, an dessen oberer Wand der *Nervus acusticus* sich ausbreitet, in einer ihm entsprechend gestalteten Höhle jener Capsel. Es enthält keine den Gehörsteinen anderer Fische analoge Concretionen. — Das häutige Labyrinth von Petromyzon wird noch durch häutige Theile an seine umschliessende Knorpelcapsel befestigt. Es besteht 1. aus einem *Vestibulum*, das drei Abtheilungen besitzt: zwei grössere, die auswendig durch eine Furche, inwendig durch einen faltigen Vorsprung getrennt sind und mit denen eine dritte unpaare sackförmige Abtheilung durch einen Stiel verbunden ist. Hierzu kommen 2. zwei halbcirkelförmige Canäle, deren jeder bei seinem Ursprunge aus dem *Vestibulum* eine Ampulle besitzt, in welche faltenförmige Vorsprünge hineinragen. Beide Canäle steigen an der Oberfläche des häutigen *Vestibulum*, welcher sie angewachsen sind, auf, um knieförmig mit einander sich zu verbinden. An dieser ihrer Verbindungsstelle communiciren sie abermals mit dem *Vestibulum* durch eine Oeffnung. Das häutige Labyrinth enthält nur helle Flüssigkeit und keine feste Concretionen. Die beiden Aeste des *N. acusticus* umfassen die Ampullen.

Bei den Plagiostomen ist das Labyrinth, welches wesentlich aus dem *Vestibulum* und drei halbcirkelförmigen Canälen besteht, von der Knorpelsubstanz des Schedels ganz umfasst, ohne in die Schedelhöhle selbst hineinzuragen. Das häutige Labyrinth liegt in ihm entsprechend gestalteten, viel weiteren Aushöhlungen der Knorpelsubstanz des Schedels (dem sogenannten knorpeligen Labyrinthe); zwischen beiden befindet sich eine Flüssigkeit und von der Innenfläche dieser Excavationen der Knorpelsubstanz erstrecken sich Fäden an die Aussenfläche des häutigen Labyrinthes. Diejenige knorpelige Aushöhlung, welche das häutige *Vestibulum* aufnimmt: das sogenannte *Vestibulum cartilagineum* communicirt durch einen, das knorpelige Schedeldach durchsetzenden, Canal, der indessen häutig geschlossen ist, mit der Schedeloberfläche. Bei den Rochen entsprechen dem *Vestibulum cartilagineum* die beiden hinteren der vier an der Schedeloberfläche befindlichen Oeffnungen.

Das *Vestibulum membranaceum* bildet einen in drei Abtheilungen zerfallenen Sack, welcher weiche krystallinische Concremente enthält. Seine mittlere Abtheilung communicirt bei den Rochen durch einen aufsteigenden Gang mit einem häutigen Säckchen. Gang und Säckchen sind mit einer weissen, kohlensaure Kalkerde enthaltenden, breiigen Masse gefüllt. Das Säckchen liegt zwischen der Schedeloberfläche und der *Cutis* und zerfällt in zwei Abtheilungen: eine untere und eine obere, von welchen die letztere durch enge, die Haut durchbohrende Canäle, die indessen gegen von aussen eindringende Substanzen durch Klappen geschützt sind, nach aussen mündet. Im Umkreise des Säckchens findet sich ein Muskel, der ihn comprimiren kann [1]. Drei halbcirkelförmige Canäle stehen mit dem häutigen *Vestibulum* in Verbindung. Bei den Rochen hat dieselbe dadurch Statt, dass zwei sehr enge Oeffnungen, eine aus dem vorderen und eine aus dem hinteren Canale, die beide kreisförmig und unter einander nicht verbunden sind, in das *Vestibulum* führen. Der äussere Canal verbindet sich an seinen beiden Enden mit dem vorderen Canale. Bei den Haien ist die Verbindung der halbcirkelförmigen Canäle analog der bei den Teleostei Statt findenden. — Die Ampullen der *Canales semicirculares* besitzen *Septa transversa*, an denen die Nerven-Ausbreitung Statt hat.

Bei Chimaera [2], wo das Labyrinth zum Theil in der Knorpelsubstanz des Schedels eingeschlossen, zum Theil in der Schedelhöhle liegt, setzt das häutige *Vestibulum* durch einen Canal zu einer unpaaren, im Schedeldache liegenden Oeffnung sich fort; von ihr aus treten zwei Canäle zu zwei kleinen Oeffnungen in der Haut der Hinterhauptsgegend.

Das Gehörorgan der Ganoïdei und der meisten Teleostei liegt zum Theil innerhalb der knorpeligen oder knöchernen Schedelwandungen, zum Theil aber noch innerhalb der Schedelhöhle selbst. Es wird also nach aussen gewöhnlich allseitig von den festen Schedelwandungen, nach innen von dem halbflüssigen oder fettreichen Inhalte der Schedelhöhle umgeben. Bei Accipenser wird indessen das Gehörorgan jeder Seite von der eigentlichen Schedelhöhle noch abgegrenzt durch ein dünnes, membranöses, verticales *Septum*. Das Gehörorgan besteht aus einem die Gehörsteine aufnehmenden membranösen Sacke und aus dem *Vestibulum*, das gewöhnlich ebenfalls ein festes Concrement enthält und in welches die drei halbcirkelförmigen Canäle einmünden [3].

Am tiefsten abwärts liegt der Sack; bei den Teleostei gewöhnlich in einer länglichen durch Knochen des Occipitalsegmentes und durch die *Ala temporalis* des Keilbeines gebildeten Grube. Bald hangt er unmittelbar an dem *Vestibulum*, bald ist er von ihm etwas weiter entfernt. Obgleich er

1) Diese Verbindung des häutigen Labyrinthes mit der Schedeloberfläche wird bei Carcharias, nach Weber, vermisst.

2) S. Leydig in Müller's Archiv. 1851. S. 245.

3) Das Labyrinth von Lepidosiren, aus denselben Theilen gebildet, liegt in der Knorpelsubstanz des Schedels, mit Ausnahme des Sackes, der theilweise innerhalb der Schedelhöhle gelegen ist. Statt der Gehörsteine, sind breiige Krystallanhäufungen vorhanden. Der *Canalis semicircularis externus* besitzt blos an seinem vorderen Schenkel eine einfache Ampulle, während die beiden anderen an jedem Schenkel eine Ampulle zeigen. Vgl. Hyrtl, l. c. S. 51.

mit letzterem beständig durch eine Hautfortsetzung in Verbindung steht, scheint doch eine Höhlenverbindung beider bei den Knochenfischen nicht immer Statt zu finden, die jedoch beim Stör deutlich vorhanden ist. Der Sack ist bei vielen Knochenfischen durch ein *Septum* in zwei Höhlen von ungleicher Grösse getheilt. Jede derselben enthält ein aus kohlensaurer Kalkerde bestehendes Concrement; das in der vorderen Höhle enthaltene, grössere führt die Bezeichnung *Sagitta*, das der hinteren Höhle *Asteriscus*. Diese Concretionen besitzen bei den Teleostei gewöhnlich gezackte Ränder, oft auch andere Einschnitte und Erhabenheiten, bestimmt zur Unterstützung der an ihnen Statt findenden Nervenausbreitungen. Bei Accipenser, wo ebenfalls zwei Concretionen vorkommen, sind dieselben minder regelmässig geformt, an der Circumferenz weicher, auch von einer breiigen krystallinischen Masse umgeben. Die Steine werden immer von heller lymphatischer Flüssigkeit umspült.

Das höher gelegene *Vestibulum membranaceum* liegt nach aussen den Schedelknochen lose an, durch Bindegewebe locker mit ihnen verbunden; nach innen ist es der *Medulla oblongata* und dem *Cerebellum* zugewendet. Bei Esox hat es einen hinteren in den *Canalis spinalis* blind hineinragenden Anhang. Das *Vestibulum* enthält bei den Teleostei in seinem vorderen Theile ein festes Concrement (*Lapillus*), das beim Stör fehlt und durch etwas breiige krystallinische Masse vertreten wird. In dasselbe münden die drei halbcirkelförmigen Canäle gewöhnlich mit fünf Oeffnungen. Der vordere und der hintere Canal, welche senkrecht stehen, besitzen einen gemeinsamen Ausgangspunkt von der Höhle des *Vestibulum*, indem sie zusammen münden. An seinem entgegengesetzten Ende bildet der vordere eine Ampulle. Neben dieser liegt die Ampulle des äusseren oder horizontalen Canales. Neben dem einfachen anderseitigen Ausgange des letzteren ist die Ampulle des hinteren Canales gelegen.

Die halbcirkelförmigen Canäle des Störes [4]) liegen, vollständig von der Knorpelsubstanz des Schedels umschlossen, in ihnen entsprechend geformten Höhlungen der letzteren. Diese Höhlungen füllen sie jedoch nicht vollständig aus, sondern liegen entfernt von ihren Wandungen, durch Bindegewebsbrücken angeheftet, durch Blutgefässe umsponnen. Bei den Teleostei sind sie oft nur theilweise in die Schedelgrundlage eingesenkt, theilweise blos von dem Inhalte der Schedelhöhle, in die sie frei hineinragen, umschlossen. Die zu ihrer Aufnahme und Anlehnung bestimmten Knochen sind die meisten Theile des Hinterhauptsegmentes, das *Os mastoïdeum*, die *Ala temporalis* und bisweilen auch die *Ala orbitalis* des vorderen Keilbeinsegmen-

---

4) Ihre Grundlage, welche immer solider ist, als diejenige des *Vestibulum*, wird beim Stör gebildet durch transparente, vielfach ramificirte Fasern und Plättchen. Inwendig findet sich eine Zellenschicht.

tes. So weit die weichen halbcirkelförmigen Canäle von Aushöhlungen der Schedelsubstanz aufgenommen werden, liegen sie den Wandungen derselben niemals dicht an, sondern verhalten sich im Wesentlichen ähnlich wie beim Stör. In Betreff ihrer Ausdehnung, Länge und Weite bieten die Canäle manche Verschiedenheiten dar. Ihre Ampullen besitzen *Septa transversa.* Die Aeste des *N. acusticus* vertheilen sich an den Concrementen des Sackes und des *Vestibulum*, so wie an den *Septa* der Ampullen der halbcirkelförmigen Canäle, ohne in letztere selbst sich fortzusetzen, welche einen flüssigen Inhalt besitzen.

Bei der geschilderten Lage eines Theiles des Labyrinthes innerhalb der Schedelhöhle, können die, manchen Fischen eigenthümlichen, blos von Haut bedeckten Fontanellen der Schedeldecken, wie sie z. B. bei den Siluroïdei, Loricarini, bei Cobitis u. A. vorkommen, nicht ohne Einfluss auf die Zuleitung der Schallwellen sein. Besonders merkwürdig sind in dieser Beziehung aber die Mormyri, wo die äussere Bedeckung des Labyrinthes durch einen lose aufliegenden dünnen Knochen, der hinten einen kleinen nur von äusserer Haut überzogenen Raum unbedeckt lässt [5]), geschieht.

Bei Lepidoleprus trachyrhynchus [6]) findet sich seitlich am Hinterkopfe über dem oberen Ende der Kiemenspalte eine trichterförmige von dünner Haut geschlossene Grube, welche in den zur Aufnahme des Gehörorganes bestimmten Theil der Schedelhöhle hineinragt. Zwischen der Innenfläche ihrer Haut und dem Labyrinthe liegt eine faserig-gallertartige Substanz. Bei Notopterus und Hyodon claudulus findet sich zwischen dem dorsalen Ende des *Operculum* und dem hinteren Augenhöhlenrande eine blos von der äusseren Haut überzogene Grube. Unter ihr liegen zwei weite, durch eine Knochenbrücke getrennte Oeffnungen, die in die Schedelhöhle, da wo sie das Gehörorgan umschliesst, hineinführen.

In eigenthümliche Verbindung tritt das Gehörorgan vieler Teleostei mit der Schwimmblase [7]). Diese, auf verschiedene Weise zu Stande gebrachte, Verbindung beider Gebilde bewirkt, dass, bei Ausdehnung oder Zusammenziehung der Schwimmblase, die in dem häutigen Labyrinthe enthaltene Flüssigkeit comprimirt oder expandirt wird. Bald erscheinen, zu Erreichung dieses Zweckes, Fortsetzungen der Schwimmblase bis zum Gehörorgane selbst herangeführt, bald werden Fortsetzungen des häutigen Gehörorganes durch eine Reihe von Knochen, welche den vor-

---

5) S. Heusinger in Meckel's Archiv f. Anat. u. Physiol. 1827. Bd. 1. S. 324. Abb. Tf. 4. Aehnlich soll, nach Erdl, auch Gymnarchus niloticus sich verhalten.

6) S. Otto in Tiedemann und Treviranus Zeitschrift f. Physiologie. Bd. 2. S. 86. Aehnlich verhält sich Lepidoleprus coelorhynchus, nicht aber L. norwegicus, wo diese Bildung ganz fehlt.

7) Diese Verbindungen hat kennen gelehrt E. H. Weber, De aure et auditu hominis et animalium. T. I, Lips. 1820. 4. c. tab. aen. X.

deren Wirbeln angefügt sind, mit der Wandung der Schwimmblase verbunden.

1. Am einfachsten gestaltet sich die Verbindung bei einigen Percoïden [8]), Sparoïden und Anderen, wo die vorderen Hörner der Schwimmblase an häutig geschlossene Stellen der Occipitalgegend des Schedels sich anlegen, an die von innen das hintere Ende des *Vestibulum* herantritt.

Complicirter sind die Verhältnisse bei manchen Clupeïdae [9]). Das vordere sehr verengte Ende der Schwimmblase tritt in einen Canal der Basis des Hinterkopfes und spaltet sich hier gabelförmig in zwei sehr enge Aeste. Jeder dieser Aeste erweitert sich innerhalb des Knochens und spaltet sich wiederum in zwei Zinken, deren jede eine kugelförmige Anschwellung bildet. In die zur Aufnahme der vorderen dieser beiden Anschwellungen bestimmte kugelförmige Aushöhlung der *Ala temporalis* erstreckt sich ein Anhang des *Vestibulum,* der auf diese Weise mit der Schwimmblase in Berührung kömmt. Die *Vestibula* beider Seiten werden ausserdem durch einen in der Schedelhöhle, unterhalb des Gehirnes, verlaufenden Quercanal mit einander verbunden.

2. Eine mittelbare Verbindung des Gehörorganes mit der Schwimmblase [10]) durch eine Knochenreihe zeigt sich bei den Familien der Cyprinoïdei, Siluroïdei, Charicini und Gymnotini. — Bei den Cyprinen geht jederseits von dem den Sack und das *Vestibulum* verbindenden Canale ein Gang aus, der gleich seinen hinteren weiteren Fortsetzungen, mit Flüssigkeit erfüllt ist. Die beiden Gänge verbinden sich zu einem im Basilartheile des Hinterhauptes gelegenen *Sinus impar.* Zwei hintere Oeffnungen des-

---

8) Z. B. bei Myripristis, Holocentrum, Triacanthus macrophthalmus; bei Sparus Salpa u. Sargus. L. von E. H. Weber entdeckt.

9) Z. B. bei Clupea, Alosa, Engraulis. — Von E. H. Weber entdeckt. — Bei Hyodon claudulus — und ganz analog verhält sich Notopterus — communicirt das vordere Ende des Schwimmblasenkörpers durch enge Oeffnungen mit zwei sphärischen dickwandigen Blasen. Jede derselben legt sich in eine Vertiefung der Knochen der Hinterhauptsgegend ihrer Seite und haftet eng an den letzteren. Dem vordersten Theile jeder dieser Blasen entspricht eine Oeffnung in den Knochen, die inwendig von einem Theile des *Vestibulum*, auswendig aber von der innersten Haut dieser Blase bekleidet ist, indem die weisse Faserhaut derselben im Umkreise der äusseren Gehörsöffnung aufhört und nicht über letztere selbst sich fortsetzt. Bei Hyodon und Notopterus combiniren sich also gewissermaassen die Bildungen von Lepidoleprus und Mormyrus mit denen mancher Percoïden und Sparoïden.

10) Bei den Cyprinoïden und bei Silurus glanis entdeckt von E. H. Weber, bei Pimelodus von Heusinger gefunden; in der Familie der Characini bei Gasteropelecus durch Heusinger entdeckt, von J. Müller als allgemeine Eigenthümlichkeit der drei zuerst genannten Familien erkannt; unter den Gymnotini bei Sternopygus macrourus durch C. E. v. Baer gesehen und ausführlich erörtert und weiter verfolgt durch J. Reinhardt, Om Swömmeblaeren hos Familien Gymnotini. Kiöbenhavn. Novemb. 1852. 8.

selben führen in zwei an der Oberfläche des ersten Wirbelkörpers gelegene, theilweise nur häutig, theilweise von knöchernen Wandungen umschlossene *Atria*. Jedes *Atrium* wird durch einen eigenthümlichen, zwischen dem Hinterhaupte und dem Dornfortsatze des ersten Wirbels gelegenen Knochen: *Claustrum*, bedeckt. Diese *Atria* stehen, mittelst dreier unter einander verschiebbar verbundener und mit den vorderen Wirbeln articulirender Knochen, mit der Schwimmblase so in Verbindung, dass der vorderste derselben das *Atrium* aussen bedeckt und verschliesst, und der hinterste an der Aussenwand der vorderen Schwimmblase angeheftet ist. Analog dem der Cyprinen ist das Verhalten dieser Theile bei den übrigen Familien.

[Das Gehörorgan der Cyclostomen behandelt: J. Müller über den eigenthümlichen Bau d. Gehörorganes bei d. Cyclostomen. Berlin, 1838.; das der Plagiostomen Monro, sowie, mit dem der Teleostei, Weber, in ihren angeführten Schriften. S. von älteren Arbeiten auch Scarpa, de auditu et olfactu. Ticin. 1798. 4. Huschke, Beiträge zur Physiologie und Naturgeschichte. 1. Bd. Weimar, 1824. 4. — Ganz unbrauchbar ist Breschet, Recherches anat. et physiol. sur l'organe de l'ouïe des poiss. Paris, 1838. 4. — Ueber die Gehörsteine vgl. Ed. Krieger, Diss. de Otolithis. Berol. 1840. 4. Ueber die Ampullen der halbcirkelförmigen Canäle: Steifensand in Müller's Archiv. 1835. S. 174.]

§. 74.

Die Gesichtsorgane der Fische, in der Regel von beträchtlichem Umfange, bleiben nur bei verhältnissmässig wenigen klein oder abortiv. Bei Branchiostoma [1]) scheinen zwei seitlich, am Vorderende des centralen Nervensystemes liegende Pigmentflecke, zu welchen anscheinend sehr kurze Nerven treten, als Augen gedeutet werden zu müssen. Noch bei den Myxinoïden [2]) bleiben die Augen höchst unentwickelt.

Bei Myxine findet sich jederseits, von Muskeln und Haut bedeckt, ein sehr kleines, ganz abortives Auge, zu welchem ein Nerv sich begibt. Bei Bdellostoma liegt das, hinsichtlich seiner inneren Organisation gleichfalls noch nicht ausreichend untersuchte, Auge oberhalb der Muskeln und wird von einer dünnen Fortsetzung der äusseren Haut überzogen. Ein muskulöser Bewegungs-Apparat des *Bulbus* scheint durchaus zu fehlen. — Ausserordentlich klein sind die Augen auch bei den Dipnoi [3]). Sie liegen in trichterförmigen Einstülpungen der Schedel-Aponeurose, welche die *Orbitae*

---

1) Nach Quatrefages (Ann. d. sc. nat. 1845. p. 225. Tb. 13. Fig. 7.) sind indessen die Augen ausgebildeter, als man bisher annahm. Der *N. opticus* geht in ein ringförmiges Pigment über, an dem ein hemisphärischer, durchsichtiger, das Licht stärker, als die umgebenden Theile, brechender Körper sich findet. Dieser Körper ist der *Dura mater* eingefügt. Er wird, gleich dem Pigmente, von einer Capsel umhüllt, die mit einer anscheinend flüssigen, schwach orange gefärbten Substanz gefüllt ist.

2) S. Müller, Gehörorgan d. Cyclostomen. S. 23.

3) Vgl. Hyrtl, Lepidosiren. S. 51.

bilden, sind von den durchsichtig werdenden Hautdecken überzogen, haben eine sehr dünne *Sclerotica*, eine schwarze *Chorioïdea* und eine kugelige Linse, welche mit der *Chorioïdea* durch einen schwarzen, an dem Seitenrande jener sich befestigenden Faden zusammenhangt, ermangeln der Iris und des Ciliarkörpers und besitzen einen Bewegungs-Apparat in vier geraden Augenmuskeln. — Noch bei einigen Teleostei kömmt es vor, dass die äussere Haut, ohne sich beträchtlich zu verdünnen oder durchsichtig zu werden, die unter ihr liegenden, sehr kleinen Augen überzieht, deren Anwesenheit deshalb, mit Unrecht, in Abrede genommen wurde. So bei Apterichthus coccus [4]), Silurus coecutiens [5]) und dem in unterirdischen Höhlen lebenden Amblyopsis spelaeus [6]).

Bei der Mehrzahl der Fische sind die Augen verhältnissmässig gross; bei einigen, wie z. B. bei Priacanthus, Pomatomus, Lepidoleprus, durch ungewöhnlichen Umfang ausgezeichnet; nur bei einzelnen Familien, wie bei den Sturionen, den Siluroïden und den Physostomi apodes, besonders aber bei den vorhin namhaft gemachten Thieren, klein. Sie liegen gewöhnlich symmetrisch an beiden Seiten des Orbitalsegmentes des Schedels, rücken seltener mehr an die Oberfläche des Schedels, wie z. B. bei Uranoscopus, und liegen nur bei den Pleuronectides asymmetrisch, beide an derselben Seite des Kopfes [7]).

Der in die *Orbita* eingesenkte Abschnitt des *Bulbus* pflegt von Fett, oder von gelatinösem Bindegewebe und von lymphatischer Feuchtigkeit reichlich umgeben zu sein. Bisweilen steht der *Bulbus* auf eigenthümliche Weise mit der Wandung der *Orbita* in Verbindung. So besitzt bei allen Plagiostomen die *Sclerotica* hinten, neben der Eintrittsstelle des Sehnerven, eine knorpelige, äussere, hinterwärts gerichtete Anschwellung mit convexem Gelenkkopfe, welcher auf einem vom Schedel ausgehenden, aus dem Grunde der *Orbita* vorragenden, von einem dünneren Stiele getragenen, am Ende verbreiterten Knorpel beweglich, nur durch Bindegewebe locker angeheftet ruhet. Bei einigen Ganoïden und den meisten Teleostei inserirt sich an die *Sclerotica*, neben der Eintrittsstelle des *Nervus opticus*, ein von der Orbitalwand ausgehendes fibröses *Tenaculum* [8]).

Die Bewegungen des *Bulbus* werden sehr allgemein, selbst bei den Marsipobranchii hyperoartii, durch vier gerade und zwei schiefe Augen-

---

4) de la Roche, Annales du Musée d'hist. nat. T. XIII. p. 326.

5) S. Rudolphi, Grundriss d. Physiologie. T. II. Abth. 1. S. 155.

6) S. Tellkampf in Müller's Archiv. 1844.

7) Merkwürdig sind die häufig vorkommenden Fälle von individuellen Abweichungen in der Lage der Augen bei den Schollen. Vgl. Schleep in Oken's Isis. 1829. S. 1049.

8) Z. B. bei Accipenser, Esox, Salmo, Clupea, Ammodytes, Fistularia, Echeneis. Dasselbe war schon Scarpa und Rosenthal bekannt.

muskeln vermittelt, welche letzteren von der Vorderwand der *Orbita*, die durch das vierte, dem Siebbeine entsprechende Schedelsegment gebildet wird, ihren Ursprung nehmen. Die geraden Augenmuskeln entspringen weiter hinten aus dem Grunde der *Orbita*, oder, wie bei vielen, obschon bei weitem nicht allen Teleostei, aus einem, unterhalb der Schedelbasis gelegenen, vorne in die Augenhöhle ausmündenden Knochencanale. Aus ihm gehen mehre Muskeln beider *Bulbi* divergirend hervor. Am weitesten nach hinten erstrecken sich in diesem Canale die *Musculi recti externi*; seiner Ausmündung näher entspringen der *M. rectus internus* und *rectus inferior*, während die Insertion des *M. rectus superior* meist ausserhalb dieses Canales zu liegen pflegt.

Thränenorgane fehlen den Fischen allgemein.

Das Verhalten der äusseren Haut, welche, durchsichtig werdend, die Vorderfläche des *Bulbus* stets überzieht, bietet manche Verschiedenheiten dar. Bald nämlich geht sie in einer Fläche über die *Cornea* weg; bald bildet sie im Umkreise des *Bulbus*, indem sie nicht blos seine zu Tage liegende Oberfläche überzieht, sondern etwas in die Tiefe seiner Circumferenz sich einsenkt, eine mehr oder minder tiefe, kreisrunde Einsenkung. Bisweilen kommen weitere Augenlidbildungen [9]) durch Faltungen der durchsichtigen Haut zu Stande; namentlich bei manchen Scomberoïden z. B. bei Scomber und Caranx, manchen Clupeïden, z. B. den Gattungen Clupea, Alosa, wo das vordere und hintere Augenlid durch einen verticalen Schlitz getrennt werden. Am auffallendsten ist die Bildung von Butirinus, wo ein kreisförmiges, durchsichtiges Augenlid vorhanden ist, das, der Pupille entsprechend, in der Mitte eine runde Oeffnung besitzt.

Nur den in die Gruppe der Nictitantes vereinigten Haien kömmt eine wirkliche Nickhaut zu. Sie ist eine, an ihrer äusseren Oberfläche beschuppte, Hautduplicatur, welche aus der inneren Lamelle des unteren Augenlides hervorgeht und schief gegen die Längenaxe des Körpers gerichtet ist. Sie kann bald den grössten Theil des *Bulbus* bedecken, wie bei den Carchariae, bald nur einen kleinen Theil desselben, wie bei den Musteli. Ihre Bewegungen stehen unter Einfluss eigener Muskeln. Bei Mustelus und Galeus ist nur ein Muskel vorhanden, welcher von der Seite des Schedels entspringt, ab- und vorwärts gegen den hinteren Umfang der *Orbita* verläuft und hier an dem hinteren Theile der Nickhaut mit kurzer Sehne sich befestigt. Bei den Carchariae nähert sich die Bildung der Nickhaut-Muskulatur derjenigen der Vögel dadurch, dass noch ein zweiter Muskel vor-

9) Augenlidbildungen sind auch anderen Gruppen der Teleostei nicht fremd, wie z. B. bei Sternopygus Marcgravii durch Reinhardt ein kreisrundes Augenlid beschrieben ist.

handen ist. Dieser bildet eine, an dem hinteren Theile der Bedeckung des *Bulbus* doppelt befestigte, muskulöse Schleife, durch welche der eigentliche Muskel der Nickhaut hindurchtritt [10]).

Was den *Bulbus* selbst anbetrifft, so hat derselbe, wegen grosser Flachheit der *Cornea*, eine ungefähr hemisphärische Form; sein stark gewölbter Theil liegt innerhalb der Augenhöhle.

Die *Sclerotica* ist bei den Elasmobranchii, beim Stör [11]) und bei Spatularia knorpelig, hinten von Bindegewebe, innen von einer Pigmentschicht überzogen. Bei der Mehrzahl der Teleostei enthält die zusammenhangende fibröse Grundlage derselben, zwei starke knorpelige oder ossificirte Scheiben, welche hinten einen verhältnissmässig kleinen, unregelmässig gestalteten, blos durch fibröse Haut gefüllten Raum zwischen sich lassen. Selten kömmt um diese Scheiben, statt der fibrösen Grundlage, eine zusammenhangende Knochencapsel vor, welche hinten eine zum Durchtritt der Sehnerven bestimmte Oeffnung besitzt [12]).

Die in der Mitte dünnere, nach dem Rande zu sich verdickende, durchsichtige *Cornea* ist gewöhnlich sehr flach. Ihre äussere und innere Schicht weichen bei vielen Knochenfischen von der mittleren, dem Baue nach, ab. — Eine der auffallendsten Bildungen bietet die Gattung Anableps [13]) dar, indem ein horizontaler dunklerer Streif der *Conjunctiva* die *Cornea* in zwei Abtheilungen theilt: eine obere und eine untere. Die *Cornea* selbst, die *Iris*, die Linse sind in ihren anatomischen Verhältnissen gleichfalls modificirt. — Zunächst der *Sclerotica* liegt gewöhnlich, doch nicht durchaus beständig, eine silberglänzende Schicht. Auf sie folgt, sowol bei vielen Elasmobranchii, als auch bei manchen Teleostei, ein *Tapetum* [14]).

---

10) S. Näheres b. Müller, Ueb. d. Eingeweide der Fische. S. 13. u. die betreffende Abb. Tb. 5.

11) Beim Stör bildet die *Sclerotica* eine sehr dicke Knorpelcapsel, die hinten nur eine Oeffnung für den eintretenden Nerven besitzt. Zunächst der *Cornea* liegt aber ein Knochenring, gebildet aus zwei schmalen, dünnen Knochenbogen: einem oberen und einem unteren, die an den beiden Augenwinkeln einander berühren. Bei Spatularia mangelt dieser Ring; die Knorpelcapsel der *Sclerotica* ist sehr dick. (Abb. des Störauges bei Rosenthal in Reil's Archiv fur Phys. Bd. 10. Tb. 7. Fig. 3. und bei Soemmering, de ocul. sect. horizont. Tb. 3.). Dieser Knochenring entspricht, wie bereits Rosenthal bemerkt, dem der Vögel und einiger Reptilien.

12) So bei Xiphias gladius, wo, nach Cuvier (Hist. nat. d. poiss. T. VIII. p. 264.) diese Knochencapsel nicht die sonst vorhandenen Knorpelscheiben vertritt, sondern gleichzeitig mit ihnen vorhanden ist.

13) Vgl. Meckel in seinem deutschen Archiv f. Phys. Bd. 4. S. 124. und eine anscheinend sehr sorgfältige Beschreibung bei Valenciennes, hist. nat. d. poiss. T. XVIII. p. 262, wo auch die schon durch Bloch hervorgehobene Bemerkung, dass das Auge des Fötus diese Bildung noch nicht zeigt, bestätigt und modificirt wird.

14) S. über dies Tapetum namentlich Brücke in Müller's Archiv. 1845. S. 402. Es wurde von delle Chiaje entdeckt. Es kömmt vor bei vielen Plagiostomen z. B.

Die eigentliche *Chorioïdea* besteht aus der Gefässhaut, deren Capillaren durch spärliches Bindegewebe zusammen gehalten werden. Zwischen den Capillaren und vor ihnen finden sich gewöhnlich in beträchtlicher Menge rundiche oder polygonale, platte, mit schwarzem Pigmente gefüllte Zellen, welche membranförmig verbunden, die *Membrana Ruyschiana* bilden. Bei vielen Fischen liegt in der Umgebung des eintretenden Sehnerven, zwischen der eigentlichen *Chorioïdea* und der silberglänzenden Schicht, ein eigenthümliches vasculöses Gebilde: die *Chorioïdealdrüse* 15), welche den Wundernetzbildungen angehört. Bei vielen solcher Fische, denen eine Pseudobranchie zukömmt, löset sich nämlich die aus derselben hervorgegangene *Arteria ophthalmica magna* büschelförmig in zahlreiche arterielle Gefässe auf, welche den arteriellen Theil dieses Wundernetzes bilden, der dann die Arterien der *Chorioïdea* abgibt. Die aus derselben Gefässhaut stammenden Venen zerfallen in der Chorioïdealdrüse ebenfalls wundernetzartig in Röhren, aus welchen das Blut in eine *Vena ophthalmica magna* sich sammelt, die dasselbe in das Körpervenensystem überführt.

Die *Iris*, über deren Beweglichkeit 16) noch kaum ausreichende Erfahrungen vorliegen, erscheint als Fortsetzung der *Chorioïdea*, welche, bei der Kleinheit der vorderen Augenkammer, der Hornhaut alsbald folgt. Ihre Vorderfläche wird von einer eigenthümlichen silberglänzenden Schicht überzogen. Ob zwischen den Lamellen derselben Muskelfasern verlaufen, bleibt zu ermitteln 17). An ihrer hinteren Fläche liegt die aus dunkler Pigmentlage gebildete *Uvea*.

Bei vielen Rochen erstreckt sich vom oberen Rande der *Iris* ein halbmondförmiger, schleierartiger Fortsatz abwärts über einen Theil der Pupille (*Operculum pupillare*). Vom unteren freien Rande des eigenthümlichen Fortsatzes gehen mit verdünnter Basis zahlreiche, verschiedentlich lange, nach ihrem freien Ende hin scheibenförmig sich verbreitende, aussen goldglänzende, an der Innenfläche schwarz pigmentirte Fortsätze ab. — Ein ähnlicher halbmondförmiger, am freien Ende aber ganzrandiger Pupillar-

---

bei Raja batis, Torpedo, Trygon, Squatina, Spinax, Centrophorus, Carcharias, Sphyrna, Galeus, Hexanchus; ferner bei Chimaera, bei Accipenser; unter den Teleostei bei Pomatomus telescopium, Labrax lupus, Pleuronectes platessa, Thynnus und vielen Anderen. Bei Hexanchus griseus besteht, nach Brücke, das *Tapetum* aus Zellen, in welchen die den Silberglanz verursachenden Krystalle abgelagert sind. Die Zellen sind durch ihre Grösse ausgezeichnet. Bei manchen Fischen geht die Gefässhaut nicht ganz pigmentfrei über dem *Tapetum* fort. Abramis brama besitzt ein *Pseudotapetum*.

15) S. J. Müller, Vergl. Anatomie d. Gefässsyst. d. Myxinoïd. S. 82., wo auch die ältere Literatur aufgeführt ist. Vgl. §. 91. Anm. 5. und §. 105.

16) Vogt und Agassiz haben sich bei Salmonen von derselben überzeugt; die Bewegung geschieht sehr langsam. l. c. p. 85. Haller konnte sie nicht erkennen.

17) Die Iris der Teleostei erhält, nach Müller, ihre Gefasse nicht aus der Chorioïdealdrüse.

vorhang erstreckt sich bei der Pleuronectiden-Gattung Rhombus vom oberen Abschnitte der *Iris* aus über einen Theil der Pupille. So weit dieser Pupillarvorhang reicht, ist auch die das Auge überziehende Haut undurchsichtig und pigmentirt. Diese Einrichtung bezweckt die Abhaltung des von oben einfallenden Lichtes. — Die Pupille ist bei der Mehrzahl der Fische unvollkommen rund; bei Accipenser, so wie bei vielen Plagiostomen, länglich-oval; bei manchen in die Quere gezogen.

Die Eintrittsstelle des Sehnerven in die *Sclerotica* liegt ausserhalb der Axe des *Bulbus*. Bei vielen Knochenfischen geht von der runden oder rundlichen Eintrittsstelle des Sehnerven aus, durch die *Retina* eine bis zu ihrem vorderen Rande hin sich erstreckende Spalte [18]). Durch diese Spalte sieht man häufig die unter dem Namen des *Processus falciformis* bekannte gefässreiche Fortsetzung der *Chorioïdea* hindurchtreten.

Die *Retina* selbst füllt den von der *Chorioïdea* gebildeten Hohlraum aus und folgt eine Strecke weit auch noch der Iris, indem sie in einiger Entfernung von der Pupille endet. Sie besteht aus mehren Schichten, deren äussere durch die Zwillingszapfen und die Stäbchen gebildet wird, während nach innen Nervenfibrillen und eine Zellenschicht liegen [19]).

Die durchsichtigen Medien des Auges bestehen in dem Glaskörper und der fast kugelrunden Linse, welche, hinten in einer Vertiefung des Glaskörpers liegend, vorn an die Iris herantritt und in die vordere Augenkammer hineinragt. Ob eine wirkliche Linsencapsel im Leben vorhanden ist, bleibt zu untersuchen. Nach dem Tode lässt von der Linse häufig eine dickere Capsel sich ablösen, die in Betreff ihres elementaren Baues von dem der Linse nicht eigentlich abzuweichen scheint; doch findet man oft in der Circumferenz derselben nur eine ganz zarte Schicht von Zellen. Die Linse [20]) besteht aus concentrischen Blättern. Ihr, im Gegensatze zu einer viel weicheren peripherischen Masse, durch Härte ausgezeichneter Kern besitzt die bekannten sägenförmig gezackten Fasern. Nach der Peripherie hin erblickt man mehr und mehr ganzrandige Fasern. An gewisse Stellen der Circumferenz der Linse heften sich häufig pigmentirte gefässreiche Falten, welche von der *Chorioïdea* ausgehen [21]). Eine solche Falte, die von dem Spalt der *Retina* aus, den Glaskörper seitwärts durchsetzt und an

18) Sie ist bei den bisher untersuchten Ganoïden vermisst worden.

19) S. Gottsche in Müller's Archiv. 1834. S. 457. Hannover in Müller's Archiv. 1840. S. 322. H. Müller, in v. Siebold u. Kölliker's Zeitschrift. Bd. 3. S. 234.

20) S. Werneck in Ammon's Zeitschrift für Ophthalmologie. Bd. 5. — Bei Untersuchung der Augen ganz frischer oder auch lebender Knochenfische ist mir die Existenz einer discreten Linsencapsel sehr zweifelhaft geworden.

21) Sie sind zum Theil als wirkliche Ciliarfortsätze beschrieben worden, wie z. B. bei Haien, bei Thynnus. Sie kommen auch beim Stör, beim Hechte vor.

einen Punkt des Randes der hinteren Hemisphäre der Linse tritt, führt den Namen des *Processus falciformis* [22]). An der Anheftungsstelle sowol dieser, gewöhnlich pigmentirten, oft auch pigmentfreien Falte, wie auch an denen der sogenannten Ciliarfortsätze an die Linse findet sich nicht selten, obschon keinesweges beständig, ein kleines durchsichtiges Knötchen [23]). Man hat diesen Gefässfalten die Bestimmung zugeschrieben ein *Suspensorium* für die Linse zu bilden. Es lässt sich aber nicht einsehen, wie ein solches einem Fische zeitweise auf beiden Augen fehlen und zu anderen Zeiten wieder vorhanden sein soll. Allem Anscheine nach steht ihre Anwesenheit in nächster Beziehung zur Bildung und Erneuerung der Substanz des Glaskörpers und namentlich der Linse. Die neugebildete Linsensubstanz umgibt die hintere Hemisphäre derselben oft trichterförmig und lässt sich abschälen.

[Ueber das Auge der Fische vgl.: Haller, Opera minora. T. III. p. 250 sqq. — Rosenthal, Zergliederung d. Fischauges in Reil's Archiv f Physiol. Thl. X. S. 393. — W. Soemmerring, de oculorum sectione horizontali. Gott. 1818. fol. p. 62 sqq. — Jurine, in den Mémoires de la société physique de Genève. Tom. I. Albers, in den Denkschriften d. Acad. d. Wissensch. z. München. 1808. — Vogt u. Agassiz, Anatomie des Salmones. p. 87. — Ueber die Entwickelung des Auges bei Coregonus handelt C. Vogt, Embryologie des Salmones. p. 73. sqq.]

§. 75.

Das Geruchsorgan der Fische besteht in einer mehr oder minder faltenreichen, mit einem *Epithelium* bekleideten Schleimhautausbreitung, in welcher die Enden der Fibrillen der Geruchsnerven eingesenkt sind. Diese Schleimhautausbreitung liegt bald in eigenen häutigen oder knorpeligen Capseln, bald in Gruben an dem Vordertheile des Schedels. Verhält-

22) Ich habe diesem Fortsatze seit einiger Zeit dauernde Aufmerksamkeit gewidmet und kann die aus allen vorhandenen Beschreibungen desselben sich ergebende Unbeständigkeit seines Verhaltens bestätigen. Er kann temporär ganz fehlen. — Die Gefässfalten bestehen bald aus Gefässen und Pigment, bald enthalten sie zugleich Fasern, die man für Nervenfasern zu halten geneigt sein kann; bisweilen findet man darin nur Pigment und Crystalle. Häufig liegen in der Umgebung blasse durchsichtige, kernhaltige runde Zellen; sie finden sich mitunter der Länge nach bandförmig an einander gereihet, so dass sie eine Faser bilden. — Leydig, (Rochen und Haie. S. 26.) will in dem Knötchen und in der von ihm ausgehenden Faserung einen Muskel erkennen, während ich darin nur in der Entwickelung begriffene Linsenfasern zu erblicken vermag.

23) Bald ist diese durchsichtige Protuberanz der Linse oder Linsencapsel, bald eine oft nicht mit der Linse zusammenhangende, etwas röthliche Anschwellung des Vorderrandes des *Processus falciformis* als *Campanula Halleri* genommen worden, weshalb diese Bezeichnung im Texte vermieden wurde. Rosenthal, l. c. S. 408. bezeichnet jene Protuberanz der Linse als ein halbmondförmiges Plättchen, welches der Linsencapsel anhängt und der *Hyaloïdea* des Glaskörpers eine grössere Verbindungsfläche darbietet.

nissmässig selten findet eine Communication derselben mit der Rachenhöhle oder der Mundhöhle Statt. Das die Schleimhaut auskleidende *Epithelium* trägt, wenigstens temporär, Cilien.

Das Geruchsorgan der Leptocardii und Marsipobranchii ist entweder unpaar oder wenigstens einfach.

Bei Branchiostoma ist eine über dem linken Auge liegende, ziemlich flache, becherförmige Vertiefung beobachtet, die mit ihrem unteren spitzeren Theile dem centralen Nervensysteme unmittelbar aufsitzt. Die Concavität des Becherchens ist mit Flimmerorganen besetzt und steht mit der Mundhöhle in keiner Verbindung [1].

Bei den Myxinoïden [2] führt eine dicht über dem Munde gelegene Oeffnung in eine luftröhrenartig von Knorpelringen gestützte, lange Nasenröhre. Diese geht in eine gitterförmig vereinigte Knorpelfäden besitzende, Nasencapsel über, welche an die vordere häutige Wand der Gehirncapsel sich anschliesst. Innerhalb dieser bildet die Schleimhaut Längsfalten. Vom Grunde der Nasencapsel führt ein unter der Hirncapsel verlaufender häutiger Nasengaumengang durch eine Oeffnung in die Mundhöhle. Hinter der Nasengaumenöffnung liegt eine segelartige, rückwärts gerichtete Klappe, welche zur Erneuerung und Bewegung des in der Nasenhöhle enthaltenen Wassers zu dienen scheint.

Bei Petromyzon führt ein an der Oberfläche des Kopfes mündendes, der Knorpelringe ermangelndes Nasenrohr in eine einfache, breite, knorpelige Nasencapsel, die an die vordere, häutige, gerade Wand der Gehirncapsel sich anschliesst. In dieser hinteren Wand befinden sich zwei durch fibröse Membran geschlossene Fontanellen, in deren Mitte die einfache Oeffnung für den Eintritt der beiden Geruchsnerven liegt, welche letzteren auch die Gehirncapsel durch eine einfache, an deren Vorderwand befindliche, Oeffnung verlassen. Die inneren Häute der Nasencapsel verlängern sich in eine lange, am Ende blind geschlossene Röhre, welche den harten Gaumen durchbohrt, aber durch die undurchbohrte Schleimhaut der Mundhöhle von dieser letzteren abgeschlossen ist.

Bei Ammocoetes führt eine mit einer Hautfalte umgebene Oeffnung an der oberen Seite des Kopfes in einen vor dem Vorderende der Gehirncapsel und hinter der Oberlippe gelegenen häutigen Sack, in welchem innere Schleimhautfalten vermisst sind, welcher aber gleichfalls in einen blind geschlossenen Nasengaumengang übergeht.

---

1) S. Kölliker in Müller's Arch. 1843. S. 32. Mt. Abb. — Quatrefages, in d. Ann. d. sc. nat. 1845. p. 226.

2) Abbildungen der Nase der Marsipobranchii bei Müller, Vgl. Anat. d. Myx. Thl. I. Tb. 2. 3. 4. — In demselben Werke die genauesten vergleichenden Beschreibungen der Nasen dieser Gruppe.

Bei den Plagiostomen liegen die zur Aufnahme der Geruchsorgane bestimmten, mit der knorpeligen Grundlage des Schedels in ununterbrochener Continuität stehenden, theilweise durch Knorpel, theilweise durch häutige Theile gebildeten Gruben seitwärts unmittelbar vor den Augenhöhlen. Sie schliessen dem *Processus orbitalis anterior* und dem Boden der Hirncapsel sich an und jede besitzt eine nach der unteren Schnauzenfläche hin gerichtete einfache Oeffnung. Sie sind häufig durch häutige, von Knorpeln gestützte, durch kleine Muskeln bewegliche Klappen verschliessbar. Der Nasenflügelknorpel ist meist mit dem Rande der Nasengrube an mehren Stellen verwachsen, seltener discret. Bei Myliobates und Rhinoptera kömmt in der Mitte einer beiden Nasen gemeinsamen Nasenklappe noch ein unpaares Knorpelstück vor.

Der Geruchsnerv tritt seitwärts, unmittelbar von der Schedelbasis aus in die Nasengrube. Diese ist ausgekleidet durch eine Schleimhaut. Das Gerippe derselben bilden, von einer schräg oder quer gestellten Axe oder Leiste aus, nach beiden Seiten hin auslaufende Falten.

Bei den Holocephali liegen die weiten tiefen Nasengruben unmittelbar über der Oberlippe.

Was die Dipnoi anbelangt, so liegen die knorpeligen gefensterten Nasencapseln [3], welche von vier Längsspalten durchbrochen sind, seitlich am vorderen Kopfende. Die Schleimhautausbreitung zeigt die Bildung der übrigen Fische, indem von einer Leiste nach beiden Seiten hin Falten abgehen. Jede Nasenhöhle setzt bei Lepidosiren durch zwei Oeffnungen in die Mundschleimhaut sich fort und auch bei Rhinocryptis durchbohren die Nasenlöcher die Lippen.

Bei den Ganoïdei [4]) chondrostei und den Teleostei sind die Nasengruben gewöhnlich dicht vor dem *Processus orbitalis anterior* gelegen. Bei Accipenser und Spatularia liegen sie in einer Vertiefung des zusammenhangenden Schedelknorpels; bei den Teleostei in Gruben vor den *Ossa frontalia anteriora*. Die Eingänge zu den Nasengruben bieten manche Eigenthümlichkeiten dar. Beim Stör und bei Spatularia ist über jede, sonst offene Nasengrube eine brückenförmige Leiste gespannt, die einen vorderen Ausläufer des peripherischen Nervenskeletes enthält. Bei den Teleostei, wo jede Nasengrube gewöhnlich von den beiden vordersten Schenkeln desselben Nervenskeletes umfasst wird, die selten ein wirkliches Dach über derselben bilden, wie bei Muraenophis [5]), führen gewöhnlich zwei

3) Vergl. Hyrtl, Bischoff u. Peters.

4) Unter den Ganoïdei holostei sind sie bei Lepidosteus ganz nach vorn an die Spitze der Kiefer gerückt; auch bei Amia weit vorwärts. Sie werden bedeckt von Knochen, welche Röhren des Nervenskeletes enthalten. Beide Fische besitzen die einfachen nach dem Typus der übrigen Fische gebildeten Nasenfalten.

5) Dieses Dach entsteht dadurch, dass von der äusseren, wie von der inneren

äussere, an der Oberfläche des Kopfes gelegene Eingänge in dieselbe. Diese liegen bald sehr dicht neben einander, bald aus einander gerückt. Die vordere Oeffnung befindet sich nicht selten an der Spitze einer röhrenförmigen Verlängerung, wie z. B. bei vielen Physostomi apodes. In dieser Gruppe wird die verschiedene Stellung der Nasenlöcher für die systematische Charakteristik wichtig. Bei den Symbranchii liegt die vordere Nasenöffnung an der vorderen Spitze des Kopfes, die hintere über dem Auge; unter den Muraenoïdei ist die hintere Oeffnung beim Aale etwas vor das Auge gerückt, während bei anderen dieser Familie angehörigen Gattungen zwar die vordere Oeffnung ihre gewöhnliche Lage beibehält, die hintere jedoch die Oberlippe durchbohrt und zwar entweder nach aussen mündet oder nach innen, und dann eine Communication der Nasenhöhle mit der Mundhöhle bewirkt [6]). — Die Zahl derjenigen Knochenfische, bei denen jede Nasengrube nur eine einzige, äussere, oft weite Oeffnung besitzt, ist gering. Es gehören dahin namentlich viele Pharyngognathi, wie die meisten Chromides, die Labroïdei ctenoïdei, mehre Scomber - Esoces. Endlich enthält die Gruppe der Plectognathi Gymnodontes Thiere, welche der Nasenlöcher gänzlich ermangeln und statt der Nase, hautartige trichterförmige, oder ganz solide Tentakel besitzen, in welche der Geruchsnerv ausgeht [7]). — Die Ausbreitung der Geruchsnerven hat an einer Schleimhautausbreitung Statt. Diese überzieht gewöhnlich eine derbere fibröse Grundlage. Letztere bildet mit ihrem Ueberzuge Falten; diese gehen häufig von einem Centrum oder einer sehr kurzen Mittelleiste radienförmig nach der Peripherie und dann erhält das eigentliche Geruchsorgan eine mehr oder minder vollkommene Kreisfigur [8]); eben so häufig gehen die Falten auch von einer Längsrippe nach beiden Seiten hin in Reihen ab. Diese einfachen Bildungen können complicirter werden, wie z. B. bei Polypterus, wo in jeder Nasenhöhle fünf häutige Nasengänge um eine Axe gestellt sind, deren jeder in seinem Inneren die sonst einfach vorkommende Faltenbildung

---

Längs-Knochenröhre eine von zierlichen, queren gabelig getheilten Streifen durchzogene knorpelhäutige Membran abgebt; beide bilden ein Gewölbe von dessen Mitte eine pigmentirte frei endende Falte in die Höhle des Geruchsorganes sich einsenkt.

6) Ueber diese bereits von Cuvier im Allgemeinen angedeutete Eigenthümlichkeit vgl. Lütken, Nogle Bemaerkninger om Naeseborenes Stilling hos dei Gruppe med Ophisurus staaende Slaegter of Aalefamilien. Abdruck aus: Videnskabelige Meddeleser fra den naturhistoriske Forening i Kjöbenhavn for 1852. Der Verfasser bildet aus diesen Aalen seine Familie der Ophisuridae. Die Communication mit der Mundhöhle hat z. B. Statt bei Chilorhinus Suensonii, Ichthyapus acutus.

7) Ueber diese von Cuvier im Allgemeinen angedeutete Eigenthümlichkeit siehe einige weitere Bemerkungen bei Müller, Vgl. Anat. d. Gefässsyst. d. Myxin. S. 78.

8) Beim Stör z. B. gehen die Falten, 23 an der Zahl, von einem Centrum radienartig aus, doch bilden sie keine regelmässige Kreisfigur, denn die oberen sind kürzer als die unteren.

zeigt [9]). — Einem anderen Typus folgt aber die Nasenbildung mehrer Scomber-Esoces. Bei Belone z. B. erhebt sich von der Mitte der übrigens ziemlich glatt ausgekleideten weiten Nasengrube, einem Pilzhute ungefähr vergleichbar, ein auf dem eintretenden Geruchsnerven stielartig befestigter, unregelmässig gestalteter, etwas gelappter Schleimhautwulst.

[Ueber das Geruchsorgan der Fische vgl. Harwood, System der vergl. Anatomie. Hft. 1. Uebers. von Wiedemann. Berl. 1799. 4. Scarpa, de auditu et olfactu. Ticin. 1798. 4. — Blainville, Principes d'Anat. comparée. T. I. —]

§. 76.

Als Geschmacksorgan möchte die Zunge der meisten Fische schwerlich zu betrachten sein, und ob überhaupt der Geschmackssinn bei diesen Thieren entwickelt ist, bleibt erst zu ermitteln. — Besondere Tastorgane scheinen dagegen Viele zu besitzen. Dahin möchten z. B. zu rechnen sein die sehr empfindlichen Labialpapillen von Petromyzon [1]), die vielfach z. B. bei Cyprinoïden, Siluroïden, Gadoïden, beim Stör u. A. vorkommenden Bartfäden, welche bei einigen dieser Fische, z. B. beim Wels, auch durch eigene beträchtliche Muskeln bewegt werden. Ob die sogenannten fingerförmigen Anhänge der Triglae und Polynemi dahin zu rechnen, bleibt zweifelhaft.

---

9) Müller hat hierauf aufmerksam gemacht.

1) Ihr Bau hat im Allgemeinen grosse Aehnlichkeit mit den Papillen anderer Organe bei anderen Thieren, namentlich mit denen der Froschzunge. Auch das Verhalten der Gefässschlinge ist wesentlich übereinstimmend. Sie sind mit einem Epithelialüberzuge besetzt, dessen Zellen in beständiger Eneuerung begriffen zu sein scheinen. In manche dieser gestielten Zellen ragt ein kurzer cylindrischer ziemlich starrer Körper hinein. Diesen erkennt man nicht selten als zusammenhangend mit einem ausserhalb der Zelle verlängerten, bisweilen diese selbst an Länge übertreffenden Fädchen, das demnach in der Zelle frei endet. Nach langen vergeblichen Studien über die Endigungsweise der Nerven in den sehr empfindlichen Papillen bin ich zweimal zu Anschauungen gelangt, welche jene in Zellen endenden Fortsätze als Nervenendigungen mich ansprechen lassen. Ich erblickte nämlich mehre derselben, gleich den sie umgebenden Zellen, in Zusammenhang und als Ausläufer einer Fibrille, die allem Anscheine nach nur für eine Nervenfibrille genommen werden konnte, wenn schon die Erkenntniss ihres Ausganges von grösseren Nervenästen mislang.

Fünfter Abschnitt.

Von dem Verdauungsapparate und den ihm anhangenden Gebilden.

I. Von den Visceralhöhlen.

§. 77.

Die Visceralhöhle der Fische zerfällt in zwei grosse, hinter einander gelegene Abtheilungen. Die vordere derselben bildet die Mund- und Kiemenhöhle. Letztere, unterhalb der Rachenhöhle oder selbst der ganzen Speiseröhre gelegen, communicirt mit diesen vordersten Abschnitten des *Tractus intestinalis*. Meistens ist diese Communication eine unmittelbare, indem die genannten Abschnitte des Munddarmes selbst von den *Pori branchiales interni* durchbrochen werden; seltener eine mittelbare, wie bei Petromyzon, wo nur eine von der Mundhöhle ausgehende, unter der eigentlichen Speiseröhre hinterwärts sich erstreckende, hinten blind endende Ausstülpung (*Bronchus*) von den *Pori branchiales interni* durchbrochen ist. — Längs der Ventralseite der Kiemenhöhle erstreckt sich, oft eigenthümlich fixirt, das gemeinschaftliche Kiemenarterienrohr, das aus dem hinter ihm gelegenen Herzen hervorgeht. Dieses liegt zwischen den Grenzen der Kiemenhöhle und Bauchhöhle, unter dem oft, z. B. bei den Plagiostomen, durch einen die *Copulae* des Kiemengerüstes nach hinten verlängernden Knorpel gestützten, vorderen Theile des *Tractus intestinalis* und zwar so, dass sein Kiemenarterientheil (*Bulbus arteriosus* und Kammer) zumeist eine ventrale Lage hat, während sein Vorhof und der in ihn übergehende *Sinus venosus*, welcher durch die quer absteigenden *Ductus transversi* vertebrale und in den Lebervenen viscerale Gefässe aufnimmt, mehr aufwärts liegt. Wo ein Schultergürtel ausgebildet ist, liegt das Herz gewöhnlich zwischen dessen Schenkeln, selten, wie bei manchen Physostomi apodes, besonders den Symbranchii, erst weiter nach hinten. Bei einer Gruppe der Fische, der der Marsipobranchii hyperotreti, wird das Kiemenarterienrohr, nebst der Herzkammer, von einem eigenen, hinten weiteren, vorne verengten, unterhalb der ventralen Seite der Kiemensäcke gelegenen häutigen Schlauche umschlossen, welcher mit Oeffnungen zum Durchtritte der einzelnen Kiemenarterien versehen ist [1]). — Die zweite, hintere Abtheilung der Visceralhöhle ist die eigentliche Bauchhöhle, von der Kiemenhöhle durch das zwischengeschobene Herz und dessen Umhüllungen getrennt. Vom Bauchfelle umschlossen, das nur selten, wie bei den Petromyzonten, gänzlich vermisst wird, übrigens aber wieder sehr grosse Verschiedenheiten

---

1) S. Müller, Myxinoïden Thl. 1. u. 4.

darbietet, dient sie zur Aufnahme des beträchtlichen, jenseits des Munddarmes gelegenen Abschnittes des Darmrohres und der ihm adjungirten drüsigen Gebilde: der Leber, des Pancreas und der Milz, so wie auch der Geschlechtstheile. Eine Verlängerung der Bauchhöhle über den Bereich der Rumpfgegend hinaus, zwischen den Trägern der Afterflosse und deren Muskeln, in welcher dann das *Ovarium* und ein Theil des Darmcanales zu liegen pflegen, kömmt in einer Familie, der der Pleuronectides häufig vor. — Bei manchen Fischen wird dagegen eine durch eigene Oeffnungen oder Gänge bewirkte Communication der Peritonealhöhle mit der Höhlung des das Herz umschliessenden Beutels beobachtet. Bei den Myxinoïden und bei Ammocoetes wird der Herzbeutel selbst durch eine Fortsetzung des *Peritoneum* gebildet und hangt mit der Bauchhöhle offen zusammen [2] — eine Einrichtung, die bei Petromyzon fehlt, weil hier eine Fortsetzung des knorpeligen äusseren Kiemenkorbes den für das Herz bestimmten Raum von der Bauchhöhle abgrenzt. — Bei den Plagiostomen und bei Accipenser [3]) findet eine Communication des Herzbeutels mit der Bauchhöhle durch einen mittleren, das Diaphragma durchbohrenden Canal Statt. Dieser theilt sich in der Bauchhöhle in zwei Canäle, welche vor dem Magen sich öffnen [4]).

Sowol bei einigen der eben namhaft gemachten Fische, als auch bei einigen Anderen, ist die Bauchhöhle frei nach aussen geöffnet durch einen einfachen, vor dem After gelegenen ***Porus***, oder durch paarige, zu den Seiten des Afters gelegene ***Pori abdominales***, welche ausser und neben den Oeffnungen der Ausführungsgänge der Geschlechtstheile vorkommen. — Ein einfacher vor dem After, je nach Verschiedenheit der Individuen bald rechts, bald links, immer also asymmetrisch gelegener ***Porus abdominalis*** kömmt vor bei Rhinocryptis. paarige zur Seite des Afters gelegenen ***Pori*** sind vorhanden bei allen Plagiostomen [5]) und mehren Ganoïden [6]). Sie scheinen bei jenen blos die Bestimmung zu haben Wasser in die Bauchhöhle eintreten zu lassen, während

---

2) S. nähere Angaben bei Müller, Gefässsyst. d. Myxin. S. 1.

3) Nach Flimmerbewegung in diesem Canale sowol, als im Herzbeutel habe ich bei Accipenser zu verschiedenen Zeiten vergeblich gesucht.

4) Abgeb. bei Monro, Vergl. d. Baues d. Fische. Tb. 2. Fig. 1. von Raja.

5) S. d. Abb. bei Monro, l. c. Tb. 1. Fig. 5. u. Tb. 8.

6) Bei den Ganoidei chondrostei waren sie längst bekannt, bei Accipenser schon von Monro abgebildet; bei Lepidosteus sind sie durch Müller aufgefunden; ihres Vorkommens bei Amia und Polypterus gedenkt Hyrtl, Sitzungsber. d. Acad. d. Wiss. zu Wien. 1852. S. 179. Bei Polypterus sollen sie, nach Hyrtl's Meinung, zur Ausführung des Samens dienen. — Hyrtl, (Beiträge z. Morpholog. d. Uro-Genital-Organe d. Fische. Wien, 1849. S. 11. Tb. 2. Fig. 6. d.) hat auch bei Mormyrus oxyrhynchus innerhalb der Afterhöhle, unmittelbar über dem Afterrande ausmündende, durch Schleimhautfalten gedeckte ***Pori peritoneales*** beobachtet.

sie bei letzteren vielleicht auch zur Ausführung des Samens oder auch der Eier bestimmt sind.

Eine Oeffnung, welche weder in die Darmhöhle, noch in discrete Ausführungscanäle der Geschlechtstheile sich fortsetzt, sondern aus der Bauchhöhle nach aussen führt, dient manchen Fischen zur Ausführung der Eier und des Samens, die, unter Mangel ausführender Genitalgänge, aus den keimbereitenden Geschlechtstheilen austretend, frei in die Bauchhöhle fallen. Dahin gehört der hinter dem After-ausmündende *Porus genitalis* bei beiden Geschlechtern aller Marsipobranchii. Ob ein solcher bei den Salmones, den Galaxiae und Hyodon, wo der Hoden eigene ausführende Canäle besitzt, dem weiblichen Geschlechte zugeschrieben werden darf, ist, nach neueren Untersuchungen von Hyrtl, zweifelhaft[7]). — Verwandt ist eine bei Branchiostoma weit vor dem After, in der Mittellinie des Bauches gelegene, von zwei seitlichen Lippen eingefasste Oeffnung, welche als *Porus respiratorius externus* der Kiemenhöhle und zugleich zur Ausführung der Eier und des Samens dient.

II. Vom Verdauungsapparate und seinen Anhängen.

§. 78.

Die Mund- und Rachenhöhle der Fische bietet manche Eigenthümlichkeiten und Verschiedenheiten dar. Einige derselben sind folgende: Bei Branchiostoma ist die Mundhöhle von der Kiemenhöhle durch eine hinten mit beweglichen Anhängen besetzte Falte abgegrenzt. Vor der Mundhöhle und im Innern derselben kommen sehr eigenthümliche fingerförmig gestellte Räderorgane vor, deren schwach vorragende Flächen mit Wimpern besetzt sind. Durch das Spiel dieser Wimper gelangen Stoffe in die Mundhöhle und aus dieser in die Kiemenhöhle.

Bei den Plagiostomen und bei Accipenser liegt die Mundöffnung unterhalb der Schnauze — ein Bildungsverhältniss, das deshalb Interesse besitzt, weil es bei Knochenfischen, in welcher Gruppe ein analoges Verhalten übrigens ebenfalls perennirend bei den Loricarinen angetroffen wird, sonst als transitorisches Entwickelungsstadium wahrgenommen ist [1]). — In der Mundhöhle mancher Plagiostomen liegt hinter dem Kiefer-Apparate eine segelförmige Falte; bei einigen erheben sich auch hinter dem Unterkiefer

---

7) Beim Aal findet sich hinter dem After eine in einer Vertiefung der Haut liegende Oeffnung, welche nicht blos das *Orificium urethrae* aufnimmt, sondern in zwei trichterförmige kurze Canäle führt; jeder dieser in die Bauchhöhle führenden Canäle ist zur Ausführung der Eier bestimmt. Rathke, (Wiegmann's Archiv für Naturgesch. 1838. Thl. I. S. 302.) hat diese Canäle zuerst beschrieben.

1) S. Vogt, Embryol. d. Salmones. p. 172. Abb. Fig. 86. 154.

eigenthümliche Papillen. — Die Rachenhöhle der meisten Plagiostomen und einiger Ganoïden communicirt mit der äusseren Oberfläche des Kopfes durch paarige vor der dorsalen Insertion des Kiefersuspensorium nach aussen geöffnete Gänge: die Spritzlöcher. Ihre äussere Oeffnung ist bei vielen Plagiostomen durch eine Klappe verschliessbar; ihre Wand wird oft durch einen eigenen, meist einfachen, selten doppelten Knorpel gestützt; in ihrer äusseren Circumferenz findet sich bisweilen ein Kranz von Zacken. Bei wenigen Plagiostomen, wie bei den Carchariae und Triaenodontes, fehlen sie ganz oder sind nur im Fötalzustande 2) vorhanden und bei erwachsenen Thieren findet sich dann nur ein von der Rachenhöhle ausgehender, nach aussen ungeöffneter Gang. — Von der inneren Wand des Spritzlochscanales geht bei einigen Plagiostomen ein Seitencanal ab, dessen blind erweitertes Ende auf der Seitenwand des Schedels liegt, da wo in dessen Substanz das Gehörorgan gelagert ist 3). — Was die Ganoïdei anbetrifft, so kommen Spritzlöcher nicht allgemein vor; während Accipenser, Spatularia, Polypterus sie besitzen, ermangeln ihrer die Gattungen Scaphirhynchus, Lepidosteus, Amia. Bei Polypterus ist jedes Spritzloch von einer aus drei Hautknochen gebildeten Klappe auswendig bedeckt. Den Teleostei fehlen sie allgemein. — Bei Thieren dieser grossen Gruppe erscheint eine segelförmige Falte hinter dem Oberkiefer - Apparate häufig wieder. Während Speicheldrüsen den Teleostei, gleich allen übrigen Fischen, durchaus zu fehlen scheinen, findet sich bei der Gattung Scarus zu jeder Seite des *Os pharyngeum inferius*, eine mit Papillen reichlich besetzte taschenartige Einstülpung der Schleimhaut, welche wahrscheinlich als absonderndes Organ zu betrachten ist 4). — Sehr bemerkenswerth ist das contractile Gaumenorgan der Cyprinoïden 5), unter der Schedelbasis, zwischen und unter den *Ossa pharyngea superiora* gelegen, aus quergestreiften Muskelfasern gebildet, welche aus den Bahnen der *N. N. vagus* und *glossopharyngeus* mit Nervenfäden reichlich versorgt werden. — Das häufig mit derber Bekleidung versehene, oft mit Zähnen besetzte, selten weiche und fleischige Zungenrudiment dürfte zur Vermittelung von Geschmacksempfindung wenig geeignet sein. — Bei den meisten Fischen, na-

---

2) Müller hat Spuren davon gefunden bei den Gattungen Prionodon, wo ich sie ebenfalls kenne, und bei Scoliodon. S. Ueber d. glatten Hai des Aristoteles in d. Abh. d. Berl. Acad. d. Wissens. 1840. S. 249.

3) Müller traf ihn an bei Scyllium, Pristiurus, Mustelus, Galeus, Rhinobatus und Syrrhina und meint, er müsse die Schallwellen des Wassers direct auf den Schedelknorpel leiten. Gefässsyst. d. Myxin. S. 79.

4) S. Cuvier u. Valenciennes, hist. nat. T. XIV. p. 157.

5) S. die Bemerkungen über dasselbe von E. H. Weber in Meckel's Archiv f. Anat. u. Physiol. 1827. S. 309. und von Ed. Weber im Handwörterb. für Physiol. Thl. III. Abth. 2. S. 29.

mentlich aus den Ordnungen der Ganoïdei und Teleostei, ist der concave, der Rachenhöhle zugewendete Rand der Kiemenbogen mit Knochen, Tuberkeln, Zähnen, Borsten, die bisweilen, wie z. B. bei Spatularia, eine ganz ausserordentliche Länge erreichen, besetzt. Diese ausserordentlich mannichfachen Besätze der genannten Gebilde sind vorzüglich dazu bestimmt, das Eindringen von Speisen und anderen fremden Körpern aus der Rachenhöhle in die Kiemenspalten zu verhindern.

Bei einigen Teleostei, z. B. Cottus, findet sich, parallel dem *Os pharyngeum superius* des ersten Kiemenbogens und vor ihm, noch eine Reihe von Zacken, denen ein gallertartiges, Bindegewebsfibrillen enthaltendes Blastem zu Grunde liegt.

§. 79.

Während es einerseits Fische gibt, welche der zum Ergreifen und Festhalten der Speisen dienenden Zähne gänzlich ermangeln, bietet andererseits das Zahnsystem, wo es vorhanden, eine so ausserordentliche Mannichfaltigkeit seiner auf Insertionsstellen, Zahl, Form, Verbindung, Textur und Ersetzung bezüglichen Verhältnisse dar, wie sie in sämmtlichen übrigen Wirbelthierclassen nicht wiederkehren.

Durch gänzlichen Mangel von Zähnen ausgezeichnet sind z. B.: Branchiostoma, Ammocoetes, Accipenser, und unter den Teleostei die Familie der Lophobranchii, die Clupeïden-Gattung Chatoessus, die Salmoniden-Gattung Coregonus [1]), die Siluroïden-Gattung Hypophthalmus, die Characinen-Gattung Anodus, die Sciänoïden-Gattung Macquaria.

Bei einzelnen Fischen kommen Zähne in solchen häutigen Gebilden vor, welche gar nicht an Knochen sich anlehnen. Abgesehen von den auf der Schleimhaut des *Oesophagus* bei einigen Scomberoïden [2]) beobachteten zahnartigen Bildungen, gehören dahin z. B. die Mundschleimhautzähne des Bagrus genidens [3]), die Labialzähne von Petromyzon, von Rhynocryptis, von Helostoma Temminckii [4]). Sehr häufig kommen Zähne an solchen

---

1) Interessant ist für die Erkenntniss des planmässigen Vorkommens der Zähne die Beobachtung von C. Vogt, (Embryol. d. Salmon. p. 173.) dass die Embryonen von Coregonus vorspringende, conische, hakenförmige Zähne an der Basis *Cranii*, an den *Ossa pharyngea* und am oberen Anfange der Kiemenbogen besitzen, so dass also die Uebergangstelle der Mundhöhle in den *Tractus intestinalis* mit Zahnen besetzt erscheint. S. d. Abb. Fig 166. 167. Dies wiederholt sich öfter. Auch jüngere Individuen von Spatularia sollen Zähne besitzen, während sie bei ausgewachsenen Individuen spurlos mangeln.

2) Dahin gehören die Gattungen Rhombus, Stromateus, Seserinus. S. Cuvier et Valenc. Tom. IX. p. 406. — Ibid. p. 419. — p. 381. Solche zahnartige Gebilde hatte Cuvier auch Tetragonurus zugeschrieben; Valenciennes, Vol. XI. p. 184. leugnet sie hier und findet im Oesophagus nur zahlreiche, lange, weiche Papillen.

3) S. Valenciennes in d. Hist. nat. d. poiss. Vol. XIV. p. 453.

4) S. Cuvier et Valenc. Hist. nat. d. poiss. Vol. VII. p. 342. Verwandt und

häutigen Theilen vor, welche gewissen Knochen blos anliegen oder sie überziehen. So ruhen die Zähne der meisten Plagiostomen auf fibrösen Platten, welche, ohne in die Knorpelsubstanz einzudringen, längs der Kiefer befestigt sind. So kann man auch bei vielen anderen Fischen die Schleimhautausbreitung, von welcher sie sich erheben, wegnehmen, ohne den Knochen selbst zu berühren. Es sind nämlich alle Zähne Gebilde, welche primitiv dem Hautsysteme und zwar dem Schleimhautsysteme angehören und von diesem aus erst secundär mit den Knochen sich zu verbinden pflegen. Diese Verbindung geschieht oft dadurch, dass das Gewebe zwischen der Basis des Zahnsackes und dem unterliegenden Knochen ossificirt.

Es können nun sehr verschiedene Knochen zahntragend sein; nämlich ausser dem *Os dentale* des Unterkiefers, der Zwischenkiefer, der Oberkiefer, die Gaumenbeine, die *Ossa pterygoïdea*, der *Vomer*, der Keilbeinkörper, die Mittelstücke des Zungenbeines, Theile der Kiemenbogen, die *Ossa pharyngea inferiora* und *superiora*: also, mit Ausnahme des Keilbeinkörpers und des *Vomer*, nur Knochen, welche dem Visceralskelete angehören, oder ihm verwandt sind. Dass aber *Vomer* und *Sphenoïdeum basilare* zahntragend sein können, ist um so weniger als Anomalie zu betrachten, als die Zähne in dem häutigen Ueberzuge dieser, die paarigen Gaumenstücke trennenden Knochen sich entwickeln und in die Corticalsubstanz letzterer blos secundär sich einsenken. — Bei den Cyprinen ist auch dem *Os basilare occipitis* eine eigenthümlich gestaltete Zahnplatte eingefügt. — Die Zahn-ähnlichen Theile der Schnauze der Gattung Pristis, welche die Säge bilden, kann man vielleicht eben so gut, als den Zähnen, den von der Haut so vieler Rajidae sich erhebenden Stacheln vergleichen, da diese letzteren, auch wenn sie am Rumpfe und Schwanze vorkommen, in ihren wesentlichen Texturverhältnissen von den Zähnen nicht verschieden zu sein pflegen.

Bei weitem nicht alle genannten Knochen sind aber bei allen Fischen zahntragend. Bald gruppiren sich die Zähne wie z. B. bei den Plagiostomen nur um die Circumferenz der äusseren Mundöffnung, indem sie dem Verlaufe von Ober- und Unterkiefer folgen; bald kommen sie, wie bei den Cyprinen, nur an der hinteren Begrenzung der Mundhöhle vor, indem in dieser Gruppe, mit Ausnahme einer eigenthümlichen Zahnbildung am Hinterhauptsbeine, Zähne nur an den *Ossa pharyngea inferiora* vorhanden sind. Andererseits kann fast die ganze Mundhöhle damit besetzt sein, wie bei den Salmones, Esox und manchen Clupeïdae, bei welchen fast alle vorhin genannten Knochen zahntragend erscheinen.

---

doch wiederum ganz eigenthümlich scheint die von Valenciennes (Vol. XXII. p. 52.) näher geschilderte Zahnbildung der Gattung Parodon zu sein.

Die Befestigungsweise der Zähne an den Knochen ist da, wo sie wirklich an solchen fixirt sind, und nicht blos durch fibröse Theile an ihnen haften, mannichfach beschaffen; bei den meisten Knochenfischen sind sie durch ihre ossificirte Basis mit dem unterliegenden Knochen verwachsen; bei anderen erhebt sich in die Zahnhöhle ein Fortsatz oder Zapfen vom Knochen aus, wie z. B. bei Anarrhichas. Bei anderen findet eine Einkeilung innerhalb wirklicher Alveolen Statt, in welchem Falle aber wiederum ein Zapfen in die Basis der Zahnhöhle sich erstrecken kann, wie z. B. an den Schneidezähnen von Balistes. Eine eigenthümliche Bildung bieten die Myliobates dar; ihre Zähne bestehen in der Mitte aus einer Reihe von Platten mit beträchtlichem Querdurchmesser. An den Seiten greifen kleinere, viereckige, pflasterförmige Stücke in die Lücken der mittleren Platten ein.

Form und Umfang der Zähne sind ausserordentlich zahlreichen Variationen unterworfen. Bisweilen wechselt die Form nach dem Alter oder bietet, je nach dem Geschlechte, Verschiedenheiten dar [5]). Bei Arten der Gattung Chrysophrys werden z. B., nach Cuvier's Beobachtungen, die runden Zähne in gewissem Alter durch ovale ersetzt. — Am häufigsten haben die Zähne die Form eines Cylinders, eines Kegels oder eines mehr oder minder spitzen Hakens. Ganz kleine Zähne, zahlreich über eine Fläche verstreuet, erscheinen blos als Rauhigkeiten derselben. Wenn cylindrische oder zugespitzte Zähne, sehr dünn und fein und dabei in grosser Zahl neben einander stehend, so kurz sind, dass sie leichter durch das Getast, als durch das Gesicht wahrgenommen werden, nennt Cuvier sie *„Dents en velours“* (*Dentes villiformes*). Sind die cylindrischen oder zugespitzten Zähne etwas länger, so ähnelt die damit besetzte Fläche einer Raspel: *„Dents en râpe“* (*Dentes raduliformes*). Verlängern sich die cylindrischen Zähne noch mehr und sind sie dabei weich und biegsam, so erscheinen sie borstenförmig: *Dentes setiformes*. — Zähne von conischer Gestalt sind oft so klein und so zahlreich, dass die damit besetzte Fläche ein granulirtes Ansehen erhält.

---

5) Bei der Gattung Raja verdienen nach Müller u. Henle (Plagiostomen p. VIII.) die Zähne nur eine untergeordnete Berücksichtigung als Art-Kennzeichen, weil sie, je nach Alter und Geschlecht, verschieden sich verhalten. In der Regel sind sie in der Jugend stumpf; manche Arten erhalten während des Wachsthumes in beiden Geschlechtern spitze Zähne; bei anderen behält das Weibchen, noch erwachsen, stumpfe Zähne, während die der Männchen zu der Zeit, wo sie geschlechtsreif werden, spitz werden und von da an ferner spitz bleiben; aber der Zeitpunkt der Verwandlung der stumpfen Zähne in spitze variirt zuweilen in Beziehung auf die Grösse der Individuen. Denn sie sahen zuweilen von einer Species männliche Individuen von gleicher Grösse, wo die Zähne in dem einen Falle, so weit sie nach aussen sichtbar waren, noch ganz stumpf, in dem anderen schon alle spitz und lang waren. — Altersverschiedenheiten zeigen auch die Zähne mancher Haie, s. z. B. die Abb. derselben von Prionodon glaucus bei Müller und Henle. l. c. Tb. 10.

Bei einigen Fischen, z. B. bei vielen Rajidae, sind die einzelnen Zähne, Pflastersteinen ähnlich, an einander gelagert. Bei Anderen stehen grössere conische Zähne frei.

Hakenförmige Zähne kommen oft vor, z. B. stark gekrümmt bei Chauliodus; sie können mit Widerhaken versehen sein, wie einige Zähne bei Trichiurus.

Den menschlichen Schneidezähnen ähnlich sind die meisselförmigen vordersten Zähne im Zwischenkiefer und Unterkiefer von Sargus und Charax. Die Schneide kann wieder gezähnelt oder gezackt sein, wie bei Acanthurus. Die Zähne können an ihren Seiten gezähnelt und ausgezackt sein, bald einmal, bald vielfach, wie bei vielen Squalidae und bei Serrasalmo.

Bei der Mehrzahl der Fische findet ein fortwährender, nicht auf bestimmte Lebensstadien beschränkter Wechsel der Zähne Statt. Gewöhnlich liegen hinter oder auch neben den in Gebrauch begriffenen Zähnen die Ersatzzähne, welche z. B. bei manchen Haien, noch horizontal oder abwärts gerichtet sind. Wenn die Zähne in Höhlen eingeschlossen sind, so finden sich über oder unter diesen, die Höhlen, in denen die Entwickelung neuer Zähne geschieht. Bei der Mehrzahl der Teleostei geschieht die Entwickelung der neuen Zähne in Säckchen, welche von der Schleimhaut der Mundhöhle gebildet werden. Bei den Plagiostomen sind es gewöhnlich freie, in ihren Umrissen den Zähnen ähnliche Schleimhautpapillen, welche zu diesen Hartgebilden crystallisiren.

Die Textur der Zähne ist sehr verschiedenartig. Die Zähne der Marsipobranchii bestehen aus Hornsubstanz. In ihrem Baue ähnlich scheinen die elastischen und biegsamen Zähne der Gattungen Trichodon, Chaetodon und der Loricarini zu sein. Bei letzteren sind sie lang, dünne, biegsam und endigen in Haken. — Die knochenharten Zähne der Mehrzahl der Fische zeigen wieder eine verschiedenartige Zusammensetzung. Die Grundsubstanz der meisten bildet ein Zahnbein, mit weiten und zahlreich verästelten Röhrchen, die oft netzartig zusammenhangen. Die ganze Masse solcher Zähne kann gleichartig sein, oder sie sind auswendig von festerer, Elfenbeinartiger Substanzschicht überzogen. Eine dem Schmelze ähnliche Schicht, jedoch der Schmelzprismen ermangelnd, ist bei Sargus und Balistes wahrgenommen. An ihrer Basis besitzen manche Zähne, namentlich bei Balistes, eine dem *Caementum* der Säugethiere verwandte Substanz. Die Zähne sind entweder mit einer, die *Matrix* aufnehmenden, Höhle versehen, oder — häufiger — solide. In ersterem Falle strahlen von der Höhle zahlreiche Canäle aus, welche unter beständiger Verästelung nach der Peripherie hin, sich allmälich verengern. In die soliden Zähne erstrecken sich meist netzförmig verbundene Canäle, welche unmittelbare Fortsetzungen derjenigen der entsprechenden Kieferknochen sind. Einige Zähne sind so angeordnet, dass Complexe von Canälen und Gefässen isohrt verlaufen, jeder von einer Schicht Elfenbein und Cäment umgeben, so dass ein anscheinend einfacher Zahn aus zahlreichen Zähnchen zusammengesetzt ist.

[Ueber die Zähne der Fische s. reichhaltige Bemerkungen in den Schriften von Cuvier, so wie bei Agassiz in den Poissons fossiles. Ueber ihren feineren Bau vgl. Retzius in Müller's Archiv. 1837., so wie auch Owen, Odontography. Lond. 1840 sqq. 8.]

§. 80.

Eine Uebersicht der Verschiedenheiten in der Bildung des ***Tractus intestinalis***, welche in Folgendem gegeben ist, führt zu dem Resultate, dass nicht bei allen Fischen diejenige Sonderung desselben in Speiseröhre, Magen, Dünndarm und Dickdarm, welche bei höheren Wirbelthieren vorkömmt, anzutreffen ist. — Das ***Rectum*** mündet bei den Fischen bald durch ein frei zu Tage liegendes ***Ostium*** direct nach aussen, wie bei den Cyclostomen, Ganoïdei und Teleostei, bald in eine Cloake, die, ausser seiner Oeffnung, noch die Mündungen der Geschlechts- und Harnwerkzeuge aufnimmt, wie bei den Plagiostomen und den Dipnoi. Ein durchgreifender Charakter der Fische ist der, dass die Mündung des Mastdarmes niemals hinter der Mündung der Harnwerkzeuge liegt.

Bei Branchiostoma setzt der Kiemenschlauch in die kurze, enge canalförmige Speiseröhre sich fort, welche in den viel weiteren Darm sich öffnet. Von diesen geht sogleich ein, als Leber sich charakterisirender, langer, grün gefärbter, an der rechten Seite des Kiemenschlauches gelegener Blindsack ab. Der Darm verengt sich nach hinten allmälich, besonders hinter dem ***Porus abdominalis***, wo er enger von den Leibeswänden umschlossen wird. Er hangt der Rückenwand der Visceralhöhle ohne Gekröse an. Im Innern des ganzen Darmschlauches, mit Einschluss des Blindsackes, ist Flimmerbewegung beobachtet worden. Der After liegt asymmetrisch an der linken Seite.

Bei den Marsipobranchii hyperotreti liegt der vorderste Abschnitt des Darmrohres dicht unter dem Axentheile des Wirbelsystemes, anfangs über dem Muskelkörper der Zunge, weiterhin über der Kiemengegend. Er nimmt die ***Ductus branchiales oesophagei*** der Reihe nach auf. Hinter dem letzten derselben geht von der Speiseröhre ein eigenthümlicher weiter ***Ductus oesophago-cutaneus*** linkerseits nach aussen und unten, der bei Bdellostoma, in Gemeinschaft mit dem letzten linken äusseren Kiemengange, in das entsprechende letzte ***Stigma branchiale externum***, bei Myxine mit allen äusseren Kiemengängen in das ***Stigma externum*** der linken Seite ausmündet. Dann geht die Speiseröhre, nach einer unbedeutenden Einschnürung, in den etwas weiteren, in der Bauchhöhle gelegenen Abschnitt des ***Tractus intestinalis*** über. Dieser verläuft, an einem Gekröse befestigt und überall gleichmässig weit, bis zu dem, am Ende der Bauchhöhle gelegenen After. Mit Ausnahme einiger niedriger Längsfalten ist seine Innenfläche glatt und ermangelt sowol der Flimmerorgane, als einer Spiralklappe.

Bei Petromyzon liegt unter dem Axensysteme der Wirbelsäule und über dem die *Ductus branchiales interni* aufnehmenden, hinten geschlossenen, vorne mit der Rachenhöhle communicirenden *Bronchus*, den umgebenden Gebilden eng angeheftet, die lange, enge, röhrenförmige Speiseröhre, welche inwendig zahlreiche und dichtstehende, breite von rechts nach links absteigende, freie Längsfalten besitzt. Sie ist an der Grenze der Bauchhöhle von dem übrigen, gerade hinterwärts verlaufenden, frei in der Bauchhöhle schwebenden, durch ein Gekröse nicht befestigten, windungslosen Darmrohre mittelst einer Schleimhautfalte abgegrenzt, welche in eine, durch den grössten Theil des letzteren bis zum kurzen *Rectum* sich hinziehende, Längsfalte sich fortsetzt. Diese Längsfalte zeigt bei der Lamprete einen sehr schwach gewundenen Verlauf; in ihrem freien Rande liegt die Darmvene. Der Endtheil des hintersten, dem *Rectum* entsprechenden Darmabschnittes ist an einer sehr kurzen und schmalen medianen Falte suspendirt, innerhalb welcher Gefässe zu ihm sich begeben.

[S. Näheres in den oft genannten Schriften von J. Müller und Rathke.]

§. 81.

Bei den Elasmobranchii führt die auswendig mit quergestreiften Muskelfasern belegte, inwendig bisweilen, obschon keineswegs immer, mit derberen oder weicheren Papillen [1]) besetzte Speiseröhre in einen, inwendig verschiedene Texturverhältnisse zeigenden, Magen, der, entweder ohne Bildung eines Blindsackes oder nach Bildung eines solchen, in ein aufsteigendes pylorisches Rohr umbiegt. Dies pylorische Magenrohr, welches bald kurz, bald lang [2]) ist, macht gegen den Darm zu abermals eine Biegung und besitzt an der Uebergangsstelle in denselben eine innere vorspringende Falte: *Valvula pylori* [3]). Sie bildet den Eingang in eine klappenlose, bald weitere, bald röhrenförmige Höhle, in welche, meist unmittelbar unter der *Valvula*, die *Ductus hepaticus* und *pancreaticus* einmünden und beim Fötus der *Ductus vitello-intestinalis* sich inserirt [4]). Diese, dem *Duodenum* entsprechende, Abtheilung führt bei den Squalidae die Benennung der

---

1) Z. B. Acanthias vulgaris, bei Aëtobatis Narinari sind solche vorhanden.

2) Sehr lang und eng z. B. bei Scyllium Edwardsii.

3) Z. B. bei Rhinobatus Horkelii, Trygon Sayi.

4) S. eine von Müller gegebene Abbildung. Ueber d. glatten Hai des Aristoteles. Tb. 5. Fig. 2. Bei den meisten Plagiostomen erweitert sich der in der Bauchhöhle gelegene Theil des Dotterganges zu einem inneren Dottersacke. Dieser gewinnt an Umfang unter Verkleinerung des äusseren Dottersackes. Ich finde diesen inneren Dottersack z. B. noch bei einer jungen Pristis. Bei Mustelus laevis und wahrscheinlich auch bei den übrigen Vivipara cotylophora, fehlt der innere Dottersack, wie Müller gezeigt hat.

Bursa Entiana [5]). Auf sie folgt der sogenannte Klappendarm, dem Dünndarme der höheren Wirbelthiere entsprechend. Die in seiner Höhle befindliche, seine innere Oberfläche bedeutend vergrössernde, Spiralklappe ist nach zwei verschiedenen Typen gebildet. Bei der Mehrzahl der Elasmobranchii ist sie in der Art schraubenförmig gewunden, dass sowol ihr an der Darmwand befestigter, als auch ihr freier Rand eine Spirale bildet. Bei der Familie der Carchariae und bei der Gattung Galeocerdo, wo in ihr, wie bei Petromyzon, die Darmvene liegt, ist sie dagegen in einer longitudinalen Linie segelartig befestigt und dabei spiralförmig gerollt [6]). Auf den weiten Spiraldarm der Elasmobranchii folgt ein kurzes, von einfacher Schleimhaut ausgekleidetes, dem *Rectum* entsprechendes Endstück. In den Anfang des letzteren, und zwar in seine Rückseite, mündet ein längliches, hohles, drüsiges und absonderndes, am *Mesorectum* befestigtes Organ mit weiter Oeffnung. Das *Rectum* mündet in die Cloake vor den Oeffnungen der Harn- und Geschlechtstheile. — Der Magen und das *Duodenum* bis zu dem vordersten Abschnitte des Klappendarmes sind an einem, bald vollständig häutigen, bald netzförmig durchbrochenen *Mesenterium* befestigt. Der Klappendarm ist frei. Das *Rectum* haftet wieder an einer Peritonealfalte.

Bei Chimaera [7]) wo der ganze Darm gerade zum After verläuft, geht die inwendig mit Längsfalten besetzte Speiseröhre ohne zwischenliegenden Magen in einen erweiterten Abschnitt über, der anfangs durch den Besitz von dichtstehenden Zacken ausgezeichnet ist, die weiterhin ihre Stellung ändern. In den sehr kurzen Anfang dieses Abschnittes (*Duodenum*) mündet der *Ductus choledochus*, neben und unter dessen Oeffnung sogleich die erste Klappe abzusteigen beginnt. Die Klappe macht drei Windungen; dann folgt das mit Längsfalten besetzte *Rectum*. Zwischen je zwei seiner Falten liegt am Anfange des *Rectum* je eine Anhäufung von Drüsenschläuchen. Ein *Mesenterium* fehlt.

Nach dem Typus der Plagiostomen, indessen mit einigen Modificationen, ist der *Tractus intestinalis* der meisten Ganoïden gebildet. Bei Accipenser geht die eng an die Wirbelsäule geheftete, auswendig mit quergestreifter Muskelschicht belegte, inwendig mit dicker, weisser Epithelialschicbt und mit konischen Papillen ausgekleidete Speiseröhre in den mit

---

5) Ueber die Unrichtigkeit dieser Bezeichnung hat sich ausgesprochen: J. Müller, Abhandl. d. Acad. d. Wissensch. z. Berlin. 1842. S. 228.

6) Diese Einrichtung war schon Perrault bekannt (Oeuvres de Physique. Vol. II. p. 438. pl. 15., der seinen Galeus glaucus dem Squalus alopecias gegenüberstellt. Dann hat Meckel sie beschrieben (Syst. d. vergl. Anatom. Thl. IV. S. 314.); endlich auch Duvernoy (Ann. des scienc. natur. 1835. T. III. p. 275. Mit Abb. Tb. 10. u. 11.

7) Vgl. auch Leydig, Müller's Archiv. S. 259. Der Gallengang inserirt sich nicht unter, sondern dicht uber dem Anfange der Klappe.

weicherer, sammtartiger Schleimhaut versehenen Magen über. Dieser, anfangs am Bauchfelle befestigt und in seinen ferneren Abtheilungen durch netzförmig durchbrochene Peritonealbrücken mit den benachbarten drüsigen Organen zusammenhangend, besteht aus mehren Abtheilungen. Dieselben sind: 1. ein absteigender, wenig erweiterter Abschnitt, in dessen Anfang mit kurzem, weitem *Ductus pneumaticus* die Schwimmblase mündet; 2. ein nach vorn aufsteigendes enges pylorisches Rohr, das 3. an seinem vorderen Ende wieder sich umbiegend zu einem dickwandigen, länglich-runden Muskelmagen anschwillt, welcher mit seiner Muskel- und Schleimhaut einen trichterförmigen Vorsprung in die Höhle des *Duodenum* hinein bildet. Dies sehr lange, aus zwei, unter spitzem Winkel zusammenstossenden Schenkeln bestehende, durch keine Bauchfellfalte befestigte *Duodenum* nimmt, gleich hinter dem Magen, sowol die *Appendices pyloricae*, als auch die *Ductus hepaticus* und *pancreaticus* auf. Die *Appendices pyloricae* bilden eine beinahe nierenförmige, auswendig mit flachen Tuberositäten besetzte derbe Masse, deren Wandungen aus dicken Lagen glatter Muskelfasern bestehen. Inwendig zeigen sich grössere und kleinere zellige Räume, deren jeder die nämlichen Häute, wie der Darmcanal besitzt. Namentlich bildet die Schleimhaut dieselben zellig-maschigen Vertiefungen. Die Hohlräume der *Appendices* gehen nicht durch einen gemeinsamen Ausführungsgang, sondern durch drei weite, brückenartig getrennte *Ostia* in das *Duodenum* über. Dieses letztere besitzt inwendig in zahlreichen, grösseren und kleineren polygonalen Zellenräumen einen sehr complicirten Secretions-Apparat. Seine Muskel- und Schleimhaut bilden einen trichterförmigen Vorsprung in den Klappendarm, der, gestreckt hinterwärts verlaufend, in seiner ganzen Länge durch das Bauchfell befestigt ist und vor dem After in die sehr kurze, mit glatter Schleimhaut bekleidete Andeutung eines *Rectum* übergeht. Der Klappendarm zeigt dieselben Zellen, wie das *Duodenum* und auch die die Klappe bildenden vorspringenden Wülste sind mit offen mündenden Follikeln besetzt [8]).

Von den Accipenserini unterscheiden sich die Spatulariae vorzüglich durch abweichende Textur der Schleimhaut des *Oesophagus*, durch grosse Kürze des aufsteigenden pylorischen Rohres und Mangel des Muskelmagens, durch abweichenden Bau der dickwandigen *Appendices pyloricae*, die nicht zu einer drüsigen Masse verbunden, sondern am Ende fingerförmig gespalten sind und durch grosse Kürze des gerade nach hinten verlaufenden *Duodenum*. Das *Rectum* ist kurz [9]).

---

8) Nachträglich sei in Bezug auf eine Bemerkung von Leydig (Anatomisch-histologische Untersuchungen über Fische u. Reptilien. Berl. 1853. 4. S. 17.) hervorgehoben, dass diese Follikel bei A. sturio immer vorhanden sind.

9) S. die Abb. bei A. Wagner de Spat. anat. Fig. 4. Ich finde das *Rectum* nicht netzförmig, sondern von glatter Haut ausgekleidet.

Was die Ganoïdei holostei anbetrifft, so fehlt bei Polypterus eine eigene Duodenal-Abtheilung des Darmes fast ganz. Die *Portio pylorica* des Magens bildet einen Vorsprung in das obere Ende des Klappendarmes, von welchem Vorsprunge die Spiralklappe ausgeht. Ueber dieser Stelle liegt ein einziger Blinddarm: *Appendix pylorica.* In den Anfang des Klappendarmes mündet der Gallengang. — Verwandt zeigt sich Amia durch den Besitz einer, vier Windungen machenden, Spiralklappe; diese liegt jedoch nicht in dem zunächst auf den Magen folgenden Darmabschnitte, sondern weit nach dem Ende des *Tractus intestinalis* hin. Der Magen bildet einen Blindsack und besitzt ein pylorisches Rohr, das durch eine Klappe von dem weiten *Duodenum* geschieden ist. Dies setzt sich weiter fort in den mehre Windungen machenden Dünndarm, welcher vor seinem Uebergange in ein sehr kurzes *Rectum* die Spiralklappen enthält.

Bei Lepidosteus endlich fehlt eine ausgebildete Spiralklappe[10]) des Darmes ganz. Der gerade absteigende weite Magen biegt sich in ein sehr kurzes dickwandigeres pylorisches Rohr um, das, nach Bildung eines blinden Säckchens, durch ein enges *Ostium* in das *Duodenum* übergeht. In dieses inseriren sich sogleich hinter dem Pförtner mit wenigen weiten Oeffnungen zahlreiche, durch Bindegewebe zusammengehaltene, sehr kurze *Appendices.* Der wenig gewundene enge Darm geht, ohne durch eine Klappe geschieden zu sein, in einen weiteren Endabschnitt über.

Was die Dipnoi anbetrifft, so geht bei Lepidosiren der vorderste, den *Oesophagus* und Magen[11]) repräsentirende Abschnitt des Darmcanales in das kurze *Duodenum* über, von welchem er durch eine Pförtnerklappe getrennt ist; dicht neben dem Pförtner mündet der Gallengang. Weiterhin folgt der Spiraldarm, den auch Rhinocryptis besitzt, und zuletzt ein kurzes *Rectum.*

§. 82.

Die anatomische Anordnung des ***Tractus intestinalis*** der Teleostei ist den grössten Verschiedenheiten unterworfen. Die einzelnen Abschnitte desselben bleiben häufig durchgängig von ungefähr gleicher Weite; in diesem Falle gibt, wenn innere Klappen oder andere mit unbewaffnetem Auge deutlich erkennbare Texturunterschiede der verschiedenen Strecken fehlen, die Insertionsstelle des *Ductus choledochus* einen Haltpunkt

10) Immer bleibt es fraglich, ob nicht drei schräge Streifen, welche in dem über dem kurzen Endabschnitte des Darmes liegenden Theile desselben vorkommen, als Andeutungen einer solchen zu betrachten sein möchten.

11) Hyrtl fand an der dorsalen Wand des Magens zwischen Muskel- und Peritonealhaut ein drüsiges, undeutlich gelapptes, sehr gefässreiches Organ ohne Ausführungsgang, das in den Darmcanal sich fortsetzt, und in dessen Spiralklappe aufgenommen wird. S. dessen Schrift S. 25. Vielleicht ist es die Milz. Im Anfange des Darmcanales kommen eigenthümliche Gruben vor.

ab zur Unterscheidung der Duodenalgegend. Fische, bei denen eine eigentliche Magenerweiterung fehlt und bei denen der *Tractus intestinalis* ohne deutlich unterscheidbare äusserliche Abgrenzung einzelner Abtheilungen darmartig sich verhält, sind, z. B. die Scomber-Esoces, die Labroïdei, die Cyprinoïden, die Cyprinodontes, die Loricarinen, die Symbranchii.

Bei einigen den genannten Gruppen angehörigen Fischen, wie bei Cobitis [1]), bei den Scomber-Esoces, den Symbranchii, verläuft der *Tractus intestinalis* ganz gerade und gestreckt zum After, während er bei Anderen, z. B. manchen Cyprinoïden (Labeo) und Loricarinen (Hypostoma) durch beträchtliche Länge und vielfache Windungen sich auszeichnet. Bei anderen, wie bei Esox, erstreckt sich der Magen in der Richtung der Speiseröhre abwärts und geht dann unter einem Winkel sofort in das enge *Duodenum* über, von dem er durch eine Klappe geschieden ist.

Bei den meisten Teleostei bezeichnen äussere Unterschiede in der Weite die einzelnen Abtheilungen des *Tractus intestinalis* deutlicher. Die häufigste Bildung ist die, dass eine kurze Speiseröhre gerade in eine mehr oder minder erweiterte Magenhöhle [2]) sich fortsetzt, welche durch eine Krümmung in ein rechterseits aufsteigendes oft dickwandiges pylorisches Rohr [3]) übergeht. Dieses setzt, oft durch eine äussere Einschnürung geschieden, in das *Duodenum* sich fort, welches nicht nur die Ausführungsgänge der Leber und des *Pancreas* aufnimmt, sondern äusserst häufig, wenn schon keinesweges immer, die in sehr verschiedener Anzahl vorhandenen, unter dem Namen der *Appendices pyloricae* bekannten Ausstülpungen bildet. Das *Duodenum* setzt ohne weitere Abgrenzung in einen mehr oder minder langen, oft mehrfach auf- und absteigenden, Dünndarm [4]) sich fort. Dieser führt endlich in ein sehr kurzes, äusserlich selten deutlich unterscheidbares *Rectum*.

Dieser generelle Bildungstypus erfährt zahlreiche und mannichfache Modificationen, begründet in der verschiedenen Weite der *Cardia*-Hälfte des Magens, in der mangelnden oder vorhandenen Blindsack-Bildung derselben, in der verschiedenen Ausbildung des pylorischen Rohres, in der Abwesenheit oder Anwesenheit mehr oder minder zahlreicher *Appendices pyloricae*,

---

1) Dieser Fisch, dessen Darmcanal durch Gefässreichthum sich auszeichnet, schluckt atmosphärische Luft und gibt Kohlensäure von sich. Vgl. Erman in Gilbert's Annalen. Bd. XXX. 1808. S. 140.

2) Die Speiseröhre kann auch sehr lang und selbst gewunden sein, wie z. B. bei Lutodeira.

3) Reichliche Ansammlungen von Lymphe, welche ich zwischen seinen Häuten und Gewebselementen bei mehren Gadus fand, sind von mir mit Unrecht für ein hier normal abgelagertes Blastem gehalten worden.

4) Er ist z B. durch seine Länge und durch vielfache Windungen ausgezeichnet z. B. bei Lutodeira chanos; ferner unter den Theutyi bei Naseus.

in der Verschiedenheit der Weite des *Rectum*. Die *Cardia*-Hälfte des Magens ist oft eine bald länglich, bald rundlich oder bauchig erweiterte gerade Fortsetzung der Höhle der Speiseröhre, die aber keinen eigentlichen Blindsack bildet, wie z. B. bei vielen Percoïden, Cataphracten, Cyclopoden, Pediculati, Gadoïdei, Pleuronectides, Siluroïdei, Mormyri.

Bei anderen Fischen liegt dagegen der Uebergang in die Höhle der *Portio pylorica* der *Cardia* nahe und zwischen beiden Oeffnungen verlängert sich die *Portio cardiaca* in einen mehr oder minder weit absteigenden Blindsack, wie z. B. bei vielen Clupeïdae (Clupea, Alosa), manchen Characini, bei Ammodytes, bei den Muraenoïdei (z. B. beim Aal), bei Scomber scombrus, bei Thynnus.

Blinde Ausstülpungen des *Duodenum* (die sogenannten *Appendices pyloricae* [5]) fehlen manchen Familien der Teleostei ganz; dahin gehören: die eigentlichen Gobioïdei, mehre Cyclopodes, sämmtliche Labroïdei, Chromides, Scomber-Esoces, die Siluroïdei und die Loricarini, die Cyprinoïdei und Cyprinodontes, Esox, die Muraenoïdei [6]), die Symbranchii, die Plectognathi und Lophobranchii. Sie können den meisten Arten einer Gattung fehlen und einzelnen zukommen, wie z. B. die Gattung Ophidium zeigt [7]). — Die Zahl dieser blinden Ausstülpungen variirt ausserordentlich. Ammodytes besitzt einen einzigen Blinddarm; zwei einander gegenüberstehende kommen vor bei Rhombus maximus; ihre Zahl steigt bis fünf bei anderen einheimischen Pleuronectides; zwei sind vorhanden bei Zoarces viviparus, bei Rhynchobdella ocellata; drei bei Perca fluviatilis, bei Acerina cernua und mehren anderen Percoïden; vier bei Pagellus erythrinus, bei Sargus Salviani, bei Smaris vulgaris; fünf bei Sargus Rondeletii; acht bei Chaetodon striatus; die Anzahl derselben steigt bei anderen Squamipennes, z. B. bei Holacanthus, bei einigen Cyclopoden, z. B. bei Cyclopterus, bei den Scomberoïden, den Gadoïden [8]), den Characini, Salmones, vielen Clupeïdae ausserordentlich; bei Scomber scombrus zählte ich 191 Blinddärme. — Die Stellung derselben wechselt; oft inseriren sie sich längs einer Seite des *Duodenum*, wie bei Osmerus, bei Clupea u. A.; oft sind sie mehr ringförmig um dasselbe gestellt, wie bei Cyclopterus, den Gadus-Arten u. A.;

---

5) Die Entwickelung dieser *Appendices* scheint, nach der Angabe von Vogt, (Embryol. d. Salm. p 174.) bei Lachsen erst sehr spät zu erfolgen. Bei Zoarces viviparus ist dies, nach Forchhammer, (de Blennii vivipari formatione et evolutione. Kil. 1819. 4. p. 17.) nicht der Fall rücksichtlich der beiden *Appendices*.

6) Wohin Gymnarchus gehört, bleibt immer noch ungewiss. Er besitzt nach Erdl zwei Blinddärme.

7) Ophidium blacodes Forster besitzt, nach Müller, sechs Blinddärme.

8) Raniceps fuscus, der so manches Eigenthümliche besitzt, hat indessen nur zwei Appendices.

oft sind beide Bildungsweisen gewissermaassen combinirt, wie z. B. bei Scomber scombrus, bei einigen Salmones [9]) u. A.

Das nähere Verhalten dieser *Appendices* bietet mancherlei Verschiedenheiten dar; sind sie in geringer Anzahl vorhanden, so pflegt jeder seine besondere Einmündungsstelle in den Darm zu besitzen; bei Anwesenheit vieler haben oft zwei oder vier eine gemeinschaftliche Insertion, wie z. B. die vorderen von Scomber scombrus; oder es münden mehre und selbst viele in einen Gang, wodurch dann die Zahl der in den Darm sich inserirenden Gänge von derjenigen der Blinddärme um ein sehr Vielfaches übertroffen werden und selbst ein einziger Gang eine beträchtliche Anzahl nach der Peripherie hin mehr und mehr sich spaltender Röhren aufnehmen kann.

Bei manchen Fischen, namentlich aus der Familie der Scomberoïden, verbinden sich zahlreiche Blinddärmchen nicht nur allmälig zu einer geringen Anzahl in das *Duodenum* einmündender Stämme, sondern die Därmchen selbst werden oft noch durch Bindegewebe und Gefässe so innig zusammengehalten, dass ihre Masse das Aussehen einer Drüse erhält. Dies ist in verschiedener Art der Fall, z. B. bei Thynnus vulgaris [10]), Th. alalonga [11]), Auxis vulgaris [12]), Pelamys sarda [13]), Xiphias gladius [14]), Lichia amia [15]) u. A.

Das **Rectum** zeigt sich bald etwas verengt, bald wenig erweitert. An seiner vorderen Grenze fehlt, mit seltenen Ausnahmen, jede Spur von Blinddärmen [16]).

Der *Tractus intestinalis* der Physostomi steht in Höhlenverbindung mit der Schwimmblase vermöge des bald in die Speiseröhre, bald in den Blindsack des Magens einmündenden *Ductus pneumaticus* derselben. — Bei einigen Plectognathi (z. B. Diodon, Tetrodon) geht ferner von der vorderen Wand der Speiseröhre ein eigenthümlicher Luftsack aus, der nach vorne bis an die Grenze des Unterkiefers, nach hinten bis zum Anfang der Schwanzgegend reicht. Derselbe nimmt Luft auf und dient zum

---

9) S. über die Blinddärme der Salmones die Abhandlung von Kner in den Sitzungsberichten der Wiener Acad. d. Wissenschaften. Wien, 1852. Bd. VIII. S. 201.

10) S. Cuvier, Hist. nat. d. poiss. Vol. 8. p. 66. Hier münden die Blinddärmchen mit 5 Oeffnungen. Aehnlich Th. brachypterus ibid. p. 100.

11) S. Cuvier ibid. p. 126. Hier ist ein einziger Gang vorhanden, der nach seinem freien Ende hin in einzelne Bündel von Blinddärmchen zerfällt, die alle, eng zusammengehalten, wie Drüsen aussehen.

12) S. Cuvier ib. p. 143. — 13) S. Cuvier ib. p. 158.

14) S. Rosenthal, Abhandlungen a. d. Gebiete d. Anat. Phys. u. Pathol. Berl. 1824. 8. S. 79. Cuvier l. c. p. 262. — 15) S. Cuvier l. c. p. 354.

16) Andeutungen davon kommen nach Cuvier u. Valenc. (Vol. V. p. 354. und 361.) vor bei der Gattung Box; bei Box vulgaris einer; bei Box salpa zwei.

Aufblasen dieser Thiere. In der Regel eine einfache Höhle bildend, soll er bisweilen kammerig oder mit zelligen Wänden versehen sein[17]). Dass er als respiratorisches Gebilde zu betrachten sei, dagegen spricht der Ursprung seiner Gefässe aus den Körperarterien.

Die Lage des Afters wechselt bei den Teleostei sehr. Bei der Mehrzahl derselben liegt er nicht nur hinter den Bauchflossen, sondern auch an der hinteren Grenze der Bauchhöhle, vor dem Anfange der Schwanzgegend. Bei Manchen ist er weiter vorwärts gerückt; in diesem Falle verlängert sich die Afterflosse ebenfalls gewöhnlich weit nach vorne unterhalb der eigentlichen Bauchhöhle. So liegt der After z. B. bei Cepola rubescens in der Mitte der Bauchgegend, bei Gobius lanceolatus weiter vorwärts gerückt, bei den meisten Pleuronectes ebenfalls sehr weit nach vorne. — Bei der den Ophidini angehörigen Gattung Encheliophis[18]) Müll. und bei den Gymnotini liegt der After, unter Mangel des Beckens, dicht hinter dem Schultergürtel. — Nur bei zwei Fischgattungen liegt er vor dem Becken; es sind dies die von Cuvier[19]) zu den Percoïden gezählte Gattung Aphredoderus, wo er noch vor den Brustflossen liegt und der einzige Repräsentant der Familie der Heteropygii: Amblyopsis[20]).

Was die Texturverhältnisse des *Tractus intestinalis* anbelangt, so sind in der Regel nur Schlundkopf und Speiseröhre mit quergestreiften Muskelfasern belegt; eine merkwürdige Ausnahme hiervon bildet die Gattung Tinca, indem hier in der ganzen Länge des *Tractus intestinalis* eine auswendige Belegung mit quergestreiften Muskelprimitivbündeln vorkömmt[21]). — Die glatte Muskelhaut der übrigen Abschnitte des Darmrohres verhält sich in Bezug auf ihre Stärke in den verschiedenen Regionen äusserst verschieden. Dickwandiger als die übrigen Segmente ist gewöhnlich die *Portio pylorica* des Magens; bei den Gattungen Mugil und Dajaus, bei Anodus und Hemiodus nimmt sie so an Dicke zu, dass sie dem Muskelmagen der Vögel ähnlich wird.

Das Verhalten der Höhle des Darmrohres ist nicht minder variabel. Sehr gewöhnlich, obschon keinesweges beständig, findet sich an der Uebergangsstelle der *Portio pylorica* des Magens in das *Duodenum* eine in Beziehung auf Ausdehnung und Dicke verschiedene *Valvula pylori*; nicht

---

17) Vgl. über seinen angeblich zelligen Bau die kritischen Bemerkungen von Baer, Entwickelungsgesch. d. Fische. S. 47.

18) S. Müller, Ueber die Eingeweide der Fische. Tb. V. Fig. 4. 5.

19) Hist. nat. d. poiss. Vol. IX. p. 450. u p. 452.

20) S. Tellkampf in Müller's Archiv. 1844. S. 393.

21) S. Reichert, Med. Zeitung d. Vereines f. Heilkunde in Preussen. 1841. No. 10. und die experimentellen Beobachtungen von Ed. Weber in Wagner's Handwörterbuch d. Physiologie. Bd. 3. Abth. 2.

ganz so oft begegnet man einer zweiten Klappe an der Grenze des Dünndarmes und des *Rectum* 22).

Reihen stärker vorspringender Schleimhautfalten können in verschiedenen Abtheilungen des *Tractus intestinalis* vorkommen, um eine Vergrösserung der Innenflächen zu bewirken. Sehr selten erscheinen dergleichen Bildungen schon im *Oesophagus*, wie z. B. bei Lutodeira chanos 23). Es findet sich hier ein System schräg, von oben und vorne nach unten und hinten gerichteter paralleler *Valvulae conniventes*, deren freier Rand in die Höhle des *Oesophagus* hineinragt. Aehnliche doch mehr runde ringförmige Querfalten finden sich im ganzen Dünndarm mancher Fische z. B. bei Clupea, Alosa, Chirocentrus dorab 24). Bei anderen Fischen z. B. bei Spinachia, bei Gasterosteus, bei Salmo nehmen sie nur gewisse Strecken des Dünndarmes ein. Die näheren Verhältnisse der Schleimhautausbreitungen sind äusserst mannichfach; nicht nur gehen die Formen, unter denen die Schleimhaut so häufig sich erhebt, nicht selten unmerklich in einander über, sondern auch Altersstadien und temporäre Verhältnisse der Fische scheinen Unterschiede zu begründen. Am einfachsten ist meistens die Anordnung der Längsfalten bildenden Schleimhaut im *Oesophagus*, der aber auch mit Papillen, Warzen, zahnartigen Bildungen u. s. w. besetzt sein kann. Was den Magen anbetrifft, so bemerkt man in der Höhle der absteigenden Portion desselben gewöhnlich keine Magendrüsen, während diese dagegen bisweilen z. B. bei Cyclopterus lumpus, Zoarces viviparus, Cottus scorpius sehr deutlich sind 25). Die Schleimhaut erhebt sich in den Höhlen beider Magenabtheilungen häufig in Längsfalten, welche in der absteigenden Portion zum Theil als Fortsetzungen derjenigen des *Oesophagus* erscheinen; die der *Portio pylorica* sind dagegen meist niedriger und stehen dichter; neben ihnen kommen sehr oft netzförmige Bildungen vor. Im Verlaufe der Schleimhautausbreitung des Dünndarmes finden sich äusserst häufig Längsfalten und zwar entweder allein oder durch Querfalten verbunden, so dass die Innenfläche ein netzförmiges oder zellenförmiges Ansehen erhält. Diese netzförmigen Bildungen sind wieder einfach oder zusammengesetzt. Zwi-

---

22) Ich vermisse sie z. B. nicht allein bei den Cyprinen, sondern auch bei Silurus glanis. Sie findet sich dagegen sonst sehr häufig z. B. bei allen einheimischen Pleuronectes.

23) S. Valenciennes hist. nat. d. poiss. Vol. XIX. p. 190. Ich möchte sie eher mit *Valvulae conniventes*, als mit einer Spiralklappe vergleichen, wie dies durch Valenciennes geschieht.

24) Valenciennes l. c. Vol. XIX. p. 160., welcher sie beschreibt, bezeichnet sie wieder als Spiralklappe, womit ich nicht übereinstimmen kann.

25) Bei Zoarces nehmen sie z. B. dicht unter der Speiseröhre fast die ganze Circumferenz der Magenhöhle ein; weiterhin sind sie nicht mehr so ausgebreitet. Am zierlichsten sind sie bei Cyclopterus lumpus.

schen ihnen kommen nicht selten kleine *Cryptae* vor. Auch wirkliche Zellen zeigen sich nicht selten, wie z. B. bei Ammodytes. — Die Anordnung der Schleimhaut der *Appendices pyloricae* entspricht in der Regel derjenigen des *Duodenum*. Im *Rectum* erhält sich bald eine ähnliche Anordnung der Schleimhaut, wie im Dünndarm, bald, und zwar ist dies der häufigere Fall, erscheint sie hier einfacher gebildet. — Die innerste Auskleidung des *Tractus intestinalis* geschieht vielleicht immer durch ein Cylinder-Epithelium. Abortive oder in Bildung begriffene Zellen kommen neben den ausgebildeten sehr reichlich vor. Bei dem gegenwärtigen Stande unserer Kenntnisse über die Lebensverhältnisse der Fische können die verschiedenartigen Anordnungsweisen ihres *Tractus intestinalis*, sowol was die gröberen, als auch namentlich was die feineren Texturverhältnisse anbetrifft, noch kein bedeutendes Interesse in Anspruch nehmen, da jede Einsicht in die physiologische Bedeutung der Formen mangelt.

Die Befestigung der in der Bauchhöhle gelegenen Abschnitte des Darmcanales geschieht durch das Bauchfell. Dies ist meistens wirklich membranös und dann oft verschiedentlich pigmentirt; an seinen Ausbreitungen über die Körperwandungen finden sich häufig Schüppchen, Nadeln und anscheinend crystallinische Anhäufungen, welche ähnlich den silberglänzenden Schüppchen, die die *Sclerotica* und die Schwimmblase inwendig auskleiden, sich verhalten; sehr häufig aber ist es in einzelne Bänder, Brücken, Fäden zerfallen, zwischen und an denen die Gefässe verlaufen. Auch hier gilt es wiederum, dass Altersverschiedenheiten bei Thieren der gleichen Species gewisse Unterschiede begründen [26]).

[Ueber die gröbere Anordnung des *Tractus intestinalis* findet sich reiches Detail bei Cuvier u. Valenc. Hist. nat. d. poiss. — Ueber den *Tractus intestinalis* einheimischer Fische vergleiche man die reichhaltige Abhandlung von H. Rathke im zweiten Bande seiner Beiträge zur Geschichte der Thierwelt. Halle, 1824. 4., in welcher namentlich die Anordnungsweisen der Schleimhaut und des Bauchfelles geschildert sind. Rathke hat gerade diejenigen Fische geschildert, die auch mir durch die Nähe der Ostsee vorzugsweise zu Gebote stehen. Eine vieljährige Beschäftigung mit diesen Thieren lässt mich Rathke beistimmen in dem Ausspruche, dass die Summe der Variationen in Betreff gewisser feinerer Bildungsverhältnisse sehr gross ist. Die für den Zweck dieses Buches erforderliche Raumbeschränkung gestattete mir kein Eingehen in das Detail, das nicht aus Mangel an Stoff, sondern absichtlich vermieden ist; Polemik lag hier, wie überall, ausser dem Plane.]

§. 83.

Die Leber [1]) besteht, mit einziger Ausnahme von Branchiostoma, wo sie, ähnlich, wie bei den Anneliden, von den Darmwänden noch nicht ge-

---

26) Nach den Beobachtungen von Rathke (l. c. S. 104.) ist das Gekröse mancher Fische ursprünglich vorhanden, schwindet jedoch später durch Resorption.

1) Vgl. über die Leber der Fische: F. G. Mierendorf de hepate piscium. Berol.

sondert ist [2]), und den Myxinoïden [3]), wo sie zwei völlig getrennte Drüsen darstellt, aus einem gewöhnlich beträchtlichen drüsigen Organe von ziemlich weicher Consistenz und gelblicher oder gelber, gelbbrauner, rothbrauner, rother, hellrother oder selbst schwärzlicher Färbung. Meist zeichnet sie durch sehr beträchtlichen Fettgehalt sich aus [4]). In der Regel beginnt sie im Anfange der Bauchhöhle, dicht hinter dem Herzbeutel; seltener erst weiter hinterwärts in der Bauchhöhle, wie bei mehren Diodon. Oft erstreckt sie sich weit nach hinten in der Bauchhöhle, wie bei Symbranchus, bei manchen Haien u. A.

Ihre Form scheint häufig bedingt durch die der Bauchhöhle; so ist sie z. B. breit bei vielen Rajidae, sehr in die Länge gezogen bei manchen Symbranchii; lang und aus einem einfachen Körper bestehend bei Lepidosteus.

Bei den Myxinoïden findet sich eine kleinere vordere, rundliche und eine doppelt so lange hintere Leber. Zwischen beiden liegt die Gallenblase, welche aus jeder einen *Ductus cysticus* aufnimmt. — Bei den Petromyzon beginnt die compacte, ungelappte, zusammenhangende Leber im vorderen Anfange der Bauchhöhle und umhüllt hier mit einem Theile ihrer dorsalen Masse den Anfang des Darmes und des *Pancreas* sehr eng. Eine Gallenblase fehlt der Gattung Petromyzon, während eine solche bei Ammocoetes vorhanden ist. — Bei den Elasmobranchii beginnt die Leber etwas hinter dem Herzbeutel und ist durch eine Peritonealfalte (*Ligamentum suspensorium*) an der vorderen Begrenzung der Bauchhöhle befestigt. Sie besteht bald aus zwei durch eine Commissur verbundenen Hauptlappen wie bei vielen Haien, z. B. Scyllium Edwardsii und einigen Rochen, z. B. Trygon Sayi, Torpedo Galvanii oder es ist zwischen diesen noch ein Mittelstück eingeschoben, wie z. B. bei Squatina vulgaris, bei Raja clavata u. A. Enorm ist ihr Umfang bei Chimaera. Die Gallenblase liegt mehr oder minder eingebettet in die Lebersubstanz. Ein oder zwei Hauptlebergänge führen in den *Ductus choledochus*. Dieser, oft in einer Strecke etwas erweitert und verdickt, inserirt sich in die Duodenalabtheilung über dem Anfange des Klappendarmes; von seinem Herantreten an den Darm bis zu seiner inneren Ausmündung auf einer kleinen Papille verläuft er oft eine Strecke weit schräg zwischen den Darmhäuten und besitzt hier Quer-

---

1817. 8. c. fig. — Rathke in Meckel's Archiv. 1826. S. 126. und in Müller's Archiv. 1837. S. 468.

2) S. Müller, Ueber Bau u. Lebensers. d. Branchiostoma.

3) S. Müller, Ueber d. Eingew. d. Fische.

4) Bei einigen Fischen ist er enorm, z. B. bei Chimaera, worauf schon Gunnerus in seinem Aufsatze über die Seekatze (Schriften der Drontheimer naturf. Gesellsch. Bd. 2. S 261.) aufmerksam gemacht hat.

falten, welche den Rücktritt der Galle verhüten [5]. — Bei Accipenser besitzt sie zwei unvollkommen getrennte, durch Einschnitte in viele untergeordnete Lappen zerfallene Hauptlappen. Die Gallenblase liegt grösstentheils eingebettet in der Lebersubstanz. Die Gallencanälchen in der Leber vereinigen sich zu mehren Stämmchen, welche nach und nach einzeln in den einerseits zum Blasenhalse und andererseits zum *Duodenum* tretenden contractilen Gallengang einmünden. An ihm setzt die Lebersubstanz bis zu seiner Einmündungsstelle in das *Duodenum* sich fort und schmiegt sich noch um das letztere.

Die Leber der Teleostei [6]) bildet bald eine einzige Masse [7]), welche, ohne in grössere Lappen zu zerfallen, doch, namentlich an ihrer concaven Seite, vielfach eingeschnitten sein kann und dann gewöhnlich mehr nach der linken Körperhälfte gerückt zu sein pflegt; bald besitzt sie zwei seitliche Hauptlappen, welche durch ein Querstück verbunden werden [8]), in welchem Falle der linke Lappen der beträchtlichere zu sein pflegt, oder drei Hauptlappen [9]); bald besteht sie aus zahlreichen zwischen die Windungen des Darmcanales eingesenkten Lappen, wie z. B. bei Cyprinus carassius.

Anscheinend allgemein oder höchstens mit sehr seltenen Ausnahmen [10]) kömmt den Teleostei eine Gallenblase zu, welche gewöhnlich dicht unter der Leber mehr oder minder deutlich zu Tage kömmt, seltener fast ganz in ihrer Substanz eingebettet liegt. Bei einigen Fischen ist sie ganz von der Leber getrennt, meist mehr rechts gelegen. Die Grösse dieser Gallenblase steht gewöhnlich in geradem Verhältnisse zu der der Leber. Ihre Gestalt ist nicht überall gleich: kugelförmig oder oval oder cylindrisch. Eine sehr vielen Scomberoïden [11]) und einigen anderen Fischen zukommende Eigenthümlichkeit ist die langgestreckte gefässartige Form ihrer Gallenblase, die oft durch den grössten Theil der Länge der Bauchhöhle bis in die Nähe des Afters sich erstreckt. Das Verhalten der Gallengänge bietet manche Verschiedenheiten dar; bald münden viele einzeln, bald wenige [12]) in den gemeinsamen Gallengang, der einerseits als *Ductus cysticus* in die Gallen-

---

5) So bei Raja batis, wo Davy (Researches. Vol. II. p. 430.) bereits auf diesen Bau aufmerksam gemacht hat.

6) S. über dieselbe Rathke in Meckel's Archiv f. Anat. u. Phys. 1826. S. 126.

7) Z. B. bei Cottus, Cyclopterus, Belone, Salmo, Esox u. n. A.

8) Z. B. bei Anarrhichas, Silurus glanis u. A.

9) Z. B. bei Thynnus vulgaris, mehr oder minder bei den Cyprinen.

10) Dass dem Cyclopterus lumpus eine Gallenblase fehle, ist irrthümlich behauptet worden; obgleich ich mehrmals auf ihre Anwesenheit aufmerksam gemacht, haben Neuere, wie z. B. Owen, sie dennoch geleugnet. Sie ist klein, rundlich u. enthält eine blasse Galle.

11) Z. B. Thynnus, Pelamis, Auxis, Scomber, Thyrsites, Lepidopus.

12) Zahlreich sind sie z. B. bei Anarrhichas, bei Silurus glanis; drei sind bei Salmo vorhanden, die in den Blasenhals münden u. s. w.

blase und andererseits als *Ductus choledochus* in das *Duodenum* sich fortsetzt, bald sind noch eigene *Ductus hepato-cystici* oder eigene *Ductus hepato-enterici* vorhanden. Die Einmündungsstelle des *Ductus choledochus* in das *Duodenum* liegt dicht über, unter oder zwischen denen der *Appendices pyloricae*. Oft nimmt er den *Ductus pancreaticus* auf oder mündet dicht neben ihm. Beim Wels tritt er durch das *Pancreas* hindurch. Inwendig ist die Einmündungsstelle oft durch eine Papille bezeichnet.

§. 84.

Während bei Branchiostoma und bei den Myxinoïden noch nicht eine Spur des *Pancreas* aufgefunden ist, zeigt sich bei Petromyzon am Darmanfange und zwar an der Stelle, wo die Leber innig mit ihm verbunden ist, eine weisslich-graue, aus mikroskopischen rundlichen Läppchen, welche Zellen einschliessen, gebildete kleine Drüse, welche der Darmwand dicht anliegt. Obschon Ausführungsgänge derselben mit Sicherheit noch nicht beobachtet worden sind, scheint sie doch als *Pancreas* gedeutet werden zu müssen [1]).

Alle Elasmobranchii besitzen ein verhältnissmässig sehr beträchtliches *Pancreas* [2]). Dasselbe liegt unmittelbar hinter dem Magen, in unmittelbarer Nähe der Milz, bei Chimaera an ihr angewachsen, ist von derber Consistenz, einfach [3]) oder aus zwei brückenartig verbundene Lappen [4]) gebildet und besteht aus traubigen, fest mit einander vereinten Läppchen. Sein Ausführungsgang mündet, oft bis zu seinem Ende von Drüsensubstanz umgeben, vor dem Anfange des Spiraldarmes.

Unter den Ganoïden ist das *Pancreas* bisher nur bei Accipenser [5]) beobachtet worden. Es beginnt am Ende des *Pylorus* und steigt längs dem *Duodenum* abwärts, dem es dicht anliegt. Die drüsige, aus Läppchen bestehende Masse setzt bis auf die Insertionsstelle des Ausführungsganges in den Darm sich fort. Sie mündet neben dem *Ductus choledochus*.

Was die Teleostei [6]) anbetrifft, so scheint ein drüsiges *Pancreas*, wenigstens sehr häufig, wenn nicht allgemein vorhanden zu sein. Wäh-

---

1) Bojanus, Isis, 1821. S. 1172. hat sie gekannt. S. auch Rathke, Ueber d. inneren Bau d. Pricke. S. 39.

2) Observat. anat. coll. priv. Amstelod. Amst. 1673. II. p. 17. Tb. 3. Monro, l. c. S. 22. Tb. VIII.

3) Z. B. bei Raja clavata, bei Chimaera arctica.

4) Z. B. bei Raja batis, Acanthias vulgaris.

5) Es ist entdeckt von Alessandrini Commentat. Bononiens. Vol. II. 1836. p. 335. u. Ann. des sc. nat. XXIX. p. 193. Nach dieser von mir in der Dissertation von Brockmann bestätigten Entdeckung musste die herkömmliche Ansicht, dass die *Appendices pyloricae* der Fische einem drüsigen *Pancreas* entsprechen, aufgegeben werden.

6) S. Observationes anatomicae Collegii privati Amstelodamensis. Amstel. 1673. 12. p. 35. E. H. Weber in Meckel's Archiv. 1827. S. 287. u. meine in der Dis-

rend dasselbe anfangs nur bei solchen Fischen aufgefunden war, die der *Appendices pyloricae* ermangeln, haben spätere Untersuchungen seine Coëxistenz mit letzteren nachgewiesen. Bei Silurus glanis, wo es sehr gross ist, tritt der *Ductus choledochus* durch seine Substanz hindurch; bei Esox, bei Muraena anguilla ist es beträchtlich und mündet neben dem *Ductus choledochus*: bei Belone besteht es aus zwei oder mehren rundlichen, weissgrauen Körpern. Unter den mit kleinen *Appendices* versehenen Fischen besteht es z. B. bei Pleuronectes platessa aus zwei im *Mesenterium* eingeschlossenen Körperchen; der Ausführungsgang verläuft unmittelbar neben dem *Ductus choledochus*, ihm bis zu seiner Einmündung in den Darm eng angeheftet. Bei Gadus callarias und Lota vulgaris ist es verhältnissmässig sehr klein. Bei Salmo salar stellt es eine flache gelappte Masse dar; der Ausführungsgang verläuft dem *Ductus choledochus* auf das engste angeheftet, so dass man erst beim Durchschneiden des anscheinend einfachen Leberganges erkennt, dass er aus zwei Canälen besteht.

§. 85.

Die Milz ist, mit Ausnahme der Leptocardii und der Myxinoïden, bei allen Gruppen der Fische angetroffen worden. Bei Petromyzon liegt sie als ein hellrothes Organ linkerseits zwischen der das Herz einschliessenden Knorpelcapsel und der *Chorda dorsalis*, den Magenhäuten eng angeheftet [1]). Sie besteht aus zwei durch eine Brücke verbundenen rundlichen Körperchen, und enthält runde mit körnerhaltigen Zellen gefüllte Räume. — Bei den Elasmobranchii [2]) liegt die Milz immer in der Nähe des Magens, mit dem sie durch Gefässe oder mittelst Peritoneallamellen zusammenhangt; bisweilen ist sie auch dem *Pancreas* innig verbunden oder angewachsen wie z. B. bei Chimaera. Bei Chimaera, den Rajidae und einzelnen Squalidae [3]) besteht sie aus einem einfachen, verschieden gestalteten, bisweilen länglichen und gelappten Körper; bei vielen Haien ist sie jedoch in mehre discrete, an benachbarten Blutgefässen hangende, Körper zerfallen und zwar bald so, dass neben einem Hauptorgane ein kleinerer Nebenkörper vorkömmt, oder dass mehre kleinere Körper vorhanden sind, neben denen bisweilen

---

sertation von Brockmann, de paucreate piscium. Rost. 1846. 4., niedergelegten Beobachtungen; ausgezogen in Müller's Archiv. 1848.

1) Mayer (Froriep's Notizen. Thl. 34. S. 116.) hat auf das Vorkommen dieses Organes bei Petromyzon zuerst aufmerksam gemacht. Schwager-Bardeleben Observat. mikroscop. de glandularum ductu excretorio carentium structura. Berol. 1841, 8. p. 7., hat sie genauer untersucht und ich folge seiner Beschreibung. Abb. ihres Inhaltes Tb. 1. Fig. 1. 2.

2) Ueber den variabelen mikroskopischen Befund des Milzparenchymes. S. Leydig, Rochen u. Haie. S. 60 ff.

3) Einfach ist die Milz unter den Haien z B. bei Mustelus, bei Sphyrna, bei Scyllium; bei anderen zerfallen z. B. bei Lamna cornubica, bei Carcharias, bei Acanthias, bei Spinax, bei Squatina, wo schon Monro die Nebenmilz kannte.

noch ganz kleine Organe derselben Art vorkommen. — Unter den Ganoïden ist Accipenser ebenfalls durch den Besitz einer variabelen Zahl von Nebenkörpern (sie steigt auf 7), welche zugleich mit der grösseren in der Duodenalschlinge gelegenen Milz vorkommen, ausgezeichnet. — Bei den Teleostei erscheint sie in Gestalt einer einzigen, bräunlich rothen, selten hellrothen, weichen, sehr blutreichen Masse, deren äussere Form verschiedenartig — rundlich, länglich u. s. w. — sein kann. Ein Zerfallen in mehre Körper kömmt höchstens ausnahmsweise vor [4]. Sie liegt in der Nähe des Magens oder des vordersten Abschnittes des Darmcanales, an Gefässen haftend, durch Bauchfellfalten oder Bindegewebsbrücken befestigt. — Den Dipnoi kömmt ebenfalls eine Milz zu [5].

[Ueber das Resultat der mikroskopischen Untersuchungen der Fischmilz s. besonders Schwager-Bardeleben l. c.; Ecker in dem Handwörterbuche d. Physiol. Bd. 4. S. 151.; Leydig, l. c. u. Kölliker Handbuch der mikroskop. Anat. Thl. II. S. 269. — Die Malpighi'schen Körperchen sind bisher in der Milz der Fische vermisst worden. Contractilität der Fischmilz wahrzunehmen, ist mir weder bei Plagiostomen, noch bei Knochenfischen gelungen. — Bemerkungen über die Lymphgefässe der Milz s. b. Fohmann, Saugadersyst. d. Wirbelth. S. 45., wo auch der älteren Beobachtungen von Hewson Erwähnung geschieht. — Nachträglich sei noch in Betreff des Vorkommens Malpighi'scher Körper in der Milz des Störes verwiesen auf Leydig (Anat. histol. Unters. über Fische und Reptilien. Berl. 1853.]

Sechster Abschnitt.

Von den Respirationsorganen und den ihnen morphologisch verwandten Gebilden.

§. 86.

Die Respirationsorgane, deren physiologischer Charakter der ist, dass ihnen aus venösen Bahnen Blut zugeführt wird, welches in austretende arterielle Blutbahnen sich sammelt, erscheinen bei allen Fischen planmässig unter der Form innerer Kiemen. Es bestehen diese in zarten Schleimhautverdoppelungen: den Kiemenblättern, zwischen denen die Ausbreitung

4) Nebenmilzen habe ich einmal ausnahmsweise bei Pleuronectes maximus beobachtet.

5) Peters (Müller's Archiv. 1845. p. 8.) hat sie bei Rhinocryptis beobachtet, wo Owen sie vermisste.

der capillaren Gefässe, Zwecks respiratorischer Veränderung des in ihnen enthaltenen Blutes, Statt hat [1]). Diese inneren Kiemen liegen in eigenen Räumen oder Höhlen: den Kiemensäcken oder Kiemenhöhlen, in welche das Wasser, dessen Sauerstoffgehalt die Blutveränderung bewirkt, einzuströmen und aus welchen dasselbe auszuströmen vermag. Um dies zu erreichen, stehen die Kiemenhöhlen sowol mit dem Anfange des *Tractus intestinalis*, als auch mit der äusseren Hautoberfläche in Verbindung. Die Communication mit dem Anfange des *Tractus intestinalis*, unterhalb dessen die Kiemenhöhlen gelegen sind, geschieht immer durch zahlreiche in seine Höhle einmündende Oeffnungen: *Pori branchiales interni*; diejenige der äusseren Hautoberfläche wird bald durch eben so viele entsprechende, nach aussen mündende Oeffnungen: *Pori branchiales externi*, bald durch eine einzige, gewöhnlich paarige, selten unpaare Oeffnung bewirkt. — Die Anzahl der Kiemenblattreihen ist nicht nur, je nach Verschiedenheit der Fischgruppen, grossen Verschiedenheiten unterworfen, sondern erfährt auch im Verlaufe der individuellen Entwickelung desselben Thieres Modificationen. Nicht minder verschieden zeigt sich die Ausdehnung der Kiemenblätter, indem dieselben bei manchen Fischen, namentlich den Plagiostomen, im Fötalzustande den Raum der ihnen angewiesenen Höhlen nach aussen überschreiten und freie äussere Verlängerungen bilden, rücksichtlich welcher es noch zu ermitteln bleibt, ob sie blos respiratorischen Zwecken oder zugleich zur Absorption von Nahrungsstoffen dienen.

Nur bei einem einzigen Fische kommen neben inneren Kiemen auch äussere von der äusseren Haut überzogene Kiemen vor.

Die Lebensweise mancher Fische, welche das Wasser zeitweise verlassen, erheischt Einrichtungen, die sie in den Stand setzen, Behufs der Respiration erforderliches Wasser längere Zeit zu bewahren, um auf Kosten desselben zu athmen. Dergleichen Einrichtungen besitzen die der Familie der Pharyngii labyrinthiformes angehörigen, gleich wie auch einige andere Fische in eigenthümlichen blätterigen, von Schleimhaut bekleideten, Auswüchsen, welche Behälter des Wassers und accessorische Athemorgane zugleich darstellen.

Andere Formen der Athmungsorgane, welche bisweilen neben mehr oder minder abortiven Kiemen vorkommen, sind lungenartige Aussackungen, die bald als Ausstülpungen der Kiemenhöhlen, bald als Bauchhöhlenlungen, welche von der ventralen Seite des Schlundes ausgehen, erscheinen.

Die verschiedenen Respirationsorgane erhalten, ausser dem ihnen vom Herzen aus zuströmenden venösen Blute, das durch die Athmung in arte-

---

1) Sie sind jedoch bei Branchiostoma noch nicht nachgewiesen.

rielles umgewandelt werden soll, **ernährende Gefässe**[2]) aus dem Körperarteriensysteme, deren Blut dann wieder in das Körpervenensystem zurückgeführt wird. Bei den Teleostei treten aus den dorsalen Verlängerungen der Kiemenvenen Zweige zu dem Kiemen-Apparat, die für die Kiemenbogen und die Schleimhaut derselben bestimmt sind. Die Muskeln an der Basis der Kiemenstrahlen erhalten ihre Gefässe aus dem Kiemenvenenstamme jedes Bogens. Die Schleimhaut der Kiemenblättchen wird mit ernährenden Gefässen versorgt, welche aus den am Rande der Kiemenblättchen herabsteigenden Kiemenvenen entspringen und baumartig sich verzweigen. Am äusseren Rande des Kiemenblättchens liegen die aus einem weitmaschigen Gefässnetze hervorgehenden *Venae bronchiales*, die in die *Venae jugulares* einmünden.

Durch ihre architectonischen Verhältnisse sind den inneren Kiemen verwandt die **Pseudobranchien**, den lungenartigen Aussackungen, die **Schwimmblasen**, indessen gehören beide functionel nicht in die Kategorie der Respirationsorgane.

[Man vergleiche über die Respirationsorgane, ausser den einzelnen angeführten Arbeiten: du Verney, Oeuvres anatomiques. Paris, 1761. 4. p. 496. — Doellinger Ueber die Vertheilung des Blutes in den Kiemen der Fische in Abhandl. d. math. phys Klasse der Acad. der Wissensch. zu München. Thl. II. 1837. S. 785. Tb. 1. — Alessandrini, de piscium apparatu respirationis tum speciatim Orthagorisci in Nov. comment. acad. scient. instit. Bononiens. 1839. T. III. p. 359.; Observationes supra intima branchiarum structura piscium cartilagineorum. Comm. Bononiens. 1840. IV. p. 329. — Lereboullet, Anatomie comparée de l'appareil respiratoire dans les animaux vertébrés. Strasb. 1838. 4. — Düvernoy, in den Ann. des sc. natur. 1839. — Hyrtl, in den Medicin. Jahrbüchern des Oesterr. Staates. Bd. 24. 1838. S. 232. — G. R. Treviranus, Beobachtungen aus der Zoot. u. Phys. Brem. 1839. 4. S. 8.

I. Von den Respirationsorganen.

§. 87.

Bei **Branchiostoma** ist der innerhalb der Leibeshöhle gelegene Anfang des *Tractus intestinalis*, welcher hinten in die Speiseröhre sich fortsetzt, durch eine grosse Zahl von Spalten unterbrochen, die durch Knorpelstäbe gestützt werden. Durch diese Spalten gelangt das in den Mund aufgenommene Wasser in die Leibeshöhle, die es durch den weit vor dem After gelegenen einfachen *Porus branchialis externus* wieder verlässt. Die Schleimhaut bildet an den Mittelbalken faltenartige Längsleisten. Sie ist sowol an den Seitenrändern

---

2) S. die näheren Angaben bei J. Müller, Vergl. Anat. d. Gefässsyst. der Myx. S. 34. nach Untersuchung von Esox u. Lucioperca. Abb. Tb. 3. Fig. 1.

der Spalten, als auch an der Innenfläche der Leisten dicht mit Wimpern besetzt[1]).

Die Myxinoïden[2]) besitzen jederseits platte, rund scheibenförmige, dachziegelartig hinter einander, unterhalb der Speiseröhre gelegene Kiemensäcke. Ihre Zahl beläuft sich bei Myxine und Bdellostoma hexatrema, sowie an der rechten Seite von Bdellostoma heterotrema, auf 6, während bei letztgenanntem Thiere linkerseits 7 vorhanden sind. Jeder dieser Säcke besitzt eine innere Schleimhaut und eine sie auswendig dicht umkleidende fibröse Schicht. Die Schleimhaut jedes Kiemensackes erhebt sich zu Kiemenblättern. Dieselben stehen radial und gehen von der einen Wand des platten Sackes zur anderen hinüber, bilden *Septa*, an deren kleinen Querfalten das Capillargefässsystem sich ausbreitet und lassen Räume zwischen sich in die das Wasser eindringen kann. Es steht nämlich jeder Kiemensack durch zwei Gänge: einen *Ductus oesophageus* und einen *Ductus cutaneus* sowol mit der Höhle des *Oesophagus*, als mit der äusseren Hautoberfläche in Verbindung. Beide Gänge gehen von der Mitte jedes scheibenförmigen Sackes aus; etwas entfernt vom Umkreise der Insertion jedes Ganges enden die radial gestellten Kiemenblätter frei. — Die fibröse Schicht der Kiemenbeutel und der Gänge ist mit quergestreiften Muskeln belegt, die eine sehr bestimmte Anordnung besitzen. — Das Verhalten der *Ductus cutanei* oder der äusseren Kiemengänge ist, je nach den Gattungen, wesentlich verschieden. Bei Bdellostoma besitzt jeder derselben sein eigenes *Stigma externum*; bei Myxine münden alle äusseren Kiemengänge, die also von verschiedener Länge sind, in ein einziges *Stigma externum* zusammen. — Beide Gattungen besitzen ausserdem einen unpaaren, linkerseits gelegenen *Ductus oesophago-cutaneus*, der von der Speiseröhre unmittelbar nach aussen führt: bei Bdellostoma in die letzte äussere, bei Myxine in die gemeinsame Kiemenöffnung der linken Seite. — Jeder Kiemensack, mit seinem äusseren und inneren Gange, liegt in einem serösen Beutel, welcher ihn einmal dicht umkleidet und dann frei überzieht. Die serösen Beutel je zwei auf einander folgender Säcke legen sich mit den entsprechenden Blättern dicht an einander. So entstehen aus zwei Blättern gebildete *Septa*. Jeder seröse Beutel communicirt durch eine Oeffnung mit einem serösen Längsrohre, das vom vorderen Ende des Kiemenapparates bis zum Herzen reicht und den Kiemenarterienstamm enthält. Durch seine Oeffnungen treten die einzelnen Kiemenarterienäste. — Ausserhalb der serösen Beutel ist der ganze Kiemenapparat mit dem dazu gehörigen Abschnitte des *Oesophagus* von eigenthümlichen muskulösen Schleifen umgeben.

---

1) S. Müller, Branchiostoma. S. 98.

2) S. Näheres bei Müller, Vergl. Osteol. d. Myxinoïd. S. 198. und die Abb. Tb. VII. u. dessen: Untersuchungen über die Eingeweide der Fische. S. 2.

§. 88.

Bei Petromyzon sind jederseits sieben häutige Kiemenbeutel, deren Verengerung durch einen besonderen Muskelapparat geschieht, vorhanden. Durch die Verbindung der entsprechenden Wände zweier hinter einander liegender Beutel entstehen quere *Diaphragmata* zwischen einzelnen Kiemenhöhlen. Zwischen die Blätter zweier Säcke tritt eine Kiemenarterie, um an den Kiemenblättern sich zu vertheilen. Die einzelnen Kiemenbeutel, von elliptischer Form, sind fast quer von innen nach aussen gerichtet. An der inneren Circumferenz jedes Beutels sind die Kiemenblättchen befestigt. Jeder Beutel besitzt zwei kurze Gänge; der eine führt in ein *Spiraculum externum*; der andere in ein *Spiraculum internum*. — Die *Spiracula externa* liegen der Reihe nach hinter einander zwischen dem Gitterwerke des äusseren knorpeligen Kiemenkorbes, dem die Wandungen der Kiemenbeutel auswärts angeheftet sind. Die inneren Gänge münden in einen medianen, unterhalb der Speiseröhre gelegenen, hinten blind gegeschlossenen, vorne mit der Rachenhöhle zusammenhangenden, dünnhäutigen *Bronchus*. Zwei an seinem Eingange gelegene Klappen hindern den Rücktritt des in den *Bronchus* aufgenommenen Wassers in die Rachenhöhle. Diese Klappen besitzen eine solide Grundlage in zwei, vorn in Fäden auslaufenden Knorpelplatten, deren Bewegungen durch einen eigenen Muskelapparat geregelt werden.

Bei den Plagiostomen findet sich ebenfalls eine Reihe getrennter Kiemenbeutel. Die Häute je zweier Kiemenbeutel begrenzen einander aber nicht unmittelbar; vielmehr liegen zwischen ihnen von den Kiemenbogen ausgehende Knorpelstäbe, welche der Ausbreitung der Häute zur Grundlage dienen. Diese Knorpelstäbe sind, vorzugsweise an ihrer Vorderfläche, weniger an der hinteren, mit quergestreiften Muskeln belegt, welche, in schräger oder transverseller Richtung verlaufend, die Stäbe kreuzen, sowol an sie, als an das häutige *Diaphragma* sich befestigen und die Zusammenschnürung der Kiemenbeutel besorgen. Jede Seite der Knorpelstabsreihe ist, auswendig von der Muskulatur, durch die eigentliche Membran der Kiemenbeutel bekleidet. Die Membranen zweier auf einander folgenden Kiemenbeutel bilden demnach, nebst den Knorpelstäben und Muskeln, ein *Diaphragma* zwischen je zwei Kiemenhöhlen. Die Häute sind an ihren den Höhlen zugewendeten Seiten mit den Reihen der Kiemenblätter besetzt. An der dem Zungenbeine angefügten Vorderwand des ersten Kiemenbeutels, so wie an der Wand des letzten haftet nur eine einzige Kiemenblattreihe. Die Höhle jedes Kiemenbeutels mündet — unter Abwesenheit eines eigenen *Bronchus* — nach innen, unmittelbar in die Rachenhöhle; nach aussen hat jede eine freie Mündung. Die einzelnen freien Mündungen werden durch schmalere oder breitere, von der äusseren Haut überzogene Interstitien von einander abgegrenzt. Bei den Squalidae werden diese Interstitien unterstützt durch äussere Knorpel, deren Summe einen abortiven Repräsentanten des äusseren Kiemenkorbes der Petromyzonten abgibt. — Die *Spriacula externa* liegen bei den Squalidae seitlich, bei den Rajidae an der Bauchfläche, einwärts von den Brustflossen. Ihre Zahl beläuft sich — mit Ausnahme der Gattungen Hexanchus und Heptanchus, wo sie auf sechs und sieben steigt — jederseits auf fünf. — Die Kiemenblätter der Fötus von Plagiostomen bieten in so ferne eine bemerkenswerthe Eigenthümlichkeit dar, als sie in zarte gefässführende aus der Kiemenhöhle frei herausragende Fäden sich verlängern, die frühzeitig schwinden [1].

§. 89.

Bei den Holocephali, den Ganoïden, den Teleostei und den Dipnoi mangeln die äusseren Interstitien zwischen den *Spiracula externa* der einzelnen Kiemensäcke, unter mehr oder minder bedeutender Reduction der Ausdehnung des *Diaphragma* zwischen den beiden einander zunächst liegenden Kiemenblattreihen. Eine gemeinsame, durch einen Kiemendeckel geschützte äussere Oeffnung führt in die Kiemenhöhle, worin die bei den Plagiostomen je zwei Kiemenbeuteln angehörigen Kiemenblattreihen dem Verlaufe je eines soliden Kiemenbogens folgen. Zwischen zwei Kiemenbogen liegt ein, ein *Spiraculum internum* repräsentirender, in die Rachenhöhle mündender Spalt oder Schlitz.

Die Chimären bilden hinsichtlich der allgemeinen Anordnung des Kiemenapparates die Uebergangsglieder zu den Teleostei.

Indem bei den Chimären das aus zwei Blättern bestehende *Diaphragma* bis zum freien Rande zweier auf einander folgender Kiemenblattreihen sich erhebt und zugleich an den oberen und unteren Grenzen der Kiemenbogen in die gemeinsame Haut der Kiemenhöhle sich fortsetzt, besitzen sie wirkliche, wenn auch nach aussen unvollständige, Kiemenbeutel. Die zu einem, je zwei Kiemenblattreihen trennenden, *Diaphragma* vereinten Seitenwandungen je zweier derselben lehnen nämlich nach aussen hin, nicht mehr an Brücken der äusseren *Cutis* sich an. Deshalb ermangeln die Chimären auch discreter äusserer *Spiracula*. Ein durch die häutige Bekleidung des Zungenbeines und seiner *Radii* gebildeter Kiemendeckel bildet einen beweglichen Verschluss der einzelnen äusseren Eingänge in die Kiemenbeutel. — Die Zahl der Kiemenbeutel beläuft sich auf vier. Die erste halbe Kieme gehört dem Zungenbeine, die letzte dem vierten Kiemenbogen an. Die halbe Zungenbeinkieme besitzt längere knorpelige *Radii*, als Grundlagen

---

1) S. über diese von Monro entdeckte Thatsache: F. S. Leuckart Untersuchungen über d. äusseren Kiemen der Embryonen von Rochen u. Haien. Stuttgard 1836. 8. Mt. Abb. Sie sind bisher angetroffen bei den Gattungen: Scyllium, Carcharias, Sphyrna, Mustelus, Selache, Alopias, Acanthias, Spinax, Scymnus, Pristis, Rhinobatus, Torpedo u. Raja. Vergl. auch J. Müller, Ueber den glatten Hai des Aristoteles. Berl. 1840.

ihrer Kiemenbeutelwand; an den eigentlichen Kiemenbogen finden sich unterhalb der Insertion der Kiemenblätter, und zwar am Hinterrande, statt der langen Knorpelstäbe der Plagiostomen, nur sehr kurze Knorpelzacken.

Bei Accipenser besitzt das hier dicke *Diaphragma* nicht mehr solche Ausdehnung, indem es, von seinem Kiemenbogen aus, nur bis zum dritten Viertheil der Länge je zweier von ihm geschiedener Kiemenblattreihen sich erhebt. Dies *Diaphragma*, über dessen obere Grenze die Schleimhaut der einen Kiemenblattreihe eines Bogens in die der zweiten Reihe sich fortsetzt, schliesst elastische Fasern, so wie auch mehre Systeme discreter, zarter, in Sehnen auslaufender, quergestreifter Muskeln, welche die Stellung der Kiemenstrahlen verändern, ein. An jeder der Aussenflächen dieses *Diaphragma* ist mit dem längsten Theile seines einen Randes ein solider knorpeliger oder ossificirter, oberhalb des *Diaphragma* sich verlängernder Kiemenstrahl befestigt. Der freie Rand desselben ist gezähnelt. Der solide Strahl dient der Ausbreitung der das respiratorische Gefässnetz umfassenden Schleimhaut zur Grundlage.

Hinsichtlich der Anzahl der Kiemenblattreihen bieten die Ganoïden grosse Verschiedenheiten dar. Accipenser und Lepidosteus besitzen eine vordere, am Kiemendeckel haftende, einfache Kiemenblattreihe und ausserdem vier Doppelreihen von Kiemenblättern; zwischen der hintersten und dem *Os pharyngeum* findet sich ein Spalt. Bei Polypterus und Spatularia [1]) fehlt die Kiemendeckelkieme und bei Polypterus ist auch am vierten Kiemenbogen nur eine Kiemenblattreihe befestigt; hinter dieser letzteren mangelt der Spalt. Nicht minder verschieden zeigt sich die Anordnung des Kiemendeckels.

Bei den meisten Teleostei [2]) erscheint das zwischen zwei, demselben Kiemenbogen angehörigen, Kiemenblattreihen gelegene *Diaphragma* in der Regel viel niedriger und verkümmerter, als bei Accipenser, indem es kaum bis an das erste Drittheil der Länge der Kiemenblätter sich zu erheben pflegt. Dasselbe schliesst häufig mehre Systeme quergestreifter kleiner Muskeln ein, welche die soliden Grundlagen der Kiemenblätter: die Kiemenstrahlen einander nähern und zwar theils die einander gegenüberliegenden, theils die neben einander gelegenen.

Jedes Kiemenblättchen der Teleostei, wie auch der Ganoïdei, besteht nämlich gewöhnlich aus einem von Schleimhaut überzogenen soliden Strahle. An den doppelblätterigen Kiemen erhebt sich längs jedem Rande der in der Convexität eines Kiemenbogens befindlichen Rinne ein solcher Strahl. Alle

---

1) Bei Spatularia ist das obere Drittheil des vierten Kiemenbogens angewachsen und trägt so weit nur eine Kiemenblattreihe.

2) Ueber die etwas abweichenden Verhältnisse von Xiphias s. Rosenthal, Abh. aus d. Physiol. Berl. 1824. 8. Tb. 6. und Cuvier, (Hist. nat. d. poiss. T. VIII. p. 263.).

diese Strahlen sind durch ihre Basis mit dem knöchernen Kiemenbogen nicht verwachsen, sondern ihm leicht beweglich angefügt. Sie gehören auch nicht sowol den Knochenbogen selbst, als der sie bekleidenden Membran an, denn an der oberen und unteren Grenze einer Kiemenblattreihe sieht man sie häufig gar nicht mehr an den Knochen, sondern nur an der Bekleidung der Kiemenhöhle befestigt. Hier geht auch die hintere Kiemenblattreihe des einen Bogens in die vordere des folgenden Bogens bisweilen bogenförmig und ununterbrochen über, wie dies z. B. bei manchen Ostraciones besonders deutlich ist. Jeder Strahl ist von seinem freien Ende bis zu seiner Basis mit Schleimhaut locker bekleidet. Dieser Ueberzug setzt an der oberen Grenze des *Diaphragma*, also zwischen je zwei Strahlenreihen, von einer derselben auf die gegenüberliegende sich fort; an der Aussenseite der Basis verbindet er aber auch die Strahlen derselben Reihe. Die die einzelnen soliden Strahlen bedeckende Schleimhaut haftet an denselben nicht innig, sondern bildet einen weiten Ueberzug derselben, verlängert sich namentlich seitlich über ihre Grenze und bildet äusserst zahlreiche Querfalten, durch welche eine beträchtliche Flächenvermehrung zu Stande kömmt. Man sieht daher, bei passender Vergrösserung, an den Rändern der Kiemenstrahlen zottenartige, freie, conische, bald schräg, bald quer gerichtete Fortsätze oder Aussackungen; bisweilen erscheint ein Kiemenblättchen, wie ein gefiedertes Blatt. Bei der Familie der Lophobranchii folgt auf die dünnere Basis ein rundlich erweitertes Ende, woraus denn eine keulenförmige Gestalt resultirt. Annähernd findet sich eine solche Bildung auch bei einigen Loricarinen.

Der Schleimhautüberzug der Kiemenstrahlen bildet die Grundlage für die Ausbreitung des respiratorischen Gefässnetzes. Aus der, in der Rinne der Convexität des Kiemenbogens verlaufenden, *Arteria branchialis* geht für jedes Kiemenblättchen, bald unmittelbar, bald mittelbar, eine Arterie hervor. Diese Arterie steigt längs dem inneren Rande des Blättchens auf. Jede quere Falte der Schleimhaut erhält ihren eigenen Zweig aus dem Längsstämmchen. Jeder solcher Zweig bildet, indem er plötzlich in sehr zarte Zweige sich auflöset, ein äusserst feines und dichtes, sehr oberflächlich gelegenes Capillargefässnetz. Aus diesem sammelt sich das arteriell gewordene Blut jeder Querfalte allmälich in einen Kiemenvenenzweig, welcher in den der Arterie des Blättchens entsprechenden Längsvenenstamm sich sammelt, der am äusseren Rande des Kiemenblättchens verläuft und in den Kiemenvenenstamm seiner Seite sich einsenkt [3]).

Bei der Mehrzahl der Teleostei ist jeder der vier eigentlichen Kiemenbogen mit zwei Reihen von Kiemenblättern besetzt, welche gewöhnlich nur

---

3) S. Näheres über diese Gefässverhältnisse bei Döllinger und auch bei Hyrtl in den med. Jahrbüchern d. Oesterr. Staates. 1838. Bd. 15. S. 235.

die Gegend des zweiten und dritten Segmentes des knöchernen Bogens einnehmen. Eine Verringerung der Anzahl der Kiemenblattreihen kömmt indessen häufig vor. Indem nämlich der vierte Kiemenbogen einblätterig wird, besitzen viele Teleostei nur 3½ Kiemenblattreihen, womit denn auch Mangel des letzten Kiemenspaltes verbunden ist [4]). — Bei anderen fehlen die Kiemenblätter am ganzen vierten Bogen spurlos, wie bei Cotylis und Sicyases unter den Cyclopoden, bei Lophius und Batrachus unter den Pediculati, bei Diodon und Tetrodon unter den Plectognathi Gymnodontes, bei Monopterus unter den Symbranchii. — Bei der Gattung Malthaea trägt auch der dritte Kiemenbogen nur eine Reihe von Blättchen, so dass nur 2½ Kiemenblattreihen übrig bleiben. — Bei Amphipnous Cuchia endlich erhält sich nur am zweiten Kiemenbogen eine kleine eigentliche Kieme, indem der erste und vierte Bogen völlig kiemenlos sind, der dritte Bogen aber nur eine glatte Hautleiste ohne Kiemenblättchen besitzt.

In der Regel sind die beiden Blätterreihen desselben Kiemenbogens von ungefähr gleicher Länge; doch kommen vielfache Ausnahmen von dieser Regel vor, z. B. an dem ersten Kiemenbogen der Cyprinen und einheimischen Salmones, wo die vordere Blätterreihe kürzer, als die hintere, ist und an dem letzten Kiemenbogen sehr vieler Fische, wo die letzte Blätterreihe kürzer, oft abortiv ist und auch fehlen kann. — Uebrigens erreichen die Blätter bei den verschiedenen Fischen eine sehr verschiedene Höhe oder Länge. Lang und hoch sind sie z. B. bei den Clupeïdae, Salmones, Cyprinoïdei, kurz und niedrig bei den meisten Cataphracti, Blennioïdei, Pediculati, Pharyngii Labyrinthiformes. Bei Anabas scandens kommen längs dem vierten Kiemenbogen nur sehr kurze, auf einen kleinen Raum beschränkte Kiemenblätter vor.

Die Kiemenbogen sind mit den an ihnen haftenden Kiemenblättern durch den beweglichen, die Kiemenhöhle auswendig bedeckenden, Kiemendeckel von aussen geschützt. Den Ausgang für das durch das Maul aufgenommene Wasser aus der Kiemenhöhle bildet ein, in der Regel paariger, seitlicher, schräg von oben und hinten nach unten und vorne sich erstreckender, Spalt. Dieser ist gewöhnlich weit und bei einigen Familien, z. B. den Cyprinoïden, den Salmones, vor Allen aber bei vielen Scomberoïden und Clupeïden sehr lang; bei anderen aber, wie bei vielen Pediculati, Mormyri, Plectognathi und Muraenoïdei ist er sehr eng und meist auf eine kleine seitliche Oeffnung reducirt. Bei den Symbranchii verschmelzen die beiden Spalten zu einer einzigen medianen Oeffnung, welche

4) Dahin gehören die Gattungen: Cottus, Agonus, Scorpaena, Sebastes, Synanceia, Synancidium, Apistes unter den Cataphracten; Cyclopterus, Liparis, Lepadogaster, Gobiesox unter den Cyclopoden; Zeus unter den Scomberoïden; Chironectes unter den Pediculati; so wie endlich die Gruppe der Labroïdei cycloidei.

indessen in der Mitte durch ein *Septum* getheilt sein kann, wie z. B. bei Monopterus.

Die die Communication mit dem Schlunde bewirkenden Interbranchialspalten sind von sehr verschiedener Ausdehnung. Bei vielen Teleostei sind diese Spalten dadurch verkleinert, dass die häutigen Ueberzüge je zwei benachbarte Bogen an ihren Grenzen eng mit einander sich verbinden, oder von einem soliden Bogen zum benachbarten sich hinüberziehen, wie bei vielen Cyprinen, den Plectognathi, den Lophobranchii und vor Allen bei Muraenophis, bei dem die Spalten durch kleine runde Löcher, welche den überliegenden Schlund durchbohren, vertreten werden. — Gewöhnlich nehmen die Interbranchialspalten von vorne nach hinten an Ausdehnung allmälich ab, so dass der zwischen dem vierten Kiemenbogen und dem *Os pharyngeum inferius* gelegene der kleinste wird. Sehr klein und eng ist dieser hinterste Spalt bei den Gadoïden und einigen Cataphracten, z. B. Pterois, Uranoscopus u. A. — Nicht selten fehlt der letzte Spalt zwischen dem vierten Kiemenbogen und dem *Os pharyngeum inferius*, indem die häutige Bekleidung von jenem auf diesen Knochen unmittelbar sich fortsetzt. Dieser Mangel des letzten Kiemenspaltes hangt mit Anwesenheit blos einer Kiemenblattreihe an dem vierten Kiemenbogen eng zusammen.

An der hinteren Grenze der Kiemenhöhle, längs dem oberen Theile des Schultergürtels, kommen sowol bei Accipenser, als auch bei einigen Teleostei absondernde Follikel vor (*Folliculi branchiales*) die mit weiten Oeffnungen nach aussen münden. Unter den Teleostei sind sie namentlich bei Batrachus tau [5]) sehr deutlich.

Was die Dipnoi [6]) anbetrifft, so besitzen sowol Lepidosiren, als Rhinocryptis eine einfache Reihe von Kiemenblättern an der Haut der vorderen Wand der Kiemenhöhle über dem ersten Kiemenbogen; bei Lepidosiren ist der zweite Kiemenbogen nur an seinem hinteren Ende mit Kiemenblättern besetzt; der dritte und vierte tragen sie nach ihrer ganzen Länge; der fünfte ist nackt. Bei Rhinocryptis sind der zweite und dritte Bogen kiemenlos; der vierte und fünfte tragen jeder eine doppelte Reihe von Kiemenblättern, bis zu deren Mitte ein *Diaphragma* sich erhebt. Ueber dem sechsten Kiemenbogen liegt eine einfache Kiemenblattreihe an der hinteren Wand der Kiemenhöhle.

§. 90.

Was die accessorischen Athmungsorgane [1]) der Fische anbe-

5) Bei Lophius piscatorius liegt an derselben Stelle der Thymus-Sack; bei Batrachus surinamensis vermisse ich die *Folliculi*.

6) S. das Nähere in den betreffenden Schriften.

1) Wohin ein von Ehrenberg bei Heterotis Ehrenbergii. Val. an dem vierten Kiemenbogen beobachtetes Organ zu rechnen, ist noch nicht ganz aufgeklärt. S. Va-

trifft, so sind 1. äussere Kiemen [2]) und zwar neben inneren Kiemen und Lungen, bei Rhinocryptis angetroffen worden. Ihrer sind jederseits drei, hinter der Kiemenöffnung gelegen, unverästelt. Die Vorderseite ist von einer Fortsetzung der äusseren Haut gebildet, die Hinterseite weich, sammtartig, ungefärbt, mit feinen Zellen dicht besetzt und zur federartigen Vertheilung der Gefässe bestimmt. Diese sind: Arterien aus den inneren Kiemenarterien und Venen, die in die inneren Kiemenvenen übergehen.

2. Baumförmige Bildungen an der convexen Seite des nächst oberen Segmentes des zweiten und vierten Kiemenbogens von Heterobranchus anguillaris, dessen Kiemenhöhle zu ihrer Aufnahme nach hinten verlängert ist. Der vordere, dem zweiten Kiemenbogen angehörige Auswuchs ist unbeträchtlicher als der hintere, welcher letztere auch in viel zahlreichere Aeste zerfällt. Das Gerüst bildet ein ziemlich weicher, knorpelartiger Kern, der von Schleimhaut überzogen ist, unterhalb welcher die Gefässe verlaufen. Diese stammen aus den Kiemenarterien und treten in Kiemenvenen [3]). Aehnlich verhält sich die Gattung Clarias.

3. Die siebbeinförmigen Labyrinthe [4]) an dem inneren Theile des den *Ossa pharyngea superiora* zunächst gelegenen Segmentes des vordersten Kiemenbogens bei der Familie der Pharyngii labyrinthiformes: mehrfach oder vielfach gewundene oder durchbrochene Knochenblättchen, in ihren Höhlungen Wasser aufnehmend, das durch eine Oeffnung eintritt, von Schleimhautausbreitungen überzogen, an welche Zweige der Kiemenarterien sich verbreiten und von welchen aus andere Zweige in die Kiemenvenen übergehen. Am ausgebildetsten sind sie bei Anabas und Osphromenus, am wenigsten bei Polyacanthus und Ophicephalus. Die Kiemenhöhlen sind zu ihrer Beherbergung durch starke Wölbung des Opercular-Apparates und andere Einrichtungen besonders modificirt.

4. Accessorische in eigenen Höhlen eingeschlossene Kiemenblattreihen bei Lutodeira chanos [5]).

---

enciennes, Poiss. Vol. XIX. Vermuthlich gehört es den baumförmigen Bildungen von Heterobranchus und Clarias an.

2) Peters in Müller's Archiv. 1845.

3) Ueber Heterobranchus s. Geoffroy im Bullet. philomat. Ann. X. n. 62. p. 105. — Heusinger im Berichte von d. zootom. Anstalt zu Würzburg. Würzburg. 1826. S. 42. — Valenciennes, Hist. nat. d. poiss. Vol. XV. p. 353. — Allessandrini in den Comment. nov. acad. scient. Bononiens. Vol. V. 1841., wo namentlich die Verhältnisse des Gefässsystemes berücksichtigt sind.

4) Vergl. über dieselben Cuvier, Hist. nat. d. poiss. Vol. VII. p. 323. mt. Abb. Tb. 205. u. 206. u. J. Taylor, on the respiratory organs of certain fishes of the Ganges in Brewster's, Edinburgh journal of science. 1831. N. IX. p. 33. Ausgezogen in der Isis, 1835. S. 308.

5) J. Müller hat zuerst auf diese merkwürdige Bildung hingewiesen. Bau u. Grenzen der Ganoïden. S. 75. Die Kieme des vierten Kiemenbogens ist, soweit sie

5. Die Kiemenhöhlenlungen. Bei Saccobranchus singio [6]) erstreckt sich, von der Kiemenhöhle aus, ein langer Sack in die Seitenmuskeln über den Rippen. Er ist von querlaufenden Muskelfasern umgeben und nimmt Wasser auf. Seine Gefässe stammen aus der letzten Kiemenarterie und gehen in die Aorta über. — Bei Amphipnous Cuchia [7]) geht zwischen den oberen Enden des Zungenbeines und des ersten Kiemenbogens jeder Seite eine Blase ab, welche hinter dem Kopfe, zu jeder Seite des Nackens liegt. Sie ist sehr gefässreich und erhält ihre Gefässe aus Kiemenarterien; die aus der Blase austretenden Gefässe vereinigen sich zur Bildung der *Aorta*.

6. Die Rumpfhöhlenlungen der Dipnoi. Bei Lepidosiren [8]) geht von der ventralen Wand der Speiseröhre, etwas nach rechts, durch eine longitudinale spaltförmige Glottis, welche seitlich von zwei wulstigen, lippenähnlichen Schleimhautfalten, die einen *Sphincter* einschliessen, begrenzt wird, und vor der, an der unteren Wand des Schlundes, ein kleiner Knorpel liegt, eine kurze häutige Luftröhre ab, die in eine weite, inwendig zellige Höhle übergeht. Diese setzt von der ventralen Seite um die Speiseröhre tretend, an die Dorsalseite des Körpers sich fort, um in zwei, unter der *Chorda*, ausserhalb der Peritonealhöhle, hinten über den Nieren gelegene, vom Kopfe bis zum After sich erstreckende Lungensäcke zu zerfallen. Die innere Oberfläche derselben besitzt ein Netz von Balken und Zellen; dies zeigt sich in der vorderen Hälfte ähnlich wie in der Lunge der Ophidier, in der hinteren ähnlich wie in der der Batrachier beschaffen [9]).

---

an dem dritten Knochenstücke desselben (von oben gezählt) befestigt ist, doppelblättrig; an dem zweiten Knochensegmente von oben ist sie dagegen einblättrig und der Haut der Kiemenhöhle angewachsen. Von der Verbindungsstelle dieser beiden Segmente des vierten Kiemenbogens einerseits und dem äusseren Ende des *Os pharyngeum inferius* andererseits, erhebt sich ein weicher halbcirkelförmiger Canal, der hinter der Auskleidung der Kiemenhöhle nach der äusseren Schedelwand hin aufsteigt, sich dann abwärts krümmt und mit einer Ampulle blind endigt. Seine Höhle steht da, wo er vom Ende des *Os pharyngeum* ausgeht, mit der Rachenhöhle durch eine Oeffnung in Verbindung. Dieser Canal enthält eine accessorisehe blättrige Kieme, deren Blättchen knorpelige Stützen besitzen; seine häutigen Theile sind eine Strecke weit durch weichen Knorpel gestützt und aussen von Muskelsubstanz an einigen Stellen umgeben, die wahrscheinlich das in ihm angesammelte Wasser auspresst.

6) Heteropneustes fossilis Müller. — S. ausser der Abhandlung von Taylor, Valenciennes in d. Hist. nat. d. poiss. XV. p. 402. u. Duvernoy im Amtl. Berichte uber die Versamml. der Naturf. zu Aachen. Aachen, 1849. S. 155.

7) S. Taylor l. c.

8) Ich folge Hyrtl l. c. S. 29. Abb. Tb. 3. Fig. 1. 2. Aehnlich schildert Peters (Müller's Archiv. 1845. S. 8.) die Lungen von Rhinocryptis.

9) Ueber die noch nicht hinlänglich charakterisirten Lungen des Gymnarchus. S. § 92. Anmerk.

II. Von den Pseudobranchien.

§. 91.

Unter der Benennung der Nebenkiemen oder Pseudobranchien werden etwas verschiedentlich gelegene Gebilde zusammengefasst, welche den meisten, obschon bei weitem nicht allen, der in die Ordnungen der Elasmobranchii, Ganoïdei und Teleostei gehörigen Fische zukommen. Diese Gebilde sind im Allgemeinen nach dem Plane der respiratorischen Kiemen gebauet; sie bilden auch Gerüste, an denen die zu ihnen tretenden Gefässe in Capillaren zerfallen, aus welchen letzteren wiederum abführende Gefässe hervorgehen. Nach absolvirter fötaler Entwickelung der Fische entstehen ihre Blut zuführenden Gefässe nicht aus den Kiemenarterien, sondern aus solchen Blutbahnen, welche arterielles Blut enthalten und die aus deren Capillaren sich sammelnden Stämme münden nicht direct in Venen ein, sondern führen ihr Blut, Arterien gleich, anderen Organen, namentlich der *Chorioïdea* des Auges und, beim Stör und den Plagiostomen, auch dem Gehirne zu, aus welchen Organen dasselbe erst in venöse Blutbahnen gelangt. So erscheinen sie, nach absolvirter fötaler Entwickelung, als Gerüst für die Ausbreitung von arteriellen Wundernetzen. Embryologische Forschungen [1] machen es indessen wahrscheinlich, dass diese Gebilde, wenigstens bei Knochenfischen, in früheren Entwickelungsstadien, auch in Betreff des Ursprunges ihrer Gefässe, den wirklichen respiratorischen Kiemen gleich sich verhalten. Es scheint demnach, als ob die gleichen Gebilde in verschiedenen Lebensstadien eine verschiedene physiologische Verwendung erfahren.

Bei den meisten Plagiostomen liegt die Pseudobranchie am vorderen Umfange des Spritzloches. Die Schleimhaut der Spritzlochshöhle bildet eine Reihe senkrechter, kiemenartiger oder kammartiger Falten, welche bisweilen Querfältchen besitzen. Bei den Carchariae, wo die eigentlichen Spritzlöcher fehlen und eine blinde Vertiefung der Rachenhöhle ihren unteren Eingang vertritt, liegen die Gefässkörper der Nebenkiemen an deren Ende, aber nicht mehr innerhalb ihrer Höhle, sondern auf dem Kiefersuspensorium, durch Bindegewebe verdeckt. Bei einigen Squalidae und Rajidae fehlen, trotz der Anwesenheit von Spritzlöchern, die Pseudobranchien ganz [2]. — Eine Analogie ihrer anatomischen Anordnung mit der der wahren Kiemen stellt dadurch sich heraus, dass die Falten oder Blätter der

---

1) S. Baer, Unters. über die Entwickelungsgesch. der Fische. S. 27. — Vogt, Embryol. des Salmones. p. 226.

2) Dahin gehören Scymnus (wo sie aber bei jungen Fötus vorhanden sind), Lamna, Myliobatis, Trygon, Taeniura. — Auch den Holocephali, hier aber unter Mangel der Spritzlöcher, fehlen die Pseudobranchien.

Pseudobranchien bei Embryonen einiger Haien, als fadenförmige äussere Verlängerungen aus dem Spritzloche frei vorragen. Diese Fäden der Nebenkiemen schwinden früher als diejenigen der eigentlichen Kiemenblätter [3]).

Was die Ganoïden anbetrifft, so mangeln die Pseudobranchien bei Polypterus und Amia, finden sich dagegen bei Lepidosteus, so wie bei den Ganoïdei chondrostei, mit Ausnahme von Scaphirhynchus. Bei Accipenser liegt eine Pseudobranchie an der inneren Apertur jedes Sprizloches auf der Schleimhaut der Rachenhöhle, ist kammförmig und besitzt 15 Falten, welche kleinere Querfalten bilden.

Unter den Teleostei ist das Vorkommen der Pseudobranchien sehr allgemein [4]). Sie finden sich gewöhnlich hinter dem queren Gaumenmuskel unter dem *Os temporale*. Sie liegen bald unbedeckt frei und haben dann die äussere Form einer wirklichen Kiemenblattreihe, wobei sie ganz angewachsen oder frei sein können oder sie sind überzogen von der äusseren Haut der Kiemenhöhle und bisweilen versteckt unter Bindegewebe und Muskeln, in welchem Falle sie gewöhnlich als gelappte und unförmlicher gestaltete, scheinbar drüsige, blutrothe [5]) Organe sich zeigen. Die Zahl der Lappen ist verschieden; sie sind bald regelmässiger angeordnet, wie bei Tinca, bald unregelmässiger, wie bei Esox, bei Belone u. A. Die Pseudobranchien von beiderlei äusserer Form zeigen in den wesentlichen Verhältnissen Uebereinstimmung ihres Baues. Jedes Blatt der kiemenartigen Pseudobranchien besteht gewöhnlich aus einem knorpeligen, bisweilen gezähnelten Strahle, der von einer gefalteten Schleimhaut überzogen ist, die

---

3) Vgl. Leuckart, Unters. üb. d. äusseren Kiemen d. Embryonen von Rochen u. Haien. Stuttg. 1836. 8. S. 17. u. 34. — Sie sind namentlich bei Embryonen von Acanthias, Spinax, Mustelus, Scyllium u. Scymnus lichia angetroffen.

4) Indessen ist ihre Abwesenheit beobachtet worden: unter den Gymnodontes bei Tetrodon testudinarius, bei sämmtlichen Physostomi apodes, bei mehren Clupeïdae, namentlich den Gattungen: Stomias, Chauliodus, Chirocentrus, Notopterus, Osteoglossum, Heterotis, Sudis, bei den Mormyri, bei mehren Cyprinodontes, namentlich den Gattungen Poecilia, Lebias, Orestias, unter den Cyprinoïdei bei Cobitis, ferner bei den meisten Siluri, bei mehren Notacanthini, namentlich bei Mastacemblus u. Notacanthus. — Ihr Verhältniss zur Choroïdealdrüse — die ihre arteriellen Gefässe durch die *Vasa revehentia* der Pseudobranchie erhält, (s. §. 105.) — ist Folgendes: Unter den Knochenfischen ist kein Beispiel von Mangel der Choroïdealdrüse bei Anwesenheit einer Pseudobranchie bekannt. — Nur bei Ganoïden und Plagiostomen ist letztere ohne gleichzeitige Anwesenheit einer eigentlichen Choroïdealdrüse vorhanden, indem die *Vasa revehentia* auch nicht ausschliesslich zur *Chorioïdea* treten, sondern einen weiteren Bereich haben. — Selten, wie bei Erythrinus, Osteoglossum, Notopterus, kömmt die Choroïdealdrüse spurweise, ohne Vorhandensein einer Pseudobranchie, vor. — Vielen Fischen (mit kleinen Augen), fehlen Pseudobranchie u. Choroïdealdrüse zugleich z. B. den Siluroïden, den Aalen, Cobitis.

5) Die drüsige Form der Pseudobranchien kömmt z. B. vor bei den Gadoïden, den Scomber-Esoces, bei Esox.

der Ausbreitung der Gefässe zur Grundlage dient [6]); doch kann dieser knorpelige Strahl auch fehlen. Die Blätter der drüsigen Form sind oft kürzer, dicker und minder regelmässig gestaltet, als die der kammartigen Pseudobranchien.

Ausser der in den Blättern der Pseudobranchien in Capillaren zerfallenden *Arteria hyoïdea*, erhalten dieselben ein eigenes System von ernährenden Gefässen, die den *Vasa bronchialia* der Kiemenblättchen analog sind [7]).

[Unsere Kenntnisse über die Pseudobranchien und namentlich über ihr Verhältniss zum Gefässsysteme verdanken wir J. Müller, der ihr Verhalten in seinem Meisterwerke, der „vergleichenden Anatomie des Gefässsystemes der Myxinoïden", mit bewundernswerther Genauigkeit geschildert hat.]

III. Von der Schwimmblase.

§. 92.

Die Schwimmblase ist ein von mehren Häuten gebildetes, hohles, gashaltiges Organ, das, seinen allgemeinsten Lagenverhältnissen nach, in architectonischer Beziehung, einem Bronchialgerüst vergleichbar erscheint, den Ursprungsverhältnissen seiner Gefässstämme nach, jedoch von den Lungen wesentlich unterschieden ist, dessen physiologische Verwerthung für den Organismus der Fische in einer gasförmigen Abscheidung besteht, deren willkürliche oder unwillkürliche Compression oder Expansion eine Veränderung des specifischen Gewichtes des Thieres oder eine Verschiebung der Lage des Schwerpunktes in seinem Körper zur Folge haben kann.

In Betreff ihres Vorkommens gilt folgendes: Bei den Gruppen der Leptocardii, Marsipobranchii, Elasmobranchii und Sirenoïdei fehlt sie durchaus, während sie allen Ganoïdei und den meisten Familien der Teleostei zukömmt. Einzelne Familien der letzteren ermangeln ihrer gänzlich; dahin gehören unter den Acanthopteri die Blennioïdei, unter den Anacanthini die Pleuronectides, unter den Physostomi die Loricarini und Symbranchii, so wie auch die noch nicht untergebrachte Gattung Ammodytes. Bisweilen fehlt sie den meisten Repräsentanten einer Familie und kömmt nur wenigen zu; dies ist z. B. der Fall rücksichtlich der Gobioïdei [1]) mit Einschluss

---

6) Auffallend war mir die Erscheinung einzelner sehr langer, fadenförmiger Verlängerungen der Blätter der Pseudobranchie bei einem jungen, 1½ Fuss langen Lachs, die ich in den letzten Tagen des April wahrnahm.

7) S. Müller Gefässsyst. d. Myxinoïd. S. 53.

1) Unter den Gobioïdei fehlt sie den meisten Arten der Gattung Gobius (mit Ausnahme von Gobius guttatus), fehlt den Gattungen Trypauchen, Sicydium, Callionymus, Trichonotus, Platyptera, Comephorus, findet sich dagegen bei einigen Gattun-

der Cyclopodes und rücksichtlich der Scopelini, wo sie bei Paralepis vorhanden ist. Sonst mangelt sie oft einzelnen Gattungen, während die nächst verwandten, der nämlichen Familie angehörigen, sie besitzen [2]). Ja sie kann selbst einzelnen Arten einer Gattung fehlen, anderen zukommen. — Was ihre Lage anbetrifft, so lässt sich im Allgemeinen sagen, dass sie in der Rumpfhöhle sich findet, ohne jedoch auf deren Bereich beschränkt zu sein. Sie liegt hier ausserhalb der eigentlichen Peritonealhöhle, indem nur ihre untere Fläche vom Bauchfelle bekleidet zu sein pflegt, unter den Nieren und der diese unten überziehenden fibrösen Membran oder unmittelbar unter den Wirbelkörpern. Je nach ihrer verschiedenen Ausdehnung, erstreckt sie sich durch die ganze Rumpfhöhle oder nimmt nur einen Theil derselben ein, wie z. B. beim Stör, bei den Pediculati, den Plectognathi Gymnodontes, bei Syngnathus u. A. — Sehr häufig überschreitet sie jedoch mit ihren Enden die Länge der eigentlichen Rumpfhöhle. Dies geschicht in Betreff ihres hinteren Endes in verschiedener Weise: 1. Bei vielen Acanthopteri, wo sie hinten in zwei Zipfel oder Hörner sich spaltet, liegen diese auf den Dornen der absteigenden Bogenschenkel der Schwanzwirbel und auf den *Ossa interspinalia* der Afterflosse und werden von deren Muskulatur bedeckt. Dies ist der Fall bei vielen Squamipennes (z. B. bei Drepane punctata und longimana, bei Holacanthus tricolor, Psettus rhombeus, Pimelepterus marciac und longipinnis) bei vielen Sparoïdei und Maenides (z. B. bei Arten der Gattung Lethrinus, bei Cantharus vulgaris,

---

gen. Der kleinen Gruppe der Cyclopodes scheint sie allgemein zu fehlen, wenigstens gilt dies von Cyclopterus, Liparis, Lepadogaster, Cotylis.

2) Unter den Percoïden fehlt sie bei Cirrhites, Chironemus, Trachinus, Percis, Aphritis, Percophis, Uranoscopus, Mullus. Mehren Arten der Gattung Polynemus fehlt sie, während sie eben so vielen anderen zukömmt. Unter den Cataphracti fehlt sie bei Cephalacanthus, Cottus, Aspidophorus, Platycephalus, Hemitripterus, Scorpaena. Die Gattung Sebastes enthält Arten, denen sie zukömmt (z. B. S. norwegicus) und andere, denen sie mangelt. Unter den Sparoïdei fehlt sie bei Latilus; unter den Sclaenoïdei bei Eleginus. In der Gattung Umbrina kommen Arten vor, denen sie fehlt, neben anderen, die sie besitzen (U. vulgaris). Unter den Labyrinthici fehlt sie bei Macropodus und Spirobranchus. Unter den Scomberoïdei fehlt sie bei Scomber scombrus, während andere Arten derselben Gattung sie besitzen; bei Thynnus vulgaris und alalonga, während anderen Arten, z. B. Th. brachypterus eine Schwimmblase zukömmt; sie fehlt in derselben Familie bei Auxis, Pelamys, Elacate, Stromateus, Coryphaena, Lampugus. Unter den Squamipennes fehlt sie bei Brama Raji. Unter den Taenioïdei bei Trachypterus und Gymnetrus. Unter den Pediculati bei Lophius, bei Malthaea, bei Chironectes hirsutus, während sie den meisten Arten der letztgenannten Gattung, so wie auch den bisher untersuchten Arten der Gattung Batrachus zukömmt. Unter den Pharyngognathi malacopteri fehlt sie bei Saïris Raff. und bei Scomberesox Rondeletii, während S. Camperi sie besitzt. Unter den Siluroidei fehlt sie den Gattungen Hypophthalmus, Cetopsis und Pygidium, unter den Plectognathi bei Orthagoriscus, unter den Cyprinoïdei bei Balithora, unter den Clupeïdae bei Alepocephalus.

Box vulgaris, Oblada melanura, Maena vulgaris, Smaris vulgaris), bei vielen Scomberoïdei (z. B. bei Lichia amia, Chorinemus saltans, Caranx trachurus u. A.), bei mehren Theutyi (Acanthurus, Naseus u. A.), einigen Taenioïdei (Cepola) und selbst bei einigen Labroïdei (Lachnolaïmus), wie auch die Percoïden in Dules maculatus u. A. Beispiele dieser Art liefern [3]. 2. Bei einigen Fischen liegt ihre über die Rumpfhöhle hinausreichende Verlängerung in einer Höhlung des ersten Interspinalknochens der Afterflosse. So bei Pagellus calamus und P. scriba. 3. Bei anderen, wie bei einigen Exocoetus, verlängert sich ihr hinteres Ende in den sehr erweiterten Canal der unteren Wirbelbogenschenkel des Anfanges der Schwanzgegend. 4. Bei anderen, wie bei Ophicephalus, bei Gymnotus electricus und Carapus macrurus verlängert die einfache oder die hintere Blase sich unter den nicht zur Schliessung gelangten unteren Wirbelbogenschenkeln weit nach hinten. 5. Bei anderen, wie bei Arten der Gattungen Butirinus und Mormyrus, bilden unterhalb der zur Schliessung gelangten unteren Wirbelbogenschenkel befestigte Rippen eine zur Aufnahme der die Länge der Rumpfhöhle überschreitenden Schwimmblase bestimmte Höhle. — Vordere Verlängerungen der Schwimmblase zum Schedel hin kommen häufig vor und sind auch namentlich bemerkenswerth durch die schon früher §. 73 erwähnte Beziehung, in welche sie oft zu den Gehörorganen treten. Ja selbst in die Schedelknochen können vordere Ausstülpungen der Schwimmblase sich erstrecken, wie z. B. bei Clupea und Alosa.

Während die Schwimmblase vieler Fische ziemlich frei oder nur lose angeheftet in der Rumpfhöhle liegt, erscheint sie bei anderen, z. B. manchen Gadoïdei, mit den unteren Wirbelbogenschenkeln und den Rippen inniger verbunden. In ganz eigenthümlicher Weise liegt die vordere Abtheilung der Schwimmblase bei einigen Cyprinoïden (namentlich den Gattungen Cobitis und Acanthopsis) und die ganze Blase oder ein Theil derselben bei einigen Siluroïdei [4], (namentlich den Gattungen Clarias, Heterobranchus, Saccobranchus und Ageneiosus) nicht frei in der Rumpfhöhle, sondern wird von einer Knochencapsel umschlossen, die von der ventralen Seite vorderer Wirbel ausgeht.

---

3) Bei Alestes Hasselquistii verlängert sich die hintere Schwimmblase asymmetrisch und nur rechterseits auf den *Ossa interspinalia* der Afterflosse unter den Muskeln des Schwanzes nach hinten. S. Valenciennes hist. nat. d. poiss. Vol. XX. p. 184.

4) Bei den genannten Siluroïdei ist diese Einrichtung durch Müller aufgefunden (s. Eingeweide d. Fische. S. 40.). Bei ihnen ist diese Knochencapsel an den Seiten offen und durch eine knöcherne Scheidewand in der Mitte getheilt. Bei Ageneiosus militaris gehen (nach Muller l. c. S. 49.) aus der Capsel nach hinten zwei feine blinde Zipfel der Schwimmblase ab. Bei der verwandten Gattung Schistura M. L. (S. geta) findet sich hinter der Wirbelanschwellung, nach Müller, noch eine grosse, freie, häutige Schwimmblase.

[Die Schriften über die Schwimmblase sind zahlreich. Man vergl. besonders: G. Fischer, Versuch über die Schwimmblase der Fische. Leipzig, 1795. 8. — De la Roche, in den Annales du Musée d'hist nat. 1809. Vol. XIV. p. 194. u. 245. — H. Rathke, in den Neuesten Schriften d. naturf. Gesellschaft in Danzig. Halle, 1825. Bd. 1. Hft. 4. — v. Baer, Untersuchungen über die Entwickelungsgesch. der Fische. Leipzig, 1835. 4. — H. Rathke, in Müller's Archiv. 1838. S. 313. — Jacobi, Diss. de vesica aërea piscium. Berol. 1840. 4. — J. Müller, Vergleichende Anat. des Gefässystemes d. Myxinoïden. Berlin, 1841. 4. — und in seinem Archiv f. Anat. u. Physiol. Jahrgg. 1841. u. 42. — J. Müller, Ueber die Eingeweide der Fische. S. 27 ff. —

Zahlreiche specielle Angaben finden sich verstreut in Cuvier u. Valenciennes, hist. nat. d. poissons.

Ueber die Entwickelungsgeschichte der Schwimmblase liegen nur spärliche Beobachtungen vor. Nach den an Perca durch C. E. v. Baer angestellten Forschungen (s. Wiegmann's Arch. für Naturgesch. 1837. Thl. 1. S. 248.) ist anzunehmen, dass auch die geschlossenen Schwimmblasen ursprünglich, wenn gleich nur kurze Zeit, mit dem *Oesophagus* in Höhlen-Verbindung stehen. — Bei den mit perennirendem *Ductus pneumaticus* versehenen Cyprinen stülpt sich nach Baer (Entwickelungsgesch. d. Fische. S. 32. 33.) die hintere Schwimmblase aus der rechten Seitenwand des Verdauungscanales hervor, von wo sie immer mehr nach hinten rückt. Ihr hohler Stiel erscheint, in Vergleich zu der an Weite zunehmenden Blase allmälich immer enger. Sehr viel später bildet sich die vordere Schwimmblase und zwar anscheinend als Bläschen hinter den Gehörorganen, das erst später mit der hinteren Blase in Communication tritt. — Abweichend von den Baer'schen Mittheilungen sind die von Vogt (Embryol. d. Salmones. p. 177.) über die Entwickelung der Schwimmblase bei Coregonus palaea. Nach dem Ausschlüpfen des Embryo zeigte sich eine kleine, halbkreisförmige, solide Anhäufung von Zellen auf der hinteren Wand des *Oesophagus* in der Nähe des Magens. Diese Anhäufung verlängert sich nach hinten und nimmt die Form einer erweiterten Tasche mit verengtem Halse an. Im Inneren dieser Zellengruppe bildet sich eine einfache Höhle, die anfangs blos im erweiterten Theile vorhanden ist, später auch in die Verengerung sich erstreckt. Lange Zeit ist diese Höhle ohne Communication mit dem Darmrohre, welche letztere erst zwei oder drei Wochen nach dem Ausschlüpfen entsteht. Dann sucht der junge Fisch die Oberfläche des Wassers und verschluckt eine Menge Luft, worauf die Schwimmblase fast die ganze Bauchhöhle ausfüllt.

Die näheren Verhältnisse der Häute der Schwimmblase gestalten sich äusserst verschiedenartig. Ihre Wandungen sind oft von bedeutender Dicke, wie z. B. beim Stör, bei Pogonias chromis; bei anderen Fischen sind sie zart und dünne, z. B. bei Mormyrus, Salmo, Clupea, Ophidium; wenig dicker bei Esox, bei Belone u. A. Bei Gadus z. B. G. callarias ist die Vorderwand und die den Rippen fest angeheftete Seitenwand sehr dickhäutig, während der vor den Nieren und dem Axentheile der Wirbelsäule liegende Theil sehr dünnhäutig ist. Die vordere und die hintere Blase der Cyprinen bieten, wie weiter erwähnt ist, Verschiedenheiten ihrer Textur dar. — Bei einigen Fischen z. B. bei Gadus besteht die dicke, weisse, sogenannte fibröse Haut der Schwimmblase aus geschwungenen Fasern, die bei Zerrung in sehr feine, zum Theil zickzackförmig gebogene, grösstentheils aber nadelförmig und haarförmig gestaltete starre Körperchen oder Fäserchen zerfallen. Zwischen ihnen findet sich bisweilen graue amorphe Substanz. — Bei anderen Fischen z. B. bei Cyprinus, bei Esox kommen in den Wandungen der Schwimmblase contractile Faserzellen vor. — An der Innenfläche der Schwimmblase vieler Fische z. B. von Clupea, Belone, Gadus, Perca u. A. liegt eine silberglänzende Schicht. Sie besteht bekanntlich aus länglichen, verschieden geformten, scharf conturirten, platten, blassen, dünnen Schüppchen und aus sehr langen feinen, nadelförmigen, anscheinend crystallinischen Körperchen wie sie auch im *Peritoneum* mancher Fische vorkommen. An der silberglänzenden Membran haften oft, z. B. bei Belone, milchweisse, aus Fett und Elementarkörnchen bestehende Punkte oder Flecke. Bei manchen Fischen findet sich an der Innenwand ein Pflasterepithelium.

Was den architectonischen Werth der Schwimmblase anbetrifft, so darf man sie, namentlich in Betracht der Unbeständigkeit ihrer Einmündungsstelle, als ein Bronchialgerüst auffassen, wenn auch eine physiologische Verwendung zu Lungen, bei dorsaler Insertion ihres *Ductus pneumaticus*, nicht vorzukommen scheint, es sei denn, dass Erdl's Beobachtungen an Gymnarchus niloticus (Münchener gelehrte Anzeigen. 1846. Bd. 23. S. 592.) sich bestätigten, wonach diesem Fische, an der Stelle der Schwimmblase, eine in die obere Wand des Schlundes mündende Lunge zukommen soll. An der Einmündungsstelle der Luftröhre bildet der Schlund rechts und links eine Longitudinalfalte zur willkürlichen Oeffnung und Verschliessung derselben. Diese angebliche Lunge besteht aus einer äusseren sehr zarten Wandung und aus zahlreichen Parietalzellen, welche zierliche Maschenwerke bilden und besonders im vorderen, dickeren Theile der Lunge in mehren Schichten über einander liegen. Um Erdl's Ansicht beizutreten, vernothwendigt sich eine Untersuchung des Gefässsystemes.]

§. 93.

Die Schwimmblase steht entweder durch einen *Ductus pneumaticus* mit einem vorderen Abschnitte des *Tractus intestinalis* in Höhlenverbindung oder ermangelt eines Luftganges und ist geschlossen. Sie besitzt einen *Ductus pneumaticus* bei allen Ganoïdei und bei den Physostomi; sie ermangelt eines solchen und ist geschlossen bei allen Acanthopteri, bei den Anacanthini, den Pharyngognathi und den Lophobranchii.

Der Luftgang mündet selten in den Blindsack des Magens, wie bei manchen Clupeïdae, z. B. bei Clupea, Alosa, Butirinus oder in die *Portio cardiaca* des Magens, wie bei Accipenser. Seine gewöhnliche Ausmündungsstelle ist der *Oesophagus* und zwar senkt er sich gewöhnlich in dessen dorsale Wand; nur bei einigen Arten der Gattung Erythrinus tritt er seitwärts ein [1]); das einzige Beispiel vom Vorkommen eines *Orificium oesophageum ventrale* bietet Polypterus bichir [2]) dar, wo die Schwimmblase aus zwei ungleich langen Säcken besteht, welche vorne zu einer kurzen gemeinsamen Höhle zusammenfliessen.

---

1) S. Jacobi de vesica aërea pisc. Berol. 1840. c. tab. u. Müller's Archiv 1841. S. 233.

2) Abbildungen ihrer wesentlichsten Verhältnisse bei Müller, Ganoïden. Tb. 6.

§. 94.

Die mit einem Luftgange versehenen Schwimmblasen sind entweder einfach oder bestehen aus zwei hinter einander liegenden Höhlungen. Nicht ganz selten sind sie mit blinden Aussackungen oder Blinddärmchen versehen. — Die einfachen Blasen bieten eine grosse Mannichfaltigkeit der Verhältnisse dar. Ihre Höhle ist inwendig bald glattwandig, bald zellig. In der Familie der Clupeïdae ist eine zellige Bildung beobachtet bei Chirocentrus dorab [1]), in der der Siluroïdei bei Platystoma fasciatum [2]); unter den Ganoïdei bei Amia [3]) und Lepidosteus [4]). Anordnung und Texturverhältnisse dieser Zellen sind aber bei den einzelnen genannten Fischen wieder sehr mannichfaltig. — Die glattwandigen Schwimmblasen bieten manche Verschiedenheiten dar; der Ausgangspunkt ihres *Ductus pneumaticus* variirt, indem er bald im vordersten Theile der Blase liegt, wie bei Esox, bald hinter dem ersten Drittheile ihrer Länge, wie bei Silurus glanis, bald etwa in ihrer Mitte, wie beim Aal, beim Häring; dabei ist er bald ganz kurz und weit, wie z. B. bei Accipenser, bei manchen Salmones, oder lang und etwas gewunden, wie bei Silurus glanis, mehr aber noch bei einigen Aalen, z. B. bei Ophisurus serpens, Muraenophis helena. Beispiele vom Vorkommen der sogenannten rothen Körper zwischen den Häuten der Blase liefern die Aale. Ein isolirt dastehendes Beispiel vom Vorkommen eines Flimmerepithelium an ihrer Innenwand bietet die Gattung Accipenser [5]).

Ein Zerfallen der langen Schwimmblase in drei hinter einander liegende, durch Verengerungen zusammenhangende Höhlen ist bei Bagrus emphysetus [6]) beobachtet.

Doppelte Schwimmblasen, welche, hinter einander liegend, durch eine Oeffnung mit einander communiciren und zugleich rücksichtlich der Textur ihrer Häute von einander verschieden sich verhalten, besitzen die Familien der Cyprinoïdei, Characini und Gymnotini [7]). Die vordere

---

1) S. Valenciennes in d. Hist. nat. d. poiss. Vol. XIX. p. 161.

2) Nach J. Müller.

3) Beschreibung der Zellen von Amia s. bei Franque l. c. p. 8.; auch bei Valenciennes. T. XIX. p. 408. 418.

4) S. Näheres bei Müller, Bau und Grenzen d. Ganoïden. S. 32. Zwischen den Zellenabtheilungen kommen *Trabeculae carneae* vor, die aber nicht jene begründen.

5) S. Leydig in Müller's Archiv 1852. Ich kann diese Beobachtung bestätigen. — S. auch Leydig, Anatomisch-histologische Untersuchungen. S. 29. Meine Beobachtungen in Folge der Anzeige in Müller's Archiv von Leydig betreffen A. sturio.

6) S. Müller, Eingew. d. Fische. S. 49.

7) S. die interessante Abhandlung von J. Reinhardt. Om Swömmeblaerer hos Familien Gymnotini. Kiöbenhavn. November, 1852. Alle Gymnotini besitzen, wie be-

Schwimmblase der Cyprinoïden und Characinen besitzt eine mittlere elastische Haut, deren die hintere ermangelt. Beide Blasen sind mit Muskeln versehen, deren isolirte Wirkung bald die vordere, bald die hintere Blase comprimiren zu können scheint. Der *Ductus pneumaticus* tritt an der Grenze beider von der hinteren Blase ab. Die hintere Blase kann, wenigstens in ihrer vorderen Strecke, einen zelligen Bau zeigen, wie er bei Erythrinus salvus und taeniatus beobachtet ist. — Die hintere Blase kann auch wieder in zwei mit einander communicirende Höhlen zerfallen, wie dies bei Catastomus Sueurii und macrolepidotus vorkömmt.

Ein eigenthümlicher Apparat, durch den die Luft der Blase willkürlich entleert werden kann, ist bei mehren Siluroïdei [8]) angetroffen, namentlich bei den Gattungen Auchenipterus, Synodontis, Doras, Malapterurus, Euanemus. Hier findet sich jederseits am ersten Wirbel ein anfangs dünner, schmaler Fortsatz, der zuletzt in eine grosse, runde Platte sich ausdehnt, welche die Schwimmblase eindrückt. Die Platte kann durch einen vom Schedel entspringenden, starken Muskel gehoben werden, wobei denn die Luft durch den *Ductus pneumaticus* austritt.

Bei den Familien der Cyprinoïdei, Characini, Siluroïdei und Gymnotini steht die Schwimmblase durch eine von E. H. Weber entdeckte Kette verschiebbarer Knochen mittelbar mit dem Gehörorgane in Verbindung [9]). — Eine andere Art indirecter Verbindung mit den Gehörorganen, wobei indessen die erwähnte Knochenkette mangelt, wird bei einigen Clupeïden, namentlich den Gattungen: Clupea, Alosa, Engraulis, und einfacher bei Notopterus und Hyodon beobachtet.

§. 95.

Die geschlossenen Schwimmblasen bieten nicht minder grosse Verschiedenheiten dar, als die mit Luftgang versehenen. Sie besitzen entweder eine einfache Höhlung oder sind durch Einschnürungen in zwei mit einander communicirende Höhlen zerfallen; ja, bei Phycis mediterranea kommen durch solche Einschnürungen drei hinter einander gelegene Ab-

---

reits Cuvier ausgesprochen hatte, zwei Schwimmblasen: eine vordere kleinere und eine hintere längere und oft sehr lange. Von dem hinteren Ende der vorderen Schwimmblase entspringt ein feiner Canal, der die Länge der Blase hat und sie mit dem vorderen Ende der hinteren Schwimmblase verbindet. Von diesem Canale, jedoch ganz nahe an der Stelle, wo er in die hintere Blase einmündet, geht der feine *Ductus pneumaticus* ab, der in die Rückwand des *Oesophagus*, nahe an seinem Uebergange in den Magen sich öffnet. Reinhardt hat die Gattungen Carapus, Sternopygus und Sternarchus untersucht.

8) S. darüber Müller, Eingew. d. Fische. S. 39.

9) Vergl. §. 73.

theilungen zu Stande. — Eine Theilung in zwei hinter einander liegende Blasen ist namentlich bei einer kleinen Gruppe der Percoïdei beobachtet [1]). — Verschieden von dieser Theilung in hinter einander liegende Blasen ist die unvollkommene, meist auf die vordere Hälfte beschränkte Längstheilung, welche der Blase oft eine hufeisenförmige Gestalt verleihet [2]). — Sehr häufig besitzt die Schwimmblase Ausstülpungen oder Hörner; oft sind nur zwei vordere vorhanden, wie z. B. bei Sphyraena vulgaris, Gadus callarias u. A.; zwei hintere Aussackungen der Blase kommen eben so häufig vor, als die vorderen und überschreiten häufig die Grenzen der Rumpfhöhle nach hinten (s. §. 92.). Bisweilen erscheint die Schwimmblase durch seitliche Einschnürungen gleichfalls gelappt oder mit *Haustra* versehen, wie bei Gadus aeglefinus, callarias und morrhua. — Bei manchen Fischen ist die Schwimmblase durch den Besitz einer grossen Zahl von Ausstülpungen ausgezeichnet, die wiederum in mehr oder minder zahlreiche Verästelungen zerfallen können. Am häufigsten kömmt diese Bildung in der Familie der Sciaenoïdei vor [3]). — Vorne können Ausstülpungen der Schwimmblase an häutig geschlossene Stellen des Schedels sich anlehnen, welche ihrerseits das Gehörorgan auswendig begrenzen und abschliessen, wie bei den Gattungen Myripristis, Holocentrum, bei Priacanthus macrophthalmus und bei einigen Sparoïdei.

Im Innern der Schwimmblase einiger Arten der Gattung Hemiramphus

1) Hierher gehören namentlich die Gattungen: Therapon, Datnia, Helotes, Myripristis, Pelates. Die beiden hinter einander liegenden Blasen sind aber nicht, wie bei den Cyprinoïdei und Characini durch die Texturverhältnisse ihrer Häute von einander verschieden.

2) So z. B. bei den meisten Arten der Gattung Batrachus, z. B. B. surinamensis, grunniens, Dussumieri. Verwandt sind die Verhältnisse bei Dactylopterus volitans, Prionotus, Apistus; desgleichen bei vielen Plectognathi, z. B. Diodon, Tetrodon. — Bei einigen Triglae, z. B. bei T. hirundo zerfällt die Blase unvollkommen in drei Höhlen: eine mittlere und zwei seitliche.

3) Bei Sciaena umbra (s. Cuvier u. Valenciennes. Vol. V. p. 50.) gehen von jedem Seitenrande 36 solcher Ausstülpungen aus, deren jede, mit Ausnahme der hintersten, wieder in zahlreiche Aeste sich theilt. Diese secundären Verästelungen sind in ein dickes röthliches Gewebe gehüllt. Nach demselben Plane ist die Schwimmblase gebildet bei Johnius coïtor (Cuv. et Val. V. p. 118.), bei Johnius lobatus (ibid. p. 208.). — Zahlreiche kurze, stumpfe, ungetheilte seitliche Ausstulpungen besitzt, nach Cuvier (ibid. Vol. VI. p. 112. 113.), die Schwimmblase auch bei dem Sparoïden, Chrysophrys coeruleo-sticta. — Bei Sciaena pama besitzt die Blase zwei hintere Ausstülpungen, welche von hinten nach vorne aufsteigen und vorne unter der Niere in drei oder vier Aeste sich theilen, die dann von Neuem sich verästeln. S. Näheres bei Cuvier u. Val. Vol. V. p. 57. 58. — S. auch uber Otolithus regalis, Micropogon lineatus u. undulatus (ib. V. p. 216. 220.). Abbildungen d. Schwimmblase von Sciänoïden. s. bei Cuvier u. Val. Tb. 138. 139.

sind zellige Bildungen, vergleichbar denen der Froschlungen, angetroffen worden [4]).

Sehr eigenthümliche Vorrichtungen — welche bei den einzelnen Arten jedoch mannichfache Modificationen erfahren — finden sich bei den Ophidini [5]), mit Einschluss der Gattung Encheliophis, um den vorderen Theil der von dünnen Häuten umschlossenen Schwimmblase zu verlängern. Bei einigen Ophidium-Arten wirkt ein nach vorne beweglicher und durch Muskeln anziehbarer halbmondförmiger oder keilförmiger Knochen als Stopfen, dessen Bewegung nach vorne den lufthaltigen Raum der Schwimmblase vorwärts vergrössert. Bei einer anderen Art setzen sich zu Erreichung des nämlichen Zweckes Muskeln und Bändchen unmittelbar an die Schwimmblase; bei O. Vasallii ziehen die Muskeln an zwei dünnen Knochenplatten, die vorne in der Haut der Schwimmblase liegen, im Zustande der Ruhe aber durch eine an der Wirbelsäule eingelenkte Knochenplatte federartig zurückgehalten werden.

Eigene quergestreifte Muskeln, durch deren Wirkung die Luft der Schwimmblase willkürlich verdichtet werden kann, kommen bei sehr vielen Fischen vor. Diese meist paarigen Muskeln liegen gewöhnlich seitlich über der fibrösen Haut der Schwimmblase. So bei vielen Triglae, wo sie durch ihren Umfang ausgezeichnet sind und einen grossen Theil der Oberfläche der Blase einnehmen. Diese Muskeln, im Einzelnen sehr verschieden angeordnet, finden sich z. B. bei Batrachus surinamensis und grunniens, bei Pogonias chromis, bei Micropogon undulatus, bei Zeus faber und Anderen. Verschieden von diesen Muskeln sind andere, die von der Vorderfläche der Wirbelsäule an die Schwimmblase treten und einen ähnlichen Zweck erfüllen, wie z. B. bei Gadus morrhua, bei den Arten der Gattung Diodon und Tetrodon und bei Anderen.

§. 96.

Während es physiologischer Charakter der Lungen ist, dass ihnen vom Herzen aus venöses Blut zugeführt wird, welches, in arterielles umgewandelt, zum Herzen zurückkehrt, entspringen die Arterien der Schwimmblase ohne bekannte Ausnahme aus dem Aortensysteme [1]) und ihre Venen führen

---

4) Valenciennes (Hist. nat. d. poiss. XIX. p. 18.) hat diesen Bau bei Hemiramphus Brownii, Pleii und Commersonii angetroffen. Der zellige Bau soll nur am Rücken fehlen.

5) S. darüber Broussonnet in d. Philos. transact. Vol. LXXI. p. 437. — de la Roche in den Annal. d. Musée d'hist. nat. d. Paris. T. XIV. p. 275 sqq. J. Müller Eingew. d. Fische. S. 93. mit Abb. Abbildungen d. Schwimmblase von Fierasfer Fontanesii u. von Ophidium barbatum s. auch bei Costa, Fauna del regno di Napoli. Tb. XX.

1) Es gilt dies auch von den Schwimmblasen der Ganoïden, wie J. Müller in Betreff von Polypterus gezeigt hat, wo die Arterie als Ast der letzten Kiemenvene, von der Mitte der letzteren zu dem Schwimmblasensacke ihrer Seite abgeht. (Bau u.

das Blut entweder in die Pfortader oder in das Körpervenensystem zurück. — Näher bezeichnet, nehmen die Arterien bald aus der letzten Kiemenvene, bald aus dem Stamme der *Aorta*, bald aus der *Art. coeliaca* ihren Ursprung und die Venen münden bald in die Pfortader, bald in die *Venae vertebrales*, bald in die Lebervenen, wie bei Polypterus.

Die Art der Vertheilung dieser, bei einigen Fischen sehr reichlich, bei anderen, wie z. B. beim Lachs, bei Belone, beim Häring, bei Accipenser spärlich vorhandenen, zwischen der mittleren und inneren Haut der Schwimmblase sich vertheilenden Gefässe ist bei vielen Fischen in so ferne eigenthümlich, als sie Wundernetze[2]) bilden, in welche sowol Arterien als Venen sich auflösen, die also einen arteriellen und einen venösen Theil besitzen. Das nähere Verhalten dieser Wundernetze bietet wieder mancherlei Verschiedenheiten dar. Bei vielen Fischen lösen die einzelnen Gefässstämme strahlenförmig, schweifförmig, wedelförmig, quastförmig in viele feine Röhren, nach Analogie der Wundernetze, sich auf, welche zuletzt in baumförmig sich vertheilende kleine Zweige übergehen. Sobald dieses Zerfallen der einzelnen Arterienstämmchen über den ganzen Zwischenraum der fibrösen Haut und der inneren Haut sich fortsetzt, wie bei den Cyprinen, so kömmt es zu keiner localen Anhäufung der feinen Gefässröhren. Sobald dieses Zerfallen der Arterien in diffuse Wundernetze aber blos auf bestimmte Stellen der Schwimmblase sich beschränkt, eine Einrichtung, zu welcher die beim Hecht vorhandene den Uebergang bildet, constituiren sie die sogenannten rothen Körper. Diese rothen Körper kommen am häufigsten und fast allgemein in geschlossenen Schwimmblasen vor, werden aber auch in solchen angetroffen, die einen *Ductus pneumaticus* besitzen, wie z. B. bei den Muraenoïden. Es verzweigen sich nun die aus der Masse des Wundernetzes austretenden arteriellen Gefässe entweder sogleich weiter in dessen nächster Umgebung, oder sie sammeln sich in viele kleine Zweige, welche in einem eigenen Saume oder Hofe der Wundernetzmassen sich vertheilen, während die übrige Fläche der Schwimmblase ihr Blut nicht aus den Wundernetzen, sondern aus einfach verzweigten Gefässen erhält, wie bei Gadus, Lota, Perca. — Verschieden von diesen diffusen Wundernetzen sind die localen amphicentrischen Wundernetze. Beim Aal z. B. zerfällt der Arterienstamm in zwei Büschel unendlich zahlreicher Röhrchen, welche wieder zu grossen Arterienstämmen zusammentreten, die dann erst an der inneren Haut der

---

Grenzen d. Ganoïden. S. 34.); hiermit stimmen die Beobachtungen von Franque über Amia (l. c. p. 8.) und von Hyrtl über Lepidosteus (Sitzungsb. d. Wiener Acad. der Wissensch. 1852. VIII. p. 71.) im Wesentlichen überein. Bei Lepidosteus entspringen die Arterien aus der *Aorta* und die *Venae* münden in die *Venae vertebrales*.

2) S. über diese Verhältnisse d. Gefässe bes. J. Müller, Vergl. Anat. d. Gefässsyst. d. Myxinoïd. S. 90., wo die älteren Beobachtungen von de la Roche, Rathke und Anderen erwähnt sind.

ganzen Schwimmblase baumförmig sich vertheilen. Diese sammeln sich in Venen, welche allmälich zu grossen Stämmen verbunden, zu den Wundernetzen zurückkehren, und hier den venösen Theil derselben bildend, wieder in die zahlreichsten feinen Röhrchen zerfallen, um zuletzt einen neuen austretenden Venenstamm zu bilden, der das Blut dem Körpervenensystem zuführt.

Bei manchen Fischen sind die Wundernetze von blassen oder gelblichen, mässig dicken, von der umgebenden Haut abgegrenzten zelligen Säumen umgeben, in welchen die baumartige Verzweigung der aus dem Wundernetze kommenden arteriellen Reiser Statt hat, während die übrige Fläche der Schwimmblase ihr Blut aus einfachen Blutgefässen erhält (Perca, Gadus). Bei anderen Fischen kommen zerstreute Grübchen auf der ganzen Innenfläche der Schwimmblase (Polypterus) vor, während bei wieder anderen weder jene Säume, noch diese Grübchen nachweisbar sind (Esox). Wahrscheinlich sind alle diese verschiedenen Verhältnisse von Einfluss auf die Absonderung der in der Schwimmblase enthaltenen Luft.

Siebenter Abschnitt.

Vom Gefässsysteme und den Gefässdrüsen.

I. Vom Blutgefässsysteme.

§. 97.

Das Blutgefässsystem der Fische besitzt selbstständig contractile Centralgebilde und einfache Gefässbahnen. Gewisse Abschnitte des Gefässsystemes, die gewöhnlich als einfache Gefässe erscheinen, sind bei einigen Fischen selbstständig contractil und herzartig. Dahin gehört der Pfortaderstamm, welcher, sonst gefässartig, bei den Gattungen Branchiostoma und Myxine contractil ist und, wegen seiner selbstständigen Pulsationen, die Bezeichnung eines Pfortaderherzens verdient [1]); ebenso sind bei Branchiostoma der ganze Kiemenarterienstamm und die Anfänge der einzelnen Kiemenarterien herzartig contractil [2]). — Eine andere, nur bei Branchiostoma erkannte Eigenthümlichkeit besteht in der canal- oder gefässförmigen äusseren Anordnungsweise der einzelnen Herzabtheilungen [3]), welche bei den übrigen Fischen ihren ursprünglich gefässartigen Charakter [4]) eingebüsst haben und zu einem einzigen, verschiedene mit einander

---

1) S. §. 98. u. 107. — 2) S. §. 98. — 3) S. §. 98.
4) Vergl. Baer Entwickelungsges. d. Fische. S. 20.

communicirende Höhlen besitzenden, Gebilde: dem Herzen zusammengedrängt sind. — Dieses Herz ist gewöhnlich ein venöses Kiemenherz, indem es nur venöses Blut empfängt und nur in einen Kiemenarterienstamm sich fortsetzt, der ausschliesslich Kiemenarterien abgibt [5]). — Bei den Dipnoi nimmt es jedoch auch das aus den Lungen durch die Lungenvene zurückkehrende arterielle Blut auf, enthält also gemischtes Blut [6]). — Sowol dann, wenn das Herz blos venöses Blut, als auch dann, wenn es gemischtes Blut enthält, können aus seinem Kiemenarterienstamme Gefässbogen abgehen, welche direct in die *Aorta* einmünden. Die erstere Bedingung ist beobachtet worden bei der der Lungen entbehrenden Gattung Monopterus [7]), die zweite bei den Dipnoi [8]). — In ersterem Falle erhält sich eine Anordnungsweise perennirend, welche bei anderen Fischen transitorisch ist und nur ein gewisses Entwickelungsstadium charakterisirt [9]).

Das peripherische Gefässsystem mancher Fische bietet merkwürdige Eigenthümlichkeiten dar. Was zunächst die Arterien anbetrifft, so bildet häufig die *Aorta* keinen freien isolirten Gefässstamm; bisweilen strömt nämlich das arterielle Blut durch einen starren Knorpelcanal, der inwendig nur von einem Perichondrium ausgekleidet ist, wie bei Accipenser und Spatularia; bei anderen Fischen ist der Aortencanal gleichfalls nicht selbstständig und nicht allseitig von den gewöhnlichen Gefässhäuten umschlossen, sondern mit seiner Rückseite, an der ein elastisches Längsband verläuft, in Vertiefungen der Wirbelkörperreihe eingefügt, wie bei Esox, Salmo, Silurus, Alosa u. A. — Das angebliche Vorkommen selbstständiger accessorischer herzartiger Erweiterungen und Muskelbeläge an einzelnen peripherischen Arterienstämmen scheint sich nicht zu bestätigen [10]). — Zu den merk-

---

5) S. §. 102. — 6) S. §. 100.

7) Müller sah bei Monopterus am vierten kiemenlosen Visceralbogen jeder Seite einen Aortenbogen aus der *Arteria branchialis* unmittelbar zur *Aorta* treten. Taylor hatte die Beobachtung gemacht, dass bei dem mit Lungensäcken versehenen *Amphipnous cuchia* jederseits zwischen dem kiemenlosen vierten Visceralbogen und dem *Os pharyngeum inferius* ein Aortenbogen aus der *Arteria branchialis* direct in die *Aorta* sich begebe. S. Müller, Gefässsyst. d. Myxinoïd. S. 27.

8) S. Hyrtl und Peters.

9) S. Baer, Entwickelungsgesch. der Fische. S. 20. und Vogt, Embryol. des Salmones. p. 212. 213. Es entstehen aus dem Vordertheile des Herzens zwei Gefässbogen (*Arcus aortici*: Aortenwurzeln); diese umfassen den Schlund, setzen nach vorne als Carotiden sich fort und vereinigen sich hinter dem Schultergürtel zur *Aorta*. — Bei Bdellostoma hat Müller noch Ueberreste dieser primitiven Aortenwurzeln angetroffen. Gefässsyst. d. Myxinoïd. S. 19.

10) Duvernoy hatte zuerst im Jahre 1835 (Ann. d. sc. nat. T. III. p. 280.), dann ausfuhrlicher im Jahre 1837 (Ann. d. sc. nat. T. VIII. p. 36.) an den *Arteriae axillares* der Chimaera arctica ein accessorisches Herz beschrieben in einer, der Arteriu aufliegenden Masse „qui enveloppe évidemment les parois artérielles d'un anneae musculaire. (S. die Abb. Tb. 3. Fig. 1a.). Ob von Müller der sie (Archiv 1842.

würdigsten physiologischen Verhältnissen gehört die Bildung amphicentrischer Wundernetze durch manche Arterien, die also nicht direct, sondern erst nachdem sie in zahlreiche feinste Zweige sich aufgelöset und in Stämme wieder sich gesammelt haben, an die von ihnen mit Blut zu versorgenden Gebilde sich vertheilen; ja das arterielle Blut der *Chorioïdea* der meisten Fische muss zweimal durch solche capillare Systeme hindurchtreten, bevor es an jener Gefässhaut sich vertheilt. — Nicht minder merkwürdig erscheint die Anordnungsweise des venösen Gefässsystemes vieler Fische. Es sind nämlich nicht nur die zur Leber tretenden Venen, deren Stämme in Capillaren sich auflösen, um allmälich in einen oder mehre Stämme wiederum gesammelt, zum Herzen sich zu begeben, sondern bei vielen Fischen wiederholt sich dieses Verhalten in Betreff der meisten Venen des Körpers. Die das Blut aus der *Chorioïdea* zurückführenden Venen lösen häufig wundernetzartig sich auf, ehe sie in diejenigen Aeste sich sammeln, welche in die dem Herzen zustrebenden grösseren Venen sich ergiessen. Der Schwanzvenenstamm, die *Venae intercostales* zerfallen sehr häufig in oft feine Zweige, welche die Nieren, bisweilen auch die Nebennieren und andere Blutgefässdrüsen erst durchsetzen, ehe sie in die das Blut direct zum Herzen führenden Venenstämme einmünden. Manche Venen der Rumpfwandungen, der Schwimmblase, der Geschlechtsorgane erscheinen als Wurzeln des Pfortadersystemes der Leber. Diese anatomischen Anordnungen müssen die Rückkehr des Blutes zum Herzen verzögern und die Strömung des Blutes verlangsamen. Stockungen des venösen Blutstromes in den intermediären Gefässen, namentlich der Nieren, gehören zu den häufigeren Erscheinungen; blinde Ausstülpungen einzelner feiner peripherischer Gefässe kommen vor; intermediäre venöse Gefässe obliteriren, wenigstens bei manchen Fischen und in gewissen Jahreszeiten, sehr oft; sogenannte blutkörperhaltige Zel-

---

S. 484.) aufführt, Contractionen gesehen wurden, weiss ich nicht. — J. Davy, (Researches, 1839. Vol. I. p. 43. Plate 1. Fig. 3.) beschrieb Aehnliches an den *Arteriae axillares* von Torpedo, anscheinend unabhängig von Duvernoy. „It has very much the appearance of a nervous ganglion, but is in reality a blood-vessel, enlarged into a little bulb, lined with a reddish substance, like muscular fibre, giving the idea of a small heart." Leydig (Müller's Archiv 1851. S. 256.) hat sowol bei Chimaera, als auch (Beiträge z. mikroskop. Anat. d. Rochen und Haie S. 15.) bei Torpedo jede Spur von Muskelfasern in den den Axillararterien aufliegenden Wülsten vermisst und ist wegen des mikroskopischen Befundes geneigt, sie als sympathischen Ganglien angehörig anzusprechen, und statuirt sie als eigenthümliche Nebenorgane des sympathischen Nervensystemes, die die Structur der Blutgefässdrüsen haben. — Meine Untersuchungen an Rochen (R. clavata), wo hinter der *Art. axillaris* ein solcher Körper vorkömmt, der indessen ihr selbst nicht anliegt, sind der Auffassungsweise derselben, als Blasteme oder Keimläger des Sympathicus durchaus günstig. — Ein pulsirendes Organ, das Davy (Researches. Vol. II. p. 451.) bei Raja an den accessorischen männlichen Geschlechtstheilen beobachtete, ist seiner Natur nach noch nicht aufgeklärt.

len und Schläuche werden sehr gewöhnlich, namentlich in den Nieren, angetroffen; die Blutkörper findet man oft in Untergang und in Umwandlung begriffen. Die Bildung von Exsudationen ereignet sich nicht selten; die Umwandelung von Blutkörpern in Pigmentzellen lässt sich häufig verfolgen [11]).

[Man vergl. über das Gefässsystem der Fische, ausser den in den Anmerkungen angeführten Schriften von Hyrtl, Muller u. Anderen noch: du Verney, Oeuvres anatomiques. T. II. Paris, 1761. p. 470. — Tiedemann, Anatomie des Fischherzens. Landsh. 1809. 4. — Ueber die Arterien des Lepidosteus s. Hyrtl in den Sitzungsber. d. Wiener Acad. 1852. Bd. 8. S. 234. — Ueber Lepidosiren vergl. die Arbeiten von Hyrtl u. Peters; über Petromyzon: Rathke; über Raja: Monro.

§. 98.

Bei dem durch den Besitz farblosen Blutes ausgezeichneten Branchiostoma [1]) ist das Gefässsystem eigenthümlich charakterisirt durch das Vorkommen zahlreicher selbstständig contractiler herzartiger Gebilde. Das Lebervenenblut sammelt sich in ein an der Rückseite des Blinddarmes gelegenes Venenherz, dessen Contractionen vom Ende des Blinddarmes aus beginnen, um nach vorne fortzuschreiten. Dasselbe biegt sich vorne knieförmig in das Kiemenarterienherz um und nimmt anscheinend an dieser Umbiegungsstelle die Körpervenenstämme auf. — Dies Kiemenarterienherz liegt, als gleichmässig dicke Röhre, ohne umschliessenden Herzbeutel, in der Mittellinie unterhalb der ganzen Länge des Kiemenschlauches, von hinten nach vorne rasch sich zusammenziehend. Von ihm aus treten, regelmässig alternirend, als Anfänge der Kiemenarterien, kleine contractile Bulbillen in die Zwischenräume je zweier Spitzbogen der Kiemen, aus welchen das Blut durch Kiemenvenen in die *Aorta* übergeführt wird. Abgesehen von diesem die Kiemen durchströmenden Blute gelangt durch einen jederseits am Ende der Mundhöhle gelegenen, vom Kiemenarterienherzen ausgehenden contractilen Aortenbogen ein Theil des Blutes direct in die *Aorta*. — Das Darmvenenblut

11) Alle diese anatomischen und physiologischen Dispositionen scheinen nicht allein Umwandlungen des Blutes, sondern auch Verjungungen der Organsubstanz und Neubildungen besonders zu begünstigen. Es sind die grossen periodischen Veränderungen, welche der Organismus der Fische durch die jährlich sich wiederholende Ausbildung des Inhaltes der Geschlechtstheile erfährt, der ausserordentliche Körperumfang, den viele derselben allmälich unter Erreichung hohen Lebensalters zu erlangen fahig sind, so wie selbst die Zerstörungen und Perforationen der Organsubstanz, welche durch Parasiten bewirkt werden und eine Restitution erfordern, noch nicht genug gewürdigt worden. — Blinde Endigungen von capillaren Gefässen habe ich angetroffen in den Fetthöhlen des Schedelknorpels von Accipenser; die Umwandlung von Blutkörpern in Pigmentzellen wurde verfolgt in den Nieren von Cottus und Pleuronectes.

1) Man vergl. vorzüglich die von J. Müller gegebene Darstellung. Ueber Bau u. Lebensersch. d. Branchiostoma. S. 103.

sammelt sich in eine lange, an der Bauchseite des Darmes verlaufende contractile Röhre, welche, als Pfortaderherz, am Blinddarme auf diesen sich begibt und, allmälich sich verengend, bis an sein Ende sich erstreckt. Das zugeführte Blut gelangt auf dem Blinddarme zur capillaren Vertheilung und wird dann in das Venenherz übergeführt.

§. 99.

Das Herz der Marsipobranchii, Teleostei, Ganoïdei und Elasmobranchii — dessen Fleisch stets dem Systeme der quergestreiften Muskelbündel angehört — bietet eine grosse Uebereinstimmung seiner Verhältnisse dar. In dasselbe münden die vereinigten Venenstämme und aus ihm geht der Kiemenarterienstamm hervor; dasselbe ist demnach ein venöses Kiemenherz. Es besitzt drei Abtheilungen. Diese sind: 1. die zur Aufnahme der in einen *Sinus venosus* vereinten Venen bestimmte Vorkammer; 2. die mittelst einer, oft engen, Einschnürung mit dieser zusammenhangende Kammer und 3. der von dieser letzteren abgesetzte, in den Kiemenarterienstamm übergehende Hohlraum: der *Bulbus arteriosus* [1]). Klappen zwischen dem *Sinus venosus* und der Vorkammer, zwischen letzterer und der Kammer, zwischen dieser und dem *Bulbus arteriosus*, so wie auch, bei einigen Gruppen, in diesem letzteren angebrachte Klappen hindern den Rücktritt des Blutes.

Die Verschiedenheiten, welche das Herz bei den einzelnen Gruppen darbietet, erstrecken sich wesentlich auf die histologische Beschaffenheit des *Bulbus arteriosus* und auf die Klappen-Einrichtungen im Herzen [2]). Von untergeordneterer Bedeutung sind die Formverschiedenheiten desselben und einige andere Verhältnisse.

Bei den Marsipobranchii liegt an der Eintrittsstelle des venösen *Sinus* in die Vorkammer, welche geräumiger ist als der Ventrikel, eine häutige Doppelklappe; das *Ostium venosum*, so wie das *Ostium arteriosum* der Kammer sind gleichfalls jede durch zwei häutige Klappen verschliessbar. Die des *Ostium arteriosum* liegen genau an der Grenze der Kammer. Aus dieser geht vorne der Kiemenarterienstamm hervor, der an seinem Ursprunge etwas bauchig ist, jedoch weder einen Muskelbelag, noch eine eigentliche Verdickung besitzt.

Das Herz der Elasmobranchii und Ganoïdei besitzt einen gemeinsamen Charakter in dem Umstande, dass der aus der Kammer hervortretende *Bulbus arteriosus* mit einer ringförmigen Schicht quergestreifter Muskel-

1) S. über denselben die Bemerkungen von E. Brücke in dessen Beiträgen zur Anatomie u. Physiolog. d. Gefässsystemes. S. 31. Brücke setzt seine physiologische Bedeutung darin, dass er die Kiemen-Capillaren vor dem Stosse der Blutwelle schütze und gibt zugleich eine nähere Beschreibung seiner Einrichtungen bei mehren Teleostei.

2) S. über diese Verhältnisse besonders J. Müller, Bau u. Grenzen der Ganoïden. S. 9.

bündel auswendig belegt ist, welche vorne an der Grenze der eigentlichen Kiemenarterien scharf umschrieben aufhört, und dass dieser *Bulbus* in seiner Höhle mit mehr oder minder zahlreichen, in mehren Reihen hinter einander gelegenen, durch Fäden angehefteten Klappen versehen ist [3]). Diese Charaktere unterscheiden ihr Herz von dem der Teleostei. Bei letzteren mangelt eine solche Belegung des *Bulbus arteriosus* mit quergestreiften Muskelfasern gänzlich. Derselbe ist zwar ebenfalls angeschwollen, doch nicht durch äusserliche Auflagerung einer Muskelschicht, sondern vermittelst einer dicken, durchgehenden und an der Innenseite Balken und zwischenliegende Vertiefungen bildenden Substanz, die aus sehr elastischen Faserbündeln besteht. Den Teleostei kommen, im Gegensatze zu den vorhin genannten Gruppen, fast ganz allgemein auch nur zwei Klappen zu, welche nicht im *Bulbus*, sondern an der Grenze des letzteren und der Herzkammer gelegen sind. Zwischen ihnen finden sich bisweilen eine oder zwei kleinere Nebenklappen. Die einzigen Knochenfische, die von diesem Typus abweichen, sind die Arten der Gattung Butyrinus, bei welchen, statt zweier, vier in zwei Reihen angeordnete Klappen, jedoch ohne muskulösen *Bulbus*, vorhanden sind.

Im Uebrigen ähnelt die allgemeine anatomische Anordnung des Herzens der Teleostei derjenigen, die den Elasmobranchii und Ganoïdei zukömmt. In die Vorkammer mündet allgemein mit weiter Oeffnung der *Sinus venosus*; eine häutige Doppelklappe, oft an Sehnenfädchen befestigt, hindert bei den meisten Fischen den Rücktritt des Blutes in das Venensystem. Eigenthümlich ist die Klappeneinrichtung bei Accipenser, wo an dieser Stelle ein Klappenring vorkömmt, bestehend aus zwei Hälften, von welchen die eine 4, die andere 5 Taschen besitzt, die durch starke Fäden befestigt sind [4]). — Die weite, sehr ausdehnbare, dünnwandige Vorkammer bildet gewöhnlich beiderseitig oder einseitig eine *Auricula*. An der Innenfläche der Vorkammer zeigen sich zahlreiche, in verschiedener Richtung

---

3) Diese in Querreihen gestellten Klappen bieten, ihrer Zahl nach, grosse Verschiedenheiten dar. Zwei Querreihen besitzen, nach Müller, Chimaera, Carcharias, Scyllium, Galeus; drei: Sphyrna, Mustelus, Acanthias, Alopias, Lamna, Rhinobatus, Torpedo; vier: Hexanchus, Heptanchus, Centrophorus, Trygon; vier bis funf: Raja; fünf: Scymnus, Myliobatis, Pteroplatea, Squatina. — Was die Ganoïden anbetrifft, so besitzt Accipenser zwei Reihen von Klappen im Anfange des *Bulbus* und eine dritte an seinem Ende. Polypterus hat neun Querreihen, deren jede drei ausgebildete und neben ihnen noch abortive Klappen besitzt; Lepidosteus hat noch mehr Klappen. Bei Lepidosteus bison sind 54 — 60 vorhanden. Am geringsten ist unter den Ganoïdei die Klappenzahl bei Amia. Es sind drei Reihen vorhanden, von denen die beiden im *Bulbus* liegenden je zwei grössere und zwei kleinere, die oberste jedoch nur zwei Klappen enthalten S. Abbildungen bei Müller, Ganoïden. Tb. V. und Franque, de Amia. Fig. 10.

4) Bei Spatularia finde ich hier nur zwei sehr grosse Klappen, jede in der Mitte der Tasche durch eine *Chorda* festgehalten.

sich durchkreuzende *Trabeculae carneae.* — An der ventralen Seite der Vorkammer, von ihr oben mehr oder minder vollständig bedeckt und seitwärts überragt, liegt der, in seinen, der allgemeinen Körpergestalt der Fische meistens angepassten Formverhältnissen mannichfach variirende, Ventrikel. Die Vorkammer geht oben und hinten in ihn über. Der Uebergang geschieht durch eine Verengerung, die bisweilen, z. B. bei Petromyzon, ziemlich lang ist. Zur Verschliessung des *Orificium atrio-ventriculare* sind gewöhnlich zwei Klappen bestimmt; seltener steigt ihre Anzahl auf vier, wie bei Orthagoriscus und Accipenser [5]). Der Ventrikel ist sehr dickwandig und muskulös; seine Muskelmasse zeigt sich gewöhnlich aus zwei, durch Verschiedenheit der Faserzüge ausgezeichneten Lagen: einer äusseren und einer inneren, bestehend, die unter gewissen Umständen, namentlich bei einigermaassen vorgeschrittener Zersetzung, bei manchen Fischen leicht sich trennen [6]). An der Innenwand seiner Höhle, welche viel weniger umfänglich ist, als die des Vorhofes, zeigen sich zwischen den vielfach sich durchkreuzenden Muskelbündeln zahlreiche Vertiefungen.

Das Herz liegt [7]) bei den meisten Fischen zwischen den beiden vorne und unten convergirenden Schenkeln der *Claviculae*, die in der Familie der Loricarinen ein eigenes transversellés knöchernes *Septum* bilden. Bei den Aalen und besonders bei den Symbranchii ist das Herz weiter nach hinten gerückt. Bei den Plagiostomen liegt das Herz mit seinem Beutel unmittelbar unter der durch die *Cartilago subpharyngea impar* gebildeten Verlängerung der *Copulae* der Kiemenbogen. — Bei Petromyzon liegt das Herz mit seinem Beutel innerhalb der, in Gestalt einer unvollkommen geschlossenen Capsel, von vorne nach oben und etwas nach hinten gerichteten Verlängerung des äusseren Kiemenkorbes und wird von der Kiemenhöhle durch die Muskulatur, welche eine Art *Diaphragma* bildet, geschieden.

Bei allen Fischen, mit Ausnahme von Branchiostoma, wird das Herz, nebst dem ihm angehörigen *Bulbus arteriosus*, lose eingeschlossen von einem fibrösen Herzbeutel [8]), der an der vorderen Grenze des *Bulbus* fixirt ist. Von ihm erstrecken sich bisweilen faltenförmige Fortsätze an die Oberfläche des Herzens. Ob der Herzbeutel wirklich allgemein auch einen unmittelbaren Ueberzug der Herzsubstanz bildet, ist noch nicht mit Sicher-

---

5) Meckel zählte nur drei.

6) S. über diesen Gegenstand, neben anderen von Döllinger gegebenen Mittheilungen, die Bemerkungen von Rathke in Meckel's Archiv f. Anat. u. Physiol. 1826. S. 144. und Meckel's System d. vgl. Anatomie. Thl. V. S. 153.

7) Vgl. §. 77, wo auch die Communication des Herzbeutels mit der Bauchhöhle erwähnt ist.

8) S. über den Herzbeutel der Myxinoïden die interessanten Mittheilungen von Müller, Vergl. Anat. d. Gefässsyst. d. Myxinoïden. S. 1.

heit festgestellt. Ziemlich häufig sieht man, von dem fibrösen Herzbeutel aus, Fäden zum Herzen selbst, und namentlich zum Ventrikel, hinübertreten. Diese Fäden bestehen freilich bei einigen Fischen aus Bindegewebe und sind tendinös [9]; zwischen ihnen kommen aber auch zur Oberfläche des Herzens tretende Blutgefässe vor, wie z. B. beim Aal, oder man hat blos Blutgefässe für tendinöse Fäden genommen, wie beim Stör.

§. 100.

Bei den Dipnoi besitzt das Herz eine äusserlich einfache Vorkammer, die aber durch eine unvollkommene Scheidewand in eine rechte und linke Abtheilung zerfällt. In die linke mündet die Lungenvene, an deren Eintrittsstelle eine halbmondförmige Klappe sich befindet. In die rechte geht der venöse *Sinus* über, der an seiner Einmündungsstelle einer Klappe ermangelt. Ein gemeinsames *Ostium venosum*, an dessen vorderem Umkreise eine mit der Muskulatur des Ventrikels zusammenhangende fleischige Klappe sich befindet, führt aus beiden Vorhöfen in den Ventrikel. Dieser besitzt einen Papillarmuskel, der mit einem Faserknorpel sich verbindet, welcher bei Lepidosiren das *Ostium venosum* während der Systole schliesst. Der muskulöse *Bulbus arteriosus*, ohne Klappenvorrichtungen an seinem Ursprunge, bildet aufsteigend eine Krümmung. Er besitzt inwendig zwei spirale, seitliche, longitudinale Falten verschiedener Länge, die gegen sein vorderes Ende hin verschmelzen. So ist eine Scheidung in zwei Arteriensysteme angedeutet [1]).

§. 101.

Bei den Ganoïdei chondrostei [1]) fällt die Eigenthümlichkeit, dass arterielles Aortenblut in einem von dem Wirbelsysteme ausgehenden und unter ihm gelegenen starren Knorpelrohre verläuft, mit einer eigenthümlichen Beschaffenheit ihrer Herzoberfläche zusammen. Bei Accipenser wird folgendes Verhalten wahrgenommen: die äussere Oberfläche der Herzkammer und des *Bulbus arteriosus* ist mit zahlreichen Erhabenheiten bedeckt. Diese Erhabenheiten, in ihrer allgemeinsten Form wie ein bullöser oder vesiculöser Hautausschlag erscheinend, sind, näher betrachtet, nicht nur bei demselben Thiere, sondern auch bei verschiedenen Thieren sehr verschieden. An einzelnen Stellen der Herzoberfläche sind sie bisweilen sehr stark und mächtig, an anderen ganz klein oder fast völlig verschwunden. Eine verschiedene Anzahl arterieller Gefässe, aus den *Arteriae subclaviae* und *mam-*

---

9) S. über dieselben Meckel, Syst. d. vgl. Anat. Thl. V. S. 177. Auffallend ist, dass Meckel sie bei Myxine am stärksten fand, wo Müller sie vermisste. — Bei den Dipnoi sind sie von Hyrtl u. Peters beobachtet. — Bei Petromyzon, Accipenser, Spatularia, Anguilla, Cobitis sah ich Blutgefässe zur Oberfläche des Herzens treten.

1) Hyrtl, Lepidosiren. S. 35. u. Peters in Müller's Arch. 1845. S. 3.

1) Wenigstens bei Accipenser u. Spatularia.

mariae stammend, durchbohrt den Herzbeutel, tritt frei zu der Herzoberfläche und vertheilt sich in diese Erhabenheiten. Letztere zeigen sich in sehr verschiedenen Zuständen; ein häufig vorkommender ist der, dass sie allseitig geschlossen, mit ihrer Basis der Herzoberfläche fest aufsitzende Blasen darstellen, deren eintretende Arterie in ein rothes, schwammiges, aus einem Aggregate von Kernen, kernhaltigen Zellen und maschenbildenden Fasern bestehendes Gewebe sich vertheilen, von dessen Basis wieder Blutgefässe in die Herzsubstanz eintreten. Dieser Gewebskuchen ist oft von klarer, Körnchen-haltiger Lymphe umspült. In einer solchen Erhabenheit finden sich bisweilen Bläschen, welche wieder mit Zellen, Kernen und Flüssigkeit gefüllt sind, und mit dem Gewebskuchen durch Stiele in Verbindung stehen. Das sehr wechselnde, alsbald kurz zu schildernde Verhalten dieser Gebilde deutet auf Neubildung und Untergang derselben hin. Einige Erfahrungen sprechen für Beziehungen derselben zur Neubildung der Muskelsubstanz des Herzens.

[Dieser Ueberzug des Herzens gehört zu den variabelsten Gebilden des Fischkörpers, die ich kenne; er erheischt ein fortgesetztes Studium während verschiedener Jahreszeiten. Hier sei Folgendes kurz bemerkt: Der Reichthum der Blasen an lymphatischer Flüssigkeit ist sehr verschieden. Neben letzterer erscheint oft Fett als Inhalt. Dies Fett kann ausschliesslich statt der Lymphe vorkommen. Es umgibt dann oft eine röthliche rundliche Gewebsmasse, die der eigentlichen Muskelsubstanz des Herzens unmittelbar aufliegt oder durch kurze Gefässe mit ihr zusammenhangt. Die genannte Gewebsmasse enthält verschiedene Elemente: pflasterförmig oder reihenförmig aggregirte Zellen, netzförmig und maschenförmig verwirkte Fasern; Blättchen mit körnigem Anfluge und zarter Längsstreifung, Fasern von der Breite der Muskelfasern des Herzens mit Pünktchen oder Körnchen; Bindegewebsfasern, untermengt mit breiteren Fasern, welche Spuren einer Querstreifung zeigen. Letztere gehen, in Fällen, wo die bezeichnete Gewebsmasse ohne zwischenliegende Membran, der Herzsubstanz aufliegt, ganz allmälich in wirkliche Muskelsubstanz mit deutlich quergestreiften Primitivbündeln über. — Gleich der Lymphe, kann das Fett in der Umgebung der Gewebskuchen mangeln; ein solcher ist oft sehr breit und geht dann bisweilen unmerklich in die Herzsubstanz uber, wo dann wieder Uebergangsformen zu Muskelbündeln vorkommen können; oder einzelne kleinere Gewebskuchen, die vom Grunde eines grösseren ausgehen, stehen ausschliesslich mit der Herzsubstanz in Uebergangsverbindung; oder es kommen blasse, derbere Knötchen ohne Fett und ohne Lymphe vor, die der Herzsubstanz dicht aufliegen. — Bisweilen sieht man, nach Wegnahme des ganzen Belages, Rauhigkeiten an der Oberfläche des Herzens zurückbleiben, in denen man mit Körnchen gefüllte Muskelfasern, punktirte, zum Theil auch quergestreifte Primitivbündel findet. Ferner gewahrt man, dass nach Entfernung des Ueberzuges die oberflächlichen Schichten der Herzmuskeln auf jede äussere Reizung leicht und oft und ohne Theilnahme des ganzen Herzens sich zusammenziehen. — Wenn ich in einer früheren Mittheilung die Neubildung von Muskelfasern am Störherzen mit der am Herzen eines Frosches zur Winterzeit beobachteten verglichen habe, so sollte damit durchaus keine Identitat der Verhältnisse ausgedrückt sein, denn Muskelfasern, die von Lymphe unmittelbar umspült wurden, wie dies beim Frosch vorkömmt, habe ich beim Stör nie gesehen. — Nicht minder verschieden zeigt sich das Verhalten der von aussen zur Herzoberfläche tretenden Gefässe; ich habe sie bei einem jungen Stör spurlos vermisst; während bei einem untersuchten grossen Stör 7 Gefässstämme gefunden wurden. Diese Gefässe sind die tendinösen Fäden älterer Anatomen. S. Meckel, Syst. d. vgl. Anat. Thl. V. S. 180. und über die äussere Beschaffenheit des Störherzens ibid. S. 159. Bei Spatularia treten zwei Gefässe durch den Herzbeutel zum Ventrikel. — In Betreff des Störs s. auch Leydig, Anat. histol. Untersuchungen. S. 22.]

§. 102.

Mit Ausnahme von Branchiostoma, dessen eigenthümliche Verhältnisse bereits angegeben sind, setzt allgemein das vordere Ende des *Bulbus arteriosus* sich fort in den ausserhalb des Herzbeutels liegenden, niemals mehr herzartig contractilen Kiemenarterienstamm, aus welchem jederseits die Kiemenarterien, sei es mittelbar durch mehre gemeinsame Stämme, oder unmittelbar hervorgehen.

Der Kiemenarterienstamm der Myxinoïden, in seinem speciellen Verhalten, selbst bei Thieren der gleichen Art, variabel, verläuft in einer häutigen Höhle, welche schon das vorderste Ende der Herzkammer umschliesst und auch in die die Kiemensäcke umhüllenden häutigen Beutel sich fortsetzt. Jeder Kiemensack erhält seine eigene Arterie, die an seiner hinteren, wie an seiner vorderen Fläche sich vertheilt, indem sie am Eingange des äusseren Kiemenganges einen Cirkel bildet, aus dem die einzelnen Kiemengefässe radial hervorgehen.

Bei Petromyzon verläuft der Kiemenarterienstamm vor dem *Bronchus* vorwärts, gibt jederseits vier Kiemenarterien ab und spaltet sich weiter vorwärts gabelförmig in zwei Aeste, aus denen drei Kiemenarterien hervorgehen, während noch ein vorderer Zweig für die vorderste Kiemenblattreihe bestimmt ist. Die einzelnen Kiemenarterien treten mit Ausnahme der vordersten und hintersten, zwischen je zwei Kiemenbeutel und geben, von deren Interstitien aus, ihre Zweige zu den beiden durch ein *Diaphragma* getrennten Kiemenblattreihen.

Bei den Plagiostomen entspringen aus jeder Seite des Kiemenarterienstammes ein [1]) oder zwei primäre Aeste, worauf er zuletzt gabelförmig sich theilt. Die einzelnen, aus den eben genannten Aesten hervorgehenden, Kiemenarterien treten zwischen je zwei, verschiedenen Säcken

---

1) Einer, der in drei Aeste sich spaltet z. B. bei Raja, wo dann jeder Endast des Stammes ebenfalls in zwei Aeste zerfällt. S. d. Abb. bei Monro, Vergl. des Baues d. Fische. Tb. 1. — Bei Pristis analog; der erste primäre Ast tritt zu jeder Seite neben dem Stamm in der Knorpelcapsel, die jenen aufnimmt, vorwärts.

angehörige Kiemenblattreihen; die vorderste Zungenbeinkieme erhält ihre eigene Arterie.

Bei mehren Ganoïden [2]) besitzt die Vertheilung des Kiemenarterienstammes darin eine Eigenthümlichkeit, dass die vordersten Kiemen die ersten Aeste und die dem Herzen zunächst gelegenen Kiemenblattreihen die letzten Aeste aus demselben empfangen. Das specielle Verhalten bei den einzelnen Gattungen bietet wieder Verschiedenheiten dar.

Bei den Teleostei tritt der Kiemenarterienstamm oft in einem unterhalb der *Copulae* der Kiemenbogen gelegenen, oben von jenen *Copulae*, seitlich von absteigenden Fortsätzen der untersten Glieder eines oder zweier Kiemenbogen eingeschlossenen, unten durch fibröse Haut ergänzten Canale vorwärts, der indessen bei manchen, z. B. bei den Aalen auch ganz fehlen kann. Oft, z. B. bei Salmo, gibt der Stamm zuerst einen gemeinschaftlichen Ast für die Arterien des vierten und dritten Kiemenbogens, dann die Arterie für den zweiten und endlich die durch Spaltung des Stammes entstehende für den ersten Bogen ab. Aber, statt jenes gemeinsamen Astes. können auch, wie z. B. bei Muraenophis punctata, zwei getrennte Kiemenarterien für die beiden hintersten Kiemenblattreihen vom Stamme selbst abgehen.

Was die Dipnoi anbetrifft, deren Herz gemischtes Blut enthält, so entspringen z. B. bei Rhinocryptis [3]) zwei Arterienäste aus jeder Seite des Kiemenarterienstammes; 1. ein gemeinsamer Ast für die halbe Kieme und die beiden kiemenlosen Visceralbogen und 2. ein gemeinsamer Ast für die hinteren Kiemen. — Der erste gemeinsame Ast spaltet sich in zwei Arterien, welche als Aortenbogen unter dem Schedel zur Bildung der Aortenwurzel ihrer Seite sich vereinigen. Der erste Aortenbogen gibt zuerst eine Arterie für die Halbkieme und diese letztere vor ihrem Herantreten an die genannte Kieme eine Kopfarterie ab. Aus dem ersten Aortenbogen entsteht ferner, vor seiner Vereinigung mit dem zweiten, eine *Art. carotis posterior*. Aus dem zweiten Aortenbogen entsteht eine Arterie zu den äusseren Kiemenfäden. — Der zweite gemeinsame Ast spaltet sich in zwei Kiemenarterien für den vierten und fünften kiementragenden Bogen; beider

---

2) So nach Hyrtl, (Sitzungsber. d. Acad. d. Wissensch. z. Wien. 1852. Bd. 8. S. 133.). Bei Lepidosteus, Accipenser erhält die vorderste Kieme den ersten Ast aus dem Kiemenarterienstamm, welcher nach hinten sich umbiegend, successive von vorne nach hinten den übrigen Kiemen ihre Aeste gibt. — Die Anordnung ist variabel bei den einzelnen Ganoïden, wie ich finde. Bei Spatularia tritt der erste Ast zum zweiten Kiemenbogen, der nächste zum ersten und dann folgen die Aeste für die dem Herzen näher gelegenen Bogen. Amia verhält sich ähnlich, wie Knochenfische. Ob Hyrtl's Angaben für alle Lepidostei zutreffend sind, ist zweifelhaft, da sie mit der von Müller gelieferten Abbildung (Ganoïden. Tb. V.) nicht in Einklang stehen.

3) S. Peters in Müller's Arch. 1845. S. 6. Tb. 1. Ueber Lepidosiren vergl. Hyrtl.

Enden werden zu Arterien für die äusseren Kiemenfäden; die letzte Kiemenarterie gibt noch aus ihrem oberen Ende den Ast für die letzte Halbkieme ab. — Die Lungenarterie entsteht aus der linken Aortenwurzel.

§. 103.

Die das Blut aus den Kiemen abführenden Kiemenvenen vereinigen sich, unter Mangel eines zwischengeschobenen Arterienherzens, zur Bildung der grösseren Arterienstämme des Körpers; sehr oft gehen aber schon aus einzelnen Kiemenvenen Körperarterien ab. — Die Weise des Zusammentretens der Kiemenvenen zur Bildung der *Aorta* und der, aus den vordersten derselben hervorgehenden, *Arteriae carotides* zeigt sich bei den einzelnen Gruppen der Fische verschieden.

Bei den Myxinoïden treten die meisten Kiemenvenen, nachdem jede ihren Kiemensack verlassen, zur Bildung eines unter der Axe des Wirbelsystemes gelegenen, unpaaren Längsstammes zusammen, der nicht blos hinterwärts als *Aorta descendens,* sondern auch vorwärts, als *Arteria vertebralis impar* sich fortsetzt. Ausserdem hangen alle oder die meisten Kiemenvenen jeder Seite durch eine, dem unpaaren Längsstamme parallele, Längsanastomose zusammen, die nach vorne als *Arteria carotis communis* sich fortsetzt. Die beiden *Carotides* begleiten die Speiseröhre nach vorne, unter Abgabe von Speiseröhren- und Zungenmuskelzweigen. Hinter dem Kopfe theilt sich jede *Carotis communis* in zwei Aeste: eine *A. carot. externa* für Kopfmuskeln und Zunge und eine *A. carot. interna.* Die beiderseitigen *Carotides internae* verbinden sich bogenförmig unter dem Anfange des Wirbelsystemes. In diesen Bogen mündet das Ende der *A. vertebralis impar.* Aus ihm entsteht eine unpaare Kopfarterie, welche, nach vorne sich erstreckend, Zweige für Nase, Nasengaumengang u. s. w. abgibt.

Bei Petromyzon kömmt, mit Ausnahme der ersten und letzten, jede Kiemenvene aus dem *Interstitium* zweier auf einander folgender Kiemensäcke. Die Kiemenvenen treten zur Bildung eines unpaaren Längsstammes zusammen, der nach hinten als *Aorta* sich fortsetzt, aber vorne keine *A. vertebralis impar* bildet. Die *Carotis communis* wird gebildet durch die erste Kiemenvene, welche mit einem zweiten Aste in den Anfang des unpaaren Längsstammes sich fortsetzt. Jede *A. carotis communis* theilt sich in einen äusseren und inneren Ast. Die Verbindung der beiden *Carotides internae* zur Bildung einer unpaaren Kopfarterie bleibt aus.

Bei den höheren Fischen entspricht eine Kiemenvene, mit Ausnahme derjenigen der beiden halben Kiemen, jedesmal zweien einander zunächst gelegenen Kiemenblattreihen. Bei den Elasmobranchii treten sämmtliche oder die meisten Kiemenvenen, entweder unmittelbar oder nachdem eine Vereinigung einzelner derselben zu Aortenwurzeln zu Stande gekommen, zur Bildung der *Aorta* zusammen. Die Bildung der Carotiden geschieht in verschiedener Weise. Bei Chimaera setzt die erste Kiemenvene jeder Seite (die der halben Kieme) als *Carotis posterior* in die Schedelhöhle sich fort und die zweite, welche, gleich den folgenden, zur Bildung der *Aorta* beiträgt, gibt eine in die Augenhöhle tretende *Carotis anterior* ab. Bei den Plagiostomen (Raja) entsteht die *Carotis posterior* aus einer Aortenwurzel, die durch den Zusammenfluss der beiden ersten Kiemenvenen zu Stande kömmt; sie dringt bei Raja in den *Canalis spinalis.* Die *Carotis anterior* entsteht aus den Gefässen der Pseudobranchie des Spritzloches. (S. §. 105.) — Während bei den Chimären und Rochen die beiden *Carotides posteriores* unter einander unvereinigt bleiben und demnach kein vorne geschlossener *Circulus cephalicus* zu Stande kömmt, fliessen sie bei den Haien unter der Schedelbasis zusammen und geben der Hirnarterie Ursprung.

Bei den Ganoïden, wo die Kiemenvenen, indem sie die Bildung der *Aorta* besorgen, wiederum manche eigenthümliche Verhältnisse zeigen, geschieht die Bildung der Carotiden auf ähnliche Weise, wie bei den Plagiostomen. Bei Lepidosteus kömmt noch eine dritte Hirnarterie aus dem Aorten-Anfange.

Bei den bisher untersuchten Teleostei hat durch die Kiemenvenen die Bildung eines ausserhalb der Schedelhöhle gelegenen arteriellen, vorne und hinten geschlossenen Gefässkreises (*Circulus cephalicus*) Statt. Es treten hier nämlich Kiemenvenen jeder Seite zur Bildung des Aorten-Anfanges zusammen und gehen auch vorne über dem *Os sphenoïdeum* durch eine auf Kosten der vordersten Kiemenvene jeder Seite gebildete Queranastomose in einander über. Der so entstandene Kreis kann weiter oder enger sein. Weit ist er da, wo die sämmtlichen Kiemenvenen jeder Seite zu einem Bogen zusammentreten, und wo beide Bogen vorn durch einen Querast, hinten durch ihre Vereinigung zum Aorten-Anfange sich verbinden, wie z. B. bei Gadus, Lota; enger ist er da, wo jeder der zur Bildung der *Aorta* zusammenstossenden Bogen nur aus den beiden vordersten Kiemenvenen seiner Seite gebildet wird und wo die letzten Kiemenvenen erst in den Anfang der *Aorta* sich einsenken, wie bei Scomber, Salmo u. A.

§. 104.

Die *Aorta* erscheint bald als selbstständiger, freier, von eigenen Häuten allseitig und vollständig umgebener Gefässstamm — und dies ist, mit Ausnahme einiger Familien, das gewöhnlichste Verhalten bei den Teleostei [1]) —, bald strömt das arterielle Blut, ohne überhaupt von den gewöhnlichen discreten Gefässhäuten umgeben zu sein, in einem von absteigenden Fortsätzen des Wirbelsystemes gebildeten Canale; bald endlich findet gewis-

---

1) Z. B. bei Perca, Cottus, Cyclopterus, Gadus, Belone, den Aalen, Lophius u. A.; bei letzterem Fische tritt die *Aorta* sehr bald in die an der Basis des Rumpftheiles der Wirbelsäule befindliche Rinne.

sermaassen eine Fusion dieser beiden Verhältnisse Statt, indem die *Aorta* einer selbstständigen dorsalen Wand ermangelnd, blos abwärts von freien Gefässhäuten umschlossen wird, welche einer ventralen Aushöhlung der Wirbelkörper, die die obere Begrenzung der hier ganz dünnhäutigen *Aorta* bildet, angefügt sind.

In einem von absteigenden und unten geschlossenen Fortsetzungen des Wirbelgerüstes gebildeten Canale strömt das Blut bei Accipenser und Spatularia. Der Anfang des Aortencanales, in den die Kiemenvenen münden, liegt unter dem Schedel, zuerst abwärts durch den Basilarknochen geschlossen. Dann bildet eine kurze Strecke weit eine fibröse Membran seine untere Begrenzung; bald aber sind es die durch Schaltknorpel ergänzten abwärts gebogenen und völlig verbundenen unteren Wirbelbogenelemente, die ihn unten schliessen. Längs der ganzen Ausdehnung des Aortencanales ragt in seine Höhle hinein ein dorsales, vorn von der Schedelbasis ausgehendes elastisches Längsband, das oben an Hautfalten haftet, deren Fortsetzung, als sehr dünnes, aus elastischen Fasern, Bindegewebsfibrillen und Zellen gebildetes *Perichondrium*, die Innenwand des Knorpelcanales, dem sie dicht anliegt, überzieht.

Bei manchen Squalidae und mehren Teleostei, z. B. bei Esox, Alosa, Clupea, Silurus u. A. liegt die *Aorta* eingebettet in einer Vertiefung der Wirbelkörper. Zu den Seiten dieser Vertiefung finden sich z. B. bei Esox fibröse Längsleisten. Die *Aorta* besitzt bei diesem Fische nur abwärts eine eigene äussere Haut. Sie erscheint von Stelle zu Stelle angeschwollen, ausgebuchtet, sinuös. Jede solche Erweiterung wird von der nächstfolgenden durch eine seichte Einschnürung getrennt. Solche Einschnürung kömmt dadurch zu Stande, dass von der fibrösen Leiste der einen Seite zu der der anderen eine schmale Querbrücke von faserigem Gewebe sich hinüberzieht. Der zwischen je zwei solchen Brücken gelegene Abschnitt der *Aorta* ist also durch das Blut ausdehnbarer, als der von ihnen umspannte. — Innerhalb des Canales der *Aorta* findet sich bei Esox, Clupea, Alosa, Coregonus, Salmo, Silurus u. A. ein ganz ähnliches fibröses, elastisches Längsband, wie beim Stör. Es beginnt am Schedel unter der vorderen Grenze des *Os occipitale basilare* und erstreckt sich längs des ganzen Wirbelstammes nach hinten. Als eine unmittelbare Fortsetzung der Basis dieses Bandes erscheint die elastische Arterienhaut [2]). — Obschon bei den Cyprinen die *Aorta* von den Wirbelkörpern mehr isolirt ist und das fibröse Längsband fehlt, bildet sie doch von Stelle zu Stelle Sinuositäten; der ventralen Seite eines Wirbelkörpers entspricht die Verengerung, der Verbindungsstelle zweier Wirbel die Erweiterung.

---

2) Besonders geeignet zur Erkenntniss dieses Verhältnisses sind grosse Exemplare von Silurus glanis.

Wenn die *Aorta* frei liegt, verläuft sie nicht immer genau längs der Mitte der Wirbelsäule; denn z. B. bei Belone ist sie ganz nach der linken Seite hinübergetreten.

§. 105.

Was die peripherischen Arterienäste anbelangt, so treten dieselben theils aus einzelnen Kiemenvenen vor ihrer Vereinigung zu einem gemeinsamen Stamme (der *Aorta*), theils aus diesem letzteren hervor. — Der *Arteriae carotides posteriores* ist bereits kurze Erwähnung geschehen [1]. — Eine der wichtigsten Kopfarterien ist die aus dem ventralen Ende der ersten Kiemenvene hervorgehende *Arteria hyoïdea* [2]. Sie durchbohrt bei den Teleostei (z. B. bei Gadus, Esox) zuerst das untere Ende des Zungenbeines, folgt dem oberen Rande seines Bogens, durchbohrt das *Os temporale*, erscheint an der inneren Seite des Kiemendeckels, gibt hier *Rami operculares* ab und tritt zu der gewöhnlich vorhandenen Nebenkieme, nachdem sie Verbindungszweige aus dem *Circulus cephalicus* oder der *A. carotis posterior* erhalten. Nun vertheilt sie sich, analog einer Kiemenarterie, in den Federchen oder Blättchen der Nebenkieme. Aus diesen letzteren führen *Arteriae revehentes* das Blut ab und sammeln sich in einen Stamm, welcher durch einen über dem *Os sphenoïdeum basilare* gelegenen *R. communicans* mit dem der entgegengesetzten Seite in Verbindung steht. Jede *Arteria revehens* wird jetzt zu einer *Arteria ophthalmica magna*, welche, ohne Abgabe von Nebenzweigen, neben dem *N. opticus*, in den Augapfel tritt. Hier löset sie sich wiederum ganz wundernetzartig auf in den arteriellen Theil des merkwürdigen hier gelegenen Gefässkörpers: der sogenannten *Glandula chorioïdalis*; diese gibt die arteriellen Gefässe für die *Chorioïdea* ab, während der Iris Blut aus anderen Arterien (des *Circulus cephalicus* der *Carotis posterior*) zugeführt wird. Die aus der *Chorioïdea* kommenden venösen Gefässe lösen sich wiederum in der Chorioïdealdrüse wundernetzartig in Reiser auf, welche deren venösen Theil bilden. Dies venöse Blut der *Chorioïdea* sammelt sich endlich in eine *Vena ophthalmica magna*, die die Vene der Iris und später auch die der Augenmuskeln aufnimmt und das Blut durch die *Vena jugularis* zum Herzen zurückführt. Beim Stör und bei den Plagiostomen beschränkt sich die peripherische Vertheilung der aus der Pseudobranchie kommenden *Arteria revehens* nicht blos auf die *Chorioïdea*, sondern sie zerfällt in eine *A. ophthalmica* und in eine

---

1) In Bezug auf ihr näheres Verhalten verweise ich auf Müller, Gefässsyst. d. Myxinoïd.; bei Knochenfischen schildert es Hyrtl, l. c. S. 88.

2) S. über dieselbe Hyrtl, Med. Jahrb. d. Oesterr. Staates. Bd. 15. 1838.; über das Verhalten der *Arteriae Ophthalmicae* und die Chorioïdealdrüse aber die genannte Schrift von Müller und die daselbst gegebenen Abbildungen.

Hirnarterie (*A. carotis anterior*). Jene vertheilt sich auch in den Umgebungen des Auges.

Andere, aus einzelnen Kiemenvenen hervorgehende, Aeste sind z. B. gerade nach vorne sich erstreckende oberflächliche Kopfarterien bei Raja [3]; eine *Arteria epigastrica* bei Lucioperca und Aspro [4].

Die Arterien der Extremitäten (*A. subclaviae*) sind in ihrem Ursprunge unbeständig. Sie entspringen z. B. bei Esox aus einem gemeinsamen Stamme der beiden vorderen Kiemenvenen einer Seite; bei Gadus aus jeder Aortenwurzel; bei Perca, bei Raja aus dem ersten Anfange der *Aorta* selbst, oft unsymmetrisch und so, dass die der linken Extremität rechterseits entspringt, wie bei Perca, beim Aal u. s. w. Ein merkwürdiges Verhalten zeigt die vorderste, aus jeder Seite der *Aorta* entspringende Arterie bei Lophius piscatorius, indem sie nach Abgabe eines dorsalen aufsteigenden Zweiges in zwei Hauptäste sich spaltet: eine *Arteria brachialis* und eine in Begleitung des tiefen Astes des Seitennerven längs den Rumpfmuskeln bis zum Schwanzende sich erstreckende und zahlreiche Seitenzweige abgehende *Arteria lateralis* [5].

Aus dem Stamme der *Aorta* entspringen innerhalb der Rumpfhöhle gewöhnlich folgende Arterienstämme: 1. *Arteriae subclaviae*; 2. eine *Arteria coeliaco-mesenterica*, welche aber z. B. bei Lota, Gadus callarias u. A. auch aus der rechten Aortenwurzel hervorkommen kann. Sie vertritt bei Accipenser und bei den bisher untersuchten Teleostei die *Arteria coeliaca* und *mesenterica anterior* zugleich, während bei Raja eine eigene *A. mesenterica anterior* neben ihr vorkömmt; 3. eine *Art. mesenterica posterior*. — Ausser diesen grösseren Arterien, entstehen aus ihr, meistens sehr unregelmässig, einzelne Arterien für den Kopf, für die Wandungen des Schlundes, für die Nieren, so wie auch die *Arteriae intercostales*, welche aber, eben so wenig, als die übrigen Arterien, regelmässig angeordnet sind oder einem bestimmten Intercostalraume folgen. Sehr bedeutend sind endlich temporär zur Zeit der Trächtigkeit die, ebenfalls rücksichtlich ihres Ursprunges variirenden, Arterien der Geschlechtstheile. — Der Schwanztheil der *Aorta*, welcher als *Art. caudalis* in den Canal der absteigenden Wir-

---

3) S. Monro, Tb. 1. Fig. 5. B. — 4) Beschrieben von Hyrtl, l. c.

5) Als ich zuerst auf die Existenz dieser Arterie hinwies, habe ich ihren Ursprung nur ungenau nach Untersuchung eines ganz verstümmelten Exemplares des Lophius schildern können. Müller's Archiv 1848. Der weite Aortenanfang dieses Fisches entsteht durch die Vereinigung zweier Bogen; jeder ist hauptsächlich gebildet durch die zweite Kiemenvene, die indessen einen starken *R. communicans* der vordersten Kiemenvene aufgenommen hat. Das dritte Kiemenvenenpaar senkt sich streng genommen, nicht in den Anfang der *Aorta*, sondern in den Anfang der von dieser sogleich ausgehenden *Art. coeliaco-mesenterica*. Jederseits von dem weiten Aortenanfange entspringt die oben erwähnte Arterie; sie ist fast so weit, als die hintere Fortsetzung der *Aorta*.

belbogenschenkel sich fortsetzt, gibt die den Körperwandungen bestimmten Arterien ab.

Eigenthümlich sind die an einzelnen Arterien beobachteten Wundernetzbildungen. — Bei Lamna cornubica [6]) sind zwei linkerseits entspringende *Arteriae intestinales* (*coeliaca* und *mesenterica anterior*) vorhanden, welche durch zwei Rumpfarterien verstärkt werden. Diese arteriellen Gefässe lösen in zwei beträchtliche, dicht unter dem *Diaphragma*, vor dem Schlunde liegende Wundernetze sich auf, aus welchen zwei Arterienstämme hervorgehen, die das Blut sofort zu Leber, Magen, Darm, Milz und *Pancreas* führen.

Bei Thynnus vulgaris [7]) tritt die *Arteria coeliaco-mesenterica* zur concaven Fläche der Leber und theilt sich in zwei Hauptäste, welche theils *Arteriae hepaticae* abgeben, zum grössten Theile aber in subhepatische Wundernetze sich begeben, deren arteriösen Theil sie bilden. Aus diesen Wundernetzen sammeln sich wieder arterielle Stämme von viel dünneren Wandungen, die, in Begleitung der Venen, am Magen, Darm, an der Milz und an den *Appendices pyloricae* sich vertheilen.

§. 106.

Die das venöse Blut zu dem Herzen zurückführenden Körpervenenstämme sammeln sich in zwei kurze, weite Quergefässe, welche mit den Lebervenen und bisweilen auch mit anderen selbstständig bleibenden Venen in den *Sinus venosus communis* sich vereinigen, der unmittelbar mit dem Vorhofe des Herzens communicirt. Jene Quergefässe sind die *Trunci transversi* oder *Ductus Cuvieri*, von denen jeder meist symmetrische, seltener unpaare Venenstämme aufnimmt.

Bei symmetrischer Entwickelung des Venensystemes tritt in jeden *Truncus transversus* eine vom Kopfe absteigende *Vena vertebralis anterior s. jugularis* und eine aus der Rumpfgegend aufsteigende *Vena vertebralis posterior*. Beide sind meist subvertebral, selten, wie bei Petromyzon und Ammocoetes, supravertrebral. — Bisweilen ist aber die symmetrische Entwickelung der *Trunci transversi* gestört, indem die vordere und hintere Vertebralvene nur an einer Seite zusammentreten, wie dies z. B. bei den Myxinoïden linkerseits geschieht.

Jede *Vena vertebralis anterior* nimmt das Blut auf aus dem Hirne, dem Schedel, der Augenhöhle, der Zungenbeingegend, oft auch von den Kiemenbogen und dem Schlundkopfe. — Verstärkt wird sie häufig,

---

6) S. Müller, Gefässsyst. d. Myx. S. 99.

7) Aehnlich bei Th. brachypterus. S. Eschricht u. Müller in d. Abh. d. Berl. Acad. d. Wissensch. A. d. J. 1835. Aus den Hauptästen der *Art. coeliaco-mesenterica* gehen in stumpfen Winkeln unzählige dünne Röhrchen hervor, welche, mit ähnlichen Wundernetzröhren der Pfortaderstämme, schwammige Kegel bilden, aus deren Spitze die Arterienäste wieder hervorgehen.

doch bei weitem nicht immer, durch die in sie einmündende *Vena subclavia*, welche wieder verschiedene untergeordnete Venen aufzunehmen pflegt und auch selbstständig in den *Truncus transversus* einmünden kann. — Bisweilen stehen die beiden *Venae vertebrales anteriores* durch eine Queranastomose mit einander in Verbindung.

Das System der *Venae vertebrales posteriores* nimmt das Blut aus den Nieren, oft auch unmittelbar aus den Rumpfwandungen, ferner meistens die Venen der Geschlechtstheile und der Schwimmblase auf. Bisweilen, wie bei Petromyzon, bei den Plagiostomen, bei Accipenser, bei Diodon sind die beiden *Venae vertebrales posteriores* von etwa gleicher Stärke; bei den meisten Teleostei z. B. Gadus, Lota ist die rechte [1]) umfänglicher als die linke. Letztere stellt oft nur einen ganz untergeordneten kurzen Zweig dar, der aus dem vorderen Theile ihrer Niere hervorkömmt, wie bei Salmo salar, beim Häring, bei Alosa, bei Esox, bei Anguilla, oder ist fast ganz durch die rechte sehr starke Vene verdrängt, wie bei Belone, bei Silurus, bei Ammodytes. In diesen Fällen ergiesst sich das Blut der linken Körperhälfte durch untergeordnete Gefässe zumeist oder fast ausschliesslich in die *Vena vertebralis posterior dextra*. Letztere ist aber, wie z. B. bei Belone, anfangs nicht rechterseits gelegen, sondern nimmt die Mitte beider Nieren ein und wendet sich erst später nach rechts.

Die beiden *Venae vertebrales posteriores* oder die rechte Vene führen dem Herzen zugleich das aus der *Vena caudalis* stammende Blut zu. Bei manchen Fischen, z. B. bei den Cyclostomen und den Plagiostomen erscheinen die beiden Vertebralvenen als unmittelbare Fortsetzungen der Schwanzvene. Bei vielen anderen Fischen, namentlich vielen Teleostei löset sich jedoch der Stamm der *Vena caudalis* bei seinem Austritte aus dem Canale der unteren Bogenschenkel, als *Vena renalis advehens*, pfortadermässig [2]) in viele untergeordnete Zweige auf, welche in den Nieren

---

1) Nach den Beocachtungen von Baer (Entwickelungsges. d. Fische. S. 28.) sind bei Cyprinus blicca die beiden hinteren Vertebralvenen ursprünglich symmetrisch; aber schon am vierten Tage ist die linke auffallend kleiner, als die rechte.

2) Dieses Verhalten der Venen ist zuerst kurz geschildert worden durch L. Jacobson, de systemate venoso peculiari in permultis animalibus observato. Hafn. 1821. Abgedruckt in d. Isis. 1822. S. 114. — Er fand eine Bestätigung durch die Untersuchungen von Nicolai, Isis. 1826. S. 411., der bei Lota und Silurus die vollständige Vertheilung der *Vena caudalis* in die Nierensubstanz beobachtete, bei Esox zugleich den unmittelbaren Uebergang eines Astes der *V. caudalis* in die *V. vertebralis* und beim Karpfen den Mangel einer Auflösung des Schwanzvenenstammes in Nierenvenenzweige wahrnahm. — Cuvier u. Meckel bezweifelten die Richtigkeit der Angaben und auch ich konnte mich von derselben Anfangs nicht überzeugen, habe indessen bereits in der vorigen Auflage dieses Buches S. 479. meine veränderten Ansichten ausgesprochen und beispielsweise Cyclopterus und Diodon als solche Fische genannt, bei denen die Untersuchung leicht zu dem affirmativen Ergebnisse führt, auch die von

sich vertheilen, um in kleinere oder grössere Stämme (***Venae renales revehentes***) wieder gesammelt, die Wurzeln der ***Venae vertebrales posteriores*** und namentlich der rechten Vene zu bilden. Unter den einheimischen Teleostei sind es besonders die Gattungen Lota, Silurus, Cyclopterus, Cottus, bei denen man dies im Einzelnen wieder sehr variabele Verhalten studiren kann. Viele ausländische Teleostei zeigen wesentlich dieselbe Anordnung. — Aber die ausserordentliche Mannichfaltigkeit der Bildungsverhältnisse der Fische offenbart sich auch in manchen weiter abweichenden Verhältnissen, wie sie z. B. bei Lepidosiren [3]) beobachtet sind.

Die ***Vena caudalis*** und die ***Venae vertebrales*** nehmen successive Venen der Rumpfwandungen auf. Aber keinesweges tritt aus jedem Intercostalraume eine entsprechende Vene immer einzeln in die Nierenmasse, um später in eine ***Vena vertebralis*** sich zu ergiessen, sondern sehr gewöhnlich, z. B. bei Salmo salar, vereinigen sich zwei bis vier einzelne Intercostalvenen zu einem in die Nierensubstanz eintretenden Stamme. Bei vielen Fischen, namentlich bei den Plagiostomen, bei Esox, bei Belone, bei Alosa u. A. durchsetzen diese Aeste die Nieren jedoch nicht einfach, um in die Venenstämme sich zu ergiessen, sondern lösen zuvor in untergeordnete Zweige sich auf, welche dann als solche, oder wieder in dickere Aestchen (***Venae renales revehentes***) gesammelt, in die Stämme eintreten [4]). — Auch bei Accipenser treten in die ***Venae vertebrales*** nicht sowol stärkere venöse Stämme, sondern die ***Lumina*** der letzteren sind, selbst in der Gegend, wo die ***V. vertebralis posterior*** die vordere Grenze der Niere bereits weit überschritten hat, von sehr zahlreichen feinen und engen Oeffnungen durchbrochen. Ueberhaupt hat man an sehr vielen Theilen des Fischkörpers Gelegenheit sich zu überzeugen, dass die zu Stämmchen vereinten Venen abermals zerfallen, ehe sie in grössere rückführende Venen übergehen.

---

den gewöhnlichen, abweichenden Verhältnisse der Nieren dieser Fische nicht unerwähnt gelassen. — Hyrtl ist gleichfalls zu dem Resultate gelangt, dass bei Diodon, Tetrodon, Triacanthus, Muraena, Pterois, Cepola, den Pediculati und einigen Siluroïden alles Blut des Schwanzes durch das Capillargefässsystem der Nieren strömen muss. (S. Hyrtl das uropoëtische System der Knochenfische. S. 11.) Hyrtl's Schrift enthält noch ein zahlreiches und treffliches Detail. — Bonsdorff, Act. soc. fennic. 1851. hat seitdem eine Untersuchung von Lota gegeben, wo die ganze Caudalvene in die Niere pfortadermässig sich vertheilt. Ich kann nicht nur dieses Factum bestätigen, sondern auch für Silurus glanis, gleich Nicolai, dasselbe angeben. — Auch in dieser Hinsicht scheint mir die Zahl der individuellen und temporären Abweichungen nicht gering zu sein; bei Esox z. B. ist es mir bisher nur gelungen, die Vertheilung von Rumpfvenen in die Nierensubstanz zu finden. Agassiz und Vogt sprechen sich für Coregonus sehr bedenklich über dies Verhältniss aus. — Ueber das Nierenpfortadersystem von Lepidosiren s. Hyrtl, S. 43.

3) S. die nähere Schilderung bei Hyrtl Lepidosiren, S. 39.

4) S. Analoge Angaben l. bei Jacobson u. Hyrtl.

Eine solche sogenannte pfortadermässige Vertheilung kleinerer Venen gewahrt man z. B. in den Nebennieren der Rochen, in der schwammigen Drüsenmasse, welche die *Venae vertebrales* des Störes begleitet, in der Schwimmblase vieler Teleostei und in manchen anderen Körpertheilen.

Untergeordnetere Venen, die bei einzelnen Fischen eine grössere Selbstständigkeit erlangen, sind die *Venae epigastricae* und die *Venae jugulares inferiores.*

Die *Vena jugularis inferior* [5]), welche das Blut vom Zungenbeine, vom unteren Theile des Kiemendeckels, von den Muskeln der Kiemengegend, aus den *Venae bronchiales* und aus den *Venae nutritiae* der Kiemenbogen aufnimmt, ist entweder paarig oder einfach. In ersterem Falle ergiesst sie sich in die *Trunci transversi*, wie z. B. bei Esox, bei Perca u. A., in letzterem in den *Sinus communis venarum*, wie z. B. bei den Cyclostomen, bei Thynnus, bei Cottus.

Venae epigastricae erlangen bisweilen eine bedeutende Stärke; z. B. bei Loricaria [6]).

Die Venen der keimbereitenden Geschlechtstheile, welche zur Zeit der Reife der Zeugungsstoffe gewöhnlich eine ausserordentliche Stärke besitzen, münden häufig ein in die *Venae vertebrales*, wie z. B. bei Belone, Salmo, zeigen aber bei anderen Fischen, wie z. B. bei Petromyzon und bei manchen Knochenfischen in Bezug auf ihre Einmündungsstelle ein abweichendes Verhalten.

Die Lebervenen, welche das System der *Vena cava inferior* höherer Wirbelthiere repräsentiren, senken sich selbstständig und zwar gewöhnlich mit zwei oder drei Aesten, deren jeder das Blut aus einem Leberlappen sammelt [7]), seltener zu einem einfachen Stamme verbunden, in den *Sinus communis venarum*, der also, indem er sowol dem Wirbelsysteme, als auch dem Visceralsysteme angehörige Venen aufnimmt, einen gemeinsamen, indifferenten Sammelpunkt des venösen Blutes darstellt.

Bemerkenswerth sind die Wundernetzbildungen an den Lebervenen einiger Fische.

Bei Lamna cornubica löset sich der grösste Theil des aus der Leber zurückkehrenden venösen Blutes vor dem Erguss in das Herz wieder pfortadermässig in ein Wundernetz auf, das dem oberen Ende der Leber dicht aufsitzt. Indessen geht eine Vene an diesem Netze vorüber, ohne zu zerfallen. — Bei Thynnus haben die feineren Lebervenen einen gestreckten

5) Es ist dies die sogenannte du Verney'sche Vene. S. Hist. de l'Acad. roy. de Paris 1699. p. 300. Müller, Gefässsyst. d. Myx. S. 28. Agassiz u. Vogt, Anatom. des Salmon. p. 128. Mt. Abb. Ueber die *Venae bronchiales* s. ebenfalls genauere Angaben bei Müller u. Agassiz.

6) Auch bei Belone, wo sie in den linken *Truncus transversus* sich ergiesst.

7) S. Näheres b. Rathke in Meckel's Archiv 1827. S. 150.

Verlauf; sie sammeln sich in gleichfalls strahlenförmig angeordnete Zweige, welche in beträchtliche sinuöse Erweiterungen der Lebervenenstämme übergehen [8]).

Eine Eigenthümlichkeit der Gattung Petromyzon ist der Besitz eines weiten Sackes [9]), welcher unter der *Aorta* und den *Venae vertebrales posteriores* liegt, von dessen Wänden zugleich das *Suspensorium* des Hoden und Eierstockes ausgeht. Mit den Venenstämmen communicirt er durch zahlreiche Oeffnungen, scheint auch Blut aus den Nieren und Geschlechtstheilen aufzunehmen. Verwandt ist ein gleichfalls mit den *Venae vertebrales posteriores* communicirender, inwendig zelliger Blutbehälter bei der Gattung Raja [10]), der über den Geschlechtstheilen liegt.

[Ueber das Venensystem der Fische vgl. man, ausser den Schriften von Cuvier, Jacobson, Müller, Agassiz u. Vogt, Hyrtl, dessen Abhandlung über das uropoëtische System der Knochenfische auch in die Verhältnisse des Venensystemes eingeht. — Interessante Beobachtungen über Entwickelungsverhältnisse des Venensystemes theilt Baer (Entwickelungsgesch. d. Fische. S. 24. u. 28.) mit. Bei Güstern beobachtete er anfangs, statt einer im Canale der unteren Bogenschenkel gelegenen Schwanzvene, eine tiefer abwärts an der Basis der unteren Dornen gelegene tiefe Schwanzvene. Die in sie eintretenden Venen bilden ein reiches Gefässnetz. In der fünften und sechsten Woche erst ist die tiefe Schwanzvene viel blutärmer geworden. S. auch Baer, Ueber Entwickelungsgesch. d. Thiere. Thl. II. S. 300.]

§. 107.

Das Leberpfortadersystem [1]) wird gebildet aus den venösen Gefässen des *Oesophagus*, des Magens, des Darmcanales und seiner Anhänge, der Gallenblase, der Milz; nicht selten werden aber die Wurzeln des Pfortadersystemes verstärkt durch Venen der Schwimmblase [2]), der Genitalien [3]), der Bauchwandungen [4]). — Bei vielen Fischen vereinigen sich diese Ge-

---

8) S. Müller u. Eschricht l. c. S. 6. S. ebendaselbst Angaben über die Gefässverhältnisse des Alopias vulpes.

9) Vgl. Rathke, Bau der Pricke. S. 48. u. S. 70. Abb. Fig. 53.

10) S. Monro, Vergleichg. d. Baues d. Fische. Tb. 2. — N. Guillot in den Comptes rendus. XXI. p. 1179.

1) Ueber das Leberpfortadersystem der Knochenfische s. vorzüglich Rathke in Meckel's Archiv f. Anat. u. Physiol. 1826. S. 126 ff. u. Bonsdorff, in den Act. societ. fennic. Helsingf. 1851. über das Pfortadersystem bei Lota.

2) Z. B. beim Dorsch, bei Lota.

3) Bei Myxine; bei Perca, Blennius, Cobitis, Cyprinus, Osmerus nach Rathke. — Bei Silurus sah Nicolai, Isis. 1826. S. 413. einen Ast aus der *V. caudalis* zur Pfortaderwurzel werden.

4) Müller hebt dies als eine Eigenthümlichkeit der Myxinoïden hervor; ich finde dies Verhalten aber sehr häufig bei unseren einheimischen Teleostei. So z. B. treten bei Salmo, Alosa, Clupea, Venen aus der Beckengegend und der zwischen ihr und dem After gelegenen *Regio epigastrica* in die Darmvene; dazu kommen bei Alosa noch

fässe zu einem gemeinsamen Pfortaderstamme [5]), ehe sie in die Leber treten. Bei anderen Fischen, und zwar namentlich bei vielen Teleostei, treten die zur Bildung des Pfortadersystemes beitragenden Venen einzeln oder in wenige Stämme gesammelt [6]), zur Leber. — Besondere Eigenthümlichkeiten des Pfortadersystemes einzelner Fische sind Folgende: Bei Myxine ist der Pfortaderstamm herzartig contractil. Er liegt hinter der Bauchfellfalte, unter welcher der Eingang aus der Bauchhöhle in den Herzbeutel sich befindet. Der Stamm der Pfortader bildet eine sackförmige Erweiterung und setzt dann als Gefäss für die Leber sich fort. Bei der Contraction zieht zuerst der Stamm der Pfortader gegen die sackförmige Erweiterung hin sich zusammen; dann erfolgt sogleich eine Zusammenziehung der letzteren in der Richtung gegen die Leber hin. Die der Leber zugewendete gefässförmige Verlängerung hat keinen Theil an der Contraction. Merkwürdigerweise ermangelt der contractile Pfortaderstamm quergestreifter Muskelfasern und besitzt nur gelbliche gebogene Faserbündel [7]). — Bei einigen Arten von Thunfischen [8]) gehen die vom Magen, von der Milz, vom Darme, von den *Appendices pyloricae* kommenden Venen einzeln über in grosse Pfortaderwundernetze die, an der unteren Seite der Leber gelegen, acht Gefässkegel bilden.

Einen eigenthümlichen Verlauf hat die Darmvene bei Petromyzon und einigen Squalidae [9]); bei jenem liegt sie in der der Längsrichtung des Darmes folgenden Falte, bei diesen in der eigenthümlich gerollten Spiralklappe des Darmes.

Venen aus der vorderen *Regio epigastrica*, welche in die Venen der *Appendices pyloricae* einmünden; zahlreiche Venen aus beiden Gegenden münden bei Abramis brama direct in die einzelnen Pfortaderzweige der Leber. — Anstatt dass also bei Amphibien die ganze *Vena abdominalis inferior s. epigastrica* eine Wurzel des Pfortadersystemes abgibt, treten bei Fischen viele einzelne kleine Bauchdeckenvenen in die Pfortader. Ich mache ausdrücklich auf diese wiederholt und sehr sicher beobachteten Thatsachen aufmerksam.

5) Z. B. bei Petromyzon, Raja, Acerina, Lota, Anguilla.

6) Am weitesten ist die Isolirung gediehen bei den Cyprinen, wo die Leber vielfach getheilt und gleichsam zerrissen ist. Nähere Angaben s. bei Rathke l. c.

7) S. Müller, Eingeweide d. Fische. S. 6. u. Gefässsyst. d. Myxinoïd. S. 18.

8) Bei Thynnus vulgaris und Th. brachypterus. S. Müller u. Eschricht in d. Abhandl. d. Acad. d. Wissensch. z. Berlin. 1835.

9) Duvernoy, der, wie Meckel, diese Bildung bei Carcharias, Galeocerdo, Zygaena und einigen anderen Haien beobachtete, glaubt eine Belegung der Vene mit longitudinalen oder etwas spiralförmig gekrümmten Muskelfasern erkannt zu haben. S. Ann. des scienc. nat. 1835. T. III. p. 274.

II. Vom Lymphgefässsysteme.

§. 108.

Mit Ausnahme des durch Besitz hellen farblosen Blutes ausgezeichneten Branchiostoma sind bei allen bisher untersuchten Fischen Lymphgefässe aufgefunden worden und bei manchen Fischen hat das Lymphgefässsystem selbst eine vorwaltend grosse Ausbildung. — Ob und in wie ferne manche locale Anhäufungen eines hellen dünnflüssigen oder gallertartigen Blastemes, wie sie z. B. in der Augenhöhle vieler Fische (von Gadus, von Lota, von Esox), oder unterhalb der häutigen Bedeckungen des Schedels, (bei Lota), oder in der Umgebung des Herzens (wie bei Accipenser, Spatularia) oder in den Umgebungen des Gehirnes (wie bei vielen Teleostei) u. s. w. vorkommen, zum lymphatischen Gefässsysteme in Beziehung stehen, bedarf weiterer Untersuchungen. Eben so wenig ist es bisher aufgeklärt, ob der sogenannte Blutbehälter in der Rumpfhöhle von Petromyzon, ein Lymphsack sei oder nicht. — Bei einigen Fischen umgeben Lymphbehälter grössere und kleinere arterielle Gefässe scheidenartig. — Was die Hauptstämme anbetrifft, so ist bei den Myxinoïden [1]) ein unter der *Chorda dorsalis*, über der *Aorta* gelegener Lymphgefässstamm beobachtet, der vorne in zwei bis zum Kopfe vordringende Zweige sich spaltet, die Gefässe abgeben, welche den *Ligamenta intermuscularia* folgen. — Bei den übrigen Fischen sind die Stämme der Körperhöhlen von den an der Körperoberfläche gelegenen zu unterscheiden. Was jene anbetrifft [2]), so kommen zahlreiche lymphatische Gefässe von den verschiedenen Theilen des Darmcanales, welche längs der *Art. coeliaco-mesenterica*, vielfache Verbindungen mit einander eingehend, sich erstrecken und unter dem Schlunde zu einem Behälter sich vereinigen, aus welchem paarige Aeste zu den *Trunci transversi venarum* herantreten. Andere lymphatische Längsgefässe verlaufen innerhalb des *Canalis spinalis* [3]). — Die peripherischen Stämme zerfallen in die des Rumpfes und die des Kopfes. Unter den ersteren sind am bemerkenswerthesten: 1. zwei Seitenlängsstämme [4]). Jeder derselben liegt bei der Mehrzahl der Knochenfische in dem Spalt zwischen

---

1) S. Müller, Gefässsyst. d. Myxinoïd. S. 18.

2) Zahlreiche Abbildungen dieser Gefässe finden sich bei Monro (Vgl. d. Baues d. Fische.), so wie auch bei Fohmann. Etwa gleichzeitig mit Monro beschrieb sie ähnlich Hewson (Philos. Transact. Vol. LIX.)

3) Diese sind abgeb. bei Hyrtl, Müller's Archiv. 1843. Tb. 10. Fig. 2.

4) Diese Seitenlängsstämme sind von Monro u. Hewson mit grosser Sorgfalt beschrieben. Beiden genannten Anatomen waren die eintretenden Quergefässe bekannt. Auf letztere hat neuerlich wieder Hyrtl hingewiesen, der zugleich peripherische Geflechte derselben im Umkreise der Schuppenbasis schildert. — Agassiz und Vogt (Anat. d. Salm. p. 136.) haben sich von der Existenz der Quergefässe nicht über-

der dorsalen und ventralen Hälfte des Seitenmuskels, begleitet demnach den *Truncus lateralis N. vagi*. Jeder Seitenlängsstamm empfängt zahlreiche Quergefässe, welche genau den *Ligamenta intermuscularia* in ihrem Verlaufe folgen. Letztere Quergefässe bewirken eine Communication mehrer mehr dorsal gelegenen Längsgefässe mit dem Seitenlängsstamme.

2. ein unpaarer epigastrischer Längsstamm [5]), welcher, von dem After aus, zwischen den ventralen Hälften der beiden Seitenmuskeln nach vorne verläuft und bis zum Schultergürtel sich erstreckt. Hinten münden Gefässe der Afterflosse in ihn ein; in der Rumpfgegend nimmt er Quergefässe auf, welche dem Verlaufe der *Ligamenta intermuscularia* folgen.

Ausser den genannten Hauptlängsstämmen kommen 3. untergeordnetere oberflächliche Längsstämme [6]) vor. Ihre Lagenverhältnisse fallen zusammen mit gewissen Verhältnissen der Muskeln. Zunächst liegt ein Längsstamm da, wo die *Ligamenta intermuscularia* der dorsalen, wie auch der ventralen Hälfte des Seitenmuskels in Winkeln sich umbiegen und folgt der Reihe dieser Winkel; ein anderer liegt zwischen der oberen Grenze des Seitenmuskels uud dem Längsmuskel der Rückenflosse; oder längs der Basis der Rückenflosse. In alle diese Längsgefässe münden Quergefässe ein, welche dem Verlaufe der *Ligamenta intermuscularia*, oder den Interstitien der Muskeln, an der Rückenflosse auch dem Verlaufe der Strahlen derselben, folgen. Es stehen also die verschiedenen subcutanen Längsstämme durch Systeme von Quergefässen in sorgsam angeordneter Verbindung.

4. Längs der Basis der Brustflossen liegt ein weiter, ihre ganze Breite einnehmender *Sinus*, in welchen zahlreiche zwischen, den Flossenstrahlenmuskeln verlaufende, Gefässe einmünden.

Was den peripherischen Kopftheil anbetrifft, so würde derselbe, nach neueren Untersuchungen [7]), genau dem Verlaufe des peripherischen Nervenskeletes folgen. Nach denselben Untersuchungen [8]) scheint eine Communication zwischen den Lymphgefässen und den Höhlen oder Röhren dieses Nervenskeletes Statt zu finden, in denen die Nervenknäuel allerdings von lympha-

---

zeugen können, während ich sie bei gelungenen Injectionen, z. B. bei Cottus, Silurus u. A. nie vermisste.

5) Diesen unpaaren Längsstamm haben sowol Hewson, als Monro gekannt, was ich nicht wusste, als ich ihn als bisher übersehen beschrieb. Weder Hyrtl noch Agassiz haben ihn erwähnt. Er möchte wohl allen Knochenfischen zukommen. Die Salmones, Clupeïdae, Gadoïdei, Cataphracti u. A. besitzen ihn und zwar habe ich sowol in- als ausländische Fische untersucht.

6) Dies scheinen die beiden Stämme zu sein, die Hyrtl bei Silurus erwähnt. Ich habe meine Untersuchungen an Silurus und, sehr oft wiederholt, an Cottus angestellt. — 7) So nach C. Vogt in der Anat. des Salmon. p. 137.

8) S. Agassiz et Vogt, l. c. p. 139.

tischen Bläschen umschlossen liegen. — Andere tiefe lymphatische Gefässe kommen von den Kiemenbogen und münden in einen längs der Kiemenhöhle verlaufenden Canal [9]). — Die Verbindungen des Kopftheiles mit dem Rumpftheile sind noch nicht völlig aufgeklärt. — Was die Einmündung des Lymphgefässsystemes in das Venensystem anbetrifft, so ist sie eine mehrfache. Eine Communication des Seitenlängsstammes und des Längsstammes des *Canalis spinalis* mit der *Vena caudalis* hat Statt durch Vermittelung eines Caudalsinus [10]); der am Schwanzende der Wirbelsäule unter dem tiefen mittleren Schwanzflossenmuskel jeder Seite gelegen, mit dem der entgegengesetzten Seite durch einen kurzen, einen Träger der Schwanzflosse durchbohrenden Quercanal zusammenhangt. Dieser Caudalsinus, welcher contractil zu sein scheint, öffnet sich in die *Vena caudalis.* An der Einmündungsstelle findet sich eine Klappe, welche den Rücktritt des Inhaltes der Vene hindert. — Vielleicht entspricht dieser Caudalsinus dem pulsirenden Herzen, das in derselben Gegend beim Aale [11]) sich findet. — Eine andere vordere Verbindung ist nicht minder beständig. Sie findet sich an der Uebergangsstelle der *Vena vertebralis anterior* in den *Truncus transversus,* wo die vom Kopfe, von den Kiemen und vom Rumpfe kommenden Stämme in einen *Sinus* sich vereinigen, der in den *Truncus venosus transversus,* mündet [12]). Klappen sind im Verlaufe der Lymphgefässe nicht wahrgenommen, kommen jedoch an Uebergangsstellen von grösseren Gefässen in *Sinus* und dem Eingange dieser in Venen vor. — Die Lymphgefässstämme scheinen auch nicht contractil zu sein [13]).

---

9) Agassiz et Vogt. p. 138.

10) Diese Communication des Lymphgefäss- und Venensystemes wurde gleichzeitig von Hyrtl und von Agassiz und Vogt aufgefunden. Beide haben sie abgebildet. Vogt hat unregelmässige Contractionen des *Sinus* wahrgenommen.

11) S. darüber Marshall Hall, A critical and experimental essay on the circulation of the blood. Lond. 1831. 8. p. 170. Tb. X. Es ist dies ein pulsirender blasser Sack, der mit kleineren Gefässen und mit einem Schwanzvenenstamme in Verbindung steht. Bereits Leeuwenhook hatte ihn gekannt. Müller hat ihn auch bei Muraenophis beobachtet.

12) Diese Communication mit dem Venensysteme haben Monro u. Hewson sehr gut gekannt. S. Monro l. c. p. 36. Tb. 19. der Uebers. XXVII. des Originales. — Aehnlich, obschon im Einzelnen nicht ganz übereinstimmend, schildern sie die Neueren. — Dass dieser *Sinus* contractil wäre, möchte ich in Abrede nehmen. — Agassiz u. Vogt gedenken auch noch einer Communication mit der *Vena jugularis inferior.* — Ueber die Fohmann'schen Ansichten betreffend das lymphatische System der Kiemen s. dessen Schrift: Das Saugadersystem der Wirbelthiere. 1. Heft. Heidelb. 1827. Mt. Abb. — Rücksichtlich aller feineren Verhältnisse muss auf die Schriften von Hewson, Monro und Fohmann verwiesen werden.

13) Ich habe namentlich die grossen Seitenstämme und das epigastrische Gefäss bei Knochenfischen oft galvanisch gereizt, ohne eine Spur von Contraction bemerkt zu haben.

Ein eigenthümliches Verhältniss ist dies, dass bei Plagiostomen zahlreiche kleine einfache Blutgefässknäuel in das Lumen von Lymphgefässen vorspringend gesehen sind[14]).

III. Von den Gefässdrüsen und Fettkörpern.

§. 109.

Den Blutgefässdrüsen höherer Wirbelthiere vergleichbare Gebilde treten schon bei den meisten Fischen, verschiedentlich ausgebildet, auf. Abgesehen von der dem Gehirne adjungirten *Hypophysis* und der Milz, kommen hier zunächst Gebilde in Betracht, welche, ihrer Lage und ihrem Baue nach, als *Thyreoïdea* und *Thymus* anzusprechen sind.

Die Schilddrüse[1]) (*Thyreoïdea*) ist bisher nur bei den Elasmobranchii, Ganoïdei und Teleostei beobachtet worden. Sie liegt bei den Elasmobranchii, als ziemlich grosser, röthlicher, gefässreicher Drüsenkörper, hinter dem Unterkiefer, unterhalb des *Musculus geniohyoïdeus*, am vorderen Ende des Kiemenarterienstammes. Der rundliche oder ovale Drüsenkörper besteht aus gelblichen, etwas durchscheinenden Läppchen. Jedes Läppchen besteht aus einem von einer Bindegewebshülle umschlossenen Aggregate von rundlichen Bläschen, welche eine klare Flüssigkeit enthalten. Ein in Bezug auf Lage und Bau ganz analoges Gebilde ist bei den Ganoïdei und vielen Teleostei, in Gestalt von agglomerirten Bläschen angetroffen, welche, unterhalb der Copulae der Kiemenbogen gelegen, den Kiemenarterienstamm an seinem vorderen Ende umgeben. Es ist beim Stör bisweilen von ausnehmender Grösse und kömmt hier bisweilen selbst in der Circumferenz des Ursprunges der Kiemenarterienäste vor. Bei den Teleostei ist es im Ganzen viel kleiner, scheint aber bei derselben Species nicht zu jeder Zeit vorhanden zu sein. Es besteht aus geschlossenen, leicht zu iso-

---

14) Nach Leydig Anat. histol. Beobachtungen. S. 24. Mt. Abbild. Tb. 1. Fig. V.

1) Die *Thyreoïdea* von Raja war schon Stenson bekannt: De musculis et glandulis. Lugd. Bat. 1683. p. 86. Später hat Retzius (Observat. in anat. chondropt. p. 30.) sie bei anderen Plagiostomen beschrieben. Beim Stör und bei den Knochenfischen wurde sie gleichzeitig von mir (s. die erste Auflage dieses Buches S. 88. u. S. 480. und von Simon (Philosophical transactions. 1844. T. II. p. 295.) aufgefunden. Simon fand sie beim Aal, während ich sie bei Lophius, Belone, Gadus, Lota, Pleuronectes, Salmo, Esox, Silurus antraf. Wenn ich sie zuerst als *Thymus* deutete, so ward diese Deutung schon im Jahre 1848., bei Erwähnung ihres Vorkommens bei Lophius modificirt. Wenn ein ausgezeichneter Wiener Anatom sie den von mir bezeichneten Fischen abspricht, und zugleich mich sie noch als *Thymus* deuten lässt, so liegt ein doppelter Irrthum vor. Dass sie temporär schwinden kann, ist mir nach eigenen Beobachtungen am Hechte und einigen anderen Knochenfischen, sehr wahrscheinlich, da ich sie bisweilen z. B. beim Hechte nicht aufzufinden vermochte.

lirenden Bläschen, die in einem oft gefässreichen *Stroma* liegen. Der feinere Bau bietet manche kleine Differenzen dar.

§. 110.

Die paarige *Thymus* ist bisher bei den Myxinoïden, bei allen untersuchten Plagiostomen und bei einigen Teleostei beobachtet worden. Bei den Myxinoïden liegt sie hinter den Kiemen zu jeder Seite der *Cardia.* Die rechte liegt hinter der Bauchfellfalte, rechts von der Leber; die linke kömmt in dem Theile des Herzbeutels, worin der Vorhof gelegen ist, über diesem zum Vorschein. Beide bestehen aus Büscheln sehr kleiner länglicher *Lobuli,* welche an Blutgefässen hangen und durch lockeres Bindegewebe zusammengehalten werden. Jeder *Lobulus* besteht aus einer doppelten Reihe von cylindrischen, kernhaltigen Zellen, welche Reihen am Ende des zottenförmigen *Lobulus* in einander umbiegen. Zwischen diesen beiden Reihen verlaufen die Gefässe und ein Strang von Bindegewebe.

Bei den Plagiostomen liegt oberhalb des dorsalen Endes der Kiemenbogen eine vorne breitere, nach hinten sich verschmälernde, grosse, grauliche, weiche, gelappte Drüsenmasse. Jedes Läppchen besteht aus mehren durch Bindegewebe zusammengehaltenen Blasen. Die Blasen sind von einer structurlosen Membran umschlossen und von einer Bindegewebshülle, in welcher die Gefässe verlaufen, umgeben. Der Inhalt der Blasen besteht in einer milchweissen Flüssigkeit, welche eine feinkörnige Masse, Kerne und Zellen enthält.

Ein entsprechendes Gebilde kömmt bei einigen Teleostei an der hinteren Grenze der Kiemenhöhle längs dem oberen Theile des Schnltergürtels vor. Es wurde bisher nur bei Lophius, Gadus, Lota, Pleuronectes beobachtet. Es liegt längs der *Scapula* auf dem *Truncus lateralis N. vagi,* von einer eigenen häutigen Hülle eingeschlossen. Das Organ ist von grauröthlicher Farbe, hat eine durch vorragende *Acini* oder rundliche Ausstülpungen bewirkte höckerige Oberfläche und enthält eine zähe, klebrige Flüssigkeit, in welcher Zellenkerne, Pigmentzellen, Fettkugeln und Zellen vorkommen.

[Bei den Myxinoïden ist dies Gebilde aufgefunden und beschrieben von J. Müller, der es zuerst als Nebenniere, später als *Thymus* deutete. (S. Eingeweide d. Fische. S. 8. u. Archiv 1850. S. 507.). Bei den Plagiostomen (Raja) wurde es zuerst erwähnt und der *Thymus* verglichen von Fohmann. (Saugadersystem d. Wirbelthiere S. 44.) Später ist es wieder beobachtet von Robin (Annal. des sc. nat. T. VII. 1847.) uud gleichzeitig von Ecker im Handwörterbuch d. Physiologie. Bd. 4., der es auch wieder als *Thymus* deutete. Letzterer Forscher erkannte dieses Gebilde bei Mustelus, Galeus, Squatina, Raja, Myliobatis, Torpedo; ich kenne es auch bei Trygon, Aëtobatis, Pristis und Narcine.

Bei den genannten Teleostei habe ich es aufgefunden und beschrieben (Müller's Archiv. 1850. S. 502.). Auch dies Organ scheint seine Evolutions- und Involutionszeiten zu haben. Bei einem im Winter untersuchten, sehr grossen Gadus morrhua (einem weiter entwickelten Dorsch) fand ich es kleiner als beim Dorsch, als cylindrischen Strang, voll Pigment, fast ohne Höhle. Bei Accipenser habe ich es immer spurlos vermisst. Während es bei Lophius sehr gross ist, fehlt es bei Batrachus tau; hier liegen wieder, wie bei Accipenser, an der Stelle des *Thymus* zahlreiche, weite *Ostia* besitzende, *Folliculi branchiales*, aus denen eine klebrige, etwas transparente Masse hervorkömmt. Es erweckt dies die Vermuthung, dass die absondernde Drüse die Stelle des *Thymus* vertreten könne. Leydig, dem ebenfalls dies Verhältniss nicht entgangen ist, braucht nicht an der Existenz der offenen Mündungen zu zweifeln.]

§. 111.

Andere Gebilde erscheinen den Nebennieren vergleichbar. Es sind in diese Kategorie folgende Körper gebracht worden: 1. schmale okergelbe oder etwas hellere Streifen, die an der Rücken- oder Innenseite der Nieren, oder in den Wandungen der Schwanzvene liegen und nicht in discrete Körper zerfallen sind. Unter dieser Form erscheinen sie bei den bisher untersuchten Squalidae und bei Chimaera; 2. an der Innenseite der Nieren gelegene oder etwas an ihre Rückenfläche tretende Gebilde, meist in vier bis fünf discrete, zwei Reihen bildende Körper zerfallend, die hinten bisweilen durch einen verhältnissmässig sehr grossen mittleren unpaaren, über dem *Rectum* gelegenen Körper verbunden werden. 3. Rundliche gelbe, fettreiche Körper, die bei Accipenser in grosser, jedoch unbeständiger Zahl in einer einwärts von den Nieren gelegenen schwammigen Blutgefässdrüse eingebettet liegen [1]). 4. Weissliche, mehr oder minder runde, oder ovale, bald mehr kugelförmige, bald mehr platte Körperchen, die bei vielen Teleostei innerhalb der Nierensubstanz vorkommen; sie finden sich bald mehr oberflächlich, bald in die Tiefe eingesenkt, bald mehr einwärts, bald auswärts, bald symmetrisch, bald asymmetrisch gelagert. Bei vielen Teleostei liegen sie im Schwanzende der Nieren, an der vorderen Grenze des durch die unteren Wirbelbogen gebildeten Gefässcanales; bei anderen weiter vorwärts, etwa in der Mitte der Nieren. Die zuerst genannte Lage haben sie z. B. bei den einheimischen Acanthopteri, Anacanthini, Pharyngognathi, so wie bei den Cyprinen und bei Silurus; etwa in der Mitte der Nieren liegen sie bei Esox, bei den Salmones, beim Aal. Die Zahl dieser Körper beläuft sich bei Fischen, welche den zuerst namhaft gemachten Gruppen angehören, gewöhnlich auf zwei bis drei. Bei Salmo und bei Esox dagegen findet man sie in der Regel in beträchtlicherer Anzahl, meist zu fünf bis acht; bei einzelnen Hechten ist aber die ganze Niere, von der Mitte an bis zum Schwanzende hin, mit solchen Körpern versehen, gefunden worden.

---

1) Ob sie morphologisch und physiologisch Nebennieren repräsentiren, halte ich für zweifelhaft. Vgl. übrigens auch Leydig, Anat. histol. Beobachtungen über Fische und Reptilien. Berl. 1853.

Nicht minder verschieden, als ihre Anzahl, erscheint ihr übriges Verhalten, das selbst bei Thieren gleicher Species nicht geringe Abweichungen darbietet. Bald erscheinen diese Körper weich, gefässreich und bluthaltig, bald hart, gefässarm, ganz gefässlos und wie vertrocknet. Häufig erblickt man sie eingekapselt von einer aus Bindegewebsfibrillen bestehenden Membran; mit dieser zusammenhangende, nach innen gerichtete, *Septa* können das Gebilde in mehr oder minder zahlreiche Läppchen theilen. In letzteren beobachtet man oft zarte dünnwandige Bläschen, deren Inhalt variabel ist, bestehend aus feinkörniger Masse, Fettkörnchen, Zellenkernen und kernhaltigen Zellen. Bisweilen sind die Gebilde weich, zerfliessend und sehr gefässreich. Bei Gadus callarias stehen sie in engster Verbindung mit denjenigen sympathischen Strängen, welche zu den Geschlechtstheilen sich begeben. Aus ihrer Masse gehen Fäden hervor, welche diese letzteren verstärken. Diese Fäden gehören, ihrer Textur nach, den Remak'schen Fasern an. Im Inneren der Bläschen der Nebennieren finden sich sehr gewöhnlich den Ganglienkörpern rücksichtlich ihres Aussehens entsprechende Gebilde.

[Bei den Plagiostomi scheint Retzius (Observationes in anatomiam chondropterygiorum. Lund. 1819.) zuerst auf ihr Vorkommen aufmerksam gemacht zu haben; bei Chimaera beobachtete sie Leydig. Sie scheinen nie zu fehlen; ich habe sie schon beim Fötus von Acanthias angetroffen. Jedoch sind ihre näheren Verhältnisse selbst bei verschiedenen Individuen wechselnd. So z B. traf ich bei einer sehr grossen Raja clavata im Winter, ausser den beiden Seitenreihen, einen mittleren hinteren Körper von mehr als 2½ Zoll Querdurchmesser an, der bei einem viel kleineren, so eben (im Mai) untersuchten Exemplare spurlos fehlt. Jener mittlere Körper hatte *Venae advehentes* und *revehentes*. An jeder Seite desselben lagen, halb eingebettet in die Substanz der Nebenniere, runde flache Körper, zahlreiche Bläschen einschliessend, deren jedes einen Ganglienkörper enthielt. — Die bekannten Körper des Störes stimmen in den allgemeinsten Verhältnissen ihrer Anordnung mit den Nebennieren anderer Fische überein, sind aber äusserst fettreich. — Die Nebennieren der Teleostei sind von mir nachgewiesen (Müller's Archiv. 1839. S. 97 ff.), Hyrtl, (das uropoëtische System der Knochenfische. Wien, 1850. 4.) hat sie noch bei vielen Teleostei beobachtet. Ecker (der feinere Bau der Nebennieren. Braunschw. 1846. S. 31. Abb. Tb. 2.) hat über ihren feineren Bau gehandelt. Derselbe geschätzte Beobachter sah bei mehren jungen Hechten die ganze Niere mit äusserst kleinen weissen Körperchen besetzt, welche vollkommen den Nebennieren glichen und in die Nierensubstanz eingesenkt waren, auch in ihrem Baue mit denselben übereinstimmten. Ich habe im April, nach vielen vergeblichen Bemühungen, zwei ähnliche Beobachtungen gemacht; in der rechten Niere eines jungen Hechtes traf ich 49, in der linken 35 solcher Körper; ein anderes Exemplar enthielt eine wol mehr als doppelt so grosse Anzahl. In beiden Fällen nahmen sie nur die hintere Halfte der Nieren, von der Mitte bis zum Schwanzende ein. Das Ergebniss lange fortgesetzter Studien über die Nebennieren des Dorsch ist Folgendes: 1 Sie fehlen sehr sehen vollständig; 2. sie können als halbflüssige, sehr gefäss- und blutreiche, noch nicht eingekapselte, unförmliche Massen vorkommen, in welchem Falle Blutkörperchen klümpchenweise zusammengeballt und in mannichfachen Formen der Zersetzung in ihnen vorkommen oder Exsudatkörper (Eiterkörper), mit Blutkörpern vermischt, auf ähnliche Weise zu Klümpchen vereint sind; 3. sie können eingekapselt, weich und dabei mehr oder minder gefässreich sein. In diesem Falle begegnet man oft dem von Ecker als charakteristisch geschilderten Bau; 4. sie können als gefässarme, oder gefässlose, eingetrocknete Massen sich zeigen; 5. nicht selten kömmt die Anwesenheit von Schläuchen und Bläschen nur in einem Theile der Masse einer Nebenniere vor, deren übriger Theil eine unförmliche Masse von Exsudatkörperchen, Fettkörnern u. s. w. darstellt; 6. fast ausnahmslos begegnet man beim Dorsch dem oben erwähnten Verhältnisse der Nebennieren zu den genannten sympathischen Strängen. Die Nebennieren-artigen Körper der Teleostei möchte ich in gewisser Beziehung vergleichen mit pathologischen Exsudationen, deren Masse theilweise typisch zu Nervenelementen organisirt wird, während sie theilweise resorbirt werden oder abgelagert bleiben kann und zwar bald als trockenes Exsudat, bald in Gestalt von Fettcysten, bald in Gestalt mehr lymphatischer Cysten. Jene Bildungen beim Hechte möchte ich als rein pathologisch bezeichnen. — Ob die Nebennieren constant bei allen Teleostei vorkommen, möchte ich um so mehr bezweifeln, als ich sie bei Clupea harengus und bei Ammodytes tobianus, dort bei zahlreichen, hier bei sparsamen Nachforschungen, immer vermisst habe.]

§. 112.

Bei ziemlich vielen Fischen kommen längs der *Venae vertebrales* verlaufende oder sie umgebende eigenthümliche fett- oder blut- und gefässreiche Körper vor. Innerhalb ihrer ist bisweilen der Grenzstrang des *N. sympathicus* eingebettet oder sie scheinen zur Entwickelung sympathischer Ganglien in Beziehung zu stehen. Solche Körper sind beobachtet worden bei Ammocoetes [1]), bei Petromyzon [2]) marinus und fluviatilis, wo sie sehr fettreich sind. In den Körpern von Petromyzon, die längs der *Venae vertebrales*, von den Nieren getrennt, sich hinziehen, kommen den Nebennierenläppchen analog gebildete Körperchen vor und von ihnen aus entwikkeln sich Fasern, die die Blutgefässe umgeben und auch zu den Geschlechtstheilen treten; wahrscheinlich Elemente eines *N. sympathicus.* — Bei Accipenser [3]) erstreckt sich vom hintersten Theile der Schedelbasis aus, auswärts vom knorpeligen Aortencanale, hinten einwärts von jeder Niere

1) S. Rathke, Anatomie des Querders. S. 92. Mit ihnen sind die Nieren eng verbunden.

2) Diese Körper von Petromyzon sind aber nicht zu verwechseln mit den von Rathke (Anat. d. Pricke. S. 52.) beschriebenen Verlängerungen des Vorderrandes der Nieren, die allerdings auch ein fettreiches Blastem enthalten.

3) Ich hatte in meiner Schrift über das peripherische Nervensystem der Fische diese Masse mit den Nieren confundirt, die von ihr jedoch vollständig getrennt sind. Der Kopftheil der Masse ist daselbst abgebildet Tfl. IV. Fig. 8. Sie ist in ihren wesentlichsten Theilen ein Gefässconvolut; doch kommen sehr zahlreiche zellenartige Gebilde, ähnlich Exsudat- und Eiterkörpern darin vor. Blutkrystalle wurden einen Tag nach dem Tode in ungeheurer Quantität im Winter darin wahrgenommen.

in der Umgebung jeder ***Vena vertebralis anterior*** und ***posterior***, oberhalb der die Rumpfhöhle auskleidenden und auch die Nieren abwärts bedeckenden Fascia eine sehr gefässreiche, schwammige, vorne dickere und compacte, hinten mehr sich verdünnende Masse. Sie besteht grossentheils aus venösen Blutgefässen; ferner gehen in ihre Zusammensetzung ein: Bindegewebe, Fett, Zellen und Zellenkerne verschiedener Art. In ihr eingebettet liegen die als Nebennieren angesprochenen fettreichen Körper. In ihr verborgen liegt ferner der Grenzstrang des ***N. sympathicus***. Die von ihr umschlossenen dünnwandigen Venenstämme sind in ihrer ganzen Circumferenz gewissermaassen siebförmig durchlöchert, indem die Venen nicht in weitere Zweige gesammelt, sondern als ganz enge Gefässe in sie eintreten. — Bei vielen Teleostei [4]) scheint die schwammige gefässreiche Grundmasse der Nieren, in welcher die Harncanälchen oft so sparsam eingebettet liegen, ihre Stelle zu vertreten. — Bei Acanthias vulgaris [5]) kömmt längs den ***Venae vertebrales posteriores***, auswärts von jeder, aber ihr eng angeheftet, eine Reihe runder, mit lymphatischer Flüssigkeit, Zellenkernen und Fett gefüllter Bläschen vor; in jedes derselben ragt von der Vene aus ein einfacher Blutgefässknäuel hinein. — Morphologisch betrachtet scheinen alle diese verschiedenen Gebilde den ***Glandulae lumbares*** und ***thoracicae*** der Säugethiere zu entsprechen.

Verschieden von diesen Gebilden ist eine Reihe von Körpern, welche bei den Elasmobranchii [6]), von der ***Arteria axillaris*** aus, längs jeder Seite der ***Aorta*** sich herabzieht. Sie scheinen den ***Glandulae mediastinae posteriores*** zu entsprechen.

Endlich finden sich bei vielen Teleostei [7]) eigenthümliche Körper in

---

4) Meine Untersuchungen über diesen Gegenstand sind noch nicht geschlossen, doch stimme ich im Wesentlichen mit Rathke überein. Vergl. §. 114.

5) Ich fand im Januar bei einem Acanthias Folgendes: In die Wand der Schwanzvene, so weit sie zwischen den Nieren liegt, eingebettet, sieht man einen einfachen, gelben, fettreichen, der Nebenniere ganz analogen Körper. An der *Vena vertebralis* jeder Seite hangen 18 runde Körper; in jeden ragt ein Blutgefäss von der Vene ausgehend, quastartig hinein. Die Körper scheinen zwischen den Häuten der Vene sich zu befinden; wenigstens geht ihre Aussenwand in die der Vene über; dass diese von einem Lymphgefasse umschlossen gewesen, habe ich nicht gesehen.

6) Von der Untersuchung der fälschlich sogenannten Nebenherzen der Chimaera ausgehend, hat Leydig diese Körper entdeckt und beschrieben. S. seine Abhandlung über Chimaera in Müller's Archiv 1851, und seine Schrift über Rochen und Haien. S. 15. 16. Rücksichtlich seiner Schlüsse, dass sie dem Nervensysteme angehörige Nebenorgane vom Baue der Blutgefassdrüsen sind, kann ich ihm nur beistimmen. Sie sind meiner Ueberzeugung nach Blasteme sympathischer Elemente, zunächst der Ganglienkugeln, dann der Remak'schen Fasern. Im Einzelnen bietet ihr Verlauf bei verschiedenen Plagiostomen, sogar derselben Species, mannichfache kleine Verschiedenheiten dar.

7) Diese Körper habe ich schon im Jahre 1839 beschrieben und in der vorigen

der Bauchhöhle. — Bald ist ein einziger vorhanden, wie bei Cottus, Cyclopterus, oberhalb der Milz, bald zwei, wie bei Zoarces, wo der zweite an der Leberarterie gelegen ist. Bei Cyclopterus z. B. liegt zwischen den Platten des *Mesenterium*, an der Theilungsstelle der *Arteria coeliaco-mesenterica* in ihre beiden Hauptäste, an einer zur Leber tretenden Milzvene, in der Nähe der Milz und der *Appendices pyloricae*, an einem *Truncus splanchnicus* des *Sympathicus*, ein milchweisser, rundlicher Körper, der feine Arterien erhält und von dem eine kleine Vene in die Milzvene übergeht. Er besitzt, von einer gemeinsamen Membran umschlossen, einen milchweissen Inhalt, der von Fortsetzungen jener Membran durchzogen wird. Sein nicht immer ganz gleicher, sondern variabler Inhalt besteht in Fettkörnchen, in runden, kleinen kernhaltigen Zellen (Zellenkernen), analog denen der grauen Hirnsubstanz, etwas grösser, oder ungefähr so gross oder kleiner als Blutkörperchen, die durch Essigsäure nicht aufgelöset werden, und in sparsamer vorkommenden grösseren, Ganglienkörpern ähnlichen Zellen, in deren feinkörniger Grundsubstanz ein meistens heller eccentrischer Kern mit dunklem Kernkörper sich findet. — Ihrer Lage nach entsprechen diese Körper der Teleostei Mesenterialdrüsen.

Achter Abschnitt.

Von den Uro-Genital-Organen.

I. Von den Harnorganen.

§. 113.

Die Fischnieren liegen immer im dorsalen Theile der Rumpfhöhle, ausserhalb des Sackes des *Peritoneum*. Ein Gegensatz von Rinden- und Marksubstanz fehlt. Die äussere Mündung der Harnwerkzeuge liegt niemals vor dem After, sondern meist hinter, selten seitwärts von ihm. Während die Nieren bei Branchiostoma noch kaum erkannt wor-

---

Auflage dieses Buches S. 111 erwähnt und als Mesenterialdrüsen gedeutet. Die Körper von Gadus und Cobitis gehören vielleicht gar nicht, die von Belone nur theilweise hierher. — Die von Cyclopterus und Cottus wurden Gegenstand anhaltender Nachforschungen; minder oft die von Zoarces. Mit ihnen stimmen die nur wenige Male untersuchten Körper von Gobius, Spinachia, Scomber. — Nicht zu verwechseln sind diese Körper mit Fettanhäufungen an der Gallenblase, die z. B. bei den Pleuronectes constant vorkommen. — Jene Körper erscheinen mir gleichfalls als Blasteme des *Sympathicus*.

den sind [1]), erscheinen sie bei den Myxinoïden von einfachster Bildung. Von einem langen oben fadenförmig werdenden Harnleiter gehen von Stelle zu Stelle, als Repräsentanten der Harncanälchen, kurze sackartige Canälchen ab, deren jedes durch eine Verengerung in ein zweites Säckchen führt, in dessen Grunde frei ein blos mit Gefässen in Verbindung stehender *Glomerulus* hangt. Die *Membrana propria* der Harncanälchen und Säckchen wird von einer Fortsetzung der äusseren Haut des Harnleiters überzogen. Aus den *Glomeruli* hervorgehende Gefässe verzweigen sich in dem Säckchen und im harnleitenden Apparate. Die Ureteren öffnen sich, ohne zu einer Harnblase sich zu erweitern, in den *Porus*, welcher auch die zur Ausführung der Geschlechtsproducte bestimmten Bauchöffnungen aufnimmt [2]).

Bei Petromyzon nehmen die Nieren das hintere Drittheil der Rumpfhöhle ein, ohne deren hinterstes Ende ganz zu erreichen. Sie bilden, wenigstens in dem grössten Theile ihres Verlaufes, eine zusammenhangende compacte Masse; im hinteren Theile der Rumpfhöhle findet man oft einzelne von der übrigen Niere abgesonderte *Renculi*.

Längs des ganzen Aussenrandes jeder Niere erstreckt sich ein verhältnissmässig sehr weiter, inwendig von *Epithelium* ausgekleideter Harnleiter. Die Harnleiter beider Seiten vereinigen sich hinter dem Ende der Nieren zu einem kurzen und weiten Canale, welcher durch die röhrenförmig ausgezogene *Papilla urogenitalis* ausmündet. — Bemerkenswerth ist der Umstand, dass jeder Harnleiter vorn über das Ende seiner Niere hinaus sich, oft nicht unbeträchtlich, verlängert. Zur Seite dieser zuletzt blind geschlossenen Verlängerung findet sich ein Streifen Fett-haltigen Blastemes.

Bei den Elasmobranchii liegen die Nieren im dorsalen Theile der Rumpfhöhle, von der eigentlichen Bauchhöhle gesondert durch eine straffe fibröse Membran, die, von der Wirbelsäule ausgehend, ihre ventrale Fläche überzieht. Bei den Squalidae sind die Nieren im Allgemeinen von etwas gestreckterer Form; bei den Rajidae [3]) und bei Chimaera kürzer; bei den meisten oder allen auf die hintere Hälfte oder die hinteren zwei Drittheile der Rumpfhöhle beschränkt. Jede Niere ist ziemlich compact und besteht aus einer verschiedenen Anzahl von Lappen, die durch Querfurchen unvollkommen von einander gesondert sind. Von der Rückseite betrachtet,

---

1) Am hintersten Theile der respiratorischen Bauchhöhle, in der Nähe des *Porus abdominalis* sah Müller bei Branchiostoma mehre von einander getrennte drüsige Körperchen, ohne Ausführungsgänge wahrzunehmen. S. Müller, Branchiostoma. S. 101.

2) S. Müller, Eingeweide der Fische. S. 10 u. 57. Abb. Tb. I. Fig. 2—7.

3) In den Harncanälchen der Rochen und Haie kömmt Flimmerbewegung vor. Die Wimpern sind lang und stehen einreihig in Kreisen. So nach Simon's mehrfach bestätigter Angabe. S. Müller's Archiv. 1845. S. 520. und v. Hessling, Histol. Beiträge. S. 47.

erscheinen diese Lappen als spiralig gewundene, an den Seiten in einander übergehende Substanzmassen. Von jedem Lappen verläuft bei Raja ein dickwandiger Harncanal zum Innenrande der Niere. Zwei oder drei solcher, aus der Nierensubstanz hervorgetretener Canäle vereinigen sich immer zu einem Stamme. Indem diese Stämme vom vorderen Theile der Niere aus absteigen, von ihrem hintersten Theile aus aufsteigen, convergiren sie und fliessen jederseits zu einem sehr kurzen Ureter zusammen. Der Harnleiter jeder Seite mündet in eine blasenartige Erweiterung; beide Blasen öffnen sich in eine kurze *Urethra*, die beim männlichen Geschlechte auch die *Vasa deferentia* aufnimmt, und in die Rückwand der Kloake, hinter der Einmündung des *Rectum*, ausmündet [4]).

Die Nieren des Störes liegen, durch einen kleinen Theil der ersten und die ganze zweite Hälfte des Rumpfhöhle sich erstreckend, bedeckt von einer tendinösen, Querbrücken bildenden Membran, auswärts von der Wirbelsäule, als anfangs schmalere, später breitere, compacte Massen. An ihrer Aussenseite und zuletzt mehr an ihrer Vorderseite, verlaufen die contractilen Harnleiter, ausserhalb der tendinösen Brücken. Durch die Interstitien der letzteren hindurch münden die Harncanäle in den Harnleiter. Dieser verliert seine Selbstständigkeit im hintersten Dritttheile der Rumpfhöhle, indem ein anscheinend zu den Geschlechtsorganen in Beziehung stehender Bauchfelltrichter, dessen dorsale Wand schon eine Strecke weit die ventrale Begrenzung des Harnleiters gebildet hatte, in letzteren sich einsenkt. Die beiden Harnleiter münden, in eine gemeinsame Höhle sich vereinigend, hinter dem After aus.

§. 114.

Die Ausdehnung der ausserhalb der Peritonealhöhle gelegenen Nieren [1]), die an ihrer unteren der Peritonealhöhle zugewendeten Fläche sehr gewöhnlich von einer fibrösen Membran überzogen sind, ist bei den Teleostei sehr verschieden.

---

4) Diese blasenartigen Erweiterungen kommen nicht allen Rajidae zu; sie fehlen z. B. bei Torpedo.

1) S. über die Nieren der Teleostei, besonders Gottsche in Frorieps Notizen. 1834. Nr. 838. — Steenstra-Toussaint, Commentatio de systemate uropoëtico piscium. Lugd. Bat. 1835. — Hyrtl, das uropoëtische System der Knochenfische in den Denkschriften der Wiener Acad. d. Wissensch. Bd. 1. — Th. v. Hessling, Histol. Beiträge zur Lehre von der Harnabsonderung. Jena 1851. 8. — Die Nieren der Fische und besonders diejenigen der Teleostei, sind vielfach nicht sowol den bleibenden Nieren höherer Wirbelthiere, als vielmehr den Wolff'schen Körpern verglichen worden; jedoch mangelt solcher Auffassungsweise, meiner Ansicht nach die überzeugende Beweiskraft. Die Nieren vieler Teleostei scheinen mir zwei bei Accipenser getrennte Körper zu repräsentiren: eine schwammige, blut- und gefässreiche Masse und die eigentlich harnbereitenden Gebilde. — Ueber die histologischen Verhältnisse handelt Hessling, l. c., der auch bei Knochenfischen Cilien beobachtet hat.

Bei vielen erstrecken sie sich von der Schedelbasis bis zum Ende der Rumpfhöhle oder selbst hinter die hintere Grenze der letzteren hinaus, indem sie in den durch Schliessung der unteren Bogen der Schwanzwirbel gebildeten Canal sich verlängern können, wie letzteres z. B. bei vielen Gadoïdei und Salmones der Fall ist. Diese Ausdehnung kömmt ihnen bei weitem nicht immer zu. Bisweilen nämlich ist nur ihr vorderster Theil entwickelt, so dass sie nach hinten die Grenze des *Diaphragma* der Kiemenhöhle nicht überschreiten, wie dies z. B. bei den Pediculati, bei mehren Plectognathi Gymnodontes, bei Pterois der Fall ist. Bei anderen, (wie z. B. bei Fistularia) erstrecken sie sich vom Kopfe aus nur über einen kurzen Raum der Rumpfgegend, oder sie erreichen wenigstens deren hinteres Ende nicht, wie z. B. bei Thynnus vulgaris, bei Cyclopterus lumpus, bei Clupea harengus, Fischen, bei denen ihre Ausdehnung wieder gradweise verschieden ist. Auf der anderen Seite fehlt es auch nicht an Beispielen von Mangel ihres Kopftheiles, so dass sie wesentlich auf die Rumpfhöhle beschränkt, nach vorn die Grenze des *Diaphragma* der Kiemenhöhle nicht überschreiten.

Die speciellen Formverhältnisse des vordersten oder Kopftheiles der Nieren sind sehr grossen Verschiedenheiten unterworfen. Während in der Regel die Kopftheile beider Nieren von einander getrennt sind, können sie auch eng an einander sich legen und wirklich verschmolzen oder durch Brücken mit einander verbunden sein. An Beispielen asymmetrischer Anordnung dieser vordersten Abschnitte der Nieren fehlt es ebenfalls nicht.

Ihr Verhalten innerhalb der Rumpfhöhle gestaltet sich verschieden. Wenn die unteren Bogenschenkel der Rumpfgegend oberhalb der Bauchgegend sich schliessen, können die Nieren innerhalb oder ausserhalb des von ihnen gebildeten Canales liegen. Ein Beispiel des erstgenannten Verhaltens bietet Blennius gunnellus dar; das letztere hat z. B. Statt bei Liparis, bei Cybium regale, bei Alosa vulgaris u. A. — Die Form der Nieren accommodirt sich im Ganzen derjenigen der sie aufnehmenden und begrenzenden Theile. Bei solchen Fischen, deren erster Flossenträger eine ab- und vorwärts gerichtete Krümmung macht, folgt das Ende der Nieren häufig seiner Richtung, wie z. B. bei mehren einheimischen Pleuronectes. Die Form der Nieren und ihre Dicke an verschiedenen Stellen ihrer Gesammtausdehnung sind eben so oft bedingt durch die Verhältnisse der vor oder unter ihnen liegenden Schwimmblase. So sind bei Gadus callarias der Kopf- und Schwanztheil der Nieren sehr dick, während ihr hinter dem Körper der Schwimmblase gelegener längster Abschnitt sehr schmal und platt ist. Bei Cyprinus und Silurus verbreitern und verflachen sie sich in den zwischen den beiden Schwimmblasen gelegenen Regionen, wo sie nicht durch diese Gebilde beengt werden und senken sich namentlich auch in die von den Rippen gebildeten Vertiefungen. Bei Belone, wo die Aorta linkerseits verläuft, trennt sie die linke Niere, wenigstens vorne, in einen inneren und äusseren Streifen. An ihrem hinteren Ende verschmelzen die beiden Nieren nicht selten.

Die Nieren bestehen meistens aus einer weichen, sehr gefäss- und blutreichen Masse; innerhalb derselben findet man die Harncanälchen stellenweise reichlicher, stellenweise sparsamer; namentlich zeichnet sich das obere Ende der Nieren mancher einheimischer Fische, z. B. Cyprinen, Belone u. A. so wie auch der flache Theil der Nieren von Silurus u. s. w. durch Armuth an Harncanälchen aus. [2]) Wirkliche runde, Blutkörperchenhaltige Zellen und grössere eingecapselte Blutextravasate kommen in der Nierensubstanz sehr häufig vor. In die blinden Anfänge und Aussackungen der Harncanälchen ragen die *Glomeruli* hinein.

Die Harnleiter, meist in der Nierensubstanz eingebettet und bald allmälich an Weite zunehmend, bald plötzlich weit erscheinend, münden anscheinend immer in eine Harnblase. Ihr specielles Verhalten bietet manches Bemerkenswerthe dar. Bei einigen (aber nicht allen) Gadoïden, z. B. bei Gadus pollachius, liegen die Harnleiter in der Höhle der Schwimmblase. Bei einigen Fischen, z. B. bei Spinachia vulgaris [3]), senken sich, ausser den beiden Hauptharnleitern, vier bis fünf Gänge, vom Ende der Nieren getrennt, in die Blase ein. Es kömmt vor, dass bei grosser Kürze der Nieren, die beiden Harnleiter zu einem langen einfachen Stamm [4]) sich vereinigen, der in die Blase und zwar bald in den Körper, bald in den Hals derselben sich einsenkt. Die Blase selbst bietet Verschiedenheiten ihrer Form dar. Bei manchen Teleostei erscheint sie als eine spindelförmige Erweiterung des Harnleiters, wie z. B. beim Häring, bei Alosa. Am häufigsten finden sich elliptische und ovale Formen, welche bald mehr sphärisch (Zoarces viviparus, Cyclopterus lumpus), bald mehr cylindrisch (Esox) werden. Die Blasenaxe ist oft lang, wurstförmig (Pleuronectes). Lange Blasen zerfallen bisweilen durch Einschnürungen in hinter einander liegende Abtheilungen. Auch Ausbuchtungen oder *Cornua* der Blase kommen vor, wie bei mehren einheimischen Gadoïdei (G. callarias, aeglefinus) und bei Cottus. Die Harnblase liegt meistens in der Mittellinie und wird dann durch eine von der Wirbelsäule ausgehende Bauchfellfalte suspendirt,

2) Hierauf hat bereits Rathke in Burdach's Physiologie, Thl. 2. S. 601, kurz hingewiesen. In so ferne gewisse Partieen des *N. sympathicus* in der Nierenmasse eingebettet liegen und Ganglien desselben in ihnen gebildet werden, kann man sie zugleich als Blasteme für diese auffassen. — In ihrer Substanz entwickeln sich bei vielen Teleostei die Nebennieren.

3) Diese Thatsache ist von Cuvier, Steenstra-Toussaint, Gottsche u. A. mit allem Rechte hervorgehoben. Hyrtl machte analoge Beobachtungen bei einigen Aalen.

4) So z. B. bei Thynnus vulgaris. Abgebildet bei Müller und Eschricht über die Wundernetze des Thunfisches, Tb. III. Fig. 6. Auch bei Alosa vulgaris, nur kürzer.

weicht jedoch auch nicht selten nach einer Seite hin ab. Gewöhnlich hat sie ihre Lage zwischen den Geschlechtstheilen und der Schwimmblase, hinter dem *Rectum* [5]). Sie ist oft von einem Cylinderepithelium ausgekleidet.

Das kurze Endrohr der Blase (die sogenannte *Urethra*) mündet in der Regel hinter dem After, ein Gesetz, das dadurch eine Ausnahme erfährt, dass bei einigen Symbranchii, manchen Plectognathi und den Pediculati, nach Hyrtl, Harn- und Geschlechtsöffnung schon in die hintere Dickdarmwand einmünden. Ferner liegt bei allen Pleuronectides, mit Ausnahme von Hippoglossus, die Harnröhrenöffnung — abgesondert von der hinter dem After ausmündenden Genitalöffnung — als röthliche Papille nicht hinter dem After und dem *Porus genitalis*, sondern asymmetrisch an der gefärbten Seite des Körpers. Sonst besitzen die Harn- und Geschlechtsöffnungen entweder getrennte *Ostia* oder es findet sich ein einfacher *Porus urogenitalis*. — In ersterem Falle, welcher als der häufigere zu betrachten ist, mündet die Harnröhre gewöhnlich mit einfachem *Ostium* hinter dem *Porus genitalis*, welcher seinerseits hinter dem After gelegen ist; selten liegt, wie bei männlichen Blennii, ihr *Ostium* zwischen den paarigen *Pori genitales*.

Harn- und Geschlechts-Oeffnungen, mögen sie getrennt oder verschmolzen sein, münden sehr häufig an einer bald höheren, bald niedrigeren *Papilla urogenitalis*, die bei einigen Fischen, namentlich den Blennioïden, Gobioïden, Cyclopoden, z. B. unter den einheimischen bei Liparis und bei Cyclopterus lumpus, eine ziemliche Länge erreicht. Die an ihrer Spitze sich zeigende Oeffnung ist gewöhnlich ausschliesslich die Mündung der Harnröhre, während die Genitalöffnung etwas mehr an der Basis zu liegen pflegt. Seltener liegen die Uro-Genital-Oeffnungen, unter Mangel der Papille, blos in einer spaltartigen Grube. — Die Uro-Genital-Papillen stehen entweder frei hinter dem After, oder gehen von einer mehr oder minder tiefen Grube aus, welche zugleich den After enthält.

Bei Lepidosiren [6]) besitzen die nur durch den hinteren Theil der Rumpfhöhle sich erstreckenden Nieren gewundene Lappen. Jeder *Ureter* liegt nur eine kurze Strecke am äusseren Nierenrande frei und mündet auf einer kleinen Papille, seitlich vom *Ostium* der verbundenen Eileiter, in die Cloake. Eine dünnwandige Blase hat ihre besondere Oeffnung hinter dem *Rectum* und nimmt die Ureteren nicht auf.

---

5) Bei Solea rückt die Blase mit dem Endtheile der Nieren in die zur Aufnahme des *Ovarium* bestimmte Verlängerung der Bauchhöhle zwischen Schwanzmuskeln und Knochen.

6) Vgl. Hyrtl S. 42. Abb. Tb. V.

II. Von den Geschlechtstheilen [1]).

§. 115.

Die meisten und vielleicht alle Fische, sind getrennten Geschlechtes. Hoden und Eierstöcke sind oft nur durch die Verschiedenheit ihres Inhaltes zu unterscheiden. Besondere Ausführungsorgane für die Geschlechtsproducte fehlen manchen Fischen ganz. Bei vielen sind die Keimbildenden Organe von den ausführenden Theilen durchaus nicht getrennt. Bei anderen findet beim weiblichen Geschlechte eine Trennung der *Ovarien* von den Eileitern Statt und beim männlichen Geschlechte kommen neben den Hoden eigene Nebenhoden vor. Die meisten Fische sind Eierlegend, verhältnissmässig wenige lebendig gebärend. Die Entwickelung der Embryonen geschieht bei letzteren nicht selten in der Höhle des Eierstockes; bei anderen in bestimmten Regionen des leitenden Apparates, die als wirkliche *Uteri* anzusprechen sind. Bei wenigen Eierlegern geschieht sie in Bruttaschen an der Oberfläche des Körpers der Männchen. Die ausführenden Geschlechtstheile münden an ihren Enden meistens mit den harnausführenden Organen zusammen aus; bei einigen Fischen kömmt eine Fusion der Ausführungsgänge von Geschlechtstheilen und Harnorganen schon früher zu Stande. — Als äussere Copulationsorgane mit Wahrscheinlichkeit anzusprechende Theile, kommen nur wenigen unter den lebendig gebärenden Fischen zu.

Bei Branchiostoma [2]) liegen Eierstöcke und Hoden, durch ihren Inhalt von einander unterschieden, an der Bauchseite der Unterleibshöhle, einerseits an die Bauchwände angewachsen, übrigens von einer Bauchhaut bedeckt. Da Eileiter und Samenleiter fehlen, können die Geschlechtsproducte nur in die Bauchhöhle fallen und werden wahrscheinlich durch den *Porus externus* ausgeführt.

Die Cyclostomen ermangeln gleichfalls eigener ausführender Canäle der Geschlechtsorgane. Bei den Myxinoïden [3]) hangt das unpaare Geschlechtsorgan in einer langen Bauchfellfalte an der rechten Seite des Darmgekröses. Die beiden Geschlechter sind nur durch den verschiedenen Inhalt ihres keimbereitenden Geschlechtsorganes verschieden. Eier und Samen gelangen in die Bauchhöhle. Am Ende derselben findet sich zu jeder Seite des Darmendes ein kurzer Canal, welcher in den hinter dem After, zwischen zwei Hautlippen gelegenen einfachen *Porus genitalis* führt.

---

1) Vgl. über dieselben auch Cuvier et Duvernoy, Leçons d'Anatomie comparée. Tome VIII. Paris 1846. 8.

2) Vgl. Müller, l. c. S. 102; Kölliker in Müller's Archiv. 1843. S. 32.

3) S. Müller, Eingeweide d. Fische. S. 4.

Bei Petromyzon [4]) hangt jeder Geschlechtstheil, unter Mangel eines Bauchfelles an der Rückwand der Eingeweidehöhle, deren ganze Länge er einnimmt, durch zahlreiche Fäden angeheftet an der Axe derselben und an dem über ihm liegenden, oft mit Blut angefüllten Hohlraume. Das *Stroma* enthält reichlich Fasern und bildet zeitweise etwas gekräuselte Platten. Im Frühjahre sind die beiden Geschlechter durch den verschiedenen Inhalt ihres Geschlechtsapparates sehr deutlich unterscheidbar. Rücksichtlich der übrigen Verhältnisse weicht Petromyzon von den Myxinoïden nur darin ab, dass der *Porus genitalis* in eine ziemlich lange Papille ausmündet. Im Mai erkennt man bei beiden Geschlechtern Flimmerbewegung in der Bauchhöhle, namentlich am Ende derselben. Zugleich ist die Umgebung des Ausganges lebhaft geröthet und geschwollen; eine lymphatische Flüssigkeit hat in dem Gewebe der Basis der Rückenflosse und in der Umgebung des Afters sich angesammelt.

§. 116.

Was die Ganoïden anbelangt, so ist Accipenser [1]) am häufigsten Gegenstand der Untersuchung gewesen. Jeder der beiden langen, schmalen, gelblichen Hoden erstreckt sich, an einer Peritonealduplicatur befestigt, vom *Oesophagus* bis zum *Rectum*. In seinem letzten Dritttheile erscheint er gelappt. In dieser Strecke zieht sich, von den Bauchfellplatten umhüllt, an der angehefteten Seite des Hodens über seine hintere Grenze hinaus, von seiner Hauptmasse etwas abgegrenzt, ein Convolut von wenig weiteren Hohlräumen hin, das mit jener durch mehr querlaufende Gefässe zusammenhangt. An der Innenseite des Hodens liegt, ihm eng verbunden, ein gelbes, äusserst fettreiches Blastem. Eine Einmündung des Hodens oder von ihm ausgehender Gefässe in einen ausführenden Canal

---

4) S. Rathke, Pricke; Schluesser, de petromyzontum et anguillarum sexu. Dorp. 1848. 8. Ich habe beide Geschlechter häufig im Mai untersucht, lange Zeit nur Weibchen erhalten, während später oft nur Männchen anlangten. Bei P. fluviatilis habe ich frei in der Bauchhöhle Spermatozoïden beobachtet. Ihre Bewegungen traten erst ein, sobald sie in einen Wassertropfen gebracht wurden; nie sah ich sie in ihrer umgebenden Flüssigkeit selbst sich bewegen. Es ist dies auch sonst eine sehr gewöhnliche Erscheinung. — Vergl. auch Panizza, sulla Lampreda marina; in den Memorie dell' Istituto Lombardo di scienze lettere ed arti. Milano 1844.

1) Die Bildung der Samenbestandtheile ist noch nicht aufgeklärt. Ebenso wenig die Art, wie die Ausführung des Samens geschieht. — Rathke hat beim Hausen Quergefässe gesehen, die durch das *Mesorchium* in den Harnleiter übergingen (l. c. S. 129). Beim Stör habe ich mit Sicherheit mich hiervon nicht überzeugen können. Rathke lässt das Convolut weiterer Hohlräume auch nicht über die Grenze des Hodens hinausgehen. — Was den durch C. E. v. Baer entdeckten Trichter anbelangt, so hat Müller ihn öfter verschlossen als offen gefunden, und zwar bei beiden Geschlechtern; damit stimmen meine Beobachtungen nicht, indem sie fast das entgegengesetzte Ergebniss lieferten, in so ferne ich den Trichter viel öfter offen, als geschlossen antraf.

wird nicht wahrgenommen. Jedoch findet sich ein Bauchfelltrichter, dessen äussere Apertur der Mitte der Länge des Hodens entspricht, und der in den über ihm gelegenen Harnleiter hineinragt. Das Ende dieses Trichters wird bald geschlossen, bald offen gefunden. Die Höhle des Trichters ist, wenn auch nicht beständig, doch temporär, mit einem Flimmerepithelium ausgekleidet [2]).

Nach demselben Typus sind die Lagenverhältnisse der weiblichen Geschlechtstheile angeordnet. Der in den Harnleiter führende Trichter und das Flimmerepithelium kehren ebenfalls wieder [3]).

§. 117.

Die Geschlechtsverhältnisse [1]) sind noch nicht bei allen Teleostei vollständig aufgeklärt. Während die meisten ganz entschieden getrennten Geschlechtes sind, sind vom Aale [2]) bisher noch keine männliche Individuen mit gehöriger Sicherheit erkannt worden. — Andererseits bieten Arten der Gattung Serranus [3]) des Räthselhaften noch viel dar, indem sie Hermaphodriten zu sein scheinen.

---

2) Auch zur Seite des Hodens, und des *Ovarium*, ist die Bauchhaut mit Flimmerepithelium ausgekleidet, worauf ich zuerst, hinsichtlich des weiblichen Geschlechtes, in der ersten Auflage dieses Buches, S. 125, aufmerksam machte. Seitdem habe ich die Flimmerbewegung auch beim männlichen Geschlechte öfter wahrgenommen; dass sie zu allen Zeiten vorhanden sei, lässt sich aber nicht behaupten, da ich sie, wie bereits früher erwähnt, auch entschieden vermisst habe. Auch Leydig hat sie bei männlichen Stören anderer Art gesehen.

3) Polypterus (s. Müller, Ganoïden) S. 20. und Amia (s. Franque, p. 8) verhalten sich in den wesentlichsten Verhältnissen analog. Die mit weitem, querem Schlitz in die Bauchhöhle geöffneten Eileiter liegen bei Polypterus vor den langen und weiten Harnleitern. Beide verfolgen ihren Weg getrennt bis nahe vor dem gemeinschaftlichen Ausgang im *Porus urogenitalis*. Aehnlich verhält sich Amia.

1) Man vgl. über die Geschlechtstheile der Teleostei die Abhandlung von Rathke: Ueber den Darmcanal und die Geschlechtstheile d. Fische in dessen Beiträgen zur Geschichte der Thierwelt. S. auch Treviranus in Tiedemann's Zeitschrift f. Physiologie. Bd. II. S. 12. J. Müller, de glandul. secernent. struct. p. 105. Hyrtl, Beiträge zur Morphologie der Urogenital-Organe der Fische in den Denkschriften d. Wiener Acad. d. Wissenschaften. Bd. I.

2) Rathke, der so anhaltend mit den Geschlechtsverhältnissen des Aales sich beschäftigt hat (s. Beiträge zur Gesch. d. Thierwelt. 2. Aufl. Halle, 1824. 4.; Wiegmann's Archiv f. Naturgesch. 1838. S. 299; Müller's Archiv. 1850) scheint noch nicht zu einem befriedigenden Resultate gelangt zu sein; eben so wenig ist es Hohnbaum-Hornschuch (de Anguillarum sexu et generatione Gryph. 1842. 4.) gelungen, einen sicher männlichen Aal aufzufinden. Nach wiederholter eigener Prüfung der Frage muss ich demnach Schluesser (de petromyzontum et anguillarum sexu. Dorp. 1848. 8. p. 33.) dahin beistimmen, dass sie noch nicht gelöset ist und dass männliche Aale noch nicht nachgewiesen sind.

3) Cavolini (Abhandlung über die Erzeugung der Fische und Krebse. Uebers. v. Zimmermann. Berl. 1792. 8. S. 84 ff. Tb. I. Fig. 16—18.) hat das schon den Alten räthselhafte Verhalten des Serranus scriba einer sorgfältigen Untersuchung un-

§. 118.

Die **weiblichen Geschlechtsorgane der Teleostei** sind nach zwiefachem Typus gebildet. Bald sind Eierstöcke vorhanden, welche ausführender Fortsetzungen zu ermangeln scheinen, so dass die an ihnen gebildeten Eier in die Bauchhöhle fallen und durch einen hinter dem After gelegenen *Porus* der letzteren ausgeführt werden, bald stellen die *Ovarien* ununterbrochene Schläuche dar, welche frei nach aussen mündend, sowol Bildungs-, als auch Ausführungsorgane der Eier sind.

Mangel deutlich schlauchförmiger Bildung der Eierstöcke charakterisirt die Familie der Salmones [1]), die Galaxiae und anscheinend einige zu den Clupeïdae gezählte Gattungen, so wie endlich die Muraenoïdei. — Die Bildung der Eierstöcke bei den Lachsen ist Folgende: Das *Ovarium* stellt bei Salmo eine häutige Platte dar, von welcher zahlreiche, aus sehr gefässreichem Bindegewebe bestehende runde Blätter sich erheben. Dies Gewebe der Blätter des *Ovarium* bildet das *Stroma* für die Entwickelung der Eier. Haben dieselben einen gewissen Grad der Reife erlangt, so ragt das Ei, von einer *Theca* umgeben, die durch einen Stiel mit der Eierstocksplatte verbunden ist, hervor. Seine Lösung geschieht

---

terworfen, die zu dem Ergebniss führte, dass am unteren Theile der Ovarien, in Gestalt einer weissen drüsigen Masse, anscheinend ein Hode haftet. Cuvier (Hist. nat. d. poiss. Vol. 2. p. 221.), der die anatomischen Thatsachen Cavolini's bestätigt, schliesst aus seinen Untersuchungen, dass die Entwickelung des hodenähnlichen Organes mit derjenigen der Eiersäcke gleichen Schritt hält. Nur anhaltend fortgesetzte mikroskopische Beobachtungen werden zu einer Entscheidung der Frage führen.

1) Die Verhältnisse der weiblichen Geschlechtsorgane der Salmones sind zuerst von Carus in ihren Eigenthümlichkeiten erkannt, dann von Rathke und später von Agassiz und Vogt ausführlich geschildert. J. Müller hat sie als Grundlage zur Charakteristik der durch ihn begrenzten Familie der Salmones benutzt und seinen Galaxiae denselben Bau vindicirt. Valenciennes gibt von Notopterus an, dass die Eier in die Bauchhöhle fallen und an dem einzigen weiblichen Hyodon claudulus, den ich untersuchen konnte, schien es mir auch für dieses Thier der Fall zu sein. — Bei Osmerus fallen aber nach Rathke (l. c. S. 159.) die Eier nicht unmittelbar in die Bauchhöhle, vielmehr geht, dem genannten hochgeschätzten Beobachter zufolge, vom Ende jedes Eierstocks ein zarter hautartiger Fortsatz, eigentlich nur eine Duplicatur des Bauchfelles, nach hinten ab, deren oberer Rand sich an die Nierenmasse, der untere aber an die Bauchdecken ansetzt. Auf diese Weise liegt hinter jedem Eierstocke eine Höhle, deren äussere Seite von der Seitenwand des Bauches, die innere von jenem Bande gebildet wird. Lösen sich die Eier, so fallen sie in diese, nach hinten sich verschmälernde Höhlen und gehen endlich durch den gemeinsamen *Porus genitalis* aus dem Körper. — Aehnliche Beobachtungen scheinen Hyrtl bestimmt zu haben, den Salmones, gleich wie auch den Aalen, wirkliche *Tubae* zuzuschreiben. Es bedarf also jedenfalls neuer Untersuchungen zu geeigneter Jahreszeit. — Ueber die durch Rathke als nach dem Typus der Salmones gebildeten weiblichen Geschlechtstheile von Acanthopsis taenia vgl. Müller, Ganoïden. S. 71 und Hyrtl, l. c. p. 14.

durch Bersten jener *Theca*. Die Eier fallen nach ihrer Lösung in die Bauchhöhle, deren Gefässe um diese Zeit sehr blutreich sind. Gleichzeitig erscheint das Gewebe der Eierstocksplatten erweicht und in einem Zustande der Auflösung begriffen. Jede Eierstocksplatte ist an einer Bauchfellplatte befestigt, welche einen zarten Ueberzug derselben zu bilden scheint und jenseits derselben bis zum *Porus genitalis* zu verfolgen ist.

Was die weiblichen Generationsorgane der übrigen Teleostei anbelangt, so stellen dieselben Hohlschläuche dar, welche ohne Unterbrechung der Continuität durch den *Porus genitalis* 2) nach aussen münden. Diese Schläuche sind gewöhnlich in doppelter, selten in einfacher Zahl 3) vorhanden. In ersterem Falle vereinigen sie sich zuletzt zu einem einfachen kurzen Gange, der zwischen After und Harnröhrenmündung nach aussen geöffnet zu sein pflegt. Sie liegen innerhalb der Bauchhöhle, gewöhnlich seitlich an den Eingeweiden derselben, meist nach aussen von der Schwimmblase, gewöhnlich frei, selten hinten angewachsen, wie bei Cobitis fossilis. Bei vielen Pleuronectes liegen sie eingesenkt in einen Raum zwischen den Flossenträgern und den Muskeln der Schwanzgegend. — Die Eierstocksschläuche besitzen einen Bauchfellsüberzug, dessen Platten zur Seite des Rückens in ein *Mesoarium* sich fortsetzen, welches die zur Zeit der Geschlechtsreife meist sehr starken Gefässe, so wie auch die Nerven einzuschliessen pflegt. Bei beträchtlicher Anfüllung des Eierstockes drängt sich dieser zwischen die Platten des *Mesoarium* und gelangt so hart an die Rückseite der Bauchhöhle, wie z. B. bei Esox. — Die Dicke der Wandungen der Eierschläuche zeigt sich nicht nur, je nach Verschiedenheit der Fische verschieden, sondern nimmt auch, bisweilen wenigstens, um die

2) Nach Cavolini (l. c. S. 72.) ist bei Julis der *Porus genitalis* bis zur Ausleerung der Eier häutig verschlossen.

3) Dahin gehören z. B. Perca fluviatilis, Zoarces viviparus, Blennius gunnellus, Ophidium barbatum und Vassalli, Ophicephalus striatus. Hyrtl hat gezeigt, dass die Ovarien mancher Fische, welche bisher für einfach galten, eigentlich doppelt sind. Dahin gehören Anableps tetrophthalmus und Ammodytes tobianus, wo freilich die Scheidewand schon lange bekannt war. Derselbe Beobachter findet bei Trachypterus iris, bei Cobitis barbatula, bei Balistes tomentosus in einer oberen Einkerbung oder Spaltung des sonst einfachen Eierstockes eine Andeutung beginnender Duplicität. Er fand bei Poecilia Schneideri den anscheinend einfachen Eierstock mittelst eines *Septum* in eine obere und untere Hälfte getheilt. Angesichts dieser Angaben ist nicht ausser Acht zu lassen, dass die Summe der individuellen Schwankungen bei Fischen sehr gross ist. So habe ich bei Petromyzon fluviatilis, ausser dem normal angehefteten *Ovarium*, eine von diesem vollständig getrennte Masse gesehen, die wie ein kleiner Eierstock mit reifen Eiern gefüllt war und einen Theil des Darmcanales eng umhüllte. Desgleichen sah ich bei Lota vulgaris den Eierstock der einen Seite durch ein vollständiges *Septum* in zwei Hälften getheilt: eine grosse und eine etwa sechsmal kleinere. — Ueber das Detail muss auf Hyrtl verwiesen werden.

Zeit der Reife der Eier beträchtlich ab. Dicker erscheinen die Wände immer bei Zoarces, Pleuronectes, als bei Cyclopterus, Belone, Gadus und bei diesen wieder dicker, als bei Clupea, Esox; bei letztgenanntem Fische ist der ganze Peritonealüberzug des *Ovarium*, mit Einschluss des *Mesoarium*, auswendig mit Flimmerepithelium bekleidet 4). Die Form der Eierstöcke wechselt; bei Belone sind sie z. B. lang und wurstförmig, bei Cyclopterus stellen sie weite Schläuche dar, die kürzer und breiter sind. Umfang und Ausdehnung der Eiersäcke sind, je nach dem Stande der Entwickelung der Eier, grossen Verschiedenheiten unterworfen. Wenn letztere ihre Reife erlangt haben, füllen ihre Behälter oft die ganze Bauchhöhle aus und bringen die übrigen Eingeweide mehr oder minder aus ihrer Lage. —

Innerhalb der Eierstockshöhle bildet die Schleimhaut häufig Längsfalten oder Querfalten, welche oft aus an einander gereiheten blattartigen Vorsprüngen bestehen; seltener kommen zottenartige Formen vor; doch können beide auch neben einander erscheinen. Alle diese Vorragungen sind sehr gefässreich. Zwischen ihren Häuten geht die Ausbildung der Eier vor sich. Bei Zoarces viviparus 5) hangt z. B. das reife Ei an einem dünnen Stiele, der in eine sehr gefässreiche Capsel (*Theca*) sich fortsetzt, welche das Ei lose umhüllt und nur an einer helleren Stelle (der Narbe), wo die Blutgefässe ganz fehlen, seiner Oberfläche eng angewachsen ist. Jener Stiel ist eine Fortsetzung der Gewebstheile und Blutgefässe der Eierstockshäute. Zwischen dem Eie und dem grössten Theile seiner gefässreichen *Theca* findet sich, von Fäden durchzogen, oft, obschon nicht immer, eine klare lymphatische Flüssigkeit. Die Lösung des Eies geschieht durch Platzen des gefässlosen angewachsenen Theiles der *Theca* und so gelangt das Ei in die Höhle des Eierstockes.

Das *Ovarium* der Teleostei ist bald blos Bildungsstätte und Ausführungsorgan der Eier, die ausserhalb des Körpers ihre fernere Entwickelung erfahren, bald fungirt es als Uterus, indem die Entwickelung der Embryonen in seiner Höhle vor sich geht. Die Zahl der lebendig gebärenden Teleostei ist verhältnissmässig gering. Es gehört dahin unter den einheimischen Fischen: Zoarces viviparus; aber auch aus anderen Familien sind lebendig gebärende Fische bekannt, z. B. Sebastes viviparus, manche Cyprinodontes, z. B. Anableps tetrophthalmus u. A.

Bei manchen Fischen, z. B. bei Fundulus unter den Cyprinodontes, verlängert sich der Oviduct längs dem vorderen Rande der Afterflosse.

---

4) So habe ich es bei zwanzig Hechten in den Monaten April und Mai gefunden. Ich kenne dies Flimmerepithelium bei keinem anderen Knochenfisch.

5) Zu anderen Zeiten ragen kolbenartige Fortsätze in das *Ovarium* hinein, in deren Substanz die Eier sich entwickeln. Diese haben anfangs ein Keimbläschen.

§. 119.

Die männlichen Geschlechtstheile der Teleostei bestehen aus den Hoden, deren Secret durch ihnen verbundene und mit ihnen in ununterbrochenem Zusammenhange stehende Schläuche oder Canäle ausgeführt wird. Die Hoden sind in der Regel, und vielleicht ausnahmslos, paarig. Jeder Hode pflegt seitlich in der Bauchhöhle zu liegen, befestigt an einer Peritonealduplicatur, welche zugleich seinen äusseren Ueberzug bildet. In dieser verlaufen die ihm bestimmten Gefässe und Nerven. Die Ausdehnung der Hoden und die Beschaffenheit ihres Inhaltes sind, je nach Verschiedenheit der Geschlechtsreife und der Jahreszeit, grossen Verschiedenheiten unterworfen. Sehr gewöhnlich sieht man mit dem Hoden in innigem Zusammenhange einen durch eine Furche mehr oder minder scharf abgesetzten Körper, der später in den über den Hoden hinaus reichenden ausführenden Canal sich fortsetzt. Es repräsentirt dieser Körper ein *Rete testis.* Er ist bisweilen, wie bei Cottus, wenigstens um die Zeit der Reife der Geschlechtsproducte, wenig schmaler, als der Hode selbst und überragt letzteren nach oben; bei anderen Fischen, z. B. dem Hecht, dem Lachs, dem Häring, ist er viel schmaler und folgt der Längenrichtung des Hodens. Dies *Rete testis* besteht häufig, z. B. beim Lachs, aus zahlreichen, anfangs mehr quer und schräge, später mehr gerade verlaufenden, aber doch netzartig unter einander verbundenen, von der Fortsetzung der *Membrana propria* des Hodens aus, nach innen vorspringenden Scheidewänden und Canälen. Diese werden allmälich weiter und verschwinden zuletzt in dem hinterwärts über den Hoden hinaus verlängerten *Vas deferens.* Von diesem aus erstrecken sich bisweilen — und das kömmt z. B. bei Esox häufig vor — blind endende Divertikel zwischen die als *Mesorchium* dienenden Bauchfellplatten hinein. Am Ende der Bauchhöhle verbinden sich die beiderseitigen *Vasa deferentia* und münden, gewöhnlich mit der *Urethra*, in die *Papilla urogenitalis.* — Das eigentliche Gerüst des Hodens besteht, wenigstens häufig, aus feinen, blind endenden Röhren, deren Nachweis allerdings nicht immer mit gleicher Deutlichkeit gelingt. Die Entwickelung der Spermatozoïden geht auch bei manchen Teleostei, z. B. bei Salmo salar, bei Cottus scorpius [1]), in Zellen vor sich, ist aber noch nicht anhaltend genug verfolgt worden. — Uebrigens bieten die Hoden, in Betreff ihres äusserlichen Verhaltens, ihrer Ausdehnung, ihres Zerfallens in mehre an dem Ausführungscanale

1) Bei Cottus scorpius finden sich im Januar in einem fett- und körnerreichen Blasteme zahlreiche Bläschen; jedes derselben schliesst zahlreiche Zellen ein; beim Lachs (Salmo hamatus) sieht man im November zahlreiche (6—8) aggregirte Zellen, ohne dass eine eigene umhüllende Blase immer zu erkennen wäre. Die Spermatozoïden, die rund erscheinen und deren Schwanz nicht mit wünschenswerther Genauigkeit erkannt werden kann, sind im *Rete testis* in lebhafter Bewegung.

hangende grössere Lappen, mannichfache Verschiedenheiten dar. Grössere Lappen kommen z. B. bei Tinca vor; vielfach gekräuselte längliche Körper bilden die Hoden beim Dorsch. Bei den Pleuronectes treten sie nicht, gleich den Ovarien, in Verlängerungen der Bauchhöhle, welche zwischen den Muskeln und Knochen der Schwanzgegend liegen.

Bei einigen Knochenfischen sind, neben den eigentlichen keimbereitenden männlichen Geschlechtstheilen, accessorische drüsige Gebilde beobachtet worden, deren Secret mit demjenigen der Hoden gemischt zu werden scheint. Am bekanntesten sind dieselben bei den Gobii [2]).

Wie die Spermatozoïden in die weiblichen Geschlechtstheile solcher Fische gelangen, die lebendig gebärend sind, ist noch nicht aufgeklärt. Zwar besitzen z. B. die männlichen Blennii eine ***Papilla urethralis***, aber diese kömmt auch den Weibchen zu und in ihr münden nicht einmal die ***Vasa deferentia*** aus. — Bei Anableps tetrophthalmus [3]), wo die beiden ***Vasa deferentia*** verbunden in die Harnblase münden, verläuft die ***Urethra*** in einer Rinne, welche durch die Strahlen der Afterflosse gebildet wird, die eine Art von ***Penis*** darstellt.

Eine merkwürdige Eigenthümlichkeit besitzen die Lophobranchii [4]). Eine unterhalb der äusseren Bauchdecken und der ventralen Seite der vorderen Schwanzgegend, durch zwei der Länge nach sich erstreckende Falten begrenzte Rinne, bildet beim Männchen einen Hohlraum, in welchen die vom Weibchen gelegten Eier aufgenommen werden, um bis zum Ausschlüpfen der Jungen beherbergt zu werden. Durch übereinstimmende Beobachtungen neuerer Forscher hat es sich herausgestellt, dass es die Männchen sind, die diese Brüttasche besitzen. Bei der ostindischen Gattung Solenostomus, wird durch die Bauchflossen ein Sack gebildet, der die nämliche Bestimmung hat.

Interessant sind die Veränderungen in der Färbung der Hautbedeckungen, welche bei den Männchen vieler Fische, um die Zeit der Begattung, vor sich gehen. Man hat Gelegenheit, dieses Hochzeitskleid z. B. bei Cottus scorpius, bei Labrus viridis, so wie auch bei man-

---

2) Vgl. über dieselben Rathke, l. c. p. 201. und Hyrtl, l. c. p. 7. Sie bestehen aus paarigen Körpern; jeder ist ein Agglomerat von Bläschen, die durch Canäle mit dem *Vas deferens* zusammenhangen. Auch bei Mullus barbatus und bei Cobitis fossilis hat Hyrtl analoge blasenförmige Gebilde angetroffen; desgleichen bei Blennius gattorugine.

3) S. die genaue Beschreibung und die Abb. bei Hyrtl, l. c. S. 9.

4) Vgl. Cavolini, l. c. S. 32. und dagegen die neueren Beobachtungen von Eckstroem, die Fische in den Scheeren von Morkö, übers. von Creplin. S. 133; Retzius, Isis, 1835; Krohn in Wiegmann's Archiv, 1840. I. S. 16.; v. Siebold in Wiegmann's Archiv, 1842. S. 292. Abbildungen dieser Brüttasche s. z. B. bei Carus, Erläuterungstafeln zur vgl. Anatomie, Heft V. Tfl. 6.

chen Cyprinoïden wahrzunehmen. — Aeussere Geschlechtsunterschiede kommen bei den Fischen häufig vor; bekannt ist z. B. der Haken am Oberkiefer männlicher Lachse, der in eine tiefe Grube der Unterkiefergegend aufgenommen wird.

§. 120.

Bei den Elasmobranchii sind die Eileiter von den Ovarien gesondert. Was die Ovarien anbelangt, so sind sie meist doppelt und paarig; nur bei den Familien der Scyllii und Nictitantes ist ein unpaares und zugleich asymmetrisches *Ovarium* vorhanden.

Die Ovarien liegen, wenn sie doppelt sind, jedes an der Innenseite seines Eileiters, angeheftet durch eine Verdoppelung des Bauchfelles (*Mesoarium*); der unpaare Eierstock der Scyllii und Nictitantes liegt zwar bei älteren Thieren ungefähr in der Mitte beider Eileiter, an einer mittleren Bauchfellfalte zwischen ihnen herabhangend; aber bei jungen Thieren ist er nicht in der Mitte, sondern einseitig und zwar gewöhnlich rechts, seltener linkerseits, angetroffen worden.

Die leitenden Organe sind immer doppelt, mögen die Ovarien doppelt oder einfach sein. Sie besitzen unmittelbar unter dem *Diaphragma* der Kiemenhöhle über der Leber, an deren *Ligamentum suspensorium* angeheftet, eine gemeinsame mittlere Abdominalöffnung. Jeder Eileiter zerfällt in einen eigentlich sogenannten *Oviductus* und in den erweiterten *Uterus*, welcher von jenem durch eine cirkelförmige Klappe abgesondert ist. — Die Schleimhautanordnung des Eileiters weicht von der des *Uterus* ab; an der Innenfläche der ersteren, welche gewöhnlich Längsfalten besitzt, ist ein Flimmerepithelium beobachtet worden. — Zwischen den Membranen des Eileiters liegt bei den meisten Elasmobranchii eine absondernde Drüse: die Eileiterdrüse, bestimmt zur Absonderung des zur Eischale erstarrenden Stoffes. Sie ist kaum spurweise vorhanden bei der Gattung Torpedo, wo das Ei keine Schale erhält. Die Form dieser Drüse variirt. Bei Acanthias vulgaris und Scymnus lichia ist sie ringförförmig; bei den Nictitantes besteht sie aus zwei hohlen schneckenartig gebogenen Hörnern; bei Rhinobatus ist sie herzförmig. Am grössten ist sie bei den eierlegenden Elasmobranchii, wo sie aus zwei convexen, dem Eileiter aufgesetzten, drüsigen Massen besteht, welche an den Seitenwänden, wo sie sich berühren, etwas zusammenfliessen. Sie besteht aus zahlreichen Röhrchen, die an der Innenfläche des Eileiters münden [1]).

Die Innenfläche des Uterus, an welcher Flimmerepithelium vermisst ist, zeigt sich glatt bei den Scyllii und Nictitantes, mit Zotten versehen bei Spinax niger, mit Längsfalten, welche mit dreiseitigen Blättern besetzt

1) Abb. b. Müller de Struct. glandul. Tb. II. Fig. 14. 15.

sind bei Acanthias vulgaris [2]) u. A. Nahe verwandte Arten, wie Torpedo ocellata und T. marmorata [3]) bieten Verschiedenheiten der Anordnung dar. Es scheint selbst, dass die Formen in verschiedenen Lebensstadien der gleichen Species variiren. Die Enden beider *Uteri* münden, mit gemeinsamer Oeffnung, etwas hinter dem Ausgange der Ureteren in die Cloake [4]).

In den Eileitern wird die Eischalenhaut abgesondert, welche letztere bei den Eierlegenden dick, bei den Vivipara dagegen dünne ist oder fehlt [5]). Bei letzteren erfolgt die Entwickelung der Frucht innerhalb des *Uterus*. Die Zahl der lebendig gebärenden Fische ist in dieser Abtheilung grösser, als die der Eierlegenden. Unter den Haien sind eierlegend die Scyllii, unter den Rochen die Rajae, gleich wie auch die Chimären es sind. Die Eier der eierlegenden Elasmobranchii erhalten eine feste, platte, meist länglich viereckige, oft an den Winkeln zugespitzte und spiralig gewundene hornige Schale, deren Form nach den Gattungen verschieden ist; ihre Eier verweilen im *Uterus* nur bis zu vollendeter Bildung der Schale und verlassen ihn vielleicht immer vor begonnener Entwickelung des Embryo. — Was die lebendig gebärenden Plagiostomen anbetrifft, so ist ihr Dottersack gewöhnlich frei und ohne Verbindung mit dem *Uterus* [6]). Bei einigen jedoch, wie Mustelus laevis [7]): dem glatten Hai des Aristoteles, so wie bei den Carcharias, ist er an eine wirkliche *Placenta uterina* angeheftet und zwar so, dass seine Falten und Runzeln in entsprechende Vertiefungen der Schleimhaut des *Uterus* eingreifen.

Ein eigenthümliches Gebilde [8]), immer symmetrisch doppelt, liegt bei den Nictitantes je in einer Bauchfellfalte, die vor der Wirbelsäule und

---

2) Abb. bei Treviranus in Tiedemann's Zeitschr. für Physiologie. Bd. 2. Tab. II. Fig. 3.

3) S. Davy, Researches. Tab. II. Fig. 1. 2.

4) Es war mir auffallend das in die Cloake führende *Ostium* der ausführenden weiblichen Geschlechtstheile bei einem sehr grossen Exemplare von Raja clavata im Januar verschlossen zu finden; bei Acanthias mit zwei Fötus war das um die gleiche Zeit nicht der Fall.

5) Sie fehlt, nach Davy, bei Torpedo und bei Squatina; dagegen ist sie z. B. bei Acanthias vorhanden.

6) Vivipara acotyledona sind unter den Haien: Sphyrna, Galeus, Thalassorhinus, Mustelus vulgaris, Alopias vulpes, Hexanchus griseus, Acanthias vulgaris, Spinax niger, Centroscyllium Fabricii, Scymnus Lichia und Squatina vulgaris; ferner die bisher beobachteten Rajidae, mit Ausnahme von Raja und Platyrhina.

7) Mustelus vulgaris besitzt diese Eigenthümlichkeit nicht und es ist eine merkwürdige Thatsache, dass zwei einander so nahe stehende Arten hinsichtlich der Ausbildung der Frucht so abweichend sich verhalten. — Der Nabelstrang der Squali cotylophori ist sehr lang; die äussere Haut, eine Fortsetzung der Bauchhaut, ist bei Mustelus laevis und bei Prionodon ganz glatt, bei Scoliodon aber dicht mit Zotten besetzt.

8) Müller bezeichnet es als epigonales Organ der weiblichen Geschlechtstheile.

vor den Nieren sich herabzieht. Es ist eine weissröthliche drüsige, aus Körnchen bestehende, Substanz. An der Seite, wo der Eierstock liegt, reicht es bis zu diesem; an der anderen Seite ist es kürzer.

[In Betreff der weiblichen Geschlechtstheile ist fast ganz auf J. Müller's Arbeiten, in denen auch die älteren Beobachtungen kritisch zusammengestellt sind, zu verweisen: Eingeweide der Fische, S. 19, und die classische Abhandlung: Ueber den glatten Hai des Aristoteles in den Abhandl. d. Acad. d. Wissensch. zu Berlin. A. d. J. 1840. — Man vergl. auch Leydig (Rochen und Haie, S. 86.), der die Flimmerbewegung in den Oviducten beobachtete.]

§. 121.

Die männlichen Geschlechtstheile der Elasmobranchii bestehen aus den anscheinend immer paarigen Hoden, den mit ihnen durch *Vasa efferentia* verbundenen Nebenhoden, den *Vasa deferentia*, in welche diese sich fortsetzen und in paarigen, äusseren Hülfsorganen, deren eigentliche Bestimmung noch dunkel ist.

Der rundliche, ovale oder scheibenförmige Hode, in seinen Gestaltungsverhältnissen selbst bei Thieren der gleichen Species variirend, wird durch eine Peritonealduplicatur befestigt, welche von der Mitte des Wirbelstammes ausgeht und später auch den Nebenhoden überzieht. Er liegt im vordersten Theile der Bauchhöhle, bedeckt von der Leber. Seine Substanz besteht aus einem fettreichen Blasteme [1]) und aus zahlreichen erbsengrossen Blasen oder Capseln. Jede dieser Blasen enthält bei Raja eine Menge zum Theil gestielter, zum Theil geschlossener kleiner Bläschen. In Zellen, welche diese enthalten, bilden sich Bündel von Spermatozoïden. Diese gelangen durch zarte *Vasa efferentia* in den Nebenhoden. Derselbe liegt einwärts vom Hoden, beginnt dicht unter dem *Diaphragma*, und erstreckt sich dann längs der Wirbelsäule nach hinten. Er besteht aus einem Systeme vielfach gewundener Canäle, welche (bei Raja vor dem Vorderende der Nieren) in das *Vas deferens* übergehen, das anfangs einen spiral gewundenen, allmälich mehr geraden und sich erweiternden Canal darstellt, der inwendig kreisförmig gestellte Falten besitzt [2]). Das *Vas deferens* verläuft einwärts von der Niere, dicht neben dem Wirbelstamm. Es wird, gleich der Niere, durch eine fibröse Fascia von der Bauchhöhle abgegrenzt. Es mündet nebst der kurzen *Urethra* mit einer Papille in die

---

1) Monro, Tb. IX. der Uebers. Fig. 1 k. A white matter like the milk. Diese Masse ist nicht ganz beständig vorhanden. Davy hat sie bei den Torpedines durchaus vermisst. — Die Entwickelung der Spermatozoïden ist durch mich, durch Davy und durch Hallmann gleichzeitig verfolgt worden. S. Hallmann's Abhandlung in Müller's Archiv 1840.

2) Z. B. bei Raja clavata, Acanthias vulgaris; analog, nach Leydig, bei Chimaera.

Rückenwand der Cloake [3]. — An der Rückseite des Nebenhodens und des spiral gewundenen Theiles des *Vas deferens* liegt wenigstens bei mehren Plagiostomen, eine Masse [4]) von der Farbe hellen Muskelfleisches, die aus vielfach gewundenen Canälen besteht, welche in die Höhle des *Vas deferens* einmünden.

Die äusseren Hülfsorgane [5]), welche allen männlichen Elasmobranchii zukommen, bieten freilich bei den einzelnen Gruppen mannichfache Verschiedenheiten dar, haben aber viel Gemeinsames. Sie stellen am Ende des Beckenknochens sehr frei beweglich befestigte — durch an- und abziehende, theils vom Becken, theils von den Seiten des Körpers ausgehende, theils eigene Muskeln beherrschte — ausgehöhlte Anhänge dar. Ihre Grundlage wird gebildet durch zahlreiche Knochen- und Knorpelstücke, welche zum Theil blattartig umgerollt auch eine kurze Strecke weit durch laxe Hautbrücken verbunden sind und einen von Schleimhaut ausgekleideten, schlüpfrigen, durch Abziehen der sie bedeckenden Knorpel erweiterungsfähigen, unvollkommen geschlossenen Canal bilden. In den blinden Anfang dieser Höhle münden, wenn auch vielleicht nicht immer, doch meistens, die Ausführungsgänge einer absondernden Drüse. Diese Drüse ist z. B. bei Torpedo von einer quergestreiften Muskellage umhüllt und besteht aus weiten geraden Schläuchen, welche mit zahlreichen Oeffnungen in die Rinne des Organes münden.

§. 122.

Analog der Bildung der weiblichen Geschlechtstheile bei den Elasmobranchii verhält sich dieselbe unter den Dipnoi bei Lepidosiren [1]). Die Ovarien sind paarig, an Bauchfellfalten befestigt, mit einem

---

3) Bei Chimaera verbinden sich die *Vasa deferentia* beider Seiten vor ihrer Ausmündung zu einem kurzen Canale nach Leydig.

4) Monro, Tab. IX. der Uebers. Fig. 1. O. J. Müller, De Struct. Glandul. secernent. Tb. XV. Fig. 8. c. Die Mündung dieser Canäle in das *Vas deferens* ist durch Leydig (Rochen und Haie, S. 86.) beobachtet; es fehlte mir an Gelegenheit mich durch Autopsie davon zu überzeugen. Leydig hat auch bei Chimaera die Drüse beobachtet, in welcher das *Vas deferens* gelegen ist. Die Verhältnisse dieses Gebildes deuten auf eine Analogie desselben mit einem Wolff'schen Körper. — Ein Beutel, gefüllt mit grüner Flüssigkeit, den Monro Tab. XI. abbildet, ist mir ganz unklar, da ich ihn selbst nie gefunden und auch spätere Beobachter seiner nicht gedenken.

5) Bei Raja wird die Grundlage eines jeden durch dreizehn solide Stücke gebildet. — Die Art der physiologischen Verwendung dieser merkwürdigen Anhänge ist durch Beobachtungen noch nicht sicher gestellt. Am wahrscheinlichsten bleibt immer die schon vielfach ausgesprochene Ansicht, wonach sie in die weiblichen Geschlechtstheile eingeführt werden, um das Sperma in dieselben zu übertragen. — S. die Beschreibungen in Cuvier (Lecons d'Anat. compar. T. VIII. p. 305.), von Mayer (Froriep's Notizen. 1834. Nr. 876.), von Davy (Researches. Vol. 2. p. 450.). Davy und Leydig (l. c. 86.) haben auch die Drüse näher beschrieben.

1) S. Hyrtl, Lepidosiren. S. 41. Abb. Tb. V.

Bauchfellüberzuge versehen. Am Innenrande des *Ovarium* verläuft ein dicker, muskulöser, stark gewundener, mit trichterförmiger Erweiterung beginnender Eileiter. Gegen sein hinteres Ende hin geht er, allmälich sich erweiternd, über in einen dünnwandigen *Uterus*, welcher an seinem Ende mit dem der anderen Seite sich verbindet. Beide münden hinter der Harnblase mit einer gemeinsamen Oeffnung aus. Die Schleimhaut des Eileiters bildet Längsfalten. In der Mitte seiner Länge besitzt der Eileiter eine starke Drüsenschicht.

Lightning Source UK Ltd
Milton Keynes UK
UKHW021951041118
331772UK00003B/163/P